家庭 家教 家風

国际家庭日·姓氏好家风

主　编◎聂振强
副主编◎聂　晶

北京出版集团
北 京 出 版 社

图书在版编目（CIP）数据

家庭　家教　家风：国际家庭日·姓氏好家风 / 聂振强主编；聂晶副主编. — 北京：北京出版社，2022.5

ISBN 978-7-200-17160-0

Ⅰ. ①家… Ⅱ. ①聂… ②聂… Ⅲ. ①家庭道德—中国—文集 Ⅳ. ① B823. 1-53

中国版本图书馆 CIP 数据核字（2022）第 067006 号

项目策划：冷江帆　　特约编辑：荆成恭
责任编辑：侯天保　　封面题字：罗业健　庹纯双
责任印制：燕雨萌　　装帧设计：嘉海文化

家庭　家教　家风

国际家庭日·姓氏好家风

JIATING JIAJIAO JIAFENG

主　　编　聂振强
副 主 编　聂　晶

出　　版　北京出版集团
　　　　　北 京 出 版 社
地　　址　北京北三环中路 6 号
邮　　编　100120
网　　址　www.bph.com.cn
总 发 行　北京出版集团
印　　刷　廊坊市祥丰印刷有限公司
经　　销　新华书店
开　　本　880 毫米 ×1230 毫米　1/16
印　　张　28.25
插　　图　73
字　　数　475 千字
版　　次　2022 年 5 月第 1 版
印　　次　2024 年 5 月第 3 次印刷
书　　号　ISBN 978-7-200-17160-0
定　　价　129.00 元

《家庭　家教　家风》编委会

封面“家庭　家教　家风”题写：

罗业健，系正楷汉字精准测量第一人。八旬罗老历经三十余载求索，筛选归纳出“3×3、4×4、5×5、6×6”三式字架格结构，为学、写汉字带来规范标准化。

封底“姓氏家风”题写：

庹纯双，系中国书法家协会会员，书法教育家，国家一级美术师，享受国务院政府特殊津贴，中国农工民主党党员。人教版《写字教材》《写字》编委会成员及范字书写者。汉字拼写技术开创者，“汉字拼写技术”入选世界技能博物馆。

“国际家庭日·姓氏好家风”论坛

主 办 单 位：京视网
承 办 单 位：京视网手机台中华姓氏频道
特别指导单位：中国农工民主党中央联络委员会
中国社会科学院中国国学研究中心
中国国情发展研究院
特别支持单位：中华社会大学
中国老龄事业发展中心工会
北京大学多元文化教育研究中心
泰国北清迈大学国际学院
协 办 单 位：中国报道文化中国频道
中国生命关怀协会心身健康科学研究专业委员会
中国高科技产业化研究会品牌战略专家委员会
中国国际投资促进会绿色创新委员会
中国经济决策咨询中心
北京市社会组织法律调解中心
北京博爱妇女发展慈善基金会·多多善舍爱心基金
晋江市谱牒民俗学会
青岛市礼仪文化交流协会
支 持 单 位：北斗天穹大数据科技有限公司
北京市朝阳区康爱之家社会公益服务事务所
健康小屋大数据有限公司
中国台湾中华民族致公文化总会
韩国·韩中姓氏文化交流中心
联合国画报
联合国友好画报
河南省姓氏文化研究会聂姓委员会
《百家姓氏》纪录片摄制组
聂家文化传媒（北京）有限公司
媒 体 单 位：《中国国际新闻》杂志社
《中国经贸》杂志社
京视网手机台
中国女人网

贺词

各位来宾，女士们、先生们：

大家下午好！

今天举办的“国际家庭日·姓氏好家风”论坛，具有十分重要的意义，它弘扬了中华民族优秀的文化传统。

古往今来，家风、家教、家训，是人类非常重视的家国情怀，中华民族之所以在世界上具有重大的影响力，不是靠“穷兵黩武”，而是中华民族高尚的家国情怀，得到了世界的认可。我们中华民族文化的“四书五经”，所传承下来的“孝悌忠信、礼义廉耻”“仁义礼智信”，是中华民族的“精神财富、宝贵财富”。它结合现实形成了当代社会主义核心价值观，要在全社会推广。所以，党和政府非常重视，这对落实党的大政方针政策，具有非常重要的意义。

在这里，我祝贺这次会议圆满成功！

中宣部：薛启亮

2021年5月14日于北京

谨此，本书向：

中国共产党成立 101 周年

献

礼

Here it is，This book is aimed at：

present a gift to the 101th anniversary of the founding of the Communist Party of China!

谨此，本书向：

联合国国际家庭日

献

礼

Here it is，This book is aimed at:

present a gift to the United Nations International Day of the family!

谨此，本书向：

世界各国人民友好家庭

献

礼

Here it is，This book is aimed at：

present a gift to the friendly families of people of all countries

all over the world!

前 言

“国际家庭日·姓氏好家风”论坛在京举行

本书是将历史上的“姓氏宗亲文化”与当今的“家庭、家教、家风”相结合的一本书。有姓氏文化政策理论，有家教践行案例，有学术探讨；有家风故事，有历史，有传承；古为今用，洋为中用；立在当下，实现和谐。

要做好家教，形成好家风，实现好家庭，走向人类命运共同体。

20世纪80年代以来，全世界家庭数目激增至10.3亿个。近年来规模日趋缩小，离婚率普遍上升，美国每两对结婚者中就有一对婚变，西欧有1/3的婚姻以离婚告终，人口老龄化问题日益严重。全世界65岁以上老人已达3.5亿，欧洲60岁以上的老人已占总人口的1/5。

1989年12月8日，第四十四届联合国大会通过一项决议，宣布1994年为国际家庭年，1993年纽约特别会议提出从1994年起每年5月15日定为国际家庭日（International Day of Families），旨在提高各国政府和公众对家庭问题的认识，促进家庭的和睦、幸福和进步。设立“国际家庭日”旨在改善家庭的地位和条件，加强在保护和援助家庭方面的国际合作。

家庭是社会的“基本细胞”，人们的家庭观念也在发生变化，这些家庭问题给社会带来巨大冲击，日益被国际社会所关注。

2022年5月15日是第二十九个国际家庭日，5月9—15日是中国第一个全国家庭教育宣传周。

策划编辑本书的初衷：2021年3月由中共中央党史和文献研究院编、中央文献出版社出版的《习近平关于注重家庭家教家风建设论述摘编》一书发行。习近平总书记就“注重家庭、注重家教、注重家风”提出了一系列新理念、新思想、新要求，强调“要重视家庭文明建设，努力使千千万万个家庭成为国家发展、民族进步、社会和谐的重要基点”；强调“家庭是人生的第一所学校，家长是孩子的第一任老师，要给孩子讲好‘第一课’，帮助孩子扣好人生第一粒扣子”；强调“家庭教育涉及很多方面，但最重要的是品德教育，是如何做人的教育”；强调“家长要时时处处给孩子做榜样，用正确行动、正确思想、正确方法教育引导孩子”；强调“要在家庭中培育和践行社会主义核心价值观”。

2022年1月1日起正式施行《中华人民共和国家庭教育促进法》，其中第十三条规定“每年5月15日国际家庭日所在周为全国家庭教育宣传周”。这意味着今后我国每年的5月15日这一周，举国上下要开展多种多样的家庭教育宣传活动，国家从法规上切实加强家庭教育建设。我们要积极行动，“要做好家教，形成好家风，实现好家庭”。让世界各民族的家庭都成为好家庭，积极构建人类命运共同体。

2021年5月14日，由京视网（市广电京字第01982号）主办，京视网手机台中华姓氏频道承办，中国农工民主党中央联络委员会为指导，中国报道文化中国频道、中国生命关怀协会心身健康科学研究专业委员会等为协办单位，福建省晋江市谱牒民俗学会、中国台湾中华民族致公文化总会、韩国·韩中姓氏文化交流中心等为支持单位联合举办的“国际家庭日·姓氏好家风”论坛在北京召开。论坛活动分为“主旨演讲、主题发言、学术交流、专题访谈”等4个板块。与会专家、学者及家风教育践行人士开展了热烈有序的研讨、交流。该论坛举办的宗旨是“姓氏与家风”“中华姓氏与国际家庭”相结合，体现了中华姓氏好家风融入国际大家庭的家国情怀，融合东、西方“姓氏家风”互为共建，为构建人类命运共同体尽绵薄之力。

论坛会上，国务院机关事务管理局人事司原司长闫金昌、论坛发起人刘国强、聂振强、沈德福向参会代表分送《习近平关于注重家庭家教家风建设论述摘编》图书，学习、理解、掌握关于家风建设的重要论述。

首先，由沈德福先生代宣读中宣部办公厅原主任薛启亮先生发来的贺信，他说，“今天举办的‘国际家庭日·姓氏好家风’论坛，具有十分重要的意义，它弘扬了中华民族优秀的文化传统。古往今来，家风、家教、家训，是人类非常重视的家国情怀，中华民族之所以在世界上具有重大的影响力，不是靠‘穷兵黩武’，而是中华民族高尚的家国情怀，得到了世界的认可。……‘孝悌忠信、礼义廉耻’‘仁义礼智信’是中华民族的‘精神财富、宝贵财富’。结合现实形成了当代中国社会主义核心价值观，要在全社会推广。所以，党和政府非常重视，这对落实党的大政方针政策，具有非常重要的意义”。

驻华使节代表周易先生贺信中称：“祖谱文化是中华民族最伟大的传承，家教培养了人的品德，家风形成了人的规范。这次以论坛研讨会方式交流中华姓氏好家风的形成与发展，将祖谱文化融入国际大家庭，融合东、西方‘姓氏家风’互为共建，提升了家庭、家教、家风的作用。同时希望建立‘中华祖谱文化大数据库’，便于全球海外华人、华侨寻根问祖，具有十分重要的指导意义。让我们坚持文化自信，构建人类命运共同体。”

中国台湾中华民族致公党中央主席、致公文化总会会长陈柏光演讲，称“中华姓氏家风文化即根亲文化，其核心在于孝文化，孝是家庭中的重要体现。家庭是人们开启幸福生活，放飞人生梦想的起点。家庭是国家的根基，家庭文明建设是个人幸福、社会进步和国家发展的重要基础。希望扩大‘两岸姓氏家庭文化’的交流，让海外华人华侨回到祖国家乡，广泛地融入姓氏家庭文化建设之中”。

联合国国际生态生命安全科学院中国籍院士龚巧玉，驻华使节代表塞拉利昂驻华大使馆商务参赞、中非国际俱乐部主席周易，中国台湾中华民族致公党中央主席、致公文化总会会长陈柏光致辞。京视网手机台台长刘国强致欢迎词，并介绍主办此次论坛的意义。沈德福介绍举办“5·15 国际家庭日”活动的背景情况，京视网手机台执行台长寇迎介绍姓氏文化与家风建设宣传活动的计划。

主旨演讲：聂振强谈《家庭、家教、家风建设在构建人类命运共同体中的作用研究》；周南谈《家庭教育的重要作用》。专题论坛：王凤忠谈《展望姓氏家风文化》；杨双雨主持《女性和礼仪在家庭中的重要性》访谈，周南、刘洪、陈丽娜、谢芳、徐朝阳等 5 人举手报名接受访谈交流。

学术交流发言热烈有序，它们是：“上慈下孝对中华传统教育影响及发展的作用研究”（龚艳）、“谈生命关怀心身健康”（徐朝阳）、“复兴礼法共建的家风文化，传承生命之爱”（马皓月）、“家风文化：女子礼学”（杨双雨）、“家庭教育建设良好家教礼仪的基本原则和方法”（陶金）、“中华百姓宗祖与关公文化——谈民族独有的道德精神楷模关公”（世诚）、“汲取姓氏文化养生观，看母婴文化的形成与发展”（谢芳）等，主持人聂振强对发言中的理论研究、学术观点进行了点评。

本书绪论由中国非遗保护协会办公室副主任、《华商天地》杂志社总编辑、首钢党委宣传部高校宣传处处长李子闻撰写的《中华民族“根”文化的守望者》；联合国国际生态生命安全科学院中国籍院士、北京大学振兴科技忠孝基金创始人龚巧玉女士撰写的《从家出发，拥抱世界》；中国生命关怀协会常务理事、心身健康科学研究专业委员会会长，邯郸市人大代表、市政协委员张俊良先生撰写的《心身健康，家庭和谐》；中国科学院姓氏文化研究专家、中国姓氏群体遗传学学科创建人、《中华姓氏大辞典》《中国四百大姓》著作人袁义达研究员撰写的《中国姓氏对传统文化和血缘寻根的影响》4 篇文章组成。

第一章红色家风，由河南省姓氏文化研究会聂姓委员会荣誉会长聂满勇《缅怀聂姓革命先烈，传承聂氏红色家风——大别山鄂豫地区（麻城、商城）聂氏红色家风传承纪实》、高姓文化研究代表高家协《红色革命家风代代传——高自立两封家书对后裔的影响》、中央广播电视总台总编室编辑聂晶《建国立业中的聂希进》等 6 篇组成；第二章家风、家庭，由民主党派姓氏宗亲文化研究代表、姓氏宗亲文化全国“两会”提案执笔人聂振强《家庭、家教、家风建设在构建人类命运共同体中的作用研究》等 18 篇组成；第三章家族、家教，由北京大学哲学系研究生，湖南人文科技学院曾国藩研究所研究员、湘潭大学曾国藩研究中心《曾国藩研究》编委、曾国藩研究专家曾琦云《论曾国藩家教以及推广》等 10 篇组成；第四章家谱、祠堂，由内蒙古呼伦贝尔卞氏文化研究专家卞学敏《家谱编修和传播的革命》等 5 篇组成；第五章姓氏与地名，由《地理学与姓氏文化研究》《地名与姓氏是中华民族的根脉》2 篇组成，介绍姓名、地名数千年的沿革，论证中华历史的脉络，彰显姓名、地名、汉字在中华传统文化中的作用，以及其研究价值；第六章姓氏文化教育，由天津市高级人民法院行政审判庭原庭长高若敏的《如何搞好姓氏文化研究》等 12 篇组成；第七章海内外姓氏宗亲文化交流，重点在东、西方文化之比较，东、西方在“家族、家庭、家教”方面的特点与差异，尤其是蔡美卿、骆秀禹二位专家专为本书撰写的论文《泰中两国姓氏宗亲家族历史人文地理演变与家国融合发展的集成研究》，极具历史和学术研究价值，本章由 5 篇组成。此外，还收录湖山盟、刘洪、龚巧玉三位作者的诗歌作品，以及龚巧玉、龚有国、龚素芸、王周华创作的歌曲《家风家训家国之本》，等等。全书现有 60 余篇论文、文章，近 50 万字。

“知源为忠，识祖为孝”是中华民族数千年以来的传统美德。中华姓氏的本质及其形成变化，是一个非常有深度、有广度的学术研究领域。姓氏变迁与地名沿革佐证了中华民族历史发展的过程。在当今对中华民族文化的认同及国家大统一方面，中华姓氏文化一直起到并将继续起到独有的凝聚民族融合的社会根基作用。

本书的编辑出版源自中国农工民主党中央对姓氏宗亲文化的调研成果转化。2012 年 5 月，中共北京市委统战部理论研究基地发出理论研究课题招标书，农工党北京市委报送《姓氏宗亲组织与港澳台海外统战工作专题研究》课题中标(立项号 JD1205)。农工党中央文化委将姓氏宗亲文化列入中央重点研究选题，课题负责人张新建（农工党中央文化委主任、农工党北京市委驻会主委、文化部市场司司长），姓氏宗亲文化课题调研组组长聂振强，副组长陆地（农工党中央文化委副主任，北京大学视听传媒研究中心主任、清华大学新闻传播学院教授、中国传媒大学广电研究中心研究员，博导）、刘军（农工党中央文化委副主任，全国政协《中国政协》杂志新闻部主任，研究员）、卜健军（农工党中央教育委第一副主任、中国人民大学培训学院副院长），以及得到李汉秋、刘然、石光树、游宏炳、隋路、郭将、潘磊、刘京徽、曾成钢、汪国新、郑桂兰、沈文博、齐昕、庄元、祖晓刚、昝胜峰、刘迎、王锡玲、江欣、卢祥之、卞正林、张燕妮、李红、闫兴丽、金卫平、赵晓冬、李子闻、柏来锁、李拓宏、刘梦珏等领导、专家的支持和参与。

农工党中央在 2014 年全国“两会”上提交《发挥姓氏宗亲文化在中华民族精神思想中的传承作用，实现伟大复兴“中国梦”的建议》〔全国政协十二届二次会议第 1248 号(文宣类 078 号)提案〕。由农工党中央联络委主任黄泰康教授牵头，对全国 6 个省、市开展《姓氏宗亲文化发展在统一战线服务社会主义文化建设中的应策研究》调研，赴河南省社科院、河南省姓氏文化研究会、农工党河南省委等地考察、座谈，发放姓氏宗亲文化问卷调查表并在农工党中央《前进论坛》发布姓氏宗亲文化数据分析报告，最后形成党派提案建议。农工党中央联络委已组织编辑出版《姓氏文化学》图书专著。

2014 年 7 月 15 日，国家民政部向农工民主党中央发“提案答复的函”（民函 2014 第 665 号，签发人：顾朝曦，抄送：全国政协，国务院办公厅，主动公开)文件，称：“姓氏宗亲文化是我国传统文化的重要组成部分，一直以来为扩大海外联谊范围、拓展统战工作领域发挥了积极作用”，对“姓氏宗亲文化”“姓氏宗亲组织”政策性的相关界定给予答复。

2014 年在中国人民大学前副校长、中国社会学会名誉会长、会长，教育部社会学学科带头人，社会学一级教授、博士生导师郑杭生先生的带领下，面向全国在中国人民大学招收“姓氏社会学博士后”两名，在国内开创了“姓氏社会学”学科。2016 年 5 月 8 日，《姓氏文化研修班》在中国人民大学开班，至此，在全国首次拉开了姓氏文化教育培训进入高等院校的序幕，从研究、教学、传播、产业化方面为中华姓氏文化的形成与发展奠基了理论与学术研究的基础。2018 年 9 月 19 日，在泰国清莱市美赛鹏博冠学校，泰、中、缅、老四国联办“姓氏文化学”研修班，由聂振强主讲授课。

本书编辑思想：一是，首次以“姓氏宗亲文化与家庭、家教、家风”相结合的学术研究与践行，以论文、践行文章、好家风故事的体裁形式出版图书，将家庭教育融入姓氏文化践行之中，得以完善和提升姓氏宗亲文化活动的内涵，融入社会主义核心价值观，坚持文化自信。二是，将中国好家风故事与“5·15 国际家庭日”活动内容相结合，让中华姓氏文化融入国际大家庭，推动构建人类命运共同体。三是，面向基层作者群体，将老百姓家庭的好家风及心得体会提炼为研究成果，解决一些爱好者、作者能写一两篇论文但又有著书之难的问题。本书编者预先设计了 8 个篇章板块，结合众作者各自研究领域的成果，定向约稿，汇集成册，形成了姓氏家风文化作品的“森林、大海”，走出了“独木难成林”的困境。集中展现老百姓“要做好家教，形成好家风，实现好家庭”的精神风貌，展现群体的家庭建设成果，形成社会良好风尚，促进人类社会文明 、进步、发展。

家庭是人类文明社会的重要结构，孕育了生命和智慧。家教是一个生命诞生后，人的情操和行为规范的形成。家风是一个家庭形成的道德文明规范法则。家庭需要家教，教育好了孩子才能形成良好的家风。

家教培养了做人的品德，家风形成了人生的规范，家庭造就了美好的港湾。

家庭品德教育，铸就人生。

本书凝聚了各界专家的研究成果，现展示于众，分享给各位作者、读者。

敬请各位指导！

主编 聂振强

2022 年 4 月 6 日

目 录

绪　论

中华民族“根”文化的守望者

李子闻

公元2022年初夏，中华壬寅年五月，这是一个值得纪念的日子！

中国农工民主党中央文化委（第十二至十四届）、联络委（第十五届）委员，姓氏宗亲文化调研组组长，著名姓氏文化社会活动家聂振强先生，担任主编的《家庭　家教　家风——国际家庭日·姓氏好家风》一书，终于付梓出版了！

该书，将多年来国内大量志士仁人追求的“姓氏宗亲文化与家教”结合起来，提出“姓氏家风建设”的发展方向；同时将中华家庭好家风与“5·15国际家庭日”结合起来，举办“国际家庭日·姓氏好家风”学术论坛，收录了中国台湾、泰国、韩国、印尼及美国的专家学者的论文、文章，将众人各自研究的姓氏家风论文、文章归类成姓氏家风教育系列图书。从这种编辑思想来看，聂主编是有政策、有理论、有践行的，这对家庭、家教、家风建设发展，具有一定的指导意义，不愧为姓氏宗亲文化政策研究的专家、学者。

在论坛活动及编辑该书过程中，通过收集、整理、编纂中华姓氏好家风文化成果，用展评、论坛交流的方式开展姓氏文化与家风文化的研究，以促进家庭、家教、家风建设，是对“家庭、家教、家风”理念的美好能量注入和生命教育的诠释。对当下人生道德养成教育、社会风气的好转，有着十分积极的作用。

这是一件彰显中华民族文化自信的大事！

这是我国姓氏文化研究与教育实践的一件具有“里程碑”意义的大事！

或许有的人不以为然，认为出版了一本书，这只是当今国内外之大事中的不值一提的小事而已。可是，随着历史长河的流淌，其光辉会愈来愈闪亮，并将照耀着中华民族的子孙后代在砥砺前行中不忘初心、回头追根溯源的路……

他们将会明白自己来自何方，他们将从祖先那里继承坚忍不拔的优秀品质，传承好优良家风、家训，内心强大，克服一个又一个的艰难困苦，战胜一个又一个来自自然界、人类社会的敌人，自强不息，伟岸挺拔，从一个辉煌迈向另一个辉煌！

中华民族，生生不息！河流之长，必有其源；树高百丈，必有其根。

泱泱华夏，纵横千万年，灿烂的文化延绵不绝，屹立于世界优秀民族之林，这究竟靠的是什么？

洪水、地震、瘟疫……这样的天灾还少吗？

外国列强的一次又一次的入侵，这样的人祸还少吗？

直到21世纪的今天，贸易战、金融战、文化战、科技战、军事战的险阻，仍然横亘在我们的面前。

但任何艰难险阻，都没能也不能阻挡这个伟大民族前进的步伐。

这凭什么呢？

如果诸位读者有机缘、有时间，希望能认真阅读一下这本关于家庭家风、姓氏文化的文集，或许能悟到什么，或许能找到一些答案。

中华民族之所以能够绵延不断，有文字记载的历史就有几千年，不仅仅是因为我们这个民族是一个智慧的民族、是一个勇敢的民族，同时，还是一个重视“根文化”传承的民族，总有那些勇于担当者，守望着民族文化的“根”，守望着民族、家族的“精神家园”。

本书编者选编出版了60余篇文章，这些文章的起草者、参与者，就是民族“根文化”的守望者！

这些脱颖而出的作者，平均年龄50多岁，重量级的基本都是退休的65岁上下的老者，他们每一个人都在为姓氏家风文化教育而努力研究与践行，积极参与关于姓氏好家风文化传承的活动，都是出自本人的家文化历史使命的担当，没有一个人是为拿工资报酬才去做的。相反，是拿着自己的退休工资，无私奉献去做的。

人，因为自私而苟活，却因为奉献而伟大！

这正是中华民族优秀的人性光辉！

由于行文篇幅所限，在此仅列举如下：

本文集的总策划、总编辑、总筹资人聂振强先生，年过七旬，作为一个民主党派的4届20年的中央委员，退休后老当益壮，就没有看到他放假休息。他一直致力于姓氏宗亲文化实地调查研究与教育引导工作，无私奉献，从不接受活动组织方任何费用，不计报酬。他不辞辛苦，跋山涉水，开展广泛的社会“田野研究”，给党和国家提出了很多关于好家风建设、姓氏宗亲文化发展与管理的提案、调研报告与建议，并且“带”出了很多姓氏宗亲文化研究与教育的学生弟子，还有的弟子是夫妻俩，包括海外学生，桃李满天下。

我多次聆听过聂老师在全国各地的姓氏文化论坛演讲，他的讲话既有理论研究高度，又有可操作的方法，供大家学习和提高，大家都听得明白，很受欢迎。他还经常提出一些研究方向和研究方法，以及如何成果转化。尤其是前几年面对姓氏宗亲组织无序发展的乱象，他就提出要突出姓氏文化，要以教育和传承为主，融入社会主义核心价值观，形成好家风，实现美好家庭。

聂振强先生是当代好家风姓氏文化研究与践行的一面旗帜！

当之无愧的社会活动家！

被誉为当代的“费孝通”！

之所以这么讲，主要有以下 6 点原因：

一是聂振强先生做好家风姓氏文化工作，身份恰当。聂先生是民主党派人士，有参政议政、建言献策、社会监督的党派职能，有工作要求与能力，不是“跑偏干私活儿”。

二是聂先生的职业合适。聂先生退休之前，是从事一线采访的著名记者，是那种比较坐机关的、住象牙塔的知识分子，但又更能深切体察民风、民意、民情。

三是聂先生身体好，能吃苦。做好家风姓氏宗亲文化调研，东奔西跑，风餐露宿，没有好身体，没有点吃苦奉献精神，还真做不了。就是想做好此项工作，也是心有余而力不足。

四是聂先生能纵观华夏历史，把握世界华人当今生存状况与内心需求，有独到的眼光。光宗耀祖，传承好家风，华夏儿女无论身在何处何位，有内求发展的原动力，无人会辱没先祖。

五是聂先生有凝聚华夏儿女的担当情怀。姓氏的本质及其形成变化，是一个非常有深度有广度的学术研究课题。从某种意义上说，华夏儿女的姓氏见证了中华民族历史发展的全过程，用姓氏宗亲文化，可以凝聚华夏儿女，便于做好新时代统一战线工作。

六是注重著书立说，收徒展业。聂先生常说做好传统文化事业就要重视“著书立说”与“广收门徒”。他一方面亲身去做，一方面深入思考，一方面努力写作，腿勤、脑勤、手勤，并且还注重带领和指导中年和青年人去撰写论文，我曾经见过多位在聂老师指导下完成论文后的作者，他们无一不表现出喜悦和成就感。聂先生推动了国内姓氏好家风文化研究工作，他牵头策划、主编了相关的文集、刊物等。

中国科学院遗传研究所室主任、遗传发育所研究组组长和创新前沿项目负责人、长期从事姓氏群体遗传学研究的著名专家袁义达老先生的《中国姓氏对传统文化和血缘寻根的影响》论文作为绪论中的文章入书，开创了姓氏基因学建设方面的探究，翔实阐述了中华姓氏宗亲文化研究的当代意义，为本书增加了色彩，具有开创性，值得一读。

在这次国际性姓氏家庭文化论坛活动中，聂振强教授发表《家庭、家教、家风建设在构建人类命运共同体中的作用研究》演讲，阐明家风是家庭的核心价值观，家规家法就是家庭的“基本法”，家风是家族子孙后代恪守家训而形成的“家文化”，是一个家族的宝贵财富；姓氏家庭文化是社会德治的主体，是家庭家族建设中伦理道德的基石，在国家治理体系的形成和治理能力的提高过程中，宗亲文化能起到“德治”的作用；加强姓氏文化的理论研究，扩大海内外联谊范围，推动社会进步。这引起了良好反响，国际社会很关注，海内外多家报刊、网络进行宣传报道。

诸如此类的研究者很多，请广大读者在阅读中体会吧！

在中华民族伟大复兴的征程中，汲取祖宗的伟大智慧，传承弘扬先贤们的伟大精神，是我们每一个炎黄子孙、华夏儿女得天独厚的优势与资本，让我们携起手来，像聂振强老先生一样，做中华民族“根文化”的守护者，继往开来，勇于担当，不辱使命，再创辉煌！

李子闻，名自文，字子闻，祖籍山东菏泽，哲学学士，中国戏剧文学会会员。历任首钢党委宣传部宣传科干事，高校宣传处处长、院报总编辑，中国非遗保护协会办公室副主任，中国基本建设研究会非遗文化管理办公室主任。现任《华商天地》杂志社总编辑，兼任北京非遗保护与发展中心副秘书长。

从家出发，拥抱世界

龚巧玉

1993 年，联合国大会纽约特别会议提出：从 1994 年起，每年 5 月 15 日为“国际家庭日”，旨在提高各国政府和公众对家庭问题的认识，促进家庭的和睦、幸福与进步。

为纪念“国际家庭日”，由从事姓氏文化、家庭文化研究的聂振强等专家学者发起，京视网（市广电京字第 01982 号）主办，京视网手机台中华姓氏频道承办，中国农工民主党中央联络委员会为指导，中国报道文化中国频道、中国生命关怀协会心身健康科学研究专业委员会、中国高科技产业化研究会品牌战略专家委员会等为协办，福建省晋江市谱牒民俗学会、中国台湾中华民族致公文化总会、韩国·韩中姓氏文化交流中心等为支持单位联合举办的“国际家庭日·姓氏好家风”论坛于 2021 年 5 月 14 日在北京召开。论坛宗旨是“姓氏与家风”“中华姓氏与国际家庭”相结合。

这个社会公益活动体现了中华姓氏好家风融入国际大家庭的家国情怀，融合东、西方“姓氏家风”互为共建，构建人类命运共同体。

我和聂振强老师相识 10 多年了，我们是在一次龚氏活动上相识的。那时他经常应邀出席国内外的各种姓氏宗亲文化活动，无论是学术研究报告会，还是农村祠堂祭祖大典；无论是撰写论文，还是编修家谱；聂老师都是一位既热心又受欢迎的“活跃人物”。他从民主党派角度，针对姓氏宗亲文化的形成与发展，进行农工民主党中央的课题调查研究活动。我们之间经常就中华姓氏文化、家风文化传承进行深入交流，我也经常向他请教一些政策方面、学术理论方面的问题。聂老师总是耐心细致地讲解，时不时举出海内外姓氏文化方面的案例，为我们传授了很多宝贵的经验。用他的话说，“搞好姓氏文化活动，一是要学习、理解和掌握党的方针政策；二是要加强学术理论研究；三是要指导实践，融入践行社会主义核心价值观，做好家教，建设好家庭，形成好家风”。

在弘扬中华传统文化中，我们对龚氏根脉血脉的研究更为热衷。男女老少对龚姓的始祖是共工“水神”都感兴趣，寻中华人类始祖，找到历史根源，增强中华文化的凝聚力，为此产生了一定的民族信仰价值观。龚姓以共工尊其为得姓始祖，共工(又名共工氏，康回，孔壬)是中国古代水神的化身。传炎帝后裔，黄帝大臣，祝融之子，史上有共工治水之传说。

当年我爱好和参与姓氏文化研究，看到龚氏宗亲有那么多的好家风、好家教，培养好多优秀人才，对龚姓的来源就很感兴趣，想知道自己的祖先。面对社会上出现了那么多的姓氏“宗亲会”，对它们的成立是否合法也很茫然。聂老师建议我们从“龚氏文化”“历史发展”研究入手，一是研究龚氏历史发展，二 是结合当下总结龚氏家风文化，结合姓氏好家风、龚氏女精英去归纳、总结和传承。

在聂振强老师的指导下，在弘扬中华传统文化过程中，我们龚氏家族自从有了自己的历史文化研究院、联谊会后，我们就有计划、有步骤地规划了我们家族的近期和远期发展目标。现在我们已经走过了第一个里程碑：①抢救了我们全族最老的、文化底蕴最深厚的、皇帝赐建的千年家庙（福建省光泽县华侨乡牛田村龚氏家庙）。现已有 120 位 600 年以上的祖先牌位稳座享堂。②通过十年来在密云水库的祭祀共工活动、在 2020 年对密云水库内的 4100 年前的共工城申遗成功。并通过 2015 年 9 月 18 日在联合国总部平衡和可持续发展大会上的倡议、在世界天文联合会的支持下通过全球海投的方式让我们的得姓始祖共工成为太阳系的一颗行星的名字“共工星”。这是屹今为止唯一一颗以中文命名的中国上古时期神话人物的行星。③龚氏家族通谱工作正在全国各地互联互通。第二个里程碑是在新晋龚家龙总会长的带领下，通过乡村振兴项目让中国农民富起来，正在全国各地起航……。

多年来，龚氏家人注重加强家教家风文化的研究与发展，不断挖掘和传承数千年来龚氏文化的内涵，无数宗亲都在不同岗位、不同地域，无怨无悔地努力工作，默默无闻地、无私地为家族的团结和兴盛做贡献。这些都深深地感动了我！

我缘定从事水文地质工作，长期致力于国家乃至世界的生态文明建设。我从小就耳闻目睹家风、家教和家训，特别是父母的言传身教，对我的成长非常重要。

我从一名小学教员，到工农兵中专生、大学生、研究生，从农村到西安、从西安到北京、从北京到联合国。每前进一步，每上一个台阶，都离不开家教、家训的引导。因此我从感恩祖国、感恩祖先、热爱和支持家族事业，到积极的投入，发展到家族事业的策划、联谊和联合之中。不断地提高和完善我们的团队建设，不断地学习老前辈的优秀品德，不断地开阔眼界，不断地严格要求自己、提升自己，不断地得到各界人士和祖先的佑护，不断地为人类做出应有的贡献！

人类要遵循大自然规律去使用自然界的资源，要以天地人充分的组合来为人类的更好生存服务。我们秉持宇宙中最为本质的智慧思维，让事物发展回归本源，回归天地与宇宙同频、与趋势同向、与节能减排同心、与众生合一，在全息宇宙的赛道中发展和前进。

当今处于纷繁复杂的时代，面对人类在发展的十字路口何去何从的抉择，我们应该做积极的行动派，不做观望者，一方面要呼唤开天辟地的思想；另一方面需要弘扬家风、家教、家训，共同努力，把人类前途和命运掌握在自己的手中。

“姓氏好家风”影响着一个家族代代人的成长，从家风建设入手，从家庭教育抓起，才能成为好家庭，推动构建人类命运共同体。

谨此，祝愿此书主编聂振强老师老当益壮，继往开来！

龚巧玉，女，湖南省双峰人，高级工程师，毕业于中国人民大学经济管理专业，硕士学位。现任联合国国际生态生命安全科学院中国籍院士和中国分院院长、联合国世界和谐基金会共同主席、全球生态安全理事会成员、中国女企业家协会常务理事、中国经济发展战略委员会常务理事等职务。

1976年从西安地质学院毕业后曾长达16年在野外工作，负责国家科委、计委重要项目普查填图以及黄土高原地下水综合利用与治理等工作。其论文《黄土高原地下水资源综合开发利用》荣获国家科委科技进步一等奖，论文《北京北苑居住区第四纪断层走向勘察》被收入《中国科技发展经典文库》。作为中国地质勘查领域中的领军人物，领导并参与完成了近5000万平方米的工程地质、水文地质勘查工作。

曾被中共中央组织部和原国家广电部评为“巾帼英雄”、被全国妇联授予“华夏巾帼”奖章、被中国女企业家协会评为“杰出创业女性”。联合国世界和谐基金会理事，受全国妇联推荐出席联合国成立60周年活动。2006年在维也纳出席全球和平钟启动仪式，2015年在北京大学发起成立“北京大学振兴科技忠孝基金”，2018年在俄罗斯圣彼得堡出席联合国国际生态生命安全科学院论坛会并荣获教育功勋奖章。

心身健康，家庭和谐

张俊良

我是谁？我从哪里来？我要到哪里去？

这是困扰古希腊哲学家柏拉图的三大终极问题，也是人类试图解锁生命密码，探求人生意义的积极探索。抛开哲学层面的深奥追问，仅从生物学的层面看，人们大多对自己的出身、家世充满了好奇。

与西方文化崇尚个体自由的传统不同，中国人在“以孝为忠，以家化国”的儒家思想影响下，对家庭、家族的责任感甚至超越了对自身的重视，家风传承曾经在数千年间深刻影响着一代代炎黄子孙。以姓氏为标志的家族文化，往往因家族中杰出人物的德行、操守、学业、功绩对后世的巨大影响，而形成对某种可贵品质的自觉遵守和传承，甚至形成家族的特色“堂号”。

中国第一部成文的家族文化专著《颜氏家训》，是南北朝时期文学家颜之推撰写的，内容涵盖自我修养、家庭关系、求学、名利观、社会交往等多个方面。在这部家训影响下，颜氏一族硕儒辈出，忠烈满门，仅在隋唐时期就涌现出颜之仪、颜师古、颜昭甫、颜元孙、颜真卿、颜皋卿等杰出人物。《颜氏家训》不仅在颜氏家族内部被奉为圭臬，而且在社会上赞誉极高，当时“凡为人子弟者，人手一册，奉为明训”。

东汉名士杨震拒绝下属送礼，下属说：“夜深人静，无人知晓。”杨震正色回答：“天知、神知、我知、子知，何谓无知？”杨氏后人感念先祖的廉洁，以“四知”为堂号，子孙世代以廉洁自守。

无独有偶，类似的家族文化传承，还有以仁义著称的王氏“三槐堂”、以刚正闻名的包氏“刚毅堂”、以爱国传世的文氏“正气堂”等等。这些特定品行，经过千百年传承，已经融入许多家族的文化基因之中，成为许多家族的精神图腾。

一个姓氏承载着一部家风故事，一门家风塑造着一种精神品质。家庭是社会的基本细胞，从某种意义上说，中华文明能够成为世界上唯一续存下来，并不断创新发展的古老文明，正是由于承接了众多家族文化的源头活水，涓涓细流汇聚为河、汇溪成江、汪洋恣肆、奔腾入海。

近代以来，西风东渐，新文化运动喊出了“打倒孔家店”的口号，主张在文化思想层面彻底扫除“封建糟粕”，借助西方思想实现富国强民的理想。然而事与愿违，因国情、社情、民情的不同，从西方取来的所谓“真经”，在中国社会的土壤中水土不服，在经历了百年的纠结和拧巴后，中国人既无法接受全盘西化，同时也跟自己的文化大传统产生了相当的隔阂，造成了一系列日趋严重的心理困扰和社会问题。

一种优秀的社会文化，既不能，也不应隔断自身的传统和历史，同时又要汲取最新的文明成果，不断与时俱进。近年来，中央提出讲好中国故事、传承良好家风，就是希望能够将中国传统家庭文化中的积极、合理成分，与当代民族复兴的现实需要结合起来，全面塑造一种适合中国社会发展、符合中国人精神气质的文化自信。

姓氏文化和家风传承不仅有利于家庭幸福、社会稳定，还对个人的心身健康有益，特别是对人的心理发展有着强烈的暗示作用。一个从小受到廉洁、正直、仁爱、自信家风教育的人，即使身处逆境、贫穷或是受到疾病的困扰，也不会迷失自我、怨天尤人，更不会丧失道德底线，从而引发一系列心理、生理问题。

这本《家庭　家教　家风——国际家庭日·姓氏好家风》文集，是在迎接联合国“5·15 国际家庭日”论坛等活动中精彩论述的汇编。主编聂振强教授，数十年间专注于中华姓氏文化的研究和推广，常年奔波于全国各地，在许多宗姓家族间采集数据信息。这本文集的出版，是对他多年辛苦劳作的最好致敬。

聂先生于我亦师亦兄，我们曾多次就中华姓氏文化研究和发展问题促膝长谈。我们的共同心声，如同这部文集的主旨，就是致力于在传统和现代的结合中倡导“新型好家风”，发扬传统姓氏文化中的积极因素，将姓氏传承、宗姓力量、家庭民主、社会责任、进取精神和人生价值等，与开放多元、民主法治的世界潮流结合起来，融传统于现代，化糟粕为醍醐。

“中国生命关怀协会心身健康科学研究专业委员会”是以“探索和促进人民

身心健康，推动社会和谐发展”为定位的智库机构，自2018年成立后，在研究相关课题、开展公益事业、实施民生工程等方面取得了很多成效。例如，通过“心世界·心愿景”心身健康中国行系列活动，一方面深入社区开展公益活动，另一方面通过线上授课培训，帮助数万名群众疏解甚至摆脱了身心方面的困扰。

我很高兴地看到，《家庭 家教 家风——国际家庭日·姓氏好家风》文集中，许多文章从“姓氏文化、家风传承与心身健康”这个崭新的角度发表了真知灼见，提出了建设性意见。这对“心身委”下一阶段的课题研究，无疑将起到重要的启迪、助推作用。

中华姓氏文化维系着中华民族强烈的祖根观念和血脉情怀，是中国人寻根溯源的“活化石”，也是世界文化遗产的重要组成部分。我愿同诸位同道一起，努力联合各智库机构、专家学者，研究中华姓氏文化，推进良好家风建设，为促进人民身心健康，推动社会和谐发展尽一份绵薄心力。

张俊良，中国生命关怀协会心身健康科学研究专业委员会会长，“心世界·心愿景”心身健康中国行系列公益活动发起人，中华职业教育社理事，邯郸市第十三、十四届人大代表。

中国姓氏对传统文化和血缘寻根的影响

袁义达

2010年我们在中国大陆出版了一部有关中国人古今姓氏的大辞典，书名为《中国姓氏大辞典》，收录了中国各个历史时期属于中国疆域内的全部汉字姓氏。历时40年，一共收录了23813个姓氏。笔画最少的姓为1笔，笔画最多的姓为30笔。除汉族以外，当今50多个少数民族中均存在使用汉字姓的情况。同时也发现全中国目前在使用的姓氏只剩下了7000余种，其中属于汉族和其他民族的大约各占一半。

我们根据中国大陆和台湾地区的民政部门户籍登记的记录，对13亿4000万有效数据的统计结果显示，中国最多人口的100种姓氏的人口已经接近总人口的85%，而人口在4万以上的常见姓氏约有500种，500种姓氏合起来的人口超过总人口的97%。而中国三大姓氏是王姓、李姓和张姓，其人口分别为9500万、9350万、9000万，三大姓氏的人口已经占据了中国总人口的21%。

从1000年前的宋朝以来，我们发现宋、元、明和当代的中国人姓氏的分布数据和分布曲线几乎没有什么大的变化，这说明中国人对姓氏使用一直是相当稳定的、传统的。

从文化平台上来解读姓氏对社会和文化的影响是必要的，这包括对家族文化（血缘寻根）的影响、对根源文化（文化寻根）的影响以及对传统文化继承的影响。

一、对家族文化（血缘寻根）的影响

家谱，就是一个先祖的家族历史的真实记录。家谱主要反映的是家族存在的各种社会关系和进化中的血缘痕迹，家谱应是对中国历史（正史和方志）的一种重要的补充。我们称家谱为血缘寻根就是这个道理，其最重要的标志是：家族世系清楚，每一代的历史人物是真实的，尤其是各地分支的家谱，自开基祖以下的历史是真实的。

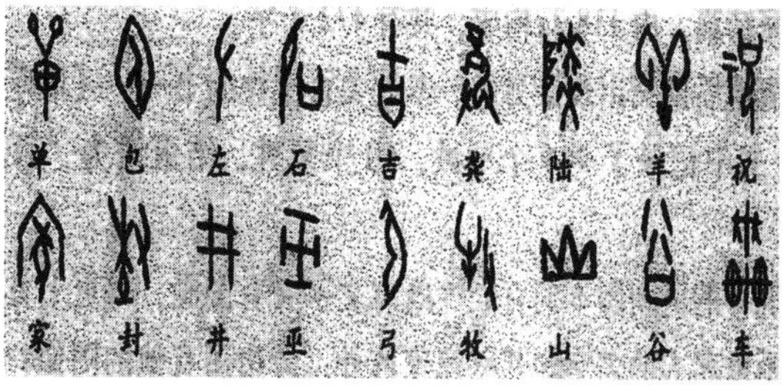

家谱也称谱牒学，是一门传统古老的学科，其核心是姓氏和人名，是血缘寻根的一种重要文化依据。进入4000—3000年前的夏商西周时期，在甲骨文、青铜器上已留下了世界上最古老的姓氏记录，这是真正记录了当时有关姓氏的历史，所以中国人有文字记载的姓氏历史应有3300年。这是值得我们全体中国人自豪的。

2005年出版的《夏商社会生活史》揭示了考古领域中的最新成果：在商朝遗址殷墟地出土的甲骨文中发现了最早家谱的记录，即刻在牛胛骨上的儿氏族（倪氏族）十二代世系谱，这至少有3300年以上的历史，这应是世界上有关家族历史记录的最早信史。战国末出现的《世本》，记录了上起上古帝王之世系的玉谱，下至周天子封赐诸侯之世系的家谱，这也有2000多年的历史，是世界上有关国家重要家族历史系统记录的最早家谱专著。有关的家族谱系记录一直属于官方的行为，直到唐末五代以后才出现了民间的修谱。

中国民间修谱开始于宋朝，大规模普及是在明清时期。在家谱中，各姓各地开基祖以下的历史是真实可靠的，开基祖以前的历史需要斟酌和考证，谱系断层是无法回避的。但是，修编家谱时普遍存在开基祖以前的历史和对接问题，加上民间修谱的不规范和伪作，所以，家谱可研究的价值和应摒弃的糟粕都是显而易见的。一部好的家谱就是一部家族的真实历史，各民族、各姓氏、各家谱的总和就是一部中华民族的姓氏历史，也就是一部中华民族的血缘历史，可见续谱修谱的深远意义和历史责任。中国人“家谱与正史、方志构成了中华民族历史大厦的三根支柱，在中国乃至世界的文明发展史上堪称弥足珍贵的文化遗产”。

2009年9月，由孔子第七十七代衍圣公孔德成主编的《孔子世家谱》最新版本出版了。这是一部世界上最具影响力的家谱，其“先祖孔子，开儒学之先河，普学塾之大德，泽东方之教化，为万世之师表；其所载族人，昭穆分明，传承有序，族系分明，上溯2560年，延时之长，纂辑之广，稽考之实，堪称世间谱牒之冠”。不管是来自中国大陆的、港澳台的、海外的孔子后人，只要一翻开这部贯通古今、涵盖中外的巨著《孔子世家谱》，哪一位不会热血沸腾、精神振奋！强烈的家族归属感、荣誉感和使命感油然而生！由此感染其民众，激励其民心，增强其族人的凝聚力，以此形成一股振兴孔氏宗族、促进社会进步的巨大力量。试想一下，如果全体中华民族的每一种姓氏都有了家谱，那所形成的民族凝聚力是何等之强！这对振兴中华民族复兴是何等之重要！

二、对根源文化（文化寻根）的影响

“参天之木，必有其根；怀山之水，必有其源。” 世界上天地之物都有其根源，而文化寻根是人类的天性。寻根意识是当今世界的主要思潮之一。姓氏寻根，就是中国人的血脉文化寻根，可以说是一种根源意义上的文化认同，是人性寻根中最基本最重要的内容。每当我们谈到中华民族的共同祖先，人们总是会怀念炎黄两帝，这是因为当今占中国人口九成以上的姓氏中绝大多数的寻根可以追溯到炎帝和黄帝。所以不管是中国大陆的、港澳台的，还是海外的华人均自称“炎黄子孙”。 当然，同时期还有蚩尤，他是南方“九黎”民族大多数后裔公认的共同祖先。其实还有比炎黄两帝和蚩尤更早的中华民族的共同祖先，那就是被誉为“人文始祖”的伏羲氏。传说伏羲氏时代以龙命官，以龙为尊，所以，有时候全体中国人又都自诩为“龙的传人”。

以姓氏寻根，引申到史前的传说人物为共同的人文始祖，我们称为文化寻根。文化寻根不同于家谱文化，其世系是粗线条的，掺和了各种传说的成分。当今，在我们的各姓氏宗族的修谱中，开基祖以前的历史，大部分是断代的，不能历史地完整地与开基祖联系起来，可以说基本上都属于文化寻根的性质。这就是中国姓氏文化的一大特点，而且是不可缺少的内容。

有的人认为姓氏不过仅仅作为一个人的称呼的符号而已，没有研究的必要，甚至担心研究姓氏和家谱会不会走向搞“封建迷信”或者“宗派”的活动？这种思想实际上反映了这部分人对中国优秀传统文化缺乏信心，同时也反映了这部分人对中国人（不管文化程度高低）热爱和传承中国优秀传统文化的素质缺乏信心。

20世纪80年代，国家最权威的研究机构——中国科学院和中国社会科学院的科学家们不约而同地对中国姓氏进行了科学研究，从不同的角度和用不同的方法得出了一个共同的结论：中国人姓氏是一种重要的国情资源！姓氏已深深地埋在每一位中国人的心中，是一种抹不去的根亲烙印，是一类能够世代遗传（传递）的血缘文化“基因”。中国姓氏文化不但在历史学、民族学、社会学、文字学、考古学等传统的文化领域中有着深远的影响，而且由于中国人姓氏的历史和传递规律，决定了它在探讨人类起源、人群迁移、民族融合、对中国人遗传基因的进化和保护，乃至疾病类型分布和药物学等跨自然科学和社会科学领域研究中的重要作用。这一点确实使国人大开眼界，北京大学著名学者季羡林先生在为《中国姓氏大辞典》所写的序中指出：“治中国历史而不注意姓氏的研究，是根本不行的。”

中国人的宗族观念根深蒂固，同姓同宗是一种很强的联系纽带。实际上自西周春秋3000年以来，在宗法制度下，中国人是以父系为中心来论亲属的亲疏的。父系家族的延续被认为是至关重要的事。祭祀祖宗，延续香火，被认为是每个家庭的头等大事，无后被认为是最大的不孝。古代的国家观念，也与家族观念相联系，所谓一家一姓的天下，实际上是父系家族观念的无限扩大。在这种宗法制度和宗族观念的几千年中，中国人十分重视姓氏，养成了同姓聚居的习俗，很多地区存在着修谱联宗的现象，在中国和世界其他地区，尤其中国的东南和华南地区，以及东南亚华人比较集中的地区，形成了无数群大小不等的同姓人群和宗亲联盟。这是根源意义上的文化认同，是一种民族凝聚力的表达。所以，华人姓氏和宗亲联盟是世界华人团体的重要社会基础。认识华人社会的这一现象，正确引导这一关系，是十分有利于国家或地区的人气凝聚、社会稳定和经济发展的，是有利于振兴中华民族伟大事业的。

三、对传统文化继承的影响

“族谱文化是中华民族的传统文化，收集、研究族谱，有利于中华民族的团结和中华文化的传播。研究家谱可增强民族凝聚力。”“以姓氏文化为代表的传统文化在港澳台同胞和海外侨胞中有着广泛而深刻的影响。”继承和发扬这一传统文化是我们每一位华人的历史使命，责无旁贷。但是，除了继承和发扬家谱和姓氏文化的使命，我们还面临着另外一项更重要的历史使命，那就是抢救家谱和姓氏文化的任务。

人类社会的发展进程是不以人们的意志而转移的，中国5000年以上的历史证明了这点。进入 21 世纪后，中国的社会结构进入了一个与以往 5000 年的历史完全不一样的崭新的历史时期，即由 5000 年的农业化社会向工业化社会转化的时期。具体表现为城镇人口在快速增加，农村人口在减少，居住地在不断合并；随之而来的是城镇建设的巨大发展，保存几百年或上千年不变的古老乡村将发生翻天覆地的变化，那些不再受村民保护的各姓氏家族文化几乎将被抹掉，不留任何痕迹。随着中国城镇化的加速和人口移动半径的扩大，还会催化这类姓族亲情疏远的程度，加剧中国姓氏演变无序和传递断层的速度。几千年来中国人的血统延续的正统思想，原本脉络清晰、科学有序的中国姓氏代代相传的规则和传统，以及民族凝聚力的血缘根基在工业化进程中将受到最严厉的无情冲击。我们思考一下，如果没有家谱和姓氏文化的继承，中国传统的家族文化用不了 100 年就会消亡，因为中国家谱文化的根基是农耕社会。那我们的子孙后代就会像 20 世纪末期的美国人一样，只知先祖来自 200 年前的欧洲和非洲，找不回大多数美国人家族的根了，全体中华民族的根也就虚了，像断了线的风筝，随风飘荡。如何有效地继承和继续中国人姓氏文化和家谱（血缘）文化，这应是我们这两代中国人需要思考和解决的问题！姓氏和家谱的存在就是合理，能够长期存在的姓氏和家谱文化就是中华民族的传统文化，继承和延续这个传统文化一定是中华民族的神圣追求。

袁义达，1947年生，浙江奉化人。毕业于北京大学，曾任中国科学院遗传研究所室主任，遗传发育所研究组组长和创新前沿项目负责人，中华伏羲文化研究会副会长，中国人类学民族学研究会常务理事，华夏姓氏源流研究中心主任研究员。

长期从事姓氏群体遗传学的研究，为此曾在美国斯坦福大学学习和工作，参加或主持多项中国科学院、国家自然科学基金和国际合作项目，共发表了50余篇论文和多部专著，包括《中国姓氏大辞典》、《中国姓氏：群体遗传和人口分布》（该书获得第十四届中国图书奖）和《中国四百大姓》等，以及当代百家姓排列成果，发现了中国人姓氏分布规律，创建了中国姓氏群体遗传学学科。

第一章

红色家风

缅怀聂姓革命先烈，传承聂氏红色家风

——大别山鄂豫地区（麻城、商城）聂氏红色家风传承纪实

聂满勇

大别山鄂豫地区（麻城、商城）的聂氏分别位于湖北省麻城市、河南省商城县境内。麻城、商城两地紧紧依偎在大别山山脉中段南北两麓，互为相邻；

大别山鄂豫地区的聂氏共有麻城市开发区聂家榨湾、顺河镇聂家畈、夫子河镇聂家塆和商城县聂楼湾 4 个支系，现有男丁 1080 余人；

麻城是中国古代“八大移民发源地”之一，“孝感乡”是历史上“湖广填四川”的起始地和集散地，是巴蜀公认的“祖籍圣地”；

为新中国成立，大别山鄂豫地区聂氏 40 人战亡，英勇奋战，换来红色江山。

一、《麻城聂姓烈士纪念馆》揭牌

2021 年 12 月 18 日上午，“大别山地区鄂豫（麻·商）聂氏祭祖颁谱暨麻

城聂姓烈士纪念馆揭牌大会”在湖北省麻城聂家榨祠堂广场隆重举行。会场上300余名身着标有“湖北聂氏”字样红背心的聂家人个个喜笑颜开。全场鲜艳的中国红，彰显着族人们的热情与奔放，预示着聂家人的幸福与吉祥。

河南省姓氏文化研究会聂姓委员会会长聂统臻，委托荣誉会长聂振强、聂满勇，会长助理、专职副会长聂德君一行三人专程前往麻城出席颁谱暨聂姓烈士纪念馆揭牌大会，并代表统臻会长向麻城聂氏献上锦旗：“承前启后功在当代，光宗耀祖名传千秋。”

无数革命先烈为建立新中国，以抛头颅、洒热血的成本换来红色江山的资本，位于豫南、鄂北的大别山地区的40位聂氏宗亲战亡，为新中国捐躯，这是多么伟大的壮举！

在对姓氏宗亲文化活动的调查研究中，同一姓氏战亡捐躯数量之多，实为罕见。麻城聂姓烈士纪念馆的建立意义重大，是“红色革命聂氏好家风教育基地”。

二、传承聂氏红色家风

国无法必有祸乱，族无家规必有歪风。麻城聂氏不仅文化源远流长，而且有灿烂的红色家风。聂姓自受姓以来，经过无数先辈的探索和打磨，已形成爱国家、敬祖宗、夫妇和、兄弟亲、睦邻里、禁赌风、恤孤寡、崇勤俭、严禁闹派性的聂氏家规家训，形成好家风。

为缔造新中国，聂姓有先辈40人战亡，英勇捐躯，被追认为革命烈士，为此建立麻城聂姓烈士纪念馆。先烈们始终坚定共产主义理想信念，为了党和人民的利益，不惜牺牲个人的一切，为建立新中国做出了不朽的功绩。作为麻·商聂族烈士的后裔们，在麻·商聂氏宗亲理事会的带领下，为了让他们的名字历历在目，为了追忆他们的英雄事迹，为了传承他们英勇不屈的高尚品德，为了要把他们大无畏的革命精神发扬光大，为了要把他们爱党、爱祖国、爱人民的红色情怀代代相传，于2021年12月在聂家榨祠堂处建立了麻城聂姓烈士纪念馆，深受族人们的拥护和支持，对本族传承红色教育家风，坚定紧跟党走的决心，共建美好和谐家园具有深远的意义。

这些家规家训，聂姓人自始至终记在心里，铭刻在骨子里，一代一代，薪火相传。在革命战争时期，麻城是中共早期建党活动的重要“驻地”和鄂豫皖革命根据地的中心，组建了红四方面军等革命武装力量。发生了“黄麻起义”、新四军中原突围、刘邓大军千里挺进大别山等重大革命历史事件。

聂姓为国捐躯的名单是：聂为金、聂益芝、聂维华、聂益发、聂六意、聂维国、聂益友、聂益祥、聂益财、聂启发、聂益荣、聂维良、聂益德、聂维松、聂益付、聂德发、聂维应、聂支保、聂望合、聂益新、聂益能、聂益庆、聂望庆、聂益得、聂益良、聂先华、聂先发、聂先富、聂先荣、聂光华（1910 年出生）、聂光华（1914 年出生）、聂光富、聂光荣、聂则勇、聂则发、聂则方、聂则猛、聂则财、聂则贵、聂维礼之妻王六娘。

这些先辈大多是血洒战场而壮烈牺牲，有的是在组织群众为部队送粮或送盐途中被敌人杀害，有的是在为红军当向导返回途中被斩首示众……是他们用青春年华，换来了今天的美好生活，他们的英雄事迹与天地共存、与日月同辉！

1938 年抗战时期，日军在广东博罗县制造“虾望惨案”，日军枪杀村民（包括聂氏）61 人。现虾望村聂姓为纪念惨案，竖立了纪念碑，勿忘国耻，牢记使命。

先烈精神昭后世，祖德恩泽吾子孙。

三、湖北聂氏家谱文化研究与践行

重修聂氏家谱。中华聂姓历史悠久、源远流长，自始祖授姓以来历代宗祖昭穆有序，支下繁衍经唐宋元明清数代繁茂，全国各地其裔甚多，人丁兴盛。但因在漫长岁月里的年湮代远、历代王朝兴衰更迭、繁衍生息地各异及战乱冲突等历史原因，使各地聂姓许多宝贵的历史资料荡然无存，造成各地世系不一，麻城、商城聂族村落也是如此。但无论迁徙到华夏何地，天下聂姓同祖、同脉、同根是不可争议的事实。本着天下聂氏一家亲的理念，1990 年河南省商城县聂楼湾支系、1993 年麻城市南部的夫子河镇聂家塆支系先后与麻城市中部的聂家榨湾支系联宗合派，2010 年又与麻城北部顺河镇聂家畈支系联宗合派，至此，麻城境内所有聂姓与大别山北巍的商城县聂楼湾聂姓同宗、通谱、共祠之举，开辟了溯源无考、寻根无据的族务先河，为顺应中华盛世、和谐社会的发展增进族亲间的凝聚力。

1990 年，以聂益银等为代表的老一辈宗亲们，将大别山山脉中段南北的湖北麻城聂家榨湾支系与河南商城聂楼湾支系合修宗谱。2010 年在聂满勇等宗亲的积极参与和大力支持下，不仅将麻城辖区的所有聂姓整合在一起合修了宗谱，还重建祠堂供奉着4支系的祖先，为全省聂氏通谱通志探索出了成功的经验。同年12月，湖北省热衷于聂氏宗亲事务的聂世敏、聂心爱、聂文江等20余名宗亲在麻城组建了湖北聂氏宗亲首届联谊会，该联谊会的成立为湖北聂氏宗亲事务奠定了基础，具有里程碑式的意义，现发展为湖北聂氏文化交流会。在本书即将付梓出版前，麻城正在开展聂氏村落分布及族务调查工作，故再次提供：红安聂家祠堂、莫山聂家祖宅里的红色文化方面的革命古迹史料。红安县七里坪杨李家庄祠堂湾的聂氏祠堂，曾是彭杨军政学校旧址，聂家祠堂1988年1月被列为全国重点文物保护单位。英山县红山镇石桥村聂家湾的祖宅，曾是红二十八军成立之地，现为爱国主义教育基地。

麻·商《聂氏族谱》和《族志》的问世。2020年秋，湖北省全省聂氏自发开展通志通谱工作，在老会长聂全林的倡导下，聂盛忠、聂坤伦等老一辈积极带头，经过多次集中商议，决定再担重任、广纳新贤，邀请有热心、有奉献、有担当的年青后裔进入家族事务管理队伍，将他们扶上马、送一程，继续传承和发扬聂氏文明和谐、团结互助、敬老爱幼等优良传统。改选了以聂盛忠宗亲为理事长、聂乾超为常务理事长的大别山地区鄂豫（麻城、商城）聂氏理事会；组建了以聂乾仲为主编，聂乾盛、聂坤伦分别为执行、责任主编的2020年大别山地区鄂豫（麻城、商城）聂氏续谱理事会，为该族的宗亲事务、续谱大业提供了有力的组织保障。历时一年有余，一部全新的麻·商《聂氏族谱》和《族志》的问世，不仅率先向湖北聂氏宗亲理事会递交了《族谱》和《族志》及其电子档，而且还建立了麻·商4支系世系图，统计出各支系有记载以来的历世历代红丁人数3603人，现世人数1084人，做到了人数清、世系明，为后代提供了永久性的历史记载。

主编聂乾仲宗亲在颁谱大会上发言介绍时说，这次续谱，是对我聂氏族谱的一次成功研讨，编委会对前两次的谱牒进行认真对比，校正了不少偏差和错误，弄清了来龙去脉，统一了派字用字，规范了叙述用词。这次续谱，没有按一世清或五代循环的传统模式编纂，而是为了使大家便于翻阅查找，使其一看就懂、一查就清，首次采用世系目录分段插页在相对应内容的谱牒中，使之一目了然，是一次大胆的探索和创新。本次续修宗谱本着有钱出钱、有力出力的原则，不搞摊派、不搞一刀切，在理事会的发动和理事们的带头下，族裔们纷纷自愿捐款给予了大力的支持，几乎所有的家庭都积极参与，且所筹措的资金超过了预期。现祠堂已整修，门前广场已硬化，道路已扩宽，一派欣欣向荣的景象。这些都是族风正家风才好的结果，是红色家风得以传承的结晶。

四、修谱建祠育后人，资助公益传家风

在湖北宗亲理事会有关聂氏通谱、通志这一伟大工程的具体实施过程中，经过大别山鄂豫（麻·商）聂氏宗亲的共同努力，在全省率先完成了本分支谱牒和族志及其电子档工作，赢得了一致好评。在历时一年有余的修续宗谱工作中，涌现出了一大批吃苦耐劳、无私奉献、热衷于宗亲事务的人和事。有从事 30 余年宗亲事务的盛忠、乾修、坤能、家兴、耀全、盛巽、盛广、乾友等老宗亲；有连续两次担当续修宗谱主编的乾仲和勇于担当的学识贤能坤伦、乾盛宗亲；有身体力行的乾波、乾超宗亲，敢于创新的乾林宗亲，忙于奔波的乾明宗亲；有续修宗谱带头捐资的家福、乾锐、向东等宗亲；有多年来积极参与宗亲事务的盛寿、乾坤、盛涛、盛刚、坤狮、坤桂、乾学、盛朝、家春、继愉、建国、辉堂、辉平、辉本、光胜、光热等宗亲。特作为麻·商聂氏宗亲事务功德群体予以感恩铭记。

聂益权，烈士后代，生于 1926 年 8 月，卒于 1994 年 8 月，享年 68 岁。他自幼攻读私塾，天资聪颖，勤奋好学，成绩优异。先后在原麻城县粮油系统、供销社等单位工作。退休后不仅积极参与本宗族各项事务，还教育子女要爱族爱家，现其子聂盛涛、周月花夫妇也是族务的积极参与者，使优良的红色家风得以传承。

聂全升、聂全锐堂兄弟是聂益得烈士孙子，聂益得于 1932 年 8 月，在为红军运送军粮时不幸被捕，被敌人带到原麻城县放牛山杀害。聂全升在担任村副主任期间，传承先辈的精神，积极为村民办实事做好事，深受村民们的爱戴。2021 年底，临近退休年龄的他在村委会换届选举中再次当选，后经组织部门特批，他仍一如既往地服务在群众的第一线，发扬了党员烈士祖父的优良传统和作风。聂全锐致富不忘宗亲事务，带头捐款助贫济困，上敬老人，严教子孙，做人低调，是红色家风传承的典范。

聂全超，是 1932 年 9 月在麻城作战中牺牲的烈士聂益发后代。经过部队大熔炉淬炼过的他，退伍不褪色，曾在村里当支书，他坚持原则、为人正派、勤劳

俭朴。2021 年在宗亲事务青黄不接的时候，他毅然站出来，负责宗亲理事会的常务工作，办事公道，雷厉风行，为本族红色家风的传承做出了表率。

聂益升，慈祥忠厚，博学多艺，年轻时就喜读古书，20 世纪七八十年代，他经常利用晚上空余时间自带锣鼓在村里讲《杨家将》《穆桂英挂帅》等故事，既宣扬了他们精忠报国的英雄精神，又丰富了当时邻里的文化生活。他平易近人、为人师表、严教子女，其子聂胜利在他的言传身教下，刻苦学习，在全国重点大学毕业后，并没有选择去工资待遇很优厚的知名私企追求物质享受，而是毅然从军报效祖国，经过在部队的不断努力和深造，现已是中央军委某部大校军官，即将步入将领行列，聂胜利是聂氏自学成才的榜样、是国家的栋梁。

聂姓企业家致富不忘共同富裕。聂满勇、聂家福、聂发堂、聂启杰商城支系宗亲自幼在家务农，经过不懈努力及打拼，成了本族较有影响的农民企业家，他们致富不忘家乡，曾出巨资助修谱建祠。聂满勇还为中华聂氏名人档案工程、中华聂氏族谱编纂委员会通谱等聂氏事务捐资 10 余万元。聂家福是湖北聂氏宗亲理事会荣誉会长，近年来，他先后在本族宗亲理事会、省宗亲理事会及其助学基金会、外省重大宗亲事务、汶川地震救灾以及近两年的疫情中向中国红十字会捐款累计数十万元。可谓是事业有成、功德无量，他们慷慨解囊的无私奉献，深得族人们的敬重和称赞。

在大别山鄂豫地区（麻城、商城）这片革命老苏区的红色土地上，麻·商聂氏在战争年代不仅英雄辈出，在聂氏家族里，红色家风的事例不胜枚举，浓浓的爱党、爱国、爱家的家国情怀正在激励着他们奋发向上、共建和谐美好家园！在和平时期也涌现出了许多爱党、爱国、爱家的群体和个人，他们不断地传承着家国情怀的红色家风。

麻城聂姓烈士纪念馆很有地方特色，值得挖掘和宣扬。

聂满勇，河南省姓氏文化研究会聂姓委员会荣誉会长、《中华聂报》社长、中华聂姓文化研究会副会长。

红色革命家风代代传

——高自立两封家书对后裔的影响

高家协

在近代革命史上的高姓人中，高自立是继高君宇、高岗名字之后的又一位伟人。他，原名高志立，号省烦，化名李友生、周和生，江西萍乡安源青山镇源头村萍北高氏人。1926 年 10 月加入中国共产党，在萍乡从事工人运动。1927 年率 200 余名安源工人赴武汉，编入国民革命军第二方面军总指挥部警卫团，参加湘赣边界秋收起义，随部队上井冈山。历任红一方面军第六十四师政治委员，红五军团十五军政治委员兼军长，中央革命军事委员会后方办事处政治委员。1934 年 6 月，赴莫斯科出席共产国际第七次代表大会，当选为大会主席团成员和共产国际监察委员会委员，并在开幕式上代表中国共产党致贺词。1938 年回国后，任陕甘宁边区政府代主席、副主席兼民政厅厅长、建设厅厅长。1945 年起，任中共中央冀察热辽分局委员兼财经委员会书记、冀察热辽办事处副主任。1950 年 1 月 9 日在沈阳病逝，葬沈阳烈士陵园。

高自立（1900—1950）

他 1925 年离家参加革命，到家乡解放后的 1948 年 8 月 21 日和 11 月 31 日，分别写了两封家书给从未谋面的女儿。

第一封信不足 200 字，除说明没有写信的原因外，重点是：“如有机会，父可能回家一走，否则就要你母亲回家一趟，并把你也接来，接信后即把家中情形及你祖母情形告来为要。”可见他，上牵挂年迈母亲，下牵挂一腿残疾的女儿。

第二封信也不足 300 字，重点是谈对长辈的“痛悼”，对女儿、家庭的要求：“吾儿现已二十余岁，不知已否结婚，如未结婚，暂时可不结婚，余拟送你入学学习，即能求得一项专门技能，以便能在生活上自立。目下你应多多识字、写字，俾将来入学学习更为方便。吾家无人劳动，生活困难，自在意料……”信中没有谈及要新中国成立后的当地政府给予照顾的话题。

他曾带200多人参加秋收起义。1938年在延安凤凰岭驻地合影，毛主席题写“井冈山的同志们”。林彪站毛主席右边，高自立站毛主席左边。说明高自立在井冈山时，就是毛泽东的左膀右臂。他参与起草了1935年中国共产党发表的“八一宣言”和第一部《土地法》，最早论述毛泽东生平和思想的珍贵文献《毛泽东传略》约12000字中文手稿也出自他手。1935年8月21日的苏联《真理报》曾载他受中国共产党派遣参加共产国际第七次代表会议，当选为国际监察委员会委员。延安整风期间，他保护了不少干部。在沈阳那边也任过财经委书记。无论凭任何一点，要照顾一个年迈的老母和一个残疾的女儿，只需开口，似乎是应理该当的事。他没说，更没做。

毛主席题写的“井冈山的同志们”照片
（主席左高自立、右林彪）

坐落在沈阳烈士陵园的高自立墓

他去世后，遗孀杨竞成遵从其遗愿，没有在沈阳接受照顾，也没找当地政府为自己安排工作，而是回老家侍奉婆婆，安心当了家庭妇女。把从沈阳带回来的高自立视为传家宝的一副“发扬革命传统，争取更大光荣”的对联，请人分别雕刻在两扇木质大门板上，以传承高自立的革命精神和高氏家风的气节。这对联虽历经风雨而显得陈旧，但在幽静的乡村中特别醒目；在父老乡亲的心目中更是那么耀眼，那么熠熠生辉。杨竞成是1937年去延安支持高自立干革命的。在世期间，时任江西省长的邵式平曾专程到萍乡给杨竞成拜年，目睹她的家境后，再三劝说，要她举家搬迁到省城，落实工作。她婉言拒绝省长的好意，称“女儿和上门女婿都没多少文化，只适宜待在农村生活”，不给组织添麻烦，直到1969年去世。

女儿馥英也没有找当地政府照顾、安排工作。在母亲的张罗下，找了个上门的如意郎君婚配，负责下地干活。他们生育了两子一女，尽管生活不很宽裕，夫妻俩和睦相处，恩爱有加。馥英相夫教子，时而也干点不下水田的小活儿，挣些“公分”养家糊口。自食其力，乐在其中。

馥英儿子建萍、跃萍，女儿爱萍，他们始终牢记自己是革命家庭的后代，要“发扬革命传统，争取更大光荣”，不给组织添麻烦。如今，高跃萍患有肾病，已动过2次手术，无法下地干重农活，且因治病背负数万余元债务。他的独子高兆群外出务工时左手不慎被机器绞伤，落下了单手残疾，目前只能从事简单的工作，月薪仅2000余元。而高兆群的17岁独子，2020年临近中考时又患上了较严重的抑郁症，经数次治疗也不见好转，现不得不辍学在家，令这个家雪上加霜。然而，多年来跃萍全家从未向镇里反映他家困难状况，更未提出要救助。夫妇俩说：“我们虽过得艰辛，但始终牢记自己是高自立的后人，精神永远不能倒，即便当农民，也应像爷爷一样不忘初心，从容面对生活。”去年青山镇了解到高跃萍家的实际困难后，才将其纳入低保救助对象，并解决了大病医疗报销等问题，同时列入政府重点关怀对象。

我们愿这种革命的家风，像高空的长风，一阵一阵吹不断；像大河的波浪，一浪一浪推向前！传承永远，永续绵绵！

高家协，湖南省作家协会会员。

建国立业中的聂希进

聂　晶

一、不忘爷爷奶奶建国立业中的革命功绩

我的爷爷聂希进（1920 年 8 月 25 日—1973 年 11 月 28 日），曾用名聂品，山东省蓬莱人。曾祖父聂开纪是贫苦渔民，祖祖辈辈居于山东胶东半岛沿海，以出海打鱼为生。曾祖母聂氏在家务农。曾祖父、曾祖母育有二男三女，爷爷聂希进排行老四，他从小勤奋好学，艰苦朴素爱钻研，年青时就有爱国爱家的志向。

抗战时期，我的爷爷不愿做亡国奴，不参加反动党团，不给日本人做事。抗战胜利后，解放军经过辽沈、淮海、平津三大战役打得国民党军队节节败退，同时毛主席发出了“打过长江去，解放全中国”的伟大号召。中国人民解放军全力奋勇追击国民党反动派，前方打仗，后方急需培训一批有文化知识的年青干部去接管和建立新中国的革命政权。为配合百万雄师过大江，解放全中国，北平市华北人民革命大学通过招考新生参军入伍，准备在全国接管国民党政权。

为响应毛主席建立新中国的伟大号召，1949 年 3 月 1 日，不到 30 岁已有两个儿子的爷爷聂希进，毅然报考中国人民解放军南下工作团，参加军训急训。当时的《人民日报》公布了中国人民解放军南下工作团（政委陶铸，团长谭政）录取名单公告，包括爷爷聂希进在内共 1794 名团员。爷爷被录取的队职别为：中国人民解放军南下工作团一分团二大队七中队，同时配发制服、五角星徽章、胸牌、臂徽（号数： 00979，一九四九年度配用）、皮带、裹腿带、地图、笔记本、学习资料等物品，之后随军第一批秘密南下。爷爷聂希进被分配到武汉市军管会物资接管部工作，副连级，编号 07344，中华民国三十八年度佩用。

1949 年 5 月，我的奶奶石青（1923 年 4 月 27 日—2012 年 3 月 10 日，祖籍山东蓬莱）携 5 岁长子聂振钢（我的伯父）、1 岁次子聂振强（我的爸爸）以革命军人家属名义随军南下去湖北省武汉市。母子三人持有中国人民解放军第四野战军南下工作团总团长谭政、副总团长陶铸签署的《人民解放军南下工作团团员家属证明书》：“兹有聂品自愿参加本团，决心为人民服务，参加解放长江以南各省广大人民的伟大革命事业，其直系家属除应享受革命干部家属的最高荣誉外，希北平市内六区当地人民政府按优待革命干部家属办法给予优待，特此证明。右（注：原件竖排版，结尾处故称“右”）给聂石氏手执。中华民国三十八年伍月拾日。”

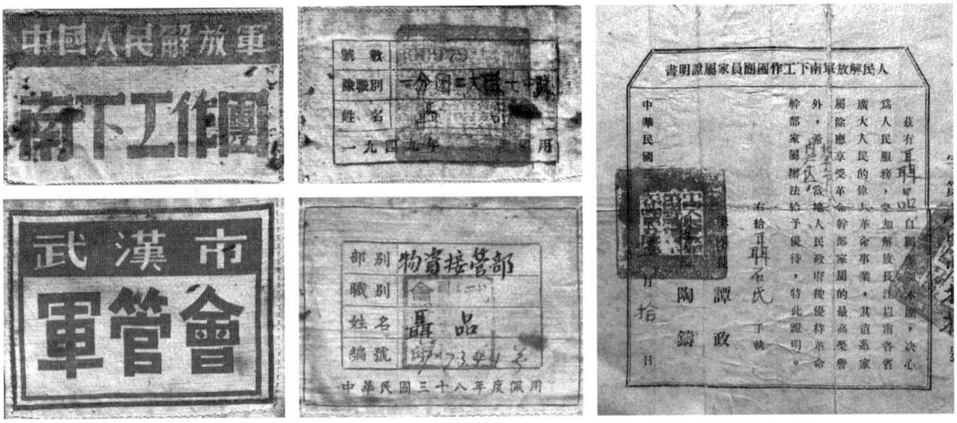

爷爷聂希进随中国人民解放军第四野战军南下工作团，分配到武汉市军管会参与军政接管，参与建立和巩固新中国革命政权工作。1950 年 10 月 10 日，中共中央发出《关于镇压反革命活动的指示》，打击的重点对象是特务、土匪、恶霸、反动党团骨干和反动会道门头子。爷爷又被组织上调到第三批土改工作队任队长，他率队到随县、襄阳等地开展土改运动，冒着生命危险与敌对分子展开面对面斗争，还要防备暗杀，出生入死，几年下来他跑遍了湖北全省。

奶奶石青在湖北地方从事幼儿教育工作，因家人水土不服患病，新生儿子聂振武（我的叔叔）病亡。50 年代初期，爷爷和已怀身孕的奶奶全家 4 口人调回北京。

爷爷聂希进先后在中国人民解放军总后勤部、北京市国营单位做主要领导的秘书工作。由于他奔忙于工作，积劳成疾，血压高，长期患心脏病，于1973年11月28日过早离世。

爷爷和奶奶育有四子一女，长子聂振钢，次子聂振强（我的爸爸），女聂静，三子聂振勇，四子聂振谋。第四代有外曾孙子师诚骏、外曾孙女刘静瑶（我的女儿）。爷爷以身作则，勤奋好学，晚年坚持学习英语，他关心国家大事和时事政治，坚持每天看书读报学习，他教育子女要早日树立革命世界观，听党的话跟党走。多年来爷爷奶奶把5个孩子培养成4个中共党员、1个民主党派党员（中央委员）。他对子女从小就严格教育，要求他们艰苦朴素不攀比，好好学习不断进步；教育儿女积极争取早日入团、入党；要相信中国共产党的领导，相信党的政策不动摇，要紧跟党的事业不变心。爷爷用粉笔在家中门上写下“勤俭持家”作为家训，让家人时刻不忘。我的奶奶石青一生勤劳、乐观、正义，工作上争当先进，以国家职工为荣，以家风家教为本，辛勤培育祖国的下一代。正是在爷爷和奶奶的言传身教下，形成了“勤俭持家、爱党爱国”的聂氏好家风。

二、传承红色革命家风，做好家风家教建设

当我出生的时候，爷爷已过世5年了。我虽没能亲眼见过敬爱的爷爷，但从小就听到奶奶、伯伯、爸爸、姑姑他们经常讲起爷爷当年建国立业的故事。我的爷爷聂希进从小勤奋好学，成家后参军入伍，后全家调回北京落户。爷爷去世后，奶奶一个人拉扯5个子女长大是多么的不容易。

回忆我的童年，当时爸爸、妈妈上班远、工作忙，住在郊区，我就常住奶奶家，我和堂姐聂琦是在北海幼儿园度过的。因此对奶奶的感情和印象就特别深一些，奶奶时常告诉我要勤俭持家，不要和别人攀比。那时妈妈只能在周末接我回自己家，她总带我去喜欢的动物园看猴子和大老虎。奶奶家住在北京市中轴线地安门，胡同口就是北海、什刹海，爸爸他们兄弟姐妹也都是在那里长大的。

小时候，爸爸就让我背唐诗，练习学会写毛笔字。奶奶说过，“要想字写得好，先练家、风、飞三个字”。一到周六妈妈来奶奶家接我之前，我就得写好一首唐诗的书法作业，让大人指点。由于我从小就养成了写毛笔字的习惯，当我有了孩子，也就让我的女儿练习写字和绘画，虽然她书画水平不高，但还是受到家

教影响，我的女儿也形成了习字的好习惯。

我的妈妈也是个勤快的人，满族正黄旗人，她每天都会把家里收拾得干干净净，井井有条。我成家后有了一个可爱的女儿，受到我的影响，女儿从小动手能力就强，懂得节约，袜子穿破了缝补后继续穿，东西用旧了也不舍得扔。家中的长辈也会时常叮嘱孩子要随手关灯、关水龙头，节水节电，学习文具也都是有需要时才会去买。久而久之，我们都养成了节约不浪费的好习惯。

一个好的家风可以让一个孩子很好地成长，很多父母时常会在自己心情不好的时候，把情绪发泄到孩子身上，孩子成了“出气筒”。其实越是家长心情不好的时候在孩子面前越要学会抑制住自己的情绪。当我的孩子出现“叛逆”时，她会发脾气来表达她的想法，这个时候更要学会尊重她、信任她。家长不能抱着“我是家长，什么都得听我的”这种态度，这样就会剥夺孩子的自由空间，一定要尊重孩子的想法，只有理解和信任，才能让她以后也同样能够尊重父母、尊重老师。在学习上，要帮助孩子建立起对学习的兴趣，不能一味地拿成绩来衡量学习的好坏，成绩不好了就去指责孩子，关键是要养成良好的学习习惯。我的经验体会就是要多听孩子的想法，能与孩子一起听她喜欢的音乐，看她喜欢的书和电影，玩她喜欢的游戏，与她分享她喜欢的东西。平时多运动，假期多带她去旅游、去接触社会。这样言传身教，既能增加长辈和晚辈之间的亲情感，又传承了家族沿袭下来的家教家风。

我的爷爷，中华聂氏精英、山东蓬莱籍聂希进（聂品）为新中国的成立，在战火纷飞中毅然投笔从戎，出生入死，把毕生献给了祖国，他和战友们一道立下了建国立业的丰功伟绩。爷爷、奶奶的一生是勤俭持家、艰苦奋斗的一生，作为子孙后代要继承和发扬好家风，不忘父母养育之恩，传承教育好下一代。

缅怀我的爷爷聂希进、奶奶石青，传承红色家风。

聂晶，女，中央广播电视总台总编室编辑，北京师范大学影视艺术系、中国传媒大学广播电视编导专业，文学学士。

少习古芳，风清骨峻

——关于中华习氏之家风初探

谢向英

中华习氏文化发展，源远流长。我曾经为习氏祖堂书写过一副对联“博涵经纶文德赢世，耕读为本经史传昶”，也算是多年来研究习氏宗亲文化得出的一些感悟吧。《中国人名大辞典》收录习氏10例，宋《百家姓》列为第三百三十二姓。（历史来源）以地名为氏。据《风俗通义》载：习，国名，其地址未详。《左传杜预注》云：以地为氏少习，本地名在析县东之武关。

习氏宗亲文化之重要特点，跟祖先习凿齿所处历史时代息息相关。因为玄学的思想能帮助忍受屈辱和痛苦的文人们维护自己的尊严，更好地实现“穷则独善其身”，他们在玄学中审视自己的处境，变得通脱达观、高标风流，而这种玄学思想寄于文学，则使诗歌与艺术有机结合，为“风骨”的突现提供了思想保障。

习氏的得姓始祖习凿齿，就是魏晋时期著名的史学家、文学家，其《汉晋春秋》为史学著作，玄思风流与通脱达观的文学思想得到进一步体现。从魏初到晋末，是玄学发展并逐步完成的时期，也是清淡名士在热烈的玄论论战中追求梦想、完善人格的时期，其进程贯穿了整个魏晋兴衰的历史，这一时期既有理性与睿智的光辉，也有理智与强权暴力的冲突。习凿齿崇信佛教、深通佛理，和东晋著名佛教学者道安法师是至交。道安法师是般若学传入我国初期影响最大的“本无宗”的代表人物，曾在襄阳住了15年。凿齿自通姓名曰“四海习凿齿”，道安应声曰“弥天释道安”。时人以为名对，诵传至今。后为了躲避苻坚，习凿齿到江南隐居，经万载而至新余。习凿齿生有三个儿子，辟疆、辟强、辟简，据《晋书》（卷八十二）记载：“子辟强，才学有父风，位至骠骑从事中郎。”辟强也生有三子：

安邦、安国、安民。安国则回到襄阳（湖北省原襄樊市）承继宗祀（见襄樊习氏族谱），安邦、安民留在了白梅（江西新余白梅村）。

一、少习古芳，风清骨峻

习氏宗亲之祖源发展以及习氏郡望分布，《郡望百家姓》云：习氏望出东阳郡。早在夏朝就有习国，即公元前 17 世纪至今有 3000 余年的历史，其旧址在今陕西省高县东面，为炎帝神农后裔的封国，至夏、商、周、春秋战国时被楚国吞并，习国的国君及子孙即以国为姓，故为习姓。有个地名叫少习，那地方人以地名为姓，形成了习姓。少习后来又改称武关，就在现今陕西商县附近。

在上古春秋时期，有一个古习国，地理位置在今陕西省的商洛市丹凤县武关少习山一带，以地为名，是周王室封予炎帝后裔的小诸侯国，君主名叫习侯。在史籍《风俗通》中记载："习为古国名，汉代有习飨，曾为陈相。"由于习国国小，与西戎民族混交而居，因此在西周后期，习国人曾被称作"习戎"，春秋早期即被秦国吞并，其地成为秦国的商邑，战国时期还一度成为著名法家、政治改革家卫鞅（公元前 390—前 338）的封邑，因此又称为卫商鞅。习国灭亡之后，有公族子孙和部分国民一直向西南方向迁逃，直至当时远离中原的赤水中游荒芜流域避难落居，并指地为"习"以念故国，因称习邑。当时，即有人以故国名为姓氏者，称习氏，世代相传至今。

根据上述资料，习氏源流有两种：一是以地为氏即少习，析县东之武关；二是以国为氏，地址未详。

望出襄阳。东阳郡，三国时吴置，今浙江省金华市一带。襄阳郡，东汉置，今湖北省襄阳市一带。地点，有两地：一是《郡望百家姓》云：习氏望出东阳郡，我们系统称为东阳郡。二是《姓氏考略》云：习氏望出襄阳郡，东阳郡是襄阳郡的分支。

《风俗通义》云：习，国名，有少习，汉世襄阳习姓多显达。九习商音，东阳郡，系西梁氏，习皆巴蜀之民也，又汉息夫躬之后，改为习氏，晋有习凿齿。

魏晋南北朝时期，士族阶层不仅在当时处于社会思想文化领域的垄断地位，而且对中华文明的承传也具有深远的影响，中华文明之所以成为人类文明史上唯一绵延不绝、未曾"断裂"的文明，其中一个关键性因素便在于当时汉族士族阶层在文化传承方面发挥了巨大作用。自汉末魏晋以来，中国社会处于不断的内部分裂与动乱状态，特别是为时长久的北方少数民族的内迁，昔日作为华夏文明核心地域的中原及汉族王朝政治中心的都城，自然失去了其文化中心地位，而散居各地的世家大族特别是其中的文化士族成为中华文化的主要承传者。

文人们在战乱、改朝换代中饱受精神磨难，所以，他们发出了当时最强的忧生之嗟。可见，这一时期的文人没有在苦难的历程中自怨自艾，更没有陷入悲观，而是为一种时不我待的紧迫感所触动，他们的文风在苍凉中不乏激昂的成分。魏晋文人大量行不由己、身不由己、心不由己，在他们身上洒脱与恐惧、纵情与哀伤、飘逸与忧患互相对立、互相交融，体现在历史记载和其作品中即形成了风骨文学的审美取向和价值判断。

大量魏晋文人集儒、释、道于一身。他们有“学而优则仕”关心国家命运、惩恶扬善的儒者的积极性，又有道家的崇尚自然、追求逍遥的精神，同时又精通佛理，这是中国文人的典型性格，是魏晋文人在汉末儒学衰微、道德沦陷之后，探讨新的治国思想与人生之路的结果。他们在孔子身上看到了具有人文精神的仁者的美德，在老、庄那里获得了崇尚自然、追求自由的精神，在东晋时期佛教又给他们带来了安慰心灵的教义与新的思辨方式。

习凿齿的隐逸之风与清高不仕的行为方式，构成了习氏家族的宗亲文化之主流精神。习氏家族以耕读为本，“达则兼济天下，穷则独善其身”，与同时代的以谢安为代表的谢氏宗亲文化，构成魏晋时期士族文化的重要脉系。

魏晋时期隐逸之风大盛，由文人隐逸而形成的隐逸文学在中国文学史上也是魏晋风骨文学的重要构成部分，隐逸在一定意义上是政治斗争的副产品。中国古代文人从产生之始就与政治结下了不解之缘，但入仕的结果不是丧失独立的人格，便是被政治旋涡所吞噬，出于对现实的不满和保全自身的需要，他们就选择了隐逸。

范晔在《后汉书·逸民列传》中论及士人隐逸的原因：“或隐居以求其志，或回避以全其道，或静己以镇其躁，或去危以图其安，或垢俗以动其概，或庇物以激其清。然观其甘心畎亩之中，憔悴江海之上，岂必亲鱼鸟、乐林草哉！亦云性分所至而已。”这是古人隐逸的动机和目的，但真正彻底贯彻的是在魏晋时期，以朝隐和归田园式为典型。

在魏晋隐逸之风中，有一批朝隐之士，他们通过朝隐远离政治是非之地，达到避祸、保全自己的目的。魏晋时代归田园式隐逸，以习氏家族为代表，岂不闻对联“史笔擅春秋之誉；岘山留沼薮之华”。上联典指晋朝时期的襄阳人习凿齿，字彦威，博学广闻，以文笔著称，得桓温器重，官从事别驾，后任荥阳太守。桓温阴谋称帝，习凿齿著《汉晋春秋》，以蜀汉为正统而贬曹魏，用来讽桓温。下联典指东汉时期的襄阳人习郁，字文通，官侍中。曾在岘山南依范蠡养鱼法建造鱼池，池边筑高堤，堤上种竹及长楸芙蓉，人称“习氏佳园地”。襄阳之习家池成为历代士大夫园林的典范，它不同于前朝与后代隐士在隐居之后彻底泯灭了求志达济的价值关怀的特点，表现出独立的人格和清高不仕的行为方式。在中国古代不乏隐士，但能够固穷守拙，保持坚贞人格的却少之又少，寂寞与清苦常常使他们备受煎熬。而习凿齿更不愧为隐士的楷模，在以浮华相尚、富贵为荣、门阀森严的魏晋时代，人们尤其对自身的穷困讳莫如深，生怕受到别人的蔑视，虽然有残疾人不馁，坦然相待、无怨无悔，领引习氏家族退隐山林，建立半山学堂，教学传世，写史著书，不畏权贵和政治上之迫害，通过隐逸的方式保持了人格的完善和独立，形成了风骨文学的行为支架。

习凿齿“少有志气，且博学多闻”，以能文著称，尤其是史学才能非凡。这也是《晋书》上明文记载的。皇皇巨著《汉晋春秋》和提出“越魏继汉”千古纲常之大论，而“声盖习姓先贤，名高‘两晋’文儒”（这里所说的“两晋”，便是指当时的东晋和西晋），并最终成为中国史学上一位彪炳史册、名垂千秋的人物。但是，这样一位在中国历史上可与《三国志》作者陈寿、《资治通鉴》作者司马光等相提并论的史学大家，有关他的传记性的文字资料，流传下来的却为数不多。更可惜的是，由于年代久远，他的诗文著作大都亡佚。据《襄阳人物》记载，习凿齿一生诗文并茂、著作颇丰，除了《汉晋春秋》五十四卷，还著有《襄阳耆旧志》五卷（其中三卷为人物志，裴松之《三国志·注》引用较多，另外两卷为山水名胜）、《逸人高士传》八卷、《习凿齿集》五卷和《魏武帝本纪》四卷等。其中，《襄阳耆旧志》为中国历史上最早的人物志之一。

习凿齿则在《汉晋春秋》里首发其难，一反陈寿尊曹魏为正统的观点，提出直接以晋继汉，视魏曹为篡逆，刘备为正统。于是，所谓的“正统”之争，后来由此展开。宋朝学者李廌在他的《习凿齿宅》一诗中，则专门对习凿齿做了这样的描述：

习侯有世德，冠冕袭骏馺。
裔孙富六艺，凿齿四海知。
苏岭陟家山，高阳浮故池。
著书山水间，秀发胸中奇。
间从弥天释，善戏间廋辞。
尚友虽异代，斯人可夙期。

但《汉晋春秋》全书今不传世，几乎散失殆尽，在我编辑整理《习氏宗亲文化研究第二期·汉晋春秋》中，我选编的是根据汤球辑，而录选的三卷，虽然文字不多，仍可见这位历史大家的笔墨精神及重要的思想。在“习氏宗亲文化系列”中我们陆续推出可以找到的一些凿齿公的文章及诗词。

刘勰说“情之含风，犹形之包气”，说明作者有高尚的人格理想和精神情操，故“意气骏爽，则文风清焉”。刘勰又说“沉吟铺词，莫先于骨”，说明作者有义正词严的思想立场，文章有刚直有力的叙述内容才“结言端直，则文骨成焉”。习氏祖先注重个体人格的体现与文风的正直，则在与自然的合一中寻找个体人格的自由，这就成了其史学上的独特风格：进取与退隐并存，忧患与超脱并存。从而也形成了习氏宗亲文化重要的组成部分，历经1600年风雨而依然传承。

二、关于习氏家训之文化探源

白梅习氏之渊源：

白梅，凿齿隐居之地，初，至此地，时值寒冬，见白梅傲雪，环顾山川，双峰耸立，石峡峭壁横于左叠峰之南，峰起凝凤之后，白梅地颇为不凡，龙窝老屋，横山枕于后，狮山峙于左，蒙山屹立于右，大川流于正中，乃有孔目江，谓之“窝藏乾坤之精华山川之灵气也”。丁族兴旺，多为豪族，此后，习家历代皆有名士，于朝于野。全族至今共五十六世，江山代有人才出，素以耕读为本，经史传家，历代文风昌盛，人文蔚起，簪缨迭出，经久不衰，素有金马流芳，翰苑世家之称。

习氏家族之家训：

经史传承，翰苑世光。文风昌华，金马流芳。
子孙修延，益久益昌。齐家天下，公道尊长。
俾族众人，知史根旺。修身德业，谨言慎行。
型仪宜端，敬尔魏襄。德行邻里，出言有章。
行归于周，万民所望。戒惧约之，操守不失。
君子之仪，友善为帮。睦以合族，上下有行。
孝悌父母，顺为报当。士家弟子，常毅思强。
灵气乾坤，国运民昌。震宇川江，人才辈将。
耕读为本，经史传昶。静坐心安，碌思琪旸。
秉承家训，古风犹旺。诚实勿躁，勤勉为纲。
宽厚恭俭，养德明彰。威仪肃然，诚敬桑芳。
天地正位，万物化育。扬名四海，增辉无疆。

（节选自谢向英《中华习氏千字文》）

习氏祭祖文之《少习古芳》：

云霓春秋，少习古芳。白梅傲雪，风骨铿锵。
枣木吉祥，辉映朝疆。蒙山右峙，孔目江长。
龙窝老屋，狮山镇将，老泉涵碧，凝凤徜徉。
浩然碧宇，岘山威扬。簪缨迭出，千秋泱泱。
经史传承，翰苑世光。文风昌华，金马流芳。
汉晋春秋，越魏继汉。方道大统，巨篇皇皇。
诸葛功名，异代相知。襄阳旧志，博学洽闻。
魏晋风骨，退隐守诚。道安元化，空为众形。
宅心仁厚，本无宗生。半山书院，清风朗朗。
子孙绵延，益久益昌。修身德业，谨言慎行。
戒惧约之，操守不失。静坐心安，碌碌思齐。
秉承家训，古风犹存。宽厚恭俭，养气明心。
威仪肃然，诚敬桑梓。天地正位，万物化育。
扬名四海，增辉同�。

（节选自谢向英《中华习氏千字文》，展现于1600年习氏祭祖大典上）

注：此为习氏规训，由魏碑书法家谢云生书写，并雕刻立于江西新余习凿齿墓地。

三、习氏宗亲文化——中华习氏千字文序及综述

多年来，我一直在宗亲文化研究领域探源，因创作《中华习氏千字文》，资料搜集整理多年，于癸巳年春节成稿，共计1464字，释文版计24000余字。在此感谢多年孜孜不倦，以魏晋精神为研究导向的江西南昌大学吴直雄教授，研究凿齿公及汉晋春秋，为凿齿正名，著160万字巨著，此文稿多次经吴教授指教。还有父亲谢云生，绘制凿齿公、习仲勋人物画系列，及白梅及枣木山等宗亲文化之书法、山水画系列，为凿齿公墓地题写碑文题词，并在杨柳青出版社为其出版的“中国近现代名家精品丛书”《谢云生作品精选》中，以《凿齿登高图》主题为封面，并在书中将凿齿公半身像、《四海习凿齿，弥天释道安》录入其中，以弘扬魏晋精神，向世人推介。其出版的《谢云生书法精品选》，将立碑之书法选入，以弘扬凿齿公之风骨精神。我则于2011年在中国文联出版社出版的向英诗选《幽兰引》中发表《春日欧里白梅行》等及欧里、白梅的诗词书画作品，归云轩艺术机构常年印制凿齿公画像及山水系列10万余张，广布海内外，编辑出版“习氏宗亲文化艺术专刊”系列书法、绘画、文集，整理出版《汉晋春秋》等系列文集，通过文学艺术作品以彰显“达则兼济天下，穷则独善其身”精神，挖掘根亲文化，整合民族精神，体现中华民族的大团结大和谐。

正文

云霓春秋，少习古芳。神农后裔，炎帝为长。

源自习国，姓开汉光。武关为始，析县志扬。

或为息氏，望出襄阳。才名智慧，大汉习飨。

贤维宰相，陈州辉煌。三国鼎立，习温浩荡。

节俭为本，爱民高尚。习炫善文，北部笔昌。

教授弟子，桃李满疆。东汉习郁，侍中襄阳。

习家池高，芙蓉浩穰。岘山高耸，立德朝纲。

青史留名，汉晋春秋。壮哉习珍，零陵都肘。

丰田美誉，毓秀东阳。名臣驻郡，泰业锡光。
为蜀死节，千载名扬。凿齿为侯，敕封荥阳。
避难苻坚，万载书堂。新余分宜，隐尔风雅。
白梅傲雪，风骨铿锵。枣木吉祥，辉映朝疆。
淝水战后，修辑国史。远避于世，躬耕齐家。
蒙山右峙，孔目江长。龙窝老屋，狮山镇将。
分宜旧治，高隐为禳。珠玉齐家，半山书堂。
老泉涵碧，凝风徜徉。浩然碧宇，岘山威扬。
汉晋春秋，越魏继汉。方遒大统，巨篇皇皇。
诸葛功名，异代相知。襄阳旧志，博学洽闻。
魏晋遗风，退隐守诚。道安元化，空为众形。
宅心仁厚，本无宗生。半山书院，清风朗朗。
温良恭俭，诚实友让。桥乡古镇，簪缨叠扬。
骠骑威武，有子辟强。侍中俊郎，梅仙洞藏。
崎岖仕路，智慧担当。风清古峻，清心节谅。
有毅迁徙，湖州重光。仁德兴仕，花门楼煌。
云屋飞阁，仙凡高堂。文德德善，儒学为航。
诗名广布，历经长阳。战乱屡起，洪武多惶。
邓州堰子，思敬携行。永乐再迁，乃至富平。
耕读为业，一脉相承。关中名邑，富庶太平。
习家庄里，蔚然深宗。宗德刚直，传家织耕。
勤劳质朴，身体力行。辛亥风云，含莘室成。
有子仲勋，求学革命。俊朗超群，悟性不同。
荆山藏梅，渭水古风。少小多志，公学立诚。
革命发祥，都村三杰。学生运动，层起云涌。
望湖楼高，青年赤诚。渭北风暴，三师学潮。
天灾大旱，十八年馑。饿殍遍地，民不聊生。
亲人故去，家事突悻。不屈不挠，坚定坚强。
筹赈义举，为民请庭。无畏无惧，献身革命。

年仅十六，投入兵运。两当兵暴，惊世骇俗。
追随刘谢，反帝同盟。游击大队，转战富平。
照金苏区，政委先行。转战陕甘，特委委员。
政府主席，建设边区。荔园堡会，重任担当。
反围剿战，艰苦卓绝。错误肃反，立场铮铮。
统一战线，两下关中。殚精竭虑，帷幄运筹。
守卫边区，抗日为营。绥德抗战，革命伴侣。
伉俪情深，为国尽忠。鏖战西北，书记担当。
边区土改，民心所向。保卫延安，人民重托。
晋绥联防，远见卓强。建功立业，为国铿锵。
心系百姓，国务繁忙。忍辱负重，忠诚至刚。
实事求是，拨乱反正。开放广东，开拓新创。
一身正气，千古名扬。有子近平，博文名璋。
岁月磨砺，知青为长。清华学子，再续辉煌。
党政军学，经历多广。国家主席，万民敬仰。
平实谦和，华夏立骧。浩然正气，勤俭为尚。
文华为本，实干兴邦。传承历史，兼济情长。
廉政清风，大国泱泱。历代先贤，望族流芳。
簪缨迭出，千秋踌躇。怀清好读，友而志尚。
质本清峻，不逞艳阳。怀济清神，诗书秀丽。
堪比伯夷，老而隐乡。怀恭温和，操洁荣光。
缙绅之荣，永世弗忘。启登文采，珍佩彩茳。
盛世仪哲，华美吉祥。书琢为官，西蜀称名。
谐隐长沙，益阳始祖。书磨卧江，黔州州牧。
哈州退隐，秉承祖志。老静再迁，续晟行唐。
嘉言问鼎，乐善华章。詹事容肃，操行纯正。
真事智慧，正佐大常。侃公刚如，丰满可掬。
科第丰才，堪掷果玉。襄公溯古，宏图辉扬。
世相义勇，玉树倜傥。风神高挂，帝佑英翔。

博斋巍乎，恬静性渊。笔扫千军，凿齿苗裔。
瀛洲六任，百姓恭之。博涵经纶，文德赢世。
子功心慧，志高气扬。貌虽侏儒，家学文章。
白鹿监院，儒教益昌。修江西志，史册留芳。
伟堂俨然，翠柏德璐。教育英才，当世儒芳。
节高风貌，骨格严庄。晚年守志，后人景仰。
均谦公智，博采众长。梅田修谱，功德无量。
芳甫公厚，上步平康。皓而颜苍，山水徜徉。
文轩事碌，骨峻气张。清白一世，功德天翔。
文德公后，聪慧裔疆。勤劳朴实，邻里相帮。
北迁邓州，刁莒为乡。九修族谱，时代新章。
研读历史，雄略韬王。凿齿正名，著书立坊。
嘉言为教，屡述祖强。根珠勤勉，默守故乡。
保护文脉，编辑多广。经史传承，翰苑世光。
文风昌华，金马流芳。子孙修延，益久益昌。
齐家天下，公道尊长。俾族众人，知史根旺。
修身德业，谨言慎行。型仪宜端，敬尔魏襄。
德行邻里，出言有章。行归于周，万民所望。
戒惧约之，操守不失。君子之仪，友善为帮。
睦以合族，上下有行。孝悌父母，顺为报当。
士家弟子，常毅思强。灵气乾坤，国运民昌。
震宇川江，人才辈将。耕读为本，经史传昶。
静坐心安，碌思琪旸。秉承家训，古风犹旺。
诚实勿躁，勤勉为纲。宽厚恭俭，养德明彰。
威仪肃然，诚敬桑芳。天地正位，万物化育。
扬名四海，增辉无疆。

参考文献：

［1］李昉太平广记 异僧 释道安：卷89［M］. 四库全书，子类，类书，乾隆版.
［2］吴直雄. 去伪存真见铁证 毋庸置疑隐白梅［J］. 南昌大学学报：人文社会科学版，2011（7）：153.
［3］房玄龄. 晋书［M］. 北京：中华书局，1974：153.
［4］谢向英，欧里.白梅行［Z］. 幽兰引/向英诗选谢向英. 北京：中国文联出版社，2011.
［5］谢向英. 少习古芳［Z］. 谢云生书法精品选/谢云生书. 天津：天津杨柳青画社，2013.
［6］杜建春. 中华万姓溯源［M］. 济南：山东人民出版社，1995.
［7］孔路. 百家姓探源［M］. 济南：山东友谊书社，1993.
［8］〔清〕王相.百家姓考略［M］. 北京：中国书店，1991.
［9］张海彤. 百家姓探源［M］. 北京：首都师范大学出版社，1996.
［10］中国人名大词典（精）［M］. 北京：商务印书馆，1921，1958.

谢向英，女，作家、诗人、书法家、公益人，中国农工民主党中央联络工作委员会委员，致力于慈善公益事业，归云轩艺术机构、魏碑非遗文化发展中心创始人，担任多个文化艺术社团、研究院、智库、刊物、艺术活动的发起人、组织者及顾问，传承文化艺术，弘扬爱国主义、英雄精神，坚持"风清骨峻"的艺术理念。

她不仅擅丹青，其文学作品亦佳，其古典诗词、文赋和现代诗大气俊美，荡气回肠，清新俊逸，常见国内外媒体和报刊，出版有《雨后的丁香》《幽兰引》《品若梅花》《中华谢氏千字文》《中华习氏千字文》《中华禅宗千字文》《中原赋》《英因绽放》《清朝史话》等16部作品。

我的家风属红色

刘 洪

我有幸参加了“国际家庭日·姓氏好家风”论坛，受益匪浅，感慨万千。我一直在想，姓氏家风是传统文化中的一部分，蕴含着深厚的民族文化底蕴。人人都有家庭，每个家庭都有自己的家风传承。

那么，我的家风、家教、家文化是怎样的？

4 月 26 日我刚刚参加了《红船百年·全国诗词创作大赛表彰会》。我的诗词作品，在庆祝中国共产党成立 100 周年，“红船百年”全国诗词创作大赛中荣获一等奖，被组委会授予“全国优秀诗词作者”的光荣称号。这与我自幼受到的红色家风家教不无关系。

记得习主席在春节团拜会上讲过：“家庭是社会的基本细胞，是人生的第一所学校。不论时代发生多大变化，不论生活格局发生多大变化，我们都要重视家庭建设，注重家庭、注重家教、注重家风，紧密结合培育和弘扬社会主义核心价值观，发扬光大中华民族传统家庭美德，促进家庭和睦，促进亲人相亲相爱，促进下一代健康成长，促进老年人老有所养，使千千万万个家庭成为国家发展、民族进步、社会和谐的重要基点。”我人生的第一所学校是红色的，第一所学校的所有老师都是爱国爱党、不怕苦不怕死、无私奉献的优秀老师！

我认为红色家风是共产党人家庭建设的集中反映，是马克思主义家庭观，充满着对人类最高理想目标的追求与探索。红色家风植根于中华优秀传统文化，得以弘扬发展。

我出生在与俄罗斯遥江相望的边陲小镇——黑龙江省黑河市逊克县奇克镇，一个书香门第的革命家庭。

父亲刘子楷，在 1950 年就读山东省益都师范学校时期，积极响应“抗美援

朝 保家卫国”的号召，在学校第一个报名参军，成为“谁是最可爱的人”中的光荣一员。在1950—1953年三年之中，两次入朝参加作战，战绩卓越，多次立功获得嘉奖。

讲几个小故事，从中可知道，当年我党我军“奉献、廉洁、勤俭”风气之高尚，和父辈们坚信、坚守、坚持信仰情怀的坚韧不拔。

第一个故事：还是不渴

我记得在我9岁那年的某个星期天，随父亲去当地石拉子江边钓鱼。在下午回家的路上，我渴得厉害。我虽然知道带着的水壶没水了，可还是跟爸爸要水喝。爸爸淡定地说:“看，那路边上小凹坑中有水，去喝吧。”我顺着父亲指的方向看去，见那个坑里很脏，还有马粪之类的东西。我说，“我不喝，那么脏”。爸爸说：“你还是不渴。”“当年，我们在朝鲜战场的坑道里，夏天不透风，非常潮热，灰土蒙腮，闷热出汗后，用毛巾擦下脸上的汗，拧出水来，自己都不舍得往干裂出血的嘴唇上滴，而是留给伤病员喝。相比之下这水清澈得很呢。”

已经不记得当时我的回答。但这个坚强不息适应环境，先他人后自己，宽容博爱谦让，一不怕苦、二不怕死的精神；从父亲的言行教诲中，无形地熏陶规约着我们儿女们的心灵，成为我家家风之一，影响激励着我们一代又一代。

第二个故事：把它背会

我永远不会忘记。有一次在家里做高中数学作业题，在查对数表时，被进屋的爸爸看见。爸爸说：“把对数表背熟，做起题来，速度又快又准。”我说：“背熟？这多难呀！这么厚一本。这么多呀，还都是数字，不混才怪呢。”爸爸说：“我就背得滚瓜烂熟。要不，当年在抗美援朝的战场上发射炮弹时，角度怎么掌握得准。战场上哪有时间让你现查对数表计算好再发射。那边报来炮弹轰炸的落点，我这边就要立刻报出发射炮弹的角度和射程距离。不背熟对数表怎么能算得准，怎么能打胜仗！”爸爸当年全军炮兵射击第一，且在炮机上改进发明一项技术，在全军推广运用多年。爸爸为此受到部队嘉奖荣立战功！

这种为做好事情勤学苦练、敢于突破开拓、兢兢业业的精神，一丝不苟的工作作风，是父亲对我们身体力行的教育，潜移默化地塑造着我们的品格，形成了我们家家风之一。这种精神深入地刻在我们做子女的心中而传承后人。

第三个故事：乐观，上进，永不气馁，精神饱满

我们姐妹兄弟都是听着父亲的二胡、京胡、坠琴声长大成人的。而我更是背着父亲自己做的一把当时比我身高还高的坠琴，往返于山东省寿光老家与黑龙江岸边上的逊克县城。

别小看这弓弦轻音！当年在抗美援朝的战场上，父亲操着一把永不离身的二胡自拉自编自唱，用自身饱满精神及多才多艺的能力，鼓舞激励着战士斗志！无论是战斗胜利的庆祝，还是年节的抒怀安慰，抑或战斗失利的精神鼓劲，父亲都是在任务完成之后，自觉义务地宣传着党的乐观向上的激昂斗志和正义必胜的信仰精神！在当时，这是多么重要的精神供给与慰藉。

父亲的开朗、大气、乐观、永不气馁、博闻强识犹如一种无言的教育，时刻影响激励着我们！也是我们家家风中的一部分，被一代又一代继承传递着。

第四个故事：担当使命，忠贞不渝

我的父母很少讲他们身上的优良品德。父亲在上学时，成绩非常突出，在部队里立功获奖，这些都从来不讲。只是在我们成长过程中遇到事情时，随意讲出。所以，就这知道的点点滴滴，加上我们长大懂事后的思索，让我们从中懂得很多很多道理。

不记得父亲是因为什么事情简单地讲过他押军械的故事。那是抗美援朝三年中，部队精挑细选出绝对可靠的人员，要由国内押解运输到朝鲜战场的各种军械和绝密资料。父亲参加押军械时，回回都是两手空空，不拿任何东西。安全到达汇报时，都精准完美地完成任务。所有相关绝密资料都被父亲全部背熟，深记于心，绝对安全。当然，这需要父亲绝对的忠贞不渝和使命担当。否则，不堪设想。鉴于父亲在三年战争中的种种优秀表现，曾被选为接受毛主席接见的抗美援朝优秀战士代表。后因父亲工作敬业而未能如愿参加。

父亲的智慧，对祖国对党的忠贞和使命担当，是我们学习的榜样！爱国敬党忠贞不渝和遇事冷静、沉稳、灵活智慧，形成了我们家家风之一，在我们身上体现且被传承。

第五个故事：祖国为重，听党召唤

我自小就知道，我家所有的亲戚都在关里老家。因为父亲是在 1958 年积极响应党中央、中央军委“军官开发北大荒”号召，屯垦戍边来到东北黑龙江省的。当时，父亲不仅是全军第一个报名的军官，更是最年轻的军官。那时，父亲是南京军区司令部参谋。一个年仅 28 岁，身高 1.8 米，帅气的韶华青年！跟着王震将军开发北大荒。当到达哈尔滨时，东北军分区的领导，看父亲年少有为，想挽留父亲，提供两个岗位：一个是到哈尔滨工业大学当教授，一个是到军队研究院做研究员。可一心想到祖国最需要的地方去的父亲，都没有同意，随着浩荡大部队去了最艰苦、待开发的黑龙江省饶河农场。

听从党召唤，到祖国最需要的地方去，成为我们家的家风。例如，姐姐上学时带病到乡下演出宣传、大哥工作服从组织安排、二哥下乡到最艰苦的村队等都源于家风的延续。

第六个故事：智慧工作，兢兢业业

后来，地方需要干部，父亲调到最北的边疆小镇——逊克县。

当时逊克县为节约供电，每天晚上 12 点断电。父亲则每天工作到夜里 12 点，回家后吃妈妈煮好的红皮萝卜当晚餐，第二天正常上班工作。

父亲经常下乡开展工作。当时他与苗东升县长一起，自己背着锅、粮食，下乡工作自己做饭吃，从不打扰当地老百姓。

我有个乡下叔叔，叫刘金岩，是逊克县团结屯的，也是爸爸乡下的好朋友之一。我问爸爸，我们没有亲戚关系，怎么刘叔叔每年都来，跟亲戚一样呀！爸爸说：当年去团结屯下乡，召集农民开会，开不起来，没有人愿意来参加。爸爸与苗东升叔叔，想了很多办法都不行。还是爸爸京胡自拉自唱起到好的作用。头天晚上来几个人，爸爸唱一段后，开始讲《三国演义》。爸爸知识渊博，绘声绘色张口就讲的本领，吸引了村里人。第二天晚上来了很多人。第三天晚上，全村人都来听。父亲讲到关键地方停下，开始开会。工作就这样一步一步，一个村一个村地开展起来了。刘叔叔的父亲是个学问深厚的秀才，与爸爸成了忘年交。刘叔叔也很有文化，自然也与爸爸成了知己般的好友。

爸爸工作认真敬业智慧的家风，在我们兄弟姐妹中得到传承和延续。

我们兄弟姐妹 5 个，工作时都是单位的先进模范，有两位是省级劳模。

第七个故事：延续门第，以学兴家

从我懂事起，我就记着我们家订着两种报纸。一种是《文汇报》，一种是《参考消息》。不管家里生活多么艰难，这两种报纸一直陪伴我们成长。它是我们了解世界风云和国家大事很重要的窗口，更是我们的课外读物。

我印象最深的一件事是徐迟的报告文学《哥德巴赫猜想》。那是 1978 年我上高一时的一个中午放学回家吃饭。进家后习惯性地问妈妈："报纸来了吗？"做饭的妈妈说："来了，你爸爸在看。"进了里屋，爸爸说："都坐下。"于是两个哥哥，一个妹妹，还有妈妈，我们围坐在圆桌旁，听爸爸朗读刊登在《文汇报》上的《哥德巴赫猜想》。爸爸抑扬顿挫富有深情的朗读和细致精辟的讲解，深深地印记在我脑海中。一个半小时的午餐时间，很快就过去了。我们谁都没有时间吃饭就上学去了。虽然饿着肚子，但我们都很激动、兴奋。我还照着《文汇报》上的版画陈景润画像，素描画下来，挂在书桌边上的墙上。我上学时的数学成绩很好。有了女儿后，也培养得她数学很好。她高考时数学成绩高达 149 分（高考满分 150 分）。

至今在我们兄弟姐妹 5 人之中，家家订着报纸或刊物。这都是源于父母好的习惯与作风。以学兴家，品行风尚的精神传承影响着我们和我们的下一代。

在我们家下一代中，如今有一个博士，两个硕士，三个学士，全是名校高才生。工作兢兢业业、刻苦钻研。无论什么岗位，个个是单位的先进模范。他们的后代，也是全面发展、品学兼优的好学生。

爸爸自年轻时就钻研习写书法。退休后更是有时间有精力，精心钻研挥笔，并且书法精进无比。他是国家书法协会会员，获得国家一级书画家称号，并出版书法集 4 本、诗集一本；他参加各种书法比赛获奖若干，是全国"博士杯"——书画大赛特邀评委。他的优秀作品被国内场馆及大家多有收藏；书法作品作为国礼被赠予多个友好国家。

有书香门第之风熏陶的父亲，为了保卫国家入了行武之列，又为国家富强屯垦边疆。这一路走来，都是因为有一位贤淑温良的好妻子，在默默支持陪同。她就是我们的母亲刘桂兰。

母亲的家庭风尚更是优秀可表！

因为我的姥爷刘庆余，博学、智慧、上进。青年时期在北平上学工作，积极参加爱国革命闹学潮，积极参与撰写传单、印刷、发出等革命活动。被学校开除后，转入我党秘密地下工作继续革命。

我曾经给姥姥李玉兰写过纪念文章《与姥姥在一起，我的二三事及深记着的姥姥的点滴话语》。我摘抄一小段，从中可以看出，姥姥坚强刚毅、勤俭持家，对母亲的影响教诲，便会知道母亲的品德与贤良。摘抄如下：

姥姥说：

"你姥爷不常回来。最后一次回家待了几天。临走时候，让我在他的棉袄袖口处拆开，在棉花里面放了个铜钱大小的东西。缝得很结实，也很严密。看不出来的。

你姥爷说，要从北平去延安，这个东西很重要，不能丢的。"

姥姥每次说完，都会呆呆的。有的时候我叫她，她都听不见。

这个隐约的画面，总是让我深思着生活。

就这样走了。

我常常在想，最后平反的姥爷，给我们留下什么？而在当年，给一个小脚女人留下四个未成年，最大的才十三岁幼小的孩子和一个尚未出生的遗腹子，姥姥怎样过来的？有多艰辛？姥姥从来没有说过。

我只记得姥姥说过：

"你的姥爷那一年从北平去延安，还有两个同伴。走到河南开封的时候，被叛徒出卖，被日本鬼子抓去关起来了。没几天就没了。听说是被狼狗咬死的，很惨。

你姥爷做事情不容易。就这么走了。那个时候，你三姨还没出生呢。"

我隐约地记着，姥姥每次说完，都会抱着我。我也极高兴地享受着。

现在想来，我的姥姥呀！

好家风，不仅仅是这些言传身教的故事，也不仅仅是我们教育下一代的观念。它是民族优秀传统文化和道德的载体，也是社会主义核心价值观在现实生活中的直观体现。它是长辈对晚辈，耳濡目染、潜移默化、立身处世、言行举止，无形的熏陶与约束，是塑造心灵形成影响力很强的做人准则。我家的家风实际上是父辈延续我党我军的一贯作风。尤其在这“红船百年”庆祝建党 100 周年之时，传承继往发扬光大。

最后，我以一首小词作为这篇文章的结束。

巫山一段云

——忆援朝父亲

冰透身寒彻，
明弹面上飞。
笑观横竖雾烟灰，
藐视美联傀。

山岭侦探夜，
炮轰惊震雷。
立功转战北边陲，
文武国荣威！

刘洪，女，大专学历，退休后定居北京。受家庭熏陶，自幼酷爱古典文学，尤爱诗词。中华诗词学会会员、北京诗词学会会员、北京西城红烛诗社会员、中华诗友会会员，发表过诸多作品。曾在庆祝中国共产党成立100周年“红船百年”全国诗词创作大赛中荣获一等奖，被组委会授予“全国优秀诗词作者”称号；获第十八届“天籁杯”中华诗词大赛金奖并被授予“德艺双馨中华诗词家”称号。

我与“药箱”的红色家风故事

康　桥

许多人问我：你弃医从文，是学鲁迅吗？鲁迅是我敬重的文学家，但我参军从医，是受家父的影响。我 15 岁参军，从一名部队医务工作者，成长为一名基层新闻工作者，现在是国家一级专业作家。我的进步与成长得益于出身军人世家，我家是四代军人的红色家庭。

一、我家有个传家宝——红药箱

我家有个传家宝——红药箱，药箱里放着消毒酒精、碘酒和急救药品等。父亲这一辈子没有给我们当儿女的留下金银财宝，却给了我们随身携带的红药箱，以及随时随地治病救人的优良传统。

二、爷爷的头颅——爷爷康普仁是老红军

我的爷爷当年是中国工农红军陕北独立师第三团的通信兵，负责传送红三团给陕北特委的重要文件。那时送文件，需要闯过国民党的封锁线，爷爷经常化装成小贩，及时顺利地完成任务。爷爷送文件时机智勇敢，曾受到刘志丹的表扬。

刘志丹牺牲的第二年，已是红军连长的爷爷，在战斗中牺牲。敌人残忍地用铡刀切下爷爷的头颅，悬挂到石楼城西门外的大槐树上示众。直到 10 天后，爷爷的头颅才被爱国人士买通看城门的官兵，撤换下来。

敌人为什么这么恨爷爷？ 1936 年 11 月，爷爷从中央党校学习毕业，东渡黄河，开展地下工作。爷爷成功策动阎锡山河防军队投诚八路军，抗击日本鬼子。

当时，沿黄河驻守的阎军已经接受反正，准备倒戈对日抗战。爷爷回陕北向上级党委汇报此事，不料，内部出现了叛徒，爷爷被跟踪，很长时间敌人都没机

会得手，这让敌人恼羞成怒。爷爷在战斗中牺牲，敌人找到了泄愤的机会。

1937 年，国共两党合作，八路军七一八团政治部主任肖阳，派两名战士去领取爷爷的尸首，没有找到头，身骨背回老家埋葬。新中国成立后，当地政府重新安葬爷爷，用荞麦面给爷爷补做了一个人头。爷爷长眠在革命烈士陵园，陕北人民领袖刘志丹安眠的地方，安眠着我的爷爷康普仁。

三、父亲的药箱——继承先辈遗志，父亲扛枪参军

父亲和药箱结缘，是战争的残酷教育了他。当时，部队准备攻打日本人占领的汾阳城。打日本鬼子，为爷爷报仇雪恨，父亲很高兴。

汾阳城墙高，部队没有重武器，于是在城墙底挖洞口，准备从洞口攻进去，里应外合。父亲报名打进内部开门，营长没有同意。进洞里去的 72 名同志和 7 名准备打开城门的勇士都牺牲了。敌人用大板子将城墙洞口堵死，用吹风机往洞口里吹毒瓦斯，准备打入敌人内部的 72 名同志全部遇难。

为给死难烈士报仇雪恨，部队决定在汾阳、离石的交界处薛公岭阻击从柳林、离石、方山撤退的日本鬼子。薛公岭两边是深山，八路军就埋伏在两边深山里，父亲他们在那里伏击了鬼子。他觉得打枪不解恨，一颗接一颗地扔手榴弹，我们的机关枪、轻机枪猛烈地射向鬼子。鬼子们死的死，逃的逃，不一会儿就全部投降了。

八路军缴获了日本鬼子携带的所有枪支和弹药。投降的日本人里有很多伤员，军医忙不过来，找父亲帮忙。看到日本鬼子，父亲想起家乡的父老乡亲被鬼子残害的情景，恨不得杀死他们。然而，部队有纪律，不许虐待俘虏。由于天热，日本鬼子的伤口很快发臭了，血腥味儿加上恶臭，让人厌恶和恶心。父亲用力扯下鬼子粘在血肉上的衣服，用消毒刀具切掉鬼子身上已经腐烂坏死的组织。他没有给鬼子打麻药（那个年代麻药很少），直接用碘酒、酒精消毒伤口，因为消毒严格，没有发生感染。父亲很有耐心很细致地给一个又一个俘虏清洗并缝合好伤口，在那个年代成了名副其实的外科“一把刀”。父亲最早肩起的药箱是我党的责任与担当，是热爱和平的中国共产党人救死扶伤的国际情怀。从那时起，父亲脑海中总是闪过红十字药箱。

父亲随后参加了绥包战役，部队打仗越来越多，他打仗打出了经验，越打越勇敢。他没有像爷爷那样带兵打仗，却在流血与牺牲的战场选择了药箱，选择了

救死扶伤。扛起药箱，他一干就是一辈子，默默无闻地在医疗战线为伤病员服务。父亲很喜欢他的药箱，他喜欢自己配药，还经常用内科的办法治外科的病。父亲经常把口服的消炎药碾碎了，直接外敷在伤口上，病员的伤口会很快愈合；父亲治痔疮有一绝，直接往疮疤上注射稀释过的碘酒，很快疮疤就萎缩脱落。

父亲曾经作为人民军医参加援越抗美，在远离祖国的越南战场，父亲的药箱和他的土办法，派上了大用场。越南作战条件很艰苦，医疗保障受到很大限制，父亲能很好地完成任务，红药箱就是他的法宝。那时天上飞机多，地上的蛇多。刚去的时候，每天睡觉，被窝里不知什么时候就会钻进来蛇，穿鞋时也要小心，因为蛇知道鞋子暖和，鞋子里经常团着蛇。父亲给官兵们的鞋子里和被窝里放一点点雄黄，蛇就不再来了。

新中国成立后，父亲到重庆第一军医大学深造，他深深地爱上了医务工作，药箱时刻不离身。父亲随时随地给人看病，不收取半文钱。他看内科、看外科，还给不少妇女接生孩子……那时，没有专门的妇产科医院，没有接生婆的地方，女人生孩子不消毒就用自己的剪刀剪脐带。几十年中，父亲转战南北，他身背药箱，医好了无数伤病员。随着医疗经验的不断丰富，父亲携带的药品多起来，药箱越做越大，背起来困难，他买了一辆自行车。父亲驮着药箱骑行在盘旋的山路上，常常有一种飞的感觉。一次出急诊，父亲飞速下坡，烈日炎炎的酷暑季节，他戴了一顶草帽，一阵风吹过，草帽遮住了眼睛……父亲知道，前面就是悬崖！因为下坡，他不敢用闸，迫使自己朝山路里面摔倒，父亲连翻几个跟头，他起身时发现，已经到了悬崖边上。父亲顾不上擦伤，继续赶路，由于父亲及时赶到且及时给病人用药，昏迷的人慢慢醒了过来。救治好病人，父亲才开始清洗和包扎自己的伤腿。和平时期，父亲肩起的药箱是我军的使命与担当，是中国人民解放军全心全意为人民服务的具体体现。

四、背起药箱、传承药箱——姐妹们在不同岗位从医

父亲常说：药箱是功德箱、是救命箱。战争年代，它陪父亲驱日寇、打老蒋、抗美帝；和平时期，它伴父亲抗洪灾、守边防、保和平，风里来雨里去，立下汗马功劳。1978 年，二姐高中毕业，响应知识青年上山下乡的号召，到农村广阔天地去锻炼，父亲送姐姐一个红药箱，姐姐把父亲的好传统带到了农村，经常给

乡亲们义务看病，最终成为一名受贫下中农欢迎的赤脚医生。

我报考军医学校，父亲很高兴。我在临床干的时间短，后来改做新闻报道工作，再后来当了专业作家。对于我改行，父亲多次表示了遗憾。父亲是脚踏实地、认真工作的人，他平日里的话很少，他是用行动影响我们的人。

2003年非典疫情以来，特别是2019年新冠肺炎疫情暴发以来，我国武汉封城、西安封控、上海封控……我时时想作为一名医务工作者，到疫情最严峻的地方去救死扶伤，我渐渐理解了父亲的心情。

2008年，汶川地震，我奔赴一线抗震救灾。从一座座废墟上经过，那时，我也常有扛起药箱像父亲那样救死扶伤的想法。

部队干休所建立之初，父亲建议：给每位老干部配备红十字小药箱，济空干休所给每位老干部发了保健箱，里面有体温计、创可贴、救心丸、硝酸甘油等心血管病急救药品，有治腹泻、治感冒等常用药品。济空干休所的好做法，深受老干部欢迎，在一定范围内得到推广。

经历了战争、经历了灾难、经历了疫情，我才悟出：红色药箱是父亲人生最伟大的选择。

康桥，女，著名军旅诗人、国家一级专业作家。

著有诗集《寸草心》《血缘之源》《飞翔，向着太阳》《生命的呼吸》《征途》《像天鹅一样歌唱》等，散文集《天问：我是谁》《冰层下绽放的花朵》。

荣获全军文艺新作品奖一等奖三次、首届齐鲁文学奖、共青团精神文明建设“五个一工程”奖、中国人民解放军图书奖、首届十佳军旅诗人、新诗百年百位最具实力诗人、中国当代诗人杰出贡献金奖。

第二章
家风、家庭

家庭、家教、家风建设在构建人类命运共同体中的作用研究

聂振强

对中国人来说，有家就有家风。传统的中国是“家国一体”，“家”是缩小的“国”，“国”是放大的“家”，有家才有国，有国家才旺。从氏族大家的家训、家谱，到普通百姓父母长辈的一言一行，家规、家教形式不同，但传递的都是一个家庭或家族的道德准则和价值取向。因此，家风、家教在历史长河中形成了中华姓氏文化数千年的不可磨灭的中华文化，其核心是姓名、地名和中华汉字，佐证了 5000 年中华文明。

家风是家族绵延不断的教育形成的家庭风气，家风是现代家庭教育的渊源与根基，乃至中华文化的缩影，攸关文明的延续。

家教则是家风、家训、家规、家法的运行方式。孩提时的“教养”，是从良好的家教、家风中来。有家教、有教养才能教育出优秀的人才，家教出孝子，家教出才子。

家庭建设影响着一个家族每一代人的成长。当下对下一代人的成长教育尤为重要，小到家庭兴衰，大到社会道德，再大就会影响国风国情。我们要传承泱泱中华 5000 年的文明史，壮我中华，从姓氏家庭文化建设入手，推动构建人类命运共同体，迈进新时代。

一、曾国藩治家之道是“勤”字兴家，是兴家之道

曾国藩的家风文化的核心是勤与俭：家俭则兴，人勤则健；能勤能俭，永不贫贱。

曾国藩把“勤”字看作兴家立业的根本，曾说:“勤”是兴家之道。俗话说“成

由勤俭败由奢”“天下古今之庸人，皆以一‘惰’字致败；天下古今之才人，皆以一‘傲’字致败”。

世上大多数人，都是再普通不过的平凡人。天资平庸，人又不勤勉，就难有成就。天资过人，只要一骄傲，就生出祸端。世上许多康乐之家，都是凭着勤俭得以兴旺发达。世上许多高尚之人，都是凭着谦虚待人积累福德。不论是修身自律，还是齐家治国，“勤”字都是不二法门。

早年间，曾家祖父留下了 8 字家训：猪、蔬、鱼、书、早、扫、考、宝。

“猪、蔬、鱼、书”这 4 个字讲的是一分耕耘，一分收获的道理，是指养猪、种菜、喂鱼、读书，这是居家之事。居家后，进而考虑的是该如何治家。

大人们耕田种菜、养鱼养猪，供一家人吃食；小孩子用功读书、健康成长，长辈就能放心。百姓之家，只要园中有菜、栏中有猪、塘中有鱼，幸福生活就有了保障。子孙向学，能够发奋勤勉、修身养性、考取功名，家族振兴就有了希望。

“早、扫、考、宝”中的早，是指起早，就是每日清早起床，做事情更要有提前量。扫，就是外要打扫庭院，内要扫除心灵的灰尘。考，就是祭祀，要缅怀先人，逢年过节祭祀不能懈怠。宝，就是睦邻，要尊亲睦邻，保持一种淳朴的民风。这是治家之道。要想身体力行地做到这 8 个字，就必须勤劳地从事读书、生产。

此 8 字家训，一家奉之，则家道兴旺；家家奉之，国泰而民安。

曾国藩本人，也曾在给次子曾纪鸿的家信中写道：“尔年尚幼，切不可贪爱奢华，不可习惯懒惰。无论大家小家、士农工商，勤苦俭约，未有不兴；骄奢倦怠，未有不败。”曾家世代以此为训，培养了良好的家风。

“谦”是避祸之门。成书于约公元前 5 世纪的《尚书》（传说为上古文化《三坟五典》的遗作）有曰：“满招损，谦受益。”狂妄自大多源自精神的空虚，怕被人瞧不起，高调炫耀者，人人讨厌，人人反感；自以为是者，人人疏远。唯有低调不张扬，谦虚不自夸，这样的人走到哪儿都受欢迎。谦卑则是发自内心的力量，不被外物干扰。

真正聪明的人，都明白“人外有人，天外有天”的道理。低姿态做人，高姿态做事。话不说满，事不做绝。给别人留后路，也是给自己留后路。做人低调谦虚，才能长保安康。位居人上，不要目中无人；屈居人下，不必谄媚求人。强者不是人上人，弱者不是人下人。永远怀着一颗谦逊的心，平等友善地尊重每一个人。这才是为人处世之根本。

二、家风是家庭的核心价值观，家规家法就是家庭的“基本法”，家风是家族子孙后代恪守的家训而形成的“家文化”，是一个家族的宝贵财富

家风好，则族风好、民风好、国风好。社会精英层特别是领导干部的家风对社会风气有着重要影响，在一定程度上起着引导和示范作用。注重家风是中华民族的优秀品格，也是中国共产党的优良传统。良好家风是中华文明的重要组成部分，是我们成长的营养剂。习近平总书记指出：“家庭是社会的基本细胞，是人生的第一所学校。不论时代发生多大变化，不论生活格局发生多大变化，我们都要重视家庭建设，注重家庭、注重家教、注重家风。”领导干部要懂得“修身、齐家、治国、平天下”的道理，修身是个人层面的要求，齐家是社会层面的要求，治国、平天下是国家层面的要求。家风是融化在我们血液中的气质，是沉淀在我们骨髓里的品格，是我们立世做人的风范，是我们工作生活的格调。家风是民风社风的根基，是社会和谐的基础。家风对个人、家庭、社会和国家的发展都具有重要意义。

知礼仪、重家风是中华民族的优秀传统。因家风清廉质朴、善良守信、进取有为而赢得赞誉的古今名人不胜枚举。包拯严厉要求其后代不犯赃滥，不违其志，否则就不是包家子孙，死了也不得葬在包家祖坟；岳母姚氏在岳飞背上刺下“精忠报国”4个大字，岳飞又严格教育参战的儿子一心报国；清代名臣林则徐留给后辈的家训“子孙若如我，留钱做什么？贤而多财，则损其志；子孙不如我，留钱做什么？愚而多财，益增其过”。好的家风如同无声的教诲，助人立德立言、成人成才，让后人铭刻在心、代代受益。

三、姓氏家庭文化是社会德治的主体，是家庭家族建设中伦理道德力的基石，在国家治理体系的形成和治理能力的提高过程中，宗亲文化能起到德治的作用

家族是主要以姓氏为标记的同血同缘群居群体，它的显著特点是日常运行以儒家思想为指导，并充当儒家文化的重要传播者。它通过长辈的约定俗成和对晚辈的不断教化，使个人和整个群体的思想、行为、习惯，万变不离儒家文化其宗。

几千年来，中国社会政治模式都是“国管法治，家管德治”，那就是靠姓氏家族来振兴德治。在旧中国，因为有家族管德治，男人做贼与女人偷汉，不说当事人永世不得翻身，就连“六亲都有蒙羞的耻辱感”。当下贪官污吏、男盗女娼，无以为耻，甚至都笑贫不笑娼了，说明姓氏宗亲家族中的德治建设还有积极的一面。随着改革开放，搞活市场经济，个人的利益作用膨胀了，所以，整个社会也就逐渐缺少了道德！我们现在要弘扬儒家文化，宗亲家族能推进民族融合，能为构建和谐社会起到推动作用。

在中国数千年的文明中，家族是做出过重要贡献的。比如凝聚人心、礼貌待人、尊老爱幼、规范同胞行为、助学及扶贫帮困等，直接培养人才与维护社会稳定。中国要做一个道德大国，那首先应该是德治无处不在，人们要受到德的诫勉。所以从道德角度而言，中国要的不是禁止而是大力恢复、引导和加强宗亲家族组织的管理模式。

四、“姓氏宗亲文化”的提出缘自民主党派中央调研课题，在全国“两会”首次提案建议

1. 中国农工民主党中央率先开展“姓氏宗亲文化”的调研，成果转化为全国“两会”提案建议并获国家民政部提案办理答复

2012 年 5 月，中共北京市委统战部理论研究基地发出理论研究课题招标书，农工党北京市委理论研究基地报送《姓氏宗亲组织与港澳台海外统战工作专题研究》课题中标（立项号 JD1205），课题负责人农工党北京市委秘书长刘迎，农工党北京市委委员、出版支部主委、基地专家聂振强任课题组长、执笔人。同年 4 月，农工党中央文化委主任、农工党北京市委副主委张新建（文化部市场司司长）在杭州会议上决定将“姓氏宗亲文化”列入中央重点选题，组长聂振强，副组长陆地（农工党中央文化委副主任、北京大学视听传媒研究中心主任、清华大学新闻传播学院教授、中国传媒大学广电研究中心研究员、博导），刘军（农工党中央文化委副主任、全国政协《中国政协》杂志新闻部主任、研究员）。由农工党中央文化委牵头，联合中国关工委教发中心、全国促进传统文化发展工程姓氏委、中华聂氏北京联谊会 4 个单位共同发布《姓氏宗亲文化发展在统一战线服务社会主义文化建设中的应策研究》课题调研决定，对全国 6 个省、市进行调研，发放问卷调查表。

农工党中央在2014年全国“两会”上提交《发挥姓氏宗亲文化在中华民族精神思想中的传承作用，实现伟大复兴“中国梦”的建议》（全国政协十二届二次会议第1248号〔文化宣传类078号〕提案）。该提案是由农工党中央联络委主任黄泰康教授牵头负责，组成课题组开展姓氏宗亲文化调研，亲自带队赴河南省社科院河南省姓氏文化研究会、农工党河南省委等地考察、座谈，发放姓氏宗亲文化问卷调查表等调研活动，最后形成提案。2014年7月15日，国家民政部向农工党中央发“提案答复的函”（民函〔2014〕665号，签发人：顾朝曦）中称：“姓氏宗亲文化是我国传统文化的重要组成部分，一直以来为扩大海外联谊范围、拓展统战工作领域发挥了积极作用。”这是在国家级文件中首次肯定了“姓氏宗亲”组织、姓氏文化政策性的相关问题的答复。这表明党中央、国务院更加重视姓氏宗亲文化在中华传统文化中的作用和地位，拉开了姓氏文化在统一战线工作中的作用研究序幕，引起国家有关部门的关注，推进了社会对“中华姓氏宗亲文化”形成与发展的研究。调研成果转化主要有：《关于弘扬姓氏宗亲文化服务统一战线工作的建议》（农工党中央全国政协十二届一次会议提案建议，2013年3月）；《发挥姓氏宗亲组织在统一战线及中国政党制度发展中的作用研究》（“世界政党格局变迁与中国政党制度发展学术研讨会”，2012年12月）入选并出席会议；在“2013北京文化论坛——节日与市民生活”论坛中，《姓氏文化产业的形成与发展现状》列为重点课题，农工党北京市委选送的《中华姓氏宗亲文化节庆在北京非物质文化遗产传承与保护中的作用》（聂振强）获二等奖。

2. 在“当代中国政党制度与国家治理”学术研讨会上发表《关注姓氏社会组织的发展，推进国家治理体系和治理能力现代化》论述

2014年11月14日，中国统一战线理论研究会政党理论北京研究基地在京举办“当代中国政党制度与国家治理”学术研讨会。中共中央统战部副部长陈喜庆，九三学社中央常务副主席、中央社会主义副院长邵鸿，民进中央专职副主席刘新成，政党理论研究基地主任、北京市委常委、统战部长牛有成，政党理论研究基地主任、中国人民大学党委书记靳诺出席研讨会开幕式并致辞。来自全国各地60余名专家学者参加研讨会。

在研讨会上提交《关注姓氏社会组织的发展，推进国家治理体系和治理能力现代化》（郑杭生、聂振强）论文，在政党理论学术界率先提出“姓氏宗亲民间

组织将是社会的新阶层”“新时期统一战线工作对象的需要”“网格化管理的空白”“政府管理与服务的缺失”“姓氏民间社会组织与治国理政的关系”五大专题论述。与会专家认为，“姓氏社会组织”与“治国理政”是个好选题，开阔了政党理论学术研究的新视角，是民主党派的调研优势，多位学者表示认同和参与。

五、开创“姓氏文化学”“姓氏社会学”学术研究领域，汲取中华传统姓氏文化之精华

1. 提出“姓氏社会学”领域研究方向，首次在中国人民大学招收两名“姓氏社会学”博士后

郑杭生先生是中国人民大学社会学理论与方法研究中心主任、社会学一级教授、博士生导师，中国人民大学原副校长、中国社会学会名誉会长。主要在社会学定义、社会运行、社会转型等方面有开创性研究，被称为东方“社会运行学派”，是“中国特色社会学理论的开拓者”之一。他提出了“社会运行论”“社会转型论”“社会学本土论”“社会互构论”4 论，结合社会学流派、社会运行流派，首次在中国人民大学招收两名“姓氏社会学”博士后，开创姓氏社会学学科研究领域。

2. 首届“姓氏文化研修班”在中国人民大学举办

2016 年 5 月 8 日，由高等院校首次主办的“姓氏文化研修班”在中国人民大学培训学院举行开班典礼。至此，在全国首次拉开了姓氏文化教育培训进入高等院校的序幕，从研究、教学、传播、产业化方面为中华姓氏文化的形成与发展奠定了理论与学术研究的基础。开办研修班是在已故著名社会学学者郑杭生教授的倡导下进行的。生前郑教授牵头与培训学院副院长卜健军（农工党中央教育委第一副主任）、农工党中央姓氏研究专家聂振强等共同规划设计，郑校长安排卜健军副院长牵头组织教学，聂振强组织师资讲义课程和学员队伍。来自全国高等院校、中国社科院、民主党派等有关领导、专家学者和江西省赣州姓氏文化研究会及北京、绵阳、东莞、浙江的学员等百余人出席开班典礼活动。郑杭生教授“姓氏社会学”博士后刘振杰（民政部政研中心处长）出席了开学典礼并介绍姓氏社会学开设的相关情况。南康和谐城向主办方、协办方赠送纪念牌、锦旗“民主党派提案建言献策传承中华姓氏宗亲文化”；著名艺术家、学者萧宽先生赠送墨

宝“中华姓氏图腾”，文化部华夏文化遗产保护中心文化遗产保护研究院人民画院副院长傅美生，原驻外武官、军事学院教授、硕士生导师、中国当代书法名家侯振山院长等向聂振强赠送了书画艺术作品“点燃姓氏文化的慧灯”。

中国社科院学部委员、历史研究所副所长王震中研究员开讲《图腾与姓氏》，聂振强、赵美询、李耀君、邓思远分别讲授相关课程。学员培训学习期满后，经审核授予中国人民大学教育培训结业证书。研修班以“弘扬中华传统文化，传承中华姓氏文化、家文化”为宗旨，传承祖德祖训，提倡好家风道德建设，收效很好。

对于农工民主党开展姓氏文化调研并参与举办“姓氏文化研修班”一事，中国人民大学、社会学一级教授郑杭生生前这样说过：“姓氏宗亲文化的形成与发展已逐步显现出一种社会现象，姓氏文化的社会现象和我研究的社会学有着一定的关系。都需要结合社会学的研究方法去研究分析，还是叫姓氏社会学为好。民主党派开了个好头，对姓氏宗亲进行了全国的调研，还上了全国‘两会’提案。要把‘姓氏社会学’建立起来，招一两个博士生，把聂老师的论文收集一下，参照他们的论文去编写教材。由他带头做好这个课题研究，做好姓氏社会学的理论研究，学科建设由我来抓。”（见《中国人民大学纪念郑杭生学术研讨会论文集》第154页，2015年11月7日），并通知聂振强“你是中华姓氏文化方面的专家和组织者，请你写一篇文章，题目如“中华姓氏文化研究的当代意义”，着重可围绕中华姓氏文化研究的理论和实践，展示你们农工党研究的成果”。

3. 泰、中、缅、老4国共创“姓氏文化学”开班授课

为弘扬中华民族优秀的姓氏宗亲文化，促进中国与东盟地区国与国、民众与民众的友好交流发展，2018年9月19日，中国《赤子》杂志社编委、海外交流合作部主任、《中华姓氏》栏目主编聂振强应邀在泰国清莱云华职业学院开班授课“姓氏文化学”。本次活动是在中国京视网手机台中华姓氏频道支持指导下，由泰国清莱云华职业学院、泰国广西总商会、泰国《东盟华人》杂志社联合主办，由金三角中国文化中心协办，美赛鹏博冠学校承办。本次讲学以会聚名家、关注学术、研究问题、交流经验为宗旨，受邀泰、中、缅、老4国有关专家、学者及华人侨领出席此次学术研讨交流与讲学活动。这次办班授课在东盟国家地区引起良好反响，纷纷认知了中华姓氏文化传承的作用意义，了解了为什么会有家谱、祠堂，感受了人生价值观的重要性。聂振强老师是中国人民大学“姓氏文化研修

班”开班人，主讲了“姓氏文化学基本知识与学术理论研究”“海内外中华姓氏宗亲文化交流发展动态分析”“中国人民大学招收‘姓氏社会学’博士后、‘姓氏文化研修班’的介绍”“姓氏基因学的形成与展望”4节课程，并对中华汉字罗氏（罗业健）字架格标准、生僻汉字录入对称码技术发明人王子善，地理人文地名学科建设人张勇，京视网手机台的融媒体文化产业案例进行了分享。

泰国广西总商会会长、泰国云华职业学院名誉院长李宇明先生说，姓氏宗亲文化是我们中华民族的历史文化，它是建立在相同姓氏基础上的血缘组织，是源自相同世系的同姓人聚在一起组成的姓氏团体，移居海外的中国人特征最为突出。它使泰国的有华裔血统的人都知道，我是谁？我从哪里来？我到哪里去？谁是我的祖先？懂得自己的祖国，关心自己的祖国，热爱自己的祖国。泰国云华职业学院院长娄建坤先生介绍学院简况并通报开班活动情况。他说，我们要关注姓氏宗亲文化，要加强这方面的研究。一说起姓氏就没有分什么你我他，不分党派、不分国家，中华姓氏一家人。黄河母亲河孕育了华夏儿女，让我找到血脉和根，感到比任何时候都伟大自豪。这次为传承姓氏宗亲文化班讲学，对以后我们华文教育工作会有很大推动作用，我们将合作建立“姓氏宗亲文化教学基地”。我们要更好地弘扬光大姓氏宗亲文化，影响我们的后代人。泰国华文教师公会主席、泰华通讯记者协会主席、泰国留学中国大学校友总会永远名誉主席、著名泰国华侨领袖罗宗正博士对这次“姓氏文化学”在泰国的开班授课，给予很高评价。他认为，长期以来，泰、中文化交流离不开华文教育，中华优秀传统文化是华人华侨尊崇的文化。这次你们来讲姓氏文化是个好开创，补充了一些中华传统文化中的姓氏家文化的知识，让年轻人知道自己的家族发展史、家风家训和祠堂的意义。这是一个很好的传承，希望做下去。

4. 荣获泰国—东盟“中华姓氏宗亲文化与经济研究贡献奖”，海外反响良好

在区域经济一体化的全球性浪潮中，东盟区域经济一体化迅速崛起。为推进东盟一体化，传承中华姓氏宗亲文化，促进东盟商界经济发展，2015年1月15日，在泰国首都曼谷香格里拉大酒店举行的“2015东盟商界精英年会暨第三届东盟商界精英颁奖典礼”中，聂振强荣获“中华姓氏宗亲文化与经济研究贡献奖”奖杯。泰国《东盟经济时报》、泰国华人著名泰华网频道等做全程报道，对聂振强先生和已故中国社会学泰斗郑杭生教授共同开创的“中华姓氏宗亲文化”“姓氏

社会学”学科领域研究成就，表示肯定和赞誉。这个奖项是海内外华人姓氏文化研究领域中的首设国际奖项，被认为是“里程碑”的标志。

2013 年 2 月，泰国《东盟商界》杂志发表“中华姓氏宗亲文化研究学者聂振强访谈录”报道，这是在东盟国家地区首次出现“姓氏宗亲文化研究”学者的专题报道，引起巨大反响，受到华人侨领的爱戴。泰国泰华网、《东盟华服》杂志为此开设《百家姓·姓氏宗亲》专题栏目并长年约稿。

家庭、家教、家风在历史长河中，形成了中华姓氏家文化数千年的不可磨灭的中华文化。家庭建设影响着一个家族每一代人的成长，从家庭建设文化入手，迈进新时代，推动构建人类命运共同体。

聂振强，中国农工民主党中央姓氏宗亲文化调研组组长、主任记者，中国人民大学“姓氏文化研修班”开班人、副教授。

中国农工民主党中央联络委（第十五届）委员、中国农工民主党中央文化委（第十二、十三、十四届）委员、农工党北京市委理论研究基地专家、农工党北京市委参政议委副主任、农工党北京市委（直属）出版支部委员会主委。山东大学“山东省文化科技重点实验室”明湖学者讲座教授，泰国—东盟“中华姓氏宗亲文化与经济研究贡献奖”获奖者，泰国清迈孔子学院清莱云华职业学院“姓氏文化学”主讲人、客座教授，韩国·韩中姓氏文化交流中心荣誉会长，河南省姓氏文化研究会聂姓委员会荣誉会长，京视网手机台副总编，中华姓氏频道总编辑，《赤子》杂志社编委，《中华姓氏》栏目主持人，泰国《东盟华人》杂志海外副总编辑，北京市人民政府人民建议人。

研究领域：政党政治，多党合作制度，参政党在执政党执政能力建设提高中的监督作用研究；姓氏社会学，姓氏宗亲文化，姓氏宗亲政策及应策研究，等等。

以千千万万家庭的好风气
支撑起社会的浩然正气

——学习习近平关于注重家庭、家教、家风建设的论述

马姝娟

家教、家风都是家庭建设的范畴，它不仅仅是千千万万家庭需要关注的问题，而且关系到社会稳定、国家发展和民族振兴。党的十八大以来，习近平总书记高度重视家庭建设，就注重家教、培育家风等问题发表了一系列重要讲话，做出了许多重要指示，对于新时期开展家庭建设具有重要的指导作用。认真学习领会习近平总书记的这些重要论述，对于我们更好地开展家庭建设、社会建设、精神文明建设，有着重大的现实意义和深远的历史意义。

一、家庭——社会的细胞

要认识家庭建设的重要性，首先要了解家庭的地位，弄清楚家庭与社会、国家、民族的关系，弄清楚家庭在社会建设、国家发展和民族振兴中的重要作用。

1. 家庭与社会——“家庭是社会的细胞”

2015 年 1 月 7 日，习近平在《2015 年春节团拜会上的讲话》中指出：“家庭是社会的细胞。”“无论时代如何变化，无论经济社会如何发展，对一个社会来说，家庭的生活依托都不可替代，家庭的社会功能都不可替代，家庭的文明作用都不可替代。无论过去、现在还是将来，绝大多数人都生活在家庭之中。”（《在会见第一届全国文明家庭代表时的讲话》，习近平：《论党的宣传思想工作》，中央文献出版社 2020 年版，第 281—282 页）习近平同志的这段论述，是对家庭最好的历史定位。从家庭产生和发展的历史看，家庭是最早的、最基础的社会组

织。家庭与婚姻有着密切的联系，婚姻是产生家庭的前提，家庭是缔结婚姻的结果。婚姻家庭是人类社会发展到一定阶段才出现的社会形式。家庭是在原始社会末期，随着私有制的产生和母系制的瓦解、父系制的确立逐渐形成的。家庭是以婚姻和血缘关系为基础的社会单位，包括父母、子女和其他共同生活的家属在内。人类社会产生以后，先是有了家庭，而后有了氏族、家族，进而发展为部落和部落联盟，最后有了阶级和国家。家庭与社会的关系，就是局部与全局的关系，是细胞与身体的关系，无数个细胞组成了人体，无数个家庭构成了社会与国家。无论过去、现在和将来，家庭都是最基础的社会组织，家庭是人生命诞生的地方，是人生存最基本的依托，是人生活最接近的土壤，是人赖以安身立命的巢穴。好种发好芽，好土出好苗，只有细胞好，身体才能好；只有所有局部都好，整体也才能好。“家庭和睦则社会安定，家庭幸福则社会祥和，家庭文明则社会文明……国家富强、民族复兴、人民幸福，不是抽象的，最终要体现在千千万万个家庭都幸福美满上，体现在亿万人民生活不断改善上。同时，我们还要认识到，国家好，民族好，家庭才能好。”（习近平：《论党的宣传思想工作》，中央文献出版社 2020 年版，第 281—282 页）这就是家庭与社会的对立统一关系。

2. 家庭与国家——“家是最小国，国是千万家”

2018 年 11 月 2 日，习近平总书记《在同全国妇联新一届领导班子成员集体谈话时的讲话》中指出：“家是最小国，国是千万家。”2018 年 2 月 14 日，习近平《在 2018 年春节团拜会上的讲话》中指出：“正所谓‘天下之本在国，国之本在家’，家和万事兴。国家富强、民族复兴，最终要体现在千千万万个家庭都幸福美满上，体现在亿万人民生活不断改善上。千家万户都好，国家才能好，民族才能好。”（《人民日报》2018 年 2 月 15 日）这是对家国关系的深刻阐述。“家是最小国”，是说家庭是国家的最小组织单位；“国是千万家”，是说国家是由千千万万个家庭组成的。如同家庭在社会中的地位一样，家庭在国家中的地位，也是个体与整体、局部与全局的关系，家庭和睦是国家和谐、团结的基础，家庭健康是国家强大的基因，家庭幸福是国家富强的体现。2019 年 5 月 14 日，习近平在同希腊总统帕夫洛普洛斯会谈时指出：“中国人自古以来就具有家国情怀，国是第一位的，没有国就没有家，没有国家的统一强盛就没有家庭的美满和个人的幸福。”（《人民日报》2019 年 5 月 15 日）家与国是一对矛盾，国是矛盾的主要方面，它决定着矛盾的性质和发展方向。家是局部，国是整体，整体决定着局部，没有国家的强大，就没有家庭的美满和个人的幸福。家庭好是国家好的基础，国家好是家庭好的保障，这就是家庭与国家的辩证关系。

3. 家庭与民族——“家庭的前途命运同国家和民族的前途命运紧紧相连”

2016 年 12 月 12 日，习近平《在会见第一届全国文明家庭代表时的讲话》中指出：“历史和现实告诉我们，家庭的前途命运同国家和民族的前途命运紧紧相连。我们要认识到，千家万户都好，国家才能好，民族才能好。”（习近平：《论党的宣传思想工作》，中央文献出版社 2020 年版，第 281—282 页）家庭与民族的关系也是个体与整体的关系，局部与整体的关系。从家庭与民族的起源和发展历史看，也是先有家庭，而后有民族，民族是家庭发展到一定阶段才出现的一个社会群体。当然，随着社会的发展和民族融合，现在的许多家庭已不是单一的民族成分。家庭的命运同民族的命运息息相关，在那个积贫积弱的旧中国，中华民族命途多舛，许多家庭也是多灾多难。在中国人民站起来、富起来、强起来的当今，中国人才真正成为自己命运的主人，家庭的命运也才好了起来。我们这里所说的民族是新的广义民族、大民族的概念，是指整个中华民族，而不是狭义民族的概念，不是指某一个具体民族。同样《在会见第一届全国文明家庭代表时的讲话》中，习近平指出：“尊老爱幼、妻贤夫安，母慈子孝、兄友弟恭，耕读传家、勤俭持家，知书达礼、遵纪守法，家和万事兴等中华民族传统家庭美德，铭记在中国人的心灵中，融入中国人的血脉中，是支撑中华民族生生不息、薪火相传的重要精神力量，是家庭文明建设的宝贵精神财富。”（习近平：《论党的宣传思想工作》，中央文献出版社 2020 年版，第 280 页）这是基于家庭与民族的关系，对中华民族薪火相传精神的高度概括，是我们认识家庭与民族关系的重要法宝。

二、家教——家庭的重要任务

家庭的基本功能，一是组织人口再生产，也就是传宗接代，延续香火；二是从事劳动，为家庭成员提供衣、食、住、行等基本生活资料；三是实施家庭教育，为家庭和社会培养人才。人口再生产是基础，生产生活是物质层面的，家庭教育是精神层面的。人是载体，物质是硬件，精神是软件。人口再生产与物质资料的生产是其他领域的研究内容，我们这里主要探讨家庭教育问题，因为它是家庭的重要任务。

1. 家教的重要意义——“家庭是人生的第一个课堂”

家教，就是家庭教育，是指父母或其他年长者在家庭里对儿童和青少年进行的教育。2018 年 9 月 10 日，习近平在《加强党对教育工作的全面领导是办好教育的根本保证》一文中指出：“家庭是人生的第一所学校，家长是孩子的第一任老师，要给孩子讲好‘人生第一课’，帮助扣好人生第一粒扣子。”（习近平：《论坚持党对一切工作的领导》，中央文献出版社 2019 年版，第 280 页）“第一所学校”充分强调了家庭教育的重要地位；“第一任老师”强调了家长在家庭教育中的重要责任；“人生第一课”强调了家庭教育内容对个人成长的基础作用；“扣好人生第一粒扣子”强调了家庭教育方法的重要性。人生的成长过程，离不开家庭、学校、社会这三个重要场合。学校主要是在青少年时期（主要是学生时代）起作用，社会主要是在成年时期（工作时代）起作用，家庭在人的一生中都起作用，但主要是在人生的最初阶段（儿童、少年时期）起作用，正是从这个意义上称家庭是第一所学校。人生的青少年时期，主要是在家庭中度过，即使步入成年、走上社会之后，也有一大半的时间在家庭中度过。所以，家庭对人的影响深远，是人的世界观、人生观、价值观形成的重要场合。可见，家庭教育的重要性不言而喻。“四个第一”可以归结为两句话：家庭是人生成长的第一责任单位，家长是人生成长的第一责任人。2016 年 12 月 12 日，习近平《在会见第一届全国文明家庭代表时的讲话》中指出：“希望大家注重家教。家庭是人生的第一个课堂，父母是孩子的第一任老师。孩子们从牙牙学语起就开始接受家教，有什么样的家教，就有什么样的人……青少年是家庭的未来和希望，更是国家的未来和希望。古人都知道，养不教，父之过。家长应该担负起教育后代的责任。家长特别是父母对子女的影响很大，往往可以影响一个人的一生。”（习近平：《论党的宣传思想工作》，中央文献出版社 2020 年版，第 282 页）重视家庭教育，就是重视青少年的未来，就是重视国家的未来和希望。家庭教育既是家长不可推脱的家庭责任，也是一生需要承担的社会责任。因此，家长要履行第一责任人的职责，办好“第一所学校”，讲好“人生第一课”，帮助扣好“人生第一粒扣子”，把孩子培养成对家庭、国家、社会有用的人。

2. 家教的主要内容——“高度重视和切实加强道德建设”

家庭教育的内容十分丰富，包括思想品德教育、科学文化知识教育、生理卫生知识教育、美学教育、劳动教育等等，最重要的是思想品德教育。

2013年9月26日，习近平在《为实现中国梦凝聚有力道德支持》一文中指出："我们要按照党的十八大提出的培育和践行社会主义核心价值观的要求，高度重视和切实加强道德建设，推进社会公德、职业道德、家庭美德、个人品德教育，倡导爱国、敬业、诚信、友善等基本道德规范，培育知荣辱、讲正气、做奉献、促和谐的良好风尚。"2015年2月28日，习近平在《人民有信仰，民族有希望，国家有力量》一文中指出："紧密结合培育和践行社会主义核心价值观，大力倡导共产党人的世界观、人生观、价值观，坚守共产党人的精神家园；大力加强社会公德、职业道德、家庭美德、个人品德建设，营造全社会崇德向善的浓厚氛围；大力弘扬中华民族传统文化，大力加强党风政风、社风家风建设，特别是要让中华民族文化基因在广大青少年心中生根发芽。"（习近平：《论党的宣传思想工作》，中央文献出版社2020年版，第133页）"要发扬优良传统，承担历史使命，把党和国家确定的奋斗目标作为自己的人生目标，以民族复兴为己任，自觉把人生理想、家庭幸福融入国家富强、民族复兴的伟业之中，做新时代的追梦人。"（《在全国劳动模范和先进工作者表彰大会上的讲话》，人民出版社单行本，2020年11月24日，第6页）"作为母亲，应该把爱学习、爱劳动、爱祖国的观念从小就传递给孩子，帮助他们形成美好心灵，促使他们健康成长，长大后成为对国家和人民有用的人。"（《在同全国妇联新一届领导班子集体谈话时的讲话》，2013年10月31日）2016年5月27日，习近平在十八届中央政治局第三十二次集体学习时的讲话中强调："敬老爱老是中华民族的传统美德。要把孝亲敬老纳入社会主义核心价值观宣传教育，建设具有民族特点、时代特征的孝亲敬老文化。"（《人民日报》2016年5月29日）

2013年12月23日，习近平《在中央农村工作会议上的讲话》中指出："中国文化中有很多关于节约粮食的内容，应该从小给孩子们灌输，弘扬勤俭节约的好风尚。"（《十八大以来重要文献选编》（上），中央文献出版社2014年版，第668页）习近平关于加强思想品德教育的一系列论述，归纳起来，就是要树立正确的世界观、人生观和价值观，树立远大的革命理想，把自己的人生目标同国家的发展结合起来，把远大理想同脚踏实地的革命精神结合起来，自觉地锤炼个人品德，传承家庭美德，坚守职业道德，弘扬社会公德，形成崇德向善的良好风气。

3. 家教的方式方法——“重言教、重身教，教知识、育品德”

家庭教育的方式方法是为内容服务的，内容决定方式方法，方式方法对内容又有反作用，好的方法能够收到好的效果，方式方法不当会影响教育效果。中国历史上有许多好的家庭教育方法，我们都可以借鉴利用。理论传授、实践锻炼、重视身教、循序渐进等等，都是前人实践经验的总结。

2016 年 12 月 12 日，习近平《在会见第一届全国文明家庭代表时的讲话》中指出:“作为父母和家长，应该把美好的道德观念从小就传递给孩子，引导他们有做人的气节和骨气，帮助他们形成美好心灵，促进他们健康成长，长大后成为对国家和人民有用的人。”“广大家庭都要重言教、重身教，教知识、育品德，身体力行、耳濡目染，帮助孩子扣好人生的第一粒扣子，迈好人生的第一个台阶。”（习近平:《论党的宣传思想工作》，中央文献出版社 2020 年版，第 282—283 页）这里讲的是理论传授，就是要把道理给下一代讲清楚，使他们形成正确的认知。

2014 年 5 月 30 日，习近平在《从小积极培育和践行社会主义核心价值观》一文中指出:“家庭是孩子的第一个课堂，父母是孩子的第一个老师。家长要时时处处给孩子做榜样，用正确行动、正确思想、正确方法教育引导孩子。”（《习近平谈治国理政》第一卷，外文出版社 2018 年版，第 184 页）前面讲的是言传，这里讲的是身教，身教重于言教，身教就是家长做给孩子看，这是无声的教育、无言的示范。

同样是在《从小积极培育和践行社会主义核心价值观》一文中，习近平指出:“每个人的生活都是由一件件小事组成的，养小德才能成大德。”（《习近平谈治国理政》第一卷，外文出版社 2018 年版，第 183 页）道德品质的养成不是一蹴而就的，需要一个长期修炼的过程，需要从一点一滴做起，“莫以善小而不为，莫以恶小而为之”，从身边的小事做起，积土成山，积水成渊，积小德为大德。

三、家风——家庭建设的灵魂

家风，就是门风，指家庭或家族的传统习惯、传统风尚，是家庭风气的集中展示，也是家庭价值观的集中体现。家庭建设包括许多方面，有衣、食、住、行方面的物质文明建设，也有家庭风尚方面的精神文明建设。精神文明建设的成效如何，集中体现在家风方面。

1. 家风建设的重要意义——“家风是社会风气的重要组成部分”

2016 年 12 月 12 日，习近平《在会见第一届全国文明家庭代表时的讲话》中指出：“希望大家注重家风。家风是社会风气的重要组成部分。家庭不只是人们身体的住处，更是人们心灵的归宿。家风好，就能家道兴盛、和顺美满；家风差，难免殃及子孙、贻害社会，正所谓‘积善之家，必有余庆；积不善之家，必有余殃’。……广大家庭都要弘扬优良家风，以千千万万家庭的好家风支撑起全社会的好风气。特别是各级领导干部要带头抓好家风。《礼记·大学》中说：‘所谓治国必先齐其家者，其家不可教而能教人者，无之。’领导干部的家风，不仅关系自己的家庭，而且关系党风政风。”

2018 年 11 月 2 日，习近平《在同全国妇联新一届领导班子成员集体谈话时的讲话》中指出，“千千万万个家庭的家风好，子女教育得好，社会风气好才有基础。”“‘正家，而天下定矣’。古时，那些子孙多贤达、功业多卓著的名门，无不与其良好家风的传承息息相关。”（习近平:《论党的宣传思想工作》，中央文献出版社 2020 年版，第 283—284 页）家风不仅关系到家庭的兴衰成败，而且同社会稳定、国家安定息息相关，这已经为许多历史事实所证明。“好的家风引领人向上向善，不良的家风却会败坏社会风气，贻害无穷。”（习近平:《在同全国妇联新一届领导班子成员集体谈话时的讲话》，2018 年 11 月 2 日）

2. 家风建设的主要内容——“要在家庭中培育和践行社会主义核心价值观”

2016 年 12 月 12 日，习近平《在会见第一届全国文明家庭代表时的讲话》中指出：“要在家庭中培育和践行社会主义核心价值观，引导家庭成员特别是下一代热爱党、热爱祖国、热爱人民、热爱中华民族。要积极传播中华民族传统美德，传递尊老爱幼、男女平等、夫妻和睦、勤俭持家、邻里团结的观念，倡导忠诚、责任、亲情、学习、公益的理念，推动人们在为家庭谋幸福、为他人送温暖、为社会做贡献的过程中提高精神境界、培育文明风尚。”（习近平:《论党的宣传思想工作》，中央文献出版社 2020 年版，第 282—283 页）“教育引导青少年树立以辛勤劳动为荣，以好逸恶劳为耻的劳动观，培养一代又一代热爱劳动、勤于劳动、善于劳动的高素质劳动者。”（《在全国劳动模范和先进工作者表彰大会上的讲话》，人民出版社单行本，2020 年 11 月 24 日，第 5—6 页）爱党、爱国、爱人民、爱岗位、爱学习、爱劳动，尊老爱幼、男女平等、夫妻和睦、邻里团结、勤俭持家、崇德向善，为家庭谋幸福，为他人送温暖，为社会做贡献，这既是家风建设的内容，又是对家风建设提出的基本标准和要求，也是家风建设应该达到的目标。

3. 家风培育的主要途径——“坚持全民行动、干部带头，从家庭做起，从娃娃抓起”

家风建设有了目标，还要解决方法问题，要找到家风培育的途径。2017 年 10 月 18 日，习近平在《坚定文化自信，推动社会主义文化繁荣兴盛》一文中指出：“要以培养担当民族复兴大任的时代新人为着眼点，强化教育引导、实践养成、制度保障，发挥社会主义核心价值观对国民教育、精神文明创建、精神文化产品创作生产传播的引领作用，把社会主义核心价值观融入社会发展各方面，转化为人们的情感认同和行为习惯。坚持全民行动、干部带头，从家庭做起，从娃娃抓起。深入挖掘中华优秀传统文化蕴含的思想观念、人文精神、道德规范，结合时代要求继承创新，让中华文化展现出永久魅力和时代风采。”（习近平：《论党的宣传思想工作》，中央文献出版社 2020 年版，第 11—12 页）社会主义核心价值观是引领，教育引导是基础，实践养成是关键，健全制度是保障，精神文明是抓手，文化产品（尤其是中国传统文化）是工具手段。从力量布局上，要全民行动、干部带头，把家庭作阵地，把娃娃作源头。这就是家风培育的基本途径。

2018 年 9 月 10 日，习近平在《加强党对教育工作的全面领导是办好教育的根本保证》一文中指出：“办好教育事业，家庭、学校、政府、社会都有责任，谁都不是旁观者，谁都不能置身事外。”“社会是大课堂，生活是教科书。现在，校外活动场所不足，教育载体缺乏，有效活动少，家庭教育、学校教育、社会教育之间出现‘断档’‘脱节’现象，没有形成育人链条。要健全社会教育资源有效开发配置的政策体系，加大图书馆、博物馆、科技馆、纪念馆、运动场、少年宫、儿童活动中心等公益设施的建设力度，免费向学生开放。”（习近平：《坚持党对一切工作的领导》，中央文献出版社 2019 年版，第 280 页）家庭是社会的细胞，因此，家风建设决不只是家庭的事，而且是全社会的共同责任。政府主导，家庭教育、学校教育、社会教育密切配合，才能形成家风培育的强大合力，才能收到好的效果。

2016 年 12 月 12 日，习近平《在会见第一届全国文明家庭代表时的讲话》

中指出："各级党委和政府要充分认识家庭文明建设的重要性，负起领导责任，切实把家庭文明建设摆上议事日程。工会、共青团、妇联等群众团体要结合自身特点，积极组织开展家庭文明建设活动。"（习近平：《论党的宣传思想工作》，中央文献出版社 2020 年版，第 284 页）2014 年 5 月 30 日，习近平在《从小积极培育和践行社会主义核心价值观》一文中强调："让社会主义核心价值观在少年儿童中培育起来，家庭、学校、少先队组织和全社会都有责任。"（《习近平谈治国理政》第一卷，外文出版社 2018 年版，第 184 页）党委领导、政府主导、工青妇及少先队组织积极参与，就会有力促进良好家风的形成。

2016 年 12 月 9 日，习近平在《坚持依法治国和以德治国相结合》一文中指出："领导干部要努力成为全社会的道德楷模，带头践行社会主义核心价值观，讲党性、重品行、作表率，带头注重家庭、家教、家风，保持共产党人的高尚品格和廉洁操守，以实际行动带动全社会崇德向善、遵法守法。"（习近平：《论坚持全面依法治国》，中央文献出版社 2020 年版，第 167—168 页）2018 年 6 月 29 日，习近平在《增强推进党的政治建设的自觉性和坚定性》一文中指出："领导干部特别是高级干部要明大德、守公德、严私德，做廉洁自律、廉洁用权、廉洁齐家的模范。"（《习近平谈治国理政》第三卷，外文出版社 2020 年版，第 97 页）"要做到廉以修身、廉以持家，培育良好家风，教育督促亲属子女和身边工作人员走正道。"（《在党的十八届五中全会第二次全体会议上的讲话》，2015 年 10 月 29 日）"中央领导同志、中央委员要带头反对特权，严格家风家教，为全党做出表率。"（《在第十九届中央纪律检查委员会第三次全体会议上的讲话》，2019 年 1 月 11 日）"中央政治局的同志必须修身律己、慎终如始，时刻自重自省自警自励，做到慎独慎初慎微慎友。要像珍惜生命一样珍惜自己的节操，做一个一尘不染的人。要带头廉洁治家，带头反对特权。"（《在中共中央政治局民主生活会上的讲话》2020 年 12 月 24—25 日，《人民日报》2020 年 12 月 26 日）他还对中央委员会的同志提出了"十个必须"，对中央政治局的同志提出了"四要"的明确要求，要求中央政治局委员要严格执行中央八项规定。他还要求领导干部要树立健康的生活方式："除了工作需要以外，少出去应酬，多回家吃饭。省下时间，多读点书，多思考点问题"。（《在第十八届中央纪律检查委员会第二次全体会议上的讲话》，2013 年 1 月 22 日）2014 年 3 月 18 日，《在河南省兰考县委常委扩大会议上的讲话》中强调："减少应酬应进一步提倡，健康的工作方式和生活方式要进一步提倡。"（《做焦裕禄式的县委书记》，中央文献出版社 2015 年版，第 46 页）他还要求领导干部要向毛泽东、周恩来、刘少奇、朱德等老一辈革命家学习，向焦裕禄、谷文昌、杨善洲、甘祖昌、龚全珍学习，做廉洁齐家的模范。领导干部在政治生活、家庭生活中都处于很重要的地位，他们的一言一行对家风、民风、党风、政风、社风都有很重要的影响。只要领导干部带头了，家风、党风、政风、社风就会愈来愈好。

家庭是家庭教育和家风培育的重要阵地，家庭教育是家风培育的主要方式，家风是家庭教育的最终成果。家风影响民风，家风连着党风和政风，关乎着人心向背，影响着国家兴衰与民族兴亡。因此，我们不可忽视家庭的地位，不可轻视家教的作用，不可漠视家风的影响。"我们要重视家庭文明建设，努力使千千万万个家庭成为国家发展、民族进步、社会和谐的重要基点，成为人们梦想启航的地方……千家万户都好，国家才能好，民族才能好。"（《在会见第一届全国文明家庭代表时的讲话》，2016 年 12 月 12 日，习近平：《论党的宣传思想工作》，中央文献出版社 2020 年版，第 281—282 页）让我们在习近平家庭建设思想指引下，认认真真抓好家教，踏踏实实育好家风，为国家富强、民族振兴、人民幸福做出应有的贡献！

马姝媚，女，中共党员，中国少年儿童新闻出版总社编辑。曾获中国少年儿童新闻出版总社"明日之星"、"优秀党务工作者"和共青团中央系统"优秀党务工作者"称号。

姓氏家族代际冲突的形成原因与对策

王文元

今天，姓氏家族代际剧烈冲突，父子不和、母子失睦，甚至为蝇头小利而对簿公堂，这些都不再是新鲜事。家族代际关系紧张已经是普遍的社会现象，不能不认真加以研究，以期采取有效对策。

一、人类信息的两种传递模式——文明传递与文化传递

人在所有动物中是姓氏家族血缘关系最明确的，一般来说，每一个人都能说出自己父母的名字，因为大多数人都是由父母带大的，孩子报答父母养育之恩属于本能，孩子与父母和睦相处理应是常态。然而，现实情况与这个结论不符，现实情况是：父子或母子反目成仇的情形越来越常见。要寻找出现这种矛盾的原因，首先需要从根源上进行分析。

大而言之，除谋求基本生活资料之外，人还有更高的追求，可以将其归纳为两大类，一类是文明活动，另一类是文化活动。文明解决物质需求，文化则用来满足精神信仰需求。人之高贵不仅表现于这些活动上，还要通过姓氏家族渠道把成果传给下一代，延续为传统。文明传递与文化传递走的是截然不同的路径。文明依靠理性的不断完善与发展实现代代相传，怀疑与否定起到至关重要的作用。理性起点很低，随着一代又一代人的努力，日渐成熟，逐渐走向高级阶段，至工业革命时期发生质变，至 20 世纪则不能以百年，甚至不能以 10 年为时间周期描述其发展进度。工业化发展至今日，一天的变化超过工业革命之前百年的变化。理性文明主要是由西方人推进的。他们还创建了与理性文明相匹配的宗教——基督教。人人平等是基督教的主要教义之一。他们以此削弱或消弭姓氏家族的代际冲突，长期以来，他们都在宣传父子平等，父子的关系是朋友（兄弟）关系，儿

子对父母可以直呼其名，辈分差异被抹杀。

以中国为代表的姓氏家族文化的传递方式不同于西方，它强调精神道德方面的价值，不以财产之多寡论英雄。而中国人的文化并不像理性文明那样经历由低级到高级的发展历程，中国的文化是模仿自然的产物，自然从古至今大体相同，所以，文化的发展是缓慢的，重要的是继承，而不是创新（自然遵循不变的道，缺乏创新的必要性）。自然万象是不平等的，每一个存在物都有其独特的定位（如太阳的位格高于地球，地球的位格高于月球等）。既然中国的文化是模仿自然，当然也像自然那样奉行等级制度，辈分低的要服从与尊敬辈分高的，代际关系建立在等级伦理基础之上。孝顺意识被强化，而且深入人心，每一代人都遵从，没有异议，所以，数千年来，中国社会基本不存在代际冲突或者说这种冲突不明显。中国人为保持姓氏家族代际和谐所付出的成本并不高，因为孝顺是在小学教育就进行的。孝是五经共同宣讲的理念，数千年来从没有被质疑，一直到 19 世纪末都是如此。

之所以姓氏家族代际冲突肇始于 100 年前，于今为烈，在很大程度上是因为理性主义亢进，中国文化传递模式式微。在这一转型中，中国人虽然打破了传统人伦秩序，采纳了西方的理想主义与物质享乐主义，却没有同时引入基督教，也就是说没有像欧美那样彻底否定父母与子女的差别。可想而知，父母与子女关系的不明晰必然导致矛盾丛生，家庭战争难以止息。

二、姓氏家族代沟在传统社会从来都没有成为突出的社会问题

中国古代基本不存在姓氏家族内部的代沟问题。只要读一读中国的正史，就不会怀疑这个论断。从伦理理论上考察，人际关系无外乎奉行强者为王的丛林法则和人为制定的伦理原则。从伦理实践上考察，几乎所有的种族或国家都制定了伦理原则并遵从这些原则，区别仅仅在于制定什么样的原则以及如何遵从之。西方古人制定了以人人平等为核心的伦理原则，并将这一原则寓于宗教之中，以增加其权威性。这个原则至今仍然有效如初。

中国古人制定了以敬老为核心的尊卑有序的姓氏家族伦理原则，实行这一原则的主要根据是：地球比月球年长，太阳比地球年长，广义的天比太阳年长。效法自然的中国人因此而制定了以年龄为据的尊老原则。这个原则奉行先出生者为尊的原则，因为先出生者已经积累了生活经验，他们的经验可供后人借鉴。父母

值得尊敬除了养育后代的因素而外，还有一个原因：他们用生命践履天人合一，取得成功，他们活着，而且生儿育女，这个事实足以成为他们值得尊重的证据。至于这个原则能够持之以恒，世代相袭，那是因为这个伦理原则能够增加人生意义与情趣，给生活带来祥和与安定。

孔子说："君子和而不同。"中国古人的家庭伦理真正做到了和而不同。中国人一向追求生活稳定与和谐，而敬老是社会和谐的重要基础。如果能够断定中国古代社会是和谐的社会（这一点很容易证明，比如从发生战争的频率看，17世纪的欧洲只有3年没有战争，而中国在这百年中发生战争的年份只有十几年），那么就可以说古代中国的姓氏家族中基本不存在代际冲突问题。

中国能保证长期的社会稳定与中国人特殊的认知方式和教育方式有关。中国古人在人文领域的认知方式，一言以蔽之就是具象的、综合的、直觉的，一切以人对自然万象的观察为依据，排斥逻辑推理与主观臆想。这种认知一般随着年龄增长而不断增加与丰富，经验起到至关重要的作用。正如自然界完全是凭借经验运转的，绝不会溢出经验，也绝不会动辄创新、动辄标新立异。太阳系年复一年地运转，中国人则年复一年地生产与生活。中国古人在这看似枯燥无味的节奏中，创造出让今人也不得不为之击节叫好的礼乐文化，并且礼乐文化极大地丰富了人的精神世界。在礼乐文化中，年轻人没有理由鄙视老人，没有理由因自己年轻而盛气凌人，因为礼乐文化并不关照年轻人，不因为他们年轻力壮而给他们以特权。当然，这与农耕生产方式也不无关系。20世纪六七十年代，我下乡到莫力达瓦达斡尔族自治旗生活了3年。当时实行记工分取酬的分配方式。令我不解的是，得工分最高的人并非年轻人，而是老人，因为这些老人熟练地掌握撒种、苫房、扶犁、制作豆腐等技术，生产队对这些人必须倚重，即使是地主富农，也不影响他们拿最高的工分。直到我插队时，村子里的每一家都是以最年长者为核心，他们说了算，小辈一般都无条件地服从，基本看不出代际隔阂。实际上，中国古代的情况会更好些，尊老一直是牢固的传统，没有什么力量能颠覆它。可见，中国古代社会基本没有产生代际冲突的土壤。

中国古代的教育，其特点一言以蔽之就是重道德轻知识，重精神轻物质，重名节轻物质享受，重传统轻创新，重和谐轻竞争，重经验轻逻辑，厚古人薄今人……中国的教育，有明确记载的始于西周。那时的国学分为小成与大成两个阶段。小成6年，以做人与修德为主，知识技能则是次要的。而做人的重点则是孝敬父母、尊重师长以及与其他同学友好相处。大成阶段，知识技能的比重有所增加，但考核的重点仍然是德而不是能。更为关键的是，中国古代，学校不是唯一场所，姓氏家族内的教育随时随地都在进行。孩子耳濡目染，产生了儒家道德观（如己所不欲，勿施于人）。《颜氏家训》的《序致第一》曰：

夫圣贤之书，教人诚孝，慎言检迹，立身扬名，亦已备矣。魏、晋已来，所著诸子，理重事复，递相模效，犹屋下架屋，床上施床耳。吾今所以复为此者，非敢轨物范世也，业以整齐门内，提撕子孙。夫同言而信，信其所亲；同命而行，行其所服。禁童子之暴谑，则师友之诫，不如傅婢之指挥；止凡人之斗阋，则尧、舜之道，不如寡妻之诲谕。吾望此书为汝曹之所信，犹贤于傅婢寡妻耳。

孩子淘气做错事，朋友劝诫的效果不如婢女；要使家族止息内斗，尧舜禹的教诲不如妻子的教导有效。颜之推极言姓氏家族教育之重要，这是千真万确的。所以，受中国儒家文化影响的日本与韩国，女子结婚育子后的七八年是不参加社会工作的，完全以教育孩子为务。

三、西风东渐与传统式微是近代代沟冲突形成的要因

大约100年前，西方列强凭借船坚炮利开拓殖民地，开拓市场，并强行推行他们的思想意识与价值观。中国未能幸免于难，教育成为重灾区。西方思潮非常多，归纳起来大致有：

以达尔文与斯宾塞为代表的达尔文主义与社会达尔文主义；

以列维·布留尔为代表的白色人种优越论；

以索绪尔为代表的欧洲中心主义（亦称作语音中心主义）；

以詹姆斯、皮尔士、杜威为代表的实用主义；

以罗素、维特根斯坦为代表的逻辑实证主义（有人称其为科学主义）；

以亚当·斯密为代表的自由经济理论；

以美国为代表的法律主义（亦称法制主义）；

……

社会达尔文主义赤裸裸地宣传丛林法则，强调人具有与狮子、老虎一样的性质，强者生存，弱者消亡。按说，这个法则能优化人种，有一些道理。然而，它忽视了人与狮子、老虎的区别，那就是人有物质占有之外的意义，有比物质福祉更高的追求。人之优秀不只体现在强壮的肌肉上，还体现在崇高的道德与虔诚的信仰上，体现在审美与艺术追求上。总之，在幸福构成要件上，人比狮子、老虎复杂得多。而上述各种思潮恰恰忽略了这一点，这是一个致命的忽略，导致了人类社会面临分裂。这并非危言耸听，脱离了文化传统，就没有什么力量能够阻止人的争胜欲望，阻止人的自我表现欲，阻止人的利己心，乃至阻止姓氏家族代际冲突日益严重的趋势。当人将独立的自我强调到不恰当的程度时，一切伦理道德就不再有存在的可能。

今天，白色人种优越论在任何国家都不再有市场，然而其隐性影响无时无刻不在发生作用。崇洋媚外已经成为最具权威性因而也最具持久性的一种时尚，任何力量都难以动摇它。外国人父子平等，那么中国人为什么不这样？于是，父告子或子告父的官司不断，家庭不得安宁。

表面上这些思潮各异，其实其核心内容无非是：以人为本，不顾自然；以竞争为动力，不顾正义；以欧洲为中心，由白色人种君临天下；科学至上，置道德与信仰于不顾。当然，这种极端主张必然产生一系列恶果，姓氏家族代际冲突便是其中之一。按照社会达尔文主义，人类社会应该奉行弱肉强食的方针，适者生存。当然，年轻人比老年人更具有竞争力，更适合生存。年轻人看不起老人或看不惯老人就不可避免了。

在西方流行这样一种说法：西方社会是年轻人的天堂、老年人的地狱。这种情况正在成为今天中国社会的现实。随着老龄化社会的到来，姓氏家族代际冲突问题越来越突出，不能不引起重视，不能不深究其形成的原因。

四、价值观的差异是姓氏家族代沟的沃土

价值观不同是姓氏家族代际冲突的最直接的原因。两代人面对一个有分歧的问题，年长者认为可行，年轻者认为不可行，一定会僵持不下，甚至发生冲突。因为今天在中国，长者的权威已经不复存在，他必须平等与儿孙讨论问题，而一旦讨论，长者很难取胜。因为舆论总是支持年轻人。信息爆炸的受益者永远是年

轻人，他们凭借年轻力壮，思维敏捷与记忆力的优势游刃有余，而老年人则穷于应付，很不适应。

价值观的差异最直观地体现在语言上。像劈腿、打酱油、屌丝、宅男、宅女、五毛、水军、僵尸粉、哇塞、吃货、丁克、萌、超女、奇葩、秘笈（笈是书箱，秘笈是什么，费斟酌）、IPO、NBA 等我至今搞不清是什么意思，更搞不懂为什么诸如哇塞、屌丝等这种极端肮脏的下流话成为当今流行词语，堂而皇之地出现在正规媒体上。一般来说，上岁数的人是不齿这样说话的。连讲话都讲不到一块儿，遑论价值观，姓氏家族代际冲突也就不可避免。

一般来说，老年人对知识爆炸与高科技产品快速更新换代抱有抵触情绪，年轻人则乐于接受。总有人将老年人斥责为保守、不开化。殊不知老年人往往是对的。比如，老年人往往喜欢简单装修房屋，喜欢住平房，喜欢穿自制的棉布鞋，喜欢吃自然的蔬菜、粮食，一般不喜欢西餐或快餐……都是他们人生经验告诉他们这样做的。化学产品对人体有害，能够导致疾病，应该远离；住平房、穿棉布鞋能够让人体与大地直接接触，从而有利于将身体中的静电排出体外，这样做有利于健康；自然的食物经过一代代人的实验，已经确保无虞，所以是安全的，新开发出来的食品则可能隐藏着安全风险。凡此种种都是经验的体现，年轻人被新技术、新产品诱惑，盲目求新求变，这正是姓氏家族代际冲突的直接原因之一。

上升到哲学高度，在社会迅速西化、迅速物质化的形势下，老年人的头脑中残存的传统思维方式比年轻人要多些。老年人更容易接受传统的以事实为依据的具象思维方式，而年轻人则更适应以推理为依据的逻辑思维方式。按照逻辑思维方式判断，新生事物的价值最高，因为新生事物往往是科学技术的产物；按照传统的具象思维方式判断，世代相传的生活策略都是有其道理的，自然万象自古就是今天这个样子，并没有发生变化，提倡道法自然的中国人遵循这个法则，按照自然的节奏生活。年轻人之所以排斥天人合一的生活方式，完全是因为灌输在起作用。从小就以数理化为主科，精神、道德、信仰与艺术被排斥，天长日久，就形成逻辑思维方式。这种思维强调创新，当创新周期过于短促，创新让人目不暇接的时候，年轻人乐开了怀，而老年人则愁眉不展。姓氏家族代际冲突自然就会潜滋暗长。

上升到文化信仰的高度，事态就更严重了。

在中国传统文化中，敬老既是一种文化，也是一种信仰。敬老是天经地义的，犹如天高地卑，自然而然。文化与信仰都不是思辨的结果，而是观察、模仿与实践的产物。婚姻由父母包办就是这种实践的典型代表之一，也是中华民族对世界最杰出的贡献之一。婚姻大事的决定权不是出于自己，而是由父母代行，其根据是：

①孩子是父母所生，不能说父母拥有对孩子的所有权，但可以说父母对孩子拥有监督教育权，要对孩子的健康成长负责任。世界上最值得信任的人莫过于父母，而当事人面对异性是难以保持平常心的，失败率会非常高，而失败会给社会带来混乱，破坏婚姻伦理与家庭秩序。

②之所以中国古人的婚姻由父母包办是因为中国人是将婚姻与性爱合一的，不认为还存在婚姻之外的爱情，也不认为爱情是婚姻的基础。爱是因为两性组建家庭而发生的，所以，所有成家立业的人都能够得到爱。这一点与西方人对爱的理解大相径庭。西方的爱是由荷尔蒙引发的，见到异性或通过亲昵举动分泌出荷尔蒙就意味产生了爱。显然，这种观点乃性解放、性自由与恋爱自由之基础。自由恋爱者对异性的评判标准就是看荷尔蒙的释放量是否足够多，足够多就爱，否则就不爱。这样的择偶方式与中国传统的婚姻观有天渊之别。

③中国古人的婚姻方式不仅对社会稳定起到良好的促进作用，而且也能增进个人的幸福。因为真正的幸福不是靠荷尔蒙维持，靠的是互相依偎、日久生情。这样的情，才是人间真情。

④中国古人的做法能够最大限度地将性交限制在家庭，防止性病的传播。现在，性病的发病率居高不下就是有力的反证。

现在，孩子要求自主择偶，父母要求参与其中，矛盾于焉而生，家族代际冲突亦随之而起。让人不解的是，在这种家族代际冲突中，媒体总是偏袒年轻人，评判老人，这无疑大大加剧了冲突。

个体生命很短促，稍纵即逝，极难把握。然而把生命置于生命的延续过程之中，情形就大不一样了——我死了，我儿子活着，儿子死了还有孙子，世世代代永无穷尽，生命是不可战胜的！今人普遍将生命视为纯粹个体行为，所以他们越来越不把希望寄托在子孙后代身上。老人盼望儿孙满堂，后生们则不愿意付出哺育孩子的辛苦，两代人的心理天差地别。现在，有关部门已经注意到年轻人不愿意生育的问题，及时调整了生育政策。然而，这种调整治标不治本，“本”在于文化与信仰。表面上看这是两代人之间的矛盾，其实是个人主义与集体主义（家族主义）之间的对立，是传统与现代之间的对立。如果不把现代化的脚步放慢，这个冲突是不可能消除的。

上升到社会组织学的高度，有许多值得深思的问题。

众所周知，凡是组织都要有首领，否则难以步调一致。家庭亦如此，没有家长或户主难以让家庭有效地运转。受到西方思潮的影响，中国当下的家庭基本也都处于无政府主义状态，没有一个说话算数的实质性权威。孩子顶撞父母几乎是家常便饭，天下没有免费的午餐，姓氏家族代际冲突乃对人人平等的一种补偿。现代社会家庭的文化内涵与人文情趣一点点被弱化，一点点被功利主义取代，甚至出现了AA制夫妻，夫妻之间还要分清经济账目，如何与孩子相处就更成问题了。我发现，奉行AA制的家庭以及单亲家庭，父母与孩子的关系一般都是矛盾重重，异常紧张。这样的家庭矛盾已经不是简单的姓氏家族代际冲突问题，而是严重的社会治安隐患问题。

值得学界认真研究与讨论的是这样几个问题：

第一，为什么家庭之外的社会组织均未受到人人平等理念的影响，并没有否认组织存在首领的必要性，唯独家庭例外。家庭首领存在的必要性被彻底否定，现在的家庭普遍实行平等协商制度（这种制度听起来还好，却根本不具有可行性，往往导致家庭不和甚至家庭解体），尽管这种平等协商制根本没有任何可操作性，也没有任何好处，然而人们对它持无所谓的态度。这是否说明现代人的家庭意识淡漠，说严重些，是否说明家庭面临解体？

第二，家庭解体之后会产生怎样的后果？是否会退回到蒙昧时期的群婚制社会？

第三，姓氏家族代际冲突会引发这样一个严重后果——孩子易养难教。家长是孩子天然的教师，这个延续数千年的法则将不再有效。那么，世界上还有谁能管教孩子，给孩子以真心实意的忠告？

第四，对于小辈来说，姓氏家族代际冲突意味着脱离长辈的管束，自己决定自己的事情。这样，经验不足的问题必然凸显出来。社会有弥补这种不足的机制吗？

第五，从人性角度看，是一代更比一代强，抑或一代不如一代？这是一个需要认真研究的问题。

五、姓氏家族代沟的发展趋势及其对策

随着现代化进程的加剧，家庭也逐渐被边缘化、淡漠化。家庭、家族在人类生活中所占的比重越来越小。家庭成员各打各的算盘的情况越来越普遍。姓氏家族代际冲突给我们以提示：人类至今尚没有能寻找到代替家庭的机制，也没有寻找到能够替代父子或母子之情的感情。如果父母与孩子之间的关系是病态的，那么无论大人还是孩子都会受到伤害，而且这种伤害很难平复。更加令人不安的是，姓氏家族代际冲突丝毫没有缓和的迹象，相反它愈演愈烈，越来越成为普遍问题。如此严肃的社会问题，不能不认真对待。

面对姓氏家族代际冲突也非无计可施。至少以下 5 个方面的措施有助于缓和冲突，避免让冲突严重得无法收拾。

措施一，消除妄自菲薄的心理情绪，阻止全盘西化思潮的蔓延，珍惜祖宗留给我们的精神道德文化遗产，不要因为这些遗产与西方人的价值观格格不入就轻易予以否定。西方对世界取得统治权主要是因为他们的坚船利炮，而非因为他们创造了社会和谐、人间和睦的机制。毋宁说西方在这方面所取得的成就大多是因为他们学习了中国人的做法，而中国现代社会在这方面的种种缺失则恰恰是因为我们放弃了祖宗留下来的好东西。

措施二，在学术理论以及媒体宣传上适当纠偏，改变对自由恋爱、自主意识、人人平等等口号一边倒的赞扬，加强对这些口号的实质性分析，采取实事求是的态度，将真相告知国人，特别是将西方对这些口号的质疑与评判的声音公之于众。纠正“西方的都好，东方的都不好”的认知偏见。只有这样，才能让父母与孩子这两代人站在同一起跑线上，进行公平对话，心平气和地解决问题、疏导矛盾。

措施三，社会亟须建立敬老的机制，在敬老机制中，最重要的是要让老人的优势得到充分发挥。在脑力劳动的领域，老年人的收入应该高于年轻人。特别在退休年龄上，应该让老年人充分发挥自己的才能。《周礼》规定的致仕（退休）年龄是 70 岁，但执行起来很松，一般允许推迟至 73 岁。人文脑力工作者的黄金

年岁是55—70岁，让他们在这个年龄赋闲在家不仅是一种浪费，而且也是招致子女看不起的重要原因。

措施四，要改变初等教育以传授技能与知识为主的情形，变为以德育为主的情形，而德育教育中要以敬老为核心。敬老与爱自然是统一的，有了这种爱，苗子就能茁壮成长，在一定程度上代际冲突就能得以缓和。

措施五，要适当限制拜金主义、消费主义，提倡勤俭节约（勤俭节约一点都没有错，刺激消费的提法值得商榷），提倡环保生活。只有在正确理念指导下，姓氏家族代际冲突才可能真正得到缓解与消除。

王文元，北京市社会科学院研究员，主要从事哲学、历史、宗教与社会学研究，特别关注与当前人类息息相关的环境与生存问题。在报刊上发表论文数百篇，其中《变与不变》获得2002年《书屋》读书奖得票排名第一，《思想与思想者》被收录《读者》主编的高中人文读本，一篇文言文被收入《百年文言》。

学术专著：《人与道》《儒家辨章》《人类的自我毁灭》《国学正义》《字义疏举》《儒道释疏观》《日完录》等27部。

家风形成因素初探

马武举

习近平同志指出："家庭是社会的基本细胞，是人生的第一所学校。不论时代发生多大变化，不论生活格局发生多大变化，我们都要重视家庭建设，注重家庭、注重家教、注重家风，紧密结合培育和弘扬社会主义核心价值观，发扬光大中华民族传统家庭美德，促进家庭和睦，促进亲人相亲相爱，促进下一代健康成长，促进老年人老有所养，使千千万万个家庭成为国家发展、民族进步、社会和谐的重要基点。"（习近平：《在二〇一五年春节团拜会上的讲话》，《人民日报》2015 年 2 月 18 日）家风的前提是家庭，家庭的基础是婚姻。家庭是以婚姻关系为基础，以血缘关系为纽带，共同生活、共同消费的社会基本组织单位。家风是家庭的传统风尚，是家庭的风气，是一家之门风，是一个家庭价值观的集中体现。

家庭与婚姻有着密切的联系，婚姻是产生家庭的前提，家庭是缔结婚姻的结果。婚姻家庭是人类社会发展到一定阶段才出现的社会形式。家庭是在原始社会末期，随着私有制的产生和母系制的瓦解、父系制的确立逐渐形成的。在中国，"婚姻"一词虽然出现在嫁娶事实发生之后，但我们在周代的《诗经》里，已经能见到"昏姻之故，言就尔居"（《小雅·我行其野》）这样的说法，这儿的"昏姻"，指的就是嫁娶。"家庭"一词，则一直到南北朝时期方才出现。《艺文类聚·南朝梁王僧儒詹事徐府君集》序："故以事显家庭，声著同族。"不过，与"家庭"同义的"家"字，和"昏""因"（"婚""姻"的本字）一样，在殷墟出土的甲骨文里就已经见到了。

"家风"一词，最早见于北周庾信《庾子山集·哀江南赋》序："潘岳之文采，始述家风。"（潘岳有《家风》诗）家风指一家的传统习惯、生活作风等，它是一个家庭或家族世界观、人生观、价值观的集中反映，是一个家庭或家族道德修养长期积淀的结果，是一个家庭（族）的文化传统和思想标志。家风是如何形成的，有哪些因素影响着家风的形成，这些因素之间有什么关系？探讨家风形成的这些深层次问题，有助于我们从根本上把握家风的形成机制，掌握家风形成的主动权，化消极因素为积极因素，弃恶扬善，扬长避短，促进优良家风的形成。在此，笔者试着就这些问题做些粗浅的探讨。

一

总结家风形成正反两方面的经验教训，可以看出，家风的形成是一个复杂的过程，它受许多因素的影响，是诸多因素相互作用的结果。这些因素可以分为两大类。

1. 内因

内因主要是指家庭内部的因素，也可以叫“软件”，主要包括以下 4 个方面：

（1）家庭成员

一个家庭由诸多家庭成员组成，除了家长之外，均为家属，或称为家人。家庭成员一般是指在一起共同生活的人。家庭成员的素质与家风形成关系极大，这些素质包括文化素质、思想素质、心理素质、身体素质等。家庭成员的素质越高，对良好家风形成的促进作用就越大。反之，对家风形成的副作用则越大。在诸项素质中，思想素质起主导作用，先进思想能促进优良家风的形成，反之，则相反。在诸多家庭成员中，家长的素质起关键作用。家长是一家之主，是家庭的领导者，家长的素质起着示范引领作用。

（2）家庭结构

家庭结构就是家庭成员的组合方式。家庭结构是一个历史的、动态的发展过程，正如美国民族学家摩尔根在《古代社会》一书中所揭示的，家庭“是一个能动的要素，它从来不是静止不动的，而是随着社会从较低阶段向较高阶段的发展，从较低的形式进到了较高的形式”。从社会发展史看，有源于原始母系社会的一妻多夫制，有中国上古时期的多夫多妻制，有奴隶社会、封建社会的一夫多妻制，有社会主义社会的一夫一妻制。用国外社会学当前常用的家庭名称，可以把家庭分为四大类，即由一对夫妇（含一方去世、离婚的）及其未婚子女组成的核心家庭；一个家庭中有两代以上，而每代只有一对夫妇（含一方去世或离婚）的主干家庭；一个家庭中至少有两代人且同一代人中有两对或两对以上夫妇（含一方去世或离婚）的联合家庭；前面三种类型以外的其他类型家庭，如现在一人生活和结婚时娘家、婆家只有自己或丈夫一人的单身家庭，父、母与儿、媳共同生活的家庭，岳父母同女、婿共同生活的家庭等。如果从家庭成员的多寡划分，有完整家庭（指有夫妇的家庭；还有夫妇失掉一方和另一对夫妇共同居住共同生活的，也叫完整家庭），有破损家庭（一对夫妇也没有），还有单亲家庭（夫妇离异）等。也有的将完整家庭叫完全型家庭，把破损家庭叫不完全型家庭。近几年又出现了留守家庭、空巢家庭等。家庭结构及其变化，具有明显的时代特征。随着时代的发展，家庭的规模正在逐步缩小，家庭成员也呈减少趋势，家庭称谓也由复杂趋向简单，家庭关系也由多重变为单一。像江西义门陈那样十几代合族同居总人口达3700多人的大家庭已不复存在。家庭结构的变化，对家风亦有重要影响，是家风形成的重要因素。

（3）家规、家训

家规就是家庭中的规矩。“家规”一词最早见于唐韩愈《昌黎集》：“诸男皆秀朗，几能守家规。”家训就是父母或长辈的教导。“家训”一词最早见于《后汉书》：“髫龀夙孤，不尽家训。”家训是落实家规的措施。一个国家有法律、法规，一个单位有规章制度，一个家庭有家规家法，这些都是国家治理、社会治理、家庭管理的重要保证，也是维护正常的社会秩序、家庭秩序的重要措施。在中国古代，家风的传承往往是与家训、家规结合在一起的。家训表达了一个家庭的基本价值观，家规制定了家庭关系与活动的具体规范，二者常常互通互见；家风则整体体现了一个家庭的道德风貌。家训、家规都是家教的具体内容，家风则不是形诸文字的具体训导，而是一种文化，是在家庭实际生活中形成并传承的一种风尚。家训、家规是有形的规范，家风则是无形的传统。在实际生活中家风的形成、传衍则有赖于家训、家规的传承发扬。家训为家风建设确立了目标，树起了旗帜，家规为家风建设提供了保证。因此，家规、家训是家风形成的重要因素。家规、家训在一个家庭中往往形诸文字，而家风形诸文字不多，多是后人的总结与归纳。

（4）家庭教育的内容与方式

家庭教育的内容十分丰富，但从性质上分，有以优秀传统为主的先进文化，有以封建思想为主的落后文化。家庭教育的方式多种多样，有启发式的教育，也有灌输式的教育；有说服式的教育，也有说教式的教育；有重身教的教育方式，也有重言教的教育方式；有民主式的教育方式，也有家长式的教育方式。采用什么样的教育内容，运用什么样的教育方式，对家风的形成都有十分重要的影响。

2. 外因

外因就是家风形成的外部条件，也可以叫“硬件”，它包括以下两个方面：

（1）家庭环境

家庭环境包括家庭周边的自然环境和家庭内部的生活环境，以及家庭的经济基础、社会地位等。居住在不同自然环境中的人可能会形成不同的个性或品质，居住在不同自然环境中的家庭也会形成不同的家庭风格与家庭文化。正所谓“近朱者赤，近墨者黑”。一个家庭的经济基础和社会地位也会影响到家风的形成。

（2）社会环境

家风的形成带有明显的社会烙印和时代特色，处于封建社会的家庭，其家风带有明显的封建特色；处于社会主义社会的家庭，其家风带有明显的社会主义特色。社会环境影响着家庭，家庭也影响着社会环境；社会风气影响着家风，家风也影响着社会风气。社会与家庭相互作用，社会风气与家风也相互影响。

二

我们不仅要探讨影响家风建设的诸多因素，而且要研究诸因素之间的相互关系与有机联系，从而寻找主要矛盾，构建家风建设的有效机制，为千千万万个家庭形成良好的家风提供有益的指导。

毛泽东同志曾经说过：“事物发展的根本原因，不是在事物的外部而是在事物的内部，在于事物内部的矛盾性……唯物辩证法认为外因是变化的条件，内因是变化的根据，外因通过内因而起作用。”（《矛盾论》，1937 年 8 月，《毛泽东选集》第一卷，人民出版社 1991 年版，第 289—291 页）家风形成的过程也是这样，在诸多因素中，外因是变化的条件，内因是变化的根据。家庭成员的素质、家庭结构、家庭教育的内容与方法、家规家训这些家庭内部的因素，是家风形成的主要矛盾。家庭环境与社会环境，是家风形成的外部条件。家风建设的实践，也充分证明了这一点。同处于一个时代的家庭，由于家庭内部因素不同，会出现迥然不同的家庭文化；同处于一个社会的家庭，由于家庭内部因素的差异，会呈现出不同的家庭风尚。

在家风形成的几个内部因素中，家庭成员的素质是前提，家庭结构是基础，家庭教育是关键，家规、家训是保证。家庭成员的素质是家风形成的前提条件，素质的优劣影响着家风的好坏。家庭结构是一个家庭组织的基础，家庭成员的不同组合方式，会对家风形成产生不同的影响。家庭教育在家风形成过程中起着十分关键的作用，良好的家庭教育内容与恰当的教育方式相结合，就会产生良好的教育效果，就会促进良好家风的形成。家规、家训不仅为家风建设确立目标，而且为家风形成提供保障，它使良好的家风得以形成，使家庭和谐、邻里和睦得以实现。在家风形成的几个内部因素中，家长尤为重要。家长是家庭的长者，一般指父母或者其他监护人，他是家庭中的组织者和领导者。家长的重要作用，其一表现为家长的素质，他要有强壮的身体素质、较高的文化素质、较优的政治素质、较强的心理素质；其二表现为在家庭组织中的领导才能，有较强的组织能力和协调能力，相当于一个单位的主要领导者；其三表现为在家规、家训制定和家庭教育实施过程中的主导作用。家长强，则家庭兴；家长强，则家业旺；家长强，则家风优。因此，可以说家庭内部因素是家风形成的主要矛盾，而家长则是矛盾的主要方面，在家风建设中起决定作用。

我们说家庭内部因素在家风形成过程中起决定性作用，并不是说外因不重要，外部条件同样是不可或缺的。家庭是社会的细胞，社会是家庭赖以生存的土壤。社会环境，例如社会制度、经济基础与上层建筑、生产力与生产关系，对家风形成都具有重要的影响。生产力发展水平，所有制性质与分配关系，社会文化氛围与道德风尚，都在影响着家风。甚至在某些情况下，矛盾的双方会发生变化，次要矛盾有可能会上升为主要矛盾，外部因素会在家风形成中起决定作用。例如，在内部因素不变的情况下，或者在内部作用力一定的情况下，外部因素可能会起决定作用。这就是事物发展的辩证法，也是家风形成的辩证法。

三

在弄清了家风形成的主要因素，并且明确了各个要素的作用及其有机联系后，我们就能建立促进家风向善向好的有效机制，就可以找到家风建设的着力点。当前，我国已进入社会主义现代化建设的新时代，家风建设主要应在以下 4 个方面发力：

1. 提高素质，打牢基础

家庭是社会的细胞，家人是家庭的基本元素，家庭成员的素质，尤其是家长的素质，直接影响着家风建设的方向与水平。因此，提高家庭成员的素质是家风建设的基础工作，它是其他各项工作的前提。家风建设需要家长的组织与领导，需要全体家庭成员的参与，提高家庭成员的政治思想素质与文化心理素质是家风建设的基础工程，没有这个基础，家风建设的其他工作便无从谈起。这个基础打不好，家风建设的目标就难以实现。因此，必须下功夫从基础工作抓起，把这个基础夯实、打牢，为家风建设的其他工作铺平道路。提高素质的主要途径：一是靠家庭成员的自觉学习与自我修炼；二是靠良好的家庭教育与家长培养，两者如同车之两轮、鸟之两翼，它是人生前进的列车、是事业腾飞的翅膀。

2. 汲取精华，弃之糟粕

家风是家庭的传统与文化，尤其是中国古代的家风文化，既有先进的内容，也有落后的内容；既有积极的一面，也有消极的一面。比如封建社会家风中的男尊女卑思想、家长式作风等，都是需要摒弃的东西。对传统的家风文化，既不能全盘照搬，也不能全面否定，必须在分析鉴别的基础上，吸收其精华，剔除其糟粕。每一个家庭，每一个家族，都要对自己传统的家风进行梳理，分清是非，辨其优劣，把好的东西继承发扬下去，把不好的东西果断抛弃，使家风不断地优化、不断地向善向好。

3. 贴近时代，与时俱进

家风既然是传统文化，就必然具有时代性，每一种家风都带有明显的时代烙印，都会留下时代的痕迹。再从家风形成的诸因素来看，不同时代的家庭成员具有不同的个性特征，不同时代的家庭结构具有不同的时代特点，不同时代的家庭教育内容与方式（包括家规、家训）也不一样。因此，家风建设一定要适应时代的发展变化，不断与时俱进。要立足新时代，适应家庭结构的变化和家庭成员的新特点，不断更新教育内容，不断变换教育方式，使家庭教育收到更好的效果，使家风建设更加适应时代的要求。

4. 净化土壤，优化环境

传统文化的种子要想生根发芽，离不开优良的土壤；家庭的传统风尚要想开花结果，离不开优美的环境。因此，要培养延续好的家风，离不开家庭环境的净化与社会环境的优化。要营造一个优良家风养成的家庭环境，要创造一个家庭传统美德传承发展的社会环境。好土长好苗，好园出好果，环境造就人，环境也影响家风。很难想象，一个支离破碎、分崩离析的家庭会有好的家风；也很难想象，一个物欲横流、尔虞我诈的社会会对家风建设产生好的影响。家庭成员都要关心家风建设，都要参与营造优良的家庭环境；每个家庭、每个家族都要关心社会风气，都要参与优良社会环境的共建共享。自然环境与人类命运息息相关，社会环境同样与人类命运密切相连。构建人类命运共同体不仅要关心自然环境变化，而且要关心社会环境建设。这是家风建设的需要，也是社会风气建设的需要，更是人类命运共同体建设的需要。

习近平总书记指出："无论过去、现在还是将来，绝大多数人都生活在家庭之中。我们要重视家庭文明建设，努力使千千万万个家庭成为国家发展、民族进步、社会和谐的重要基点，成为人们梦想启航的地方。"（习近平：《在会见第一届全国文明家庭代表时的讲话》，2016 年 12 月 12 日；《论党的宣传思想工作》，中央文献出版社 2020 年版，第 281 页）家庭是我们最早接触到的社会组织，是个人与社会连接的桥梁和纽带，是我们心灵的港湾，是我们梦想启航的地方。家庭的环境如何，家庭的风气如何，对我们的人生有着重大影响。家风养成人人有责，家风建设人人有关，我们要认真研究家风的形成机制，积极把握家风建设的客观规律，让千家万户的家风好起来，让整个社会的风气正起来，为建设更加美好和谐的社会主义现代化国家贡献力量！

马武举，1954年12月生，河南新安人。高级政工师，国际人力资源管理师，曾任中国河南驻泰国代表处代表、党委副书记，河南省国资委副巡视员。荣获"河南省优秀思想政治工作者""河南省省直机关优秀党委书记""省直机关优秀党务工作者"等荣誉称号。现任河南省姓氏文化研究会常务理事兼马姓委员会会长。主要从事中国传统文化研究，已发表文章数十篇，并有多篇文章获奖。

弘扬中国传统文化 建立优良好家风

郝雨桐

家庭是社会的基本细胞，是人生的第一所学校。古语有云“天下之本在家”，中华民族历来注重家庭、家教、家风。不论时代发生怎样变化，都要弘扬社会主义核心价值观，发扬光大中华民族传统家庭美德，促进家庭和睦，促进下一代健康成长，促进老年人老有所养，使千千万万个家庭成为国家发展、民族进步、社会和谐的重要基点。习近平总书记对家庭、家教、家风建设有许多重要论述。他指出，千家万户都好，国家才能好，民族才能好。他强调，家庭是人生的第一个课堂，父母是孩子的第一任老师；有什么样的家教，就有什么样的人；家风是社会风气的重要组成部分。他尤其强调，领导干部的家风，不仅关系自己的家庭，而且关系党风政风。他要求，把家风建设作为领导干部作风建设的重要内容。

一、传统家风新的使命

中华文明，灿烂悠久，博大精深。在历史发展进程中，孕育了以儒家思想为代表的诸子百家文化。家风作为中华民族传统美德，用传统文化精髓占领人们的思想意识，自觉抵制西化、庸俗文化的侵蚀，在弘扬传统文化、传承好家风方面起到了积极的作用。

家风民风相连，民风国风相融。弘扬传统文化、建设优良家风，是全面从严治党、抓好党风廉政建设的题中之义。如何发掘、传承好中华传统家风中的积极因子，培育和营造崇廉尚俭、风清气正的社会环境，以优良家风引领党风政风民风向上向好向善，是摆在我们面前的重大课题。

在漫长的历史长河中，优良家风一直被人称颂，成为塑造人们道德品行、价值观念和行为方式的准绳。中国古代许多清官廉吏有成文的家规、家训，其后人无论是平民百姓，还是达官显贵，大都恪守家训，遵纪守法，其中家风的影响力不容小觑。

草蛇灰线、伏脉千里。浙江郑义门《郑氏规范》如何由“一家之规衍变为一国之法，一门家风演变为一国之民风”，《颜氏家训》《诫子书》《钱氏家训》《范氏族谱》等大家的家风家训所蕴含的“孝悌忠信礼义廉耻”八德文化基因，向世人展现了中华传统家训、家规历久弥新的生命力，揭示了好家风既是以德治国的需要，也有利于思想建党的开展。

剥离传统文化中保守世故的成分，在开放多元、民主法治的基点上，对中华优秀传统家风在现代社会创造性转化、创新性发展，并与现实文化相融相通，共同服务以文化人的时代任务进行充分展现，今古结合，交相呼应。

颜真卿、范仲淹、岳飞、于成龙等先贤的历史事迹，以及一代代优秀共产党人在长期革命生涯里所形成的艰苦奋斗、公而忘私的优良传统，所树立的淳厚家规，所沉淀的红色家风，与其后辈传承，展现了中华优秀传统家风各个核心元素在历史新时期尤其是全面从严治党关键时期的新面貌，为我们树立了廉洁修身、廉洁齐家的价值典范和行为标杆。

二、清廉家风净化环境

对领导干部来说，家风不是个人小事、家庭私事，而是直接影响党风、政风、民风好坏的大事。把家风建设作为领导干部作风建设的必修课，是全面从严治党的一个突出特点。作为“关键少数”的领导干部群体的家风建设，成为全面净化党内政治生态的一个重要部分。

历史上范仲淹、于成龙、陈廷敬、俞德渊等先贤虽然出将入相、激扬天下，却始终持俭忍受、清廉守正，把节俭作为“第一家风”传承给后人。

战争时期方志敏、甘祖昌，对共产党人“清贫”的“俭廉”观进行深刻阐述，揭示弘扬中华民族“节俭”之传统美德的现实意义。

家风关系党风和政风。继承和弘扬红色家风，向来是共产党人的坚定选择。老一辈无产阶级革命家十分重视家风，不但自己廉洁自律，还严格要求自己的子女和配偶。毛泽东有著名的“三原则”，周恩来有“十条家规”，陈云有“三不准”，还有“万里家风万里扬”，等等，他们无一不是严格遵循，这不仅是对家庭负责任，而且是对党和人民事业高度负责任的重要表现。的确，良好的家风才是留给子女的最好财富，远远比留给子女大笔钱财、房子要有用得多。

习仲勋教育子女要“永远以人民为中心”、焦裕禄制定“十不准”作为家规等治国治家故事，韩练成“要党员不要上将”等好的家风为社会树立了榜样，彰显出领导干部的好家风连着国运这一朴素理念。

我们通过家庭教育对社会上超越现实、盲目攀比的畸形消费，斗富摆阔、一掷千金的奢靡消费，以及官员奢靡腐败弥散等现象的批判，告诫当下此等弊病不除，国家治理将崩溃，民族复兴将无望，“将教天下，必定其家，必正其身”。家风作为中华民族传统美德的现代传承，是我们每一个炎黄子孙立身做人的行为准则。

家风，是人生观与世界观的综合体现。一个领导干部的思想素质高不高，往往可以从其家人表现看出来。家风好者勤劳朴实、艰苦奋斗，家风差者好大喜功、不切实际。领导干部是家庭的“主心骨”，要严格要求自我，言传身教，约束家人，方能为树立良好的家风奠定基础。同时，只有领导干部带头树立好家风，方能带动广大党员干部搞好家风，才能推动整个社会良好风气的形成。

三、优良家风为人称颂

正所谓：“修身、齐家、治国、平天下。”从个人到国家天下，从正心诚意修身齐家到治国平天下，一个不可越过的环节就是家。家风是传承千年的精神尺度，是一个人精神成长和走向世界的根源。正是千千万万个一代代人的薪火相传，我们民族才能在几千年历史长河中生生不息。当今世界正面临前所未有之大变革，时代号召每一位怀有中国梦的中华儿女，把国家、民族和个人凝结为一个命运共同体，投身时代洪流，以国家富强支撑民族振兴，为实现中华民族伟大复兴的中国梦而奋斗拼搏。

华夏民族家风传承的经典案例，在传承优良家风中筑牢责任意识和担当精神，在正家风、齐家规中坚持道德追求和理想抱负，在履行家庭义务中知晓公而忘私的大义。立足传统认知的家风家训，着眼于“大家风”，涉及善仁文化、忠孝文化、廉政文化、家国情怀，乃至毛泽东、习仲勋、韩练成、马和福等红色家风的历史传承。从范仲淹后人范荣明修订《范氏族谱》，到方志敏的女儿方梅传唱《可爱的中国》，从南长滩拓氏家族耕读传家，到焦裕禄精神在后人中的传承发扬，中华文化与良好家风浑然天成、相生相长。

中华民族历来重视优良家风的传承，《孟母三迁》《岳母刺字》《敬姜犹绩》等故事经久流传，从《颜氏家训》、《朱子家训》到《曾国藩家书》，都注重子孙后代道德品质的培养和行为规范的养成。

知礼仪，承家风。中华传统的“礼”文化，为优良家风提供了宝贵的思想资源。新时代背景下，应坚持以家风建设为基点、以传统美德教育为核心，推动形成“爱国爱家、相亲相爱、向上向善、共建共享”的社会主义家庭文明新风尚。

注重环境育人，启发子女行为自觉。什么样的家教家风造就什么样的人。家庭是人们践行礼仪活动的主要场所，家庭富裕程度并非跟家风的好坏有着直接联系，孩子的活动和发展能力直接取决于家庭为其创设的活动环境。家风建设系于小节、关系大众，应进一步推动形成“重言传、重身教，教知识、育品德”的家庭育人环境。

构建新时代文明家庭新风尚，充分发挥家庭在社会治理中的基础性作用，有利于推进社会主义核心价值观在家庭中落地、促进社会和谐稳定发展，让诚、善、孝、勤等传统美德在中国大地传承与延续。广大家庭携手并肩，聚焦“小家”、筑牢“大家”、共育良好家风，推动家庭向善、国家向上，促进社会文明程度得到新提升。国有国法，家有家规，“规”即“规矩”，无规矩不成方圆。家风是家人的行为规范或习惯，近年来广受关注和争议的《弟子规》，就是一套成熟的家规家教体系，虽然现在看来有些教条和呆板，但其内容从行为举止中的细节入手，从日常生活习惯中的小事规范，培养青少年戒陋习、懂礼貌、守规矩，对家风、家规的培养仍然值得借鉴。有规矩、懂规矩是前提，关键是守规矩。守规矩在于严，长辈要带头执行、率先垂范，用自己的行动影响家人，如春风化雨润物无声般让家规外践于行、内化于心。

把传统文化融入家风传承，用家风传承弘扬传统文化，既丰富了家风的内涵底蕴，又拓展了弘扬传统文化的载体途径，让传统文化与好家风共同激励人、塑造人、培养人，为实现中华民族伟大复兴的中国梦，积极去构建和谐文明的社会新风尚。

郝雨桐，女，笔名冰儿，作家、诗人、策划人，邢台学院特聘教授，中国诗歌学会会员，中国楹联学会会员。中国药文化研究会副会长兼中医药国际交流分会会长，中国社会福利与养老服务协会常务理事，中国中医药研究促进会常务理事，中医亚健康状态分类指南行业标准起草专家，原文化部艺术发展中心影视文化交流中心常务秘书长。已在国内各级报刊发表文学作品数百余篇，近百万字，多次获得国家、省市文学奖，出版散文集《古典心情》（一）（二）、情感故事集《梦中尘缘》，主编出版《让情感上网》，等等，“情学”理论体系创始人。百集公益微电影制片人之一，策划并执行了在全国具有影响力的文化活动50余次。具有独立知识产权作品近百个，拥有8项专利注册商标。

家风文化与女子礼学

杨双雨

对中国人来说有家就有家风。传统中国是“家国一体”，“家”是缩小的“国”，“国”是放大的“家”。有家风就有传承，家风即民风，这股潜在的力量也在岁月的积淀中自然而然地成为中华文化的重要内容。从世族大家庭文字化的家训、家谱，到普通百姓父母长辈的一言一行，家规、家教形式不同，传递的都是一个家庭或家族的道德准则和价值取向、道德风貌和审美风范。

家风是一个家庭的传统，也是一个家庭的文化，它影响着一个家族每一代人的成长，是一辈又一辈先人生活的智慧结晶。通过耳濡目染获得精神的浸润，形成独特的风习和风貌。一个人价值观形成的起点是家风，家风就是一个人和一家人成长的“地基”。家风是现代家庭教育的渊源与根基，中华文化的缩影，文明的延续。

一个家庭的构建需要家庭成员的共同维护与助力，一个国家的发展需要从小家至大家的助推。家庭有家庭之礼，国家有国家之道，《礼记·大学》中讲修身、齐家、治国、平天下，是一个人的成长之道，也有一个家庭的齐家之方，更有一个国家的治国之序。礼文化作为中国5000年历史文化的核心根基，在家风建设和传承中更是起到非常重要的作用。

在中国的传统中，礼仪教育和家训、家风往往是合二为一的，把礼仪建设与培育好家训、好家风结合起来，使礼仪建设更具有生活中的亲情和温情。著名的《颜氏家训》《袁氏世范》《朱子家训》《弟子规》，还有《书仪》《家礼》等既是礼仪教育的教材，也是家训、家风的体现。中国古人的家庭教育从胎教开始，贯穿了人的一生，直到“慎终追远”。古语讲：“闺阃乃圣贤所出之地，母教为天下太平之源。”孔子、孟子、欧阳修等圣贤人的出现，都是因为从小在家庭中就接受了良好的母教。

中国传统文化强调男女在人格上是平等的，但在家庭的职责分工上有差别。用现代话说，就是男女的社会角色、职责、分工各有侧重：男子创造经济收入，使家人衣食无忧；女子教育子女，使儿女把良好的家风、家业承传下去，这就是男女有别。“不孝有三，无后为大”的“无后”，不仅是指没有儿子，更重要的是指没有承传事业的后继人才。所以古人强调“至要莫如教子”，提醒家庭最重要的职责就是把儿女教育好。而《学记》的“教也者，长善而救其失者也”，《说文解字》的“育，养子使作善也”，都把对儿女德行的培养视为家庭教育的基础。而良好有效的道德教育是以身作则，所谓“言教者讼，身教者从”。因为儿女和母亲在一起的时间最长，所以教育子女的责任主要由母亲来承担。

因为男女职责上有分工，所以对他们道德要求也各有侧重，即“夫义妇德”。男子必须有恩义、情义、道义，不能见异思迁，女子必须具有谦虚礼敬、勤俭持家等德行，这样才能言传身教，把儿女教成圣贤君子，使家业隆盛、代代相传。在这种意义上，女子的责任更为重要，因而也必然受到尊重。

家规、家法、家训、家风在家庭的经营中起到根基支持，在家风传承中起到指导作用，家是人生命中的港湾，安家立业乃人生之本。女子在家为安，她是一个家庭的灵魂，赋予这个家活力与安宁，决定着一个家庭的幸福与否；男人在家是支撑，可以用强壮的身体为家庭遮风挡雨。而灵魂里面的意志却是这个世界上最宝贵的东西，却也只有女人能够将其释放出去。女性作为家庭的承载者和联结者，担负着重要使命。女性的成长就尤为重要！女性在家庭中有很多角色，自己、妻子、母亲；在家族中，自己、女儿、姐妹……每一个角色都在影响着整个家庭和家族的命运。女性成长好自己是对自己的负责，也是对整个家庭乃至家族的负责，家风的传承需要女性来以身示范。母亲的形象自始至终会影响每个人的人生，一个人从小到大的成长历程，母亲的一切包括形象、做人原则、思想……都在不知不觉中影响着后面一代又一代的传承。

新女性，心力量！新时代，女性需要开启内心的力量，并在思想和行为上与当下接轨，才能跟上时代脚步，与时代同行。女子礼学作为时代所需，创研人杨双雨老师本着“弘九礼·扬四德”的宗旨核心，将“女子礼学”提炼为四大体系，弥补当下新女性的文化教育空白，以中国礼仪之邦的国风厚重土壤为根基，以新时代应用所需为树干，以新礼学教育的文化创新为甘露，渗透到女性的身心一体化成长中。让世界现代女性享受到仪礼、行礼、言礼、心礼、家礼、商礼、国礼、康礼、财礼带来的韵律之美、优雅力量、智慧源泉、经世致用，让她们优雅仪态、磨砺心性、调整情绪、提升智慧、家风传承、拓展格局，为世界凝聚“韵雅慧德”时代新四德、礼学她力量！用她力量为家风传承带来新活力、新力量、新篇章！人无礼则不生，事无礼则不成，礼文化作为中国优秀传统文化复兴助推力和核心力，必不可缺！

推动礼仪文化的全民普及，迫在眉睫；助力家风传承的全民认知，更是当下所需。当下对下一代人的成长教育尤为重要，包括母婴、胎教文化的作用及其形成与发展，从胎教到少儿，从少儿到少年，从少年到青年，从青年到老年……小到家庭兴衰，大到社会道德，再大就会影响国风国情。我们要传承泱泱中华5000年的中华文明史，壮我中华，从姓氏家庭建设文化入手，构建人类命运共同体，迈进新时代。

正是传统文化重视发挥女性在家教中的作用，才塑造了中华民族的优秀品格，使中华民族生生不息、绵延不绝。家风好，国风正，中国梦最绚丽的篇章也是女性的篇章！

杨双雨，女，青岛市礼仪文化交流协会会长，青岛市“三八红旗手”。

至尚礼仪创始人，中国女子礼学发起人，500强企业礼仪顾问，国际礼仪课吉尼斯世界纪录创造者，上海合作组织峰会志愿者礼仪导师。

新时代优良家风的研究与弘扬

万 卿

中共中央办公厅、国务院办公厅于2017年1月25日发布了《关于实施中华优秀文化传承发展工程的意见》（以下简称《意见》），它对建设社会主义文化强国，增强国家软实力，实现中华民族复兴的中国梦具有划时代的意义。《意见》对如何实施中华优秀文化传承发展工程做了具体要求，其中第十三节提到，广泛开展文明家庭创建活动，挖掘和整理家训、家书文化，用优良的家风家教培育青少年。

一个家族的兴旺发达，离不开引领家庭、家族走向成功者所创立的家风和家教。家风、家教的形成，需要一代或几代人总结前人无数家庭中的经验教训，才能形成适合自己家庭家族的优良风气、风格、风尚及教养。家风是一个家族世代恪守家训、家规而长期形成的具有鲜明家族特征的家庭文化。优良的家风家教可以塑造出优秀的后代。

要挖掘和整理家训、家书文化，就要广泛从民间收集各姓氏家谱、家书，将他们有关家训、家规的资料整理出来，并加以研究，从中发现那些对后世产生持续而积极影响的家训、家规，归纳成家风，广泛宣传，用优良的家风家教培育青少年，从而使中华优秀传统文化发扬光大。

不同的地域、不同的姓氏、不同的家族、不同的时代家风不尽相同，只有辩证地加以分析研究，才能提炼出符合时代的优良家训家风。

在中华民族大家庭中通常见到的姓氏有200多个，经常可见的姓氏有100多个，最常见的姓氏有二十几个，占全国人口一半以上。如何研究整理出各姓氏家风、家训、家规、家教等经典名言，是各姓氏研究需要解决的一大课题。

江西省地处长江以南，历史上北方战乱，如魏晋南北朝五胡乱华、黄巢之乱、靖康之难等，曾经有大批移民逃难到江西繁衍生息，而明初洪武帝又大举发迁至西部各省。综观全国各地族谱民间收藏情况，江西各姓氏族谱保存得比较完好，内容比较丰富，而北方各姓氏族谱起源比较晚，内容比较简单。

早在 1992 年，为贯彻落实国家档案局、教育部、文化部向各省、市、自治区文化厅（局）档案局、北京图书馆、各高等院校发出的《关于协助编好中国家谱综合目录的通知》（1984 年 11 月 20 日国档会字〔1984〕7 号文件），由江西教育学院（今南昌师范学院）牵头，成立了由省城各高校知名学者和省城历史研究会知名学者组成的江西省谱牒研究会。27 年来，现有 30 多个常见大姓专业研究会加入该会，另有 5 个名人研究室。

近两年来，由于国家大力提倡弘扬中华优秀传统文化，特别是媒体对于传承家风大力宣传，研究和传承好家风成为社会风尚，又有 10 个姓氏研究会加入了该会，还有 5 个姓氏研究会正在积极筹备申请加入其中。在合法的社团组织江西省谱牒研究会领导下，各姓氏专业委员会和名人文化研究室开诚布公地研究姓氏文化，萃取优良家风，取得了良好的成效。江西省谱牒研究会直接参与编纂了德安义门陈氏族谱，其梳理的家风在投资 1 个多亿的义门陈氏遗址公园布展，还有永修宫廷样式雷家族、修水黄庭坚家族、婺源朱熹家族、吉安胡铨家族等家风，另有由江西省裴新生等历时十几年编撰的《中华裴氏宗谱》受到了业内人士好评，其中涉及的山西闻喜县中华“宰相村”的裴氏家风等，这些姓氏优良家风都登上了中央纪委国家监委网站。由豫章熊氏研究会推出南昌县冈上镇“教授村”月池熊氏好家风，已由国家投资 8000 万元资金打造纪念园。

2017 年，江西省谱牒研究会与江西日报社联合主办，江西省新法制报社承办的“点赞了，我的家风”系列大型征文竞赛活动，受到了社会各界强烈关注和热情参与。一股兴家风的热潮席卷赣鄱大地，成为坊间热议的话题。系列新闻和稿件在《新法制》报全媒体上同步刊发，其中包括《新法制》报和官方微信、微博，还有江西法制网、今日头条号、一点资讯号、企鹅号等。据统计，此活动投稿人数近千人，稿件超过千篇，网上投票评选，有 3.7 万余人次参与，访问量近 40 万人次，做到了广泛宣传，取得了良好社会效果。

江西万氏文史研究专业委员会，是江西省谱牒研究会旗下的一个专业研究会，成立于 2011 年 11 月。笔者作为江西省谱牒研究会副会长兼副秘书长，和万氏研究专业委员会副会长兼秘书长，在编修《江西万氏大成谱》中，主要承担了万氏源流世系研究和家世家风等课题研究。挖掘和整理了万氏家书文化，用优良的家风教育和培育青少年。

据江西万氏族谱记载，万氏是春秋晋大夫毕万后裔，战国时有万章公。至西汉，章公第十一世孙万天隆，由齐国邹邑宦雍陕茂陵，官都尉，统领扶风土地，为万氏扶风郡望由始。江西是全国万氏人口最多的省份，以南昌为中心的周边县市是万氏主要聚居地，周边省份的万氏大多是在明清时期由江西迁去的。

司马迁《史记·孟子荀卿列传第十四》："（孟子）退而与万章之徒，序《诗》《书》，述仲尼之意，作《孟子》七篇。"可见，《孟子》一书主要由万章等著述完成，主要阐述了"行仁政""法先王""民为本"等核心思想理念。《孟子·尽心上》曰："人之所不学而能者，其良能也；所不虑而知者，其良知也。"首先提出了"良知"概念。

汉武帝独尊儒术，《孟子》被列为经书。南宋，朱熹将《孟子》编入《四书》，是学子必读的书目。元明清，《孟子》与《论语》一道被列为科举必试的内容。

儒家思想对于历代政坛、民风和万氏家风产生了积极影响，这与万章公的功劳是分不开的。东汉有云台名将万修辅佐光武帝复兴汉朝，追封槐里侯。东汉八代十四帝，万修世家连续七代被封为侯爵，汉明帝御赠"忠孝世家"。

为褒扬万章公对儒家文化的突出贡献，在宋代万章公被追封为博兴伯。南宋，在南昌（豫章）城杏花村建有万公祠。明成化年间又被追封为昌乐伯。清雍正年间，万章公被再次追封为博兴伯，并从祀孔子庙庭。清乾隆二十一年（1756），改称先贤万子，是为万子由来，又称先儒充氏，万公祠更名万子祠，亦称江西万氏总祠，是全省万氏文化活动中心。

研究发现，江西万氏有着"忠厚传家久，诗书济世长。习良知，兴学办教。修身齐家，治国平天下"的优良传统家风。

南昌三江万氏，乃北宋朝兵部尚书万迪公后裔。靖康之难，护卫孟太后南奔江西，定居南昌板湖，父子举兵，保赣鄱大地一方平安。后世万仲举于牛宿洲建团州书屋讲学。明正德年间，遭遇洪水，万思齐在鲤鱼垄重建书屋，并建万氏花园。明隆庆年间，万退俺在此讲学，王阳明心学追崇者金溪周复在拜访了王学传人南城县罗近溪、南昌万廷言、新建县魏良弼后，到此游学。清道光年间，考出进士万启心，任河南监察御史，上书力保林则徐抗英焚烟遭贬，归故而无悔。1905年9月2日，清廷废除了1300多年的科举制度。次年春，后万村先贤抱“教育兴国”之志，在村西端万厚庵公祠创办“万氏私立两等小学堂”。1927年“八一起义”后，周恩来曾借宿三江万氏小学。从这里还走出了共和国第一位女省委书记万绍芬。

三江小学是在原三江万氏小学基础上兴建的，后来，紧邻其西旁又兴建了三江中学。万氏先辈在此受到了良好的教育，学业有成后，迁到五湖四海，又事业有成，始终不忘报本之恩。21世纪初，香港昌腾发展有限公司董事局原顾问万修元先生，携家人捐资50万元为三江中学兴建了“修元楼”，捐资100万元设立教育奖励基金。至2016年，该基金已颁发了11届。中央统战部原副部长万绍芬同志几乎每年都要在10—11月，同万修元之子万良发来到家乡为教育奖励基金颁奖。

作为首创“良知”概念的孟门高弟万章公后裔，明代有一大批习王阳明良知心学、兴学办教的士大夫和学者。

南昌武阳游溪万恭，官明嘉靖兵部右侍郎，两次率兵击退蒙古骑兵。后兼佥都御史、巡抚山西，教民农耕及用水车，治理黄河邳州决口，沿河堤建平水闸，依时蓄泄，河患平息，民获大利。晚年归里，研习王阳明心学良知，编修谱志。子孙皆有功名。

南昌东埂万虞恺与新建县王阳明心学家邓以赞同登嘉靖年间进士，授无锡知县，官至南京刑部侍郎，晚年归里办学，研习《金刚经》与王阳明良知心学。其子万廷言，嘉靖四十一年（1562）进士，历任礼部郎中，一路官至广平府同知，归籍后闭门30余年，匿迹韬光，拜师罗洪先，研习王阳明心学并著作，与邓以赞等被黄宗羲载入《明儒学案·江右王学派》。其子万建昆，万历进士，历荆州府推官，升礼部仪制司主教习，后居家20年，从其父注讲《易经》之学，造诣深焉。而南昌滁槎巷口村学生万文江，宁王之变后追随王阳明，直接受传阳明心学。

旧新建县城头万尚烈，万历十九年（1591）举人，官至刑部侍郎，迁贵州平越知府，感化蛮夷，加秩宪副，请为徽郡远古书院主持。使归，主持南昌澹台祠，研习王阳明心学，编修家乘，寿九五。

进贤县城北隅折桂坊，自明初万和教授开创“崇文举士”家风，一连六代科甲连第，共有5名进士和2名举人，学为士者业绩非凡，彪炳史册。正德六年（1511）王阳明于京城主考会试，其曾孙万潮夺得会魁，登进士。正德十六年（1521）五月，王阳明聚在庐山白鹿洞书院聚讲，万潮等“江西四君子”在座。

进贤钟陵上万七房村，鼻祖万沧，响应王阳明兴办社学的号召，开基立村，至清末400年间十三代，共举出18名顶级学者，另有16名教书先生从教社学书院，传承家风。明万历年间，薪火传至下万村，为新兴社学，清代为书院，民国抗日期间南昌九县联立洪都中学迁此，并创办首届高中，今为南昌三中。

清代乾隆年间，南昌合熢万廷兰，官怀柔、宛平、献县知县，通州知州，建立万春书院，修河间献王陵庙，聘名儒纂修县志，士风丕振。其子孙多经过科举进入仕途移居在外，嫡孙万青选官至江苏淮安知府，是周恩来外祖父。周恩来6岁（1904）至9岁时，在外舅家居住3年，受到十三舅万立鈜先生的启蒙教育。在万家，周恩来浏览了外祖父大量的藏书。所以，万氏家风对周总理治国理政、平天下产生了很大的影响。末代皇帝溥仪之妹金韫馨嫁给了周恩来的表侄万嘉熙。1960年除夕之夜，万嘉熙夫妇和溥仪在周总理家过大年，总理齐家，其乐融融。

江西万氏有编史留芳的优良家风，为其他姓氏所罕见。正德七年（1512）《进贤县志》由万和之孙万镗协修并序；嘉靖四十二年（1563）《进贤县志》镗之侄万浩主修；万历十六年（1588）《南昌府志》万廷言、万恭参修并序；乾隆四十七年（1782）《南昌府志》总司督理万廷莘及三个宗侄协修；乾隆四十九年（1784）《南昌县志》万廷兰主修，其弟万廷莘协修。1991年版《新建县志》编委主任万润滨并序。

通过对收集到省城的万氏族谱研究，发现南昌市新建县西山嵩岗《万氏宗谱》"仁济祠家训"是江西万氏编录的最早、最详备的古代家训。内容有13个方面：①崇正道；②勤职业；③务谦卑；④戒妄诞；⑤尚节俭；⑥慎创守；⑦戒赌博；⑧绝非为；⑨孝父母；⑩和兄弟；⑪正夫妇；⑫训子女；⑬抚奴婢。作者万廷炎生于宋理宗宝祐四年（1256）三月，殁于元定帝泰定三年丙寅（1326）三月。南宋景炎二年（1277）九月，21岁的万廷炎任四川叙州府长宁知县，后解印归田，义方课子。元大德二年（1298）42岁时，购学舍数十间于辛溪之滨，栽竹环园，因名"绿竹书斋"，而后编著家训。

明代万氏家谱鲜见家规记录，到了清代，清圣祖在康熙九年（1670）颁行《圣谕十六条》，又在雍正二年（1724）正式出版，各姓氏对家规家训编纂才得到不断重视。新建嵩岗万文贵先生，生于清康熙七年（1668）十一月，殁于清雍正九年（1731）四月。他在康熙三十八年（1699）编修族谱，列出"仁济祠"家规20条：

①尊始祖；②敬基祖；③清支派；④定谱式；⑤立尊长；⑥肃家训；⑦崇礼教；⑧务本业；⑨严立继；⑩新附定立继；⑪谨婚配；⑫禁招赘；⑬待出母；⑭新附待出母；⑮表行谊；⑯鞭纪名宦；⑰宝家乘；⑱慎守成；⑲笃宗谊；⑳严诫饬。由于该村支家训、家规形成时间最早而且最完备，所以该支族谱编修质量最高。

南昌县东田万氏家规编撰于道光二十六年（1846），由万飞鹰捐资二百千文，县学生万奕谟主笔编修并建祠堂而成，总计50条。南昌府进贤钟陵万氏家训，由七房村万士贤于雍正八年（1730）创作，共10条，乾隆四十八年（1783）本村县庠生万方肃敬刊。

基于习近平新时代中国特色社会主义思想，笔者应稿于2015年8月在研究江西万氏家风的基础上，编撰出符合新时代、新要求、新特征的江西《万氏家训》，现附刊如下，以飨读者。

万氏列祖，源远流长。国法家规，谨记心上。
遵章守纪，勿乱朝纲。团结宗支，服从政党。
爱国顾家，忠义莫忘。孝敬父母，长幼相帮。
礼智诚信，遇事协商。君子风范，廉耻忍让。
为官为吏，恶惩善扬。为庶为民，积德从良。
夫妻平等，福祸同当。兄弟姐妹，互帮相谅。
村族邻里，和谐至上。亲友大事，竭力疏忙。
伦理处世，心胸坦荡。公正文明，追梦富强。
敬业奉献，勤俭节尚。援引外资，发展乡邦。
有舍能得，后福无疆。好学历练，业务专长。
戒争戒斗，泰平安详。禁赌禁毒，身心健康。
扶贫济困，共奔小康。工农商学，齐兴家堂。
耀我族门，为族争光。先祖有灵，佑尔后昌。

万卿，现为中国铁路南昌局集团公司南昌机务段业务员，中华文化促进会姓氏文化研究中心会员，江西省谱牒研究会副会长兼副秘书长。主编《豫章万氏大成谱》《钟陵万氏宗谱》，并担任《江西万氏大成谱》副主编。

家庭建设是构建人类命运共同体的一项基础工程

——姓氏文化是家庭建设中历史最悠久的基因文化

华 正

家是社会的基本细胞，对人类社会发挥着筑基的深刻影响，且对国际家庭日每个人而言都具有同样的深远意义。

自1994年起，联合国大会将每年的5月15日定为国际家庭日，并确定其主题为“家庭，在变化世界中的动力与指认”，其名言是“在社会核心建立最小的民主体制”。此后，联合国相关机构又确定“屋顶盖心的图案”作为国际家庭日的标志。标志图案昭示人们用生命和爱心去建立温暖的家庭，促进更多家庭的文明进步与和睦幸福，旨在加强保护和援助家庭方面的国际合作。

家和万事兴。中国在21世纪开展国际家庭日活动中比较突出“推进家风建设”，这是个正确的主题定位。但在面对文明转型和新冠肺炎疫情的大分化、大组合的世界格局中，国际家庭日应该在“推进家风建设”的基础上，进一步把国际家庭日定位在构建“人类命运共同体”的基础工程——家庭是社会细胞，必然是人类命运共同体的细胞。

自古以来，中国社会一向重视家庭在国家发展和个人成长中的重要作用，所以，数千年前就确立了“天下之本在家”的学说。

习近平作为党和国家的最高领导人，在他的治国理政思想与实践之中对家庭的重要作用予以高度的关注。他指出：“无论时代如何变化，无论经济社会如何发展，对一个社会来说，家庭的生活依托都不可替代，家庭的社会功能都不可替代，家庭的文明作用都不可替代。”

有鉴于此，习近平主席强调“我们都要重视家庭建设，注重家庭、注重家教、注重家风”的问题。

一、姓氏文化是家庭建设中历史最悠久的基因文化

家庭文化是子孙成长的帐篷。家庭建设的根本问题是家庭文化的建设。而围绕民族复兴和构建“人类命运共同体”展开的家庭建设，既要始终抓住“家风建设”这个龙头，也要继续传承孝道和姓氏这两个民族基因文化，实现民族特色与人类命运共同体建设的比翼齐飞。

姓氏文化是中华特色传统家庭文化建设中历史最悠久的基因文化，要与传统孝道文化一起复兴。为此，在 2021 年“国际家庭日 · 姓氏好家风”活动中，本文选择“传统姓氏文化教育实践与现代家庭文化建设”——深入展开家庭基因文化的传承与复兴问题。

姓氏文化是中华文明的活化石，姓氏“图腾”是我们先祖用以区分原始群体的一种标志和象征，是表明自己来源的族徽，从中可知中华民族的浓缩形成史。姓氏“图腾”发挥了防止近亲结婚的历史文明作用！同部落的人通婚就是冒犯神灵——姓氏“图腾”！

中华民族最悠久的信仰是对民族先祖圣贤本身及思想文化的信仰，中华儿女对民族先祖圣贤文化的信仰又首先体现在传统姓氏文化上。因为中华民族“敬祖先、崇血亲”的思想理念，是通过“家国同构”的文化体系来转化成共同的社会信仰的，包括爱国主义精神。

所以，21 世纪姓氏文化的研究，特别是姓氏文化的教育实践，必须要为家庭文化建设和加强社会凝聚力服务，为复兴中华筑基固本服务。唯有如此，才能体现姓氏文化的时代意义。

二、姓氏文化的教育实践要注重家风建设

21 世纪的姓氏家风建设应体系化、时代性——“知福、惜福、造福”的“三福”家风，既具有最大公约数作用和民族传统特色，又能确立最简明的“三福”体系结构，其中“造福”则全面体现了时代性。

做大事首先要完成正确定位，就是说不能搞就事论事的实用主义——姓氏家风建设要为推进社会文明服务，要为家庭教育和家庭建设服务，要使家庭建设成为三代人共同成长的港湾，要聚焦到孩子的自理自立和家人的高级精神享受上去，物质享受也要文明满足。

总之，不要只为姓氏文化传承而进行姓氏文化传承，姓氏文化传承要坚持姓氏家风建设先行。因为姓氏家风文化是家庭建设的土壤，是家庭文化建设的方向盘。若要全面推广姓氏家风文化，想代际传承姓氏家风文化，就必须完成姓氏家风文化共性化、体系化。

为家庭教育服务的姓氏家风建设首先要注重牵引孩子向往与学习高级精神享受。孩子的高级精神享受与成年人的高级精神享受在本质上一脉相承——成年人的精神面貌也是 3 岁左右定向、8 岁左右定格的。因为方向决定未来，追求方向决定每个人的命运。这叫“方向决定成败，路径决定成本，细节决定效果”。人生的高级精神享受集中体现在情志和志向上。

1. 情志决定生命质地

情志是熏陶而来的，不是考试、考级考出来的，未成年人学钢琴、书法、美术、舞蹈等，专门为考级就失去了熏陶情志的意义，立马异化为不同内容的应试教育。

让未成年的孩子去竞争名次，就像让小树苗去木材市场竞价，既是残酷的，又是在培植孩子从小看重外在攀比的虚荣心。有句网络用语说得尖锐：热衷比赛的家长，别养孩子，应该去养“赛马”。

孩子的成长动力是自我的内心追求与忘我的境界——孩子的责任是内在人格、人品、体质、体能的成长，不是外在名次的比赛，不是为满足家长的虚荣心，更不是实现家长自己未竟理想的工具。

2. 志向决定人生方向

现在的许多中国家长往往把孩子的第一个志向定位在考名校、高收入职业上，而培养的起点又是体验各种高端的物质环境享受，就是带孩子旅游也不做“人文”攻略。

上名牌大学本身无错，但上名牌大学首先应该是为了学习创新能力——不安于现状，不贪图物质享受的人，才有追求卓越创新的志向。

当然，创新本身也只是实践与实现人生志向的一条路径，可见，创新的追求还是由志向牵引的。孩子的高级精神享受不是说教而来的，也不是能刻意训练的——孩子情志与志向的源头在家风的价值观与幸福观：激活与发展婴幼儿的大脑美好记忆区，确立利他利己的价值观，从先公后私到追求大公无私的境界。

三、姓氏家风文化的价值观要体现大同世界理想

传统大同世界理想的内核是善和福，这也是国际家庭日和构建“人类命运共同体”的文化要素——怎样理解善的本质？怎样界定福？这是姓氏家风建设中必须要明确的核心问题。

1. 光明与美好是谓“善”

善，不只是做好人好事。《说文解字》：“善，是吉祥、美好。”善的实践是走向“光明与美好”的通道。

真善让人们避免怀着主观的好心在客观上做害人害己的事。

比如，“农夫与蛇”、买猫粮定点喂野猫——野猫不是宠物，定点喂野猫，喂懒了，它就不抓老鼠了。这些都不是真善行为。

2. 福，比“幸福”更深邃；福，是在利他利己中获得的硕果

在利他利己价值观的牵引下做着自己热爱的义利合一的事业，是谓“五福人生”——拥抱“四度一圆”的“五福”就是完美人生。

“四度一圆”的“五福”人生是：长寿，天人合一，中医养生，拉长生命的“长度”；富贵，君子爱财取之有道，富而有仁，边富边贵，确立生命的“高度”；康宁，淡泊名利，宁静致远，拓展生命的“宽度”；好德，感恩行善，积阴德，沉潜生命的“深度”；善终，无疾而终，自然回归，这是生命的“圆满”。

四、以两大文化体系建设现代姓氏家风

用中华传统经典和马克思主义经典引领姓氏家风建设——传统人文精神与高新技术人文合成的新时代中国特色社会主义思想，才能牵引现代姓氏家风为构建“人类命运共同体”服务。

1. 中华传统儒学的核心思想是“家国同构”：家为国本所在

在和平时代，修身先齐家，才是“家国同构”的“以家奠国本”的爱国主义行动！

修身齐家都离不开“大学之道”的牵引。

2.“大学之道，在明明德，在亲民，在止于至善”

“明明德”之第一个“明”，是明大道完成人生正确定位；第二个“明”，牵引走向光明之德是谓“明德”；亲民是新民，首先是自觉自新之人，其次是接受新事物和具有创造力的人；善是光明与美好，至善是永不自满，个人追求的自身至善，即“四度一圆”的“五福”。

“古之欲明明德于天下者，先治其国；欲治其国者，先齐其家；欲齐其家者，先修其身；欲修其身者，先正其心；欲正其心者，先诚其意；欲诚其意者，先致其知，致知在格物。”

“先诚其意”是抓本源：“文化是熏陶人心的本源，欲正人心，必先正文化”；“先致其知”是强调实践体验：未成年人先行体验美好事物；“修身而后齐家”是强调修身为做事——人生做的第一项事业是齐家，为修身而修身在本质上与“坐而空谈”没什么两样。

家风建设的最低纲领是为利他利己的和谐共生生活服务，最高纲领就是为习近平总书记倡导的人类命运共同体构建服务。人类命运共同体是大同世界理想的载体，马克思科学社会主义理论是构建人类命运共同体的导航仪。

父母是每个家庭建设的主导者和责任人。在构建人类命运共同体时代的父母，既要具有“家国同构”的传统文化底蕴——包括姓氏文化这条根，又要学习与实践马克思科学社会主义理论。

姓氏文化、人格审美文化和母亲文化是“家国同构”人文文化领域的源头文化。对国人而言，姓氏家风建设和国际家庭日的核心问题正是中华母亲文化的复兴。

3. 母亲文化是人类社会文明生长的宽厚大地

人类人文始于审美，人类文明是聚居与合作秩序的需要。

文明是人文精神传播与外显的承载系统，母亲文化是“坤卦”的人格化：凤凰之美，马的忠诚，颂扬出“地势坤，厚德载物”的篇章。

母亲的伟大在于孕育与创造生命，这是天赋的使命！

孩子的生日是母亲创造生命的伟大日子！

有人说：孩子的生日是母亲的“受难日”，太过悲催，有点极端。

其实，孩子生日先是母亲的闯关日，身系两命、生死攸关；然后是生命创造日，繁衍生息、血脉相连！

母亲的伟大在于优雅得体的母性！

母性的优雅得体，体现在“平和、坚韧、包容、善解人意、中庸淡定”。母亲是人文精神代际传承的使者！所以，一代良母，旺三代。

父亲是家庭支柱，母亲是家庭空调——母爱如海，上善若水；父爱如山，上德不德。父亲文化的上德不德，贵在担当与信仰像高山一样坚定不移；母亲文化的上善若水，贵在恰到好处。母亲素养，勤俭能干、有情有义有趣，是家庭氛围的调节器，是人生充电港湾的天使！

父亲和母亲是姓氏文化的代际传承者，是国际家庭日的主角。

华正，上海浦江书院家庭文化研教学院名誉院长、研教委员会主任。

立德树人下的家风教育和家风建设

黄会元

家风是社会风气的重要组成部分。家庭不只是人们身体的住处，更是人们心灵的归宿。家风好，就能家道兴盛、和顺美满；家风差，难免殃及子孙、贻害社会，正所谓“积善之家，必有余庆；积不善之家，必有余殃”。诸葛亮诫子格言、颜氏家训、朱子家训等，都是在倡导一种家风。毛泽东、周恩来、朱德同志等老一辈革命家都高度重视家风。

党的十八大以来，习近平总书记在不同场合多次谈到要“注重家庭、注重家教、注重家风”，强调“每一位领导干部都要把家风建设摆在重要位置，廉洁修身、廉洁齐家，在管好自己的同时，严格要求配偶、子女和身边工作人员”。在中共中央政治局召开的民主生活会上，习近平强调，中央政治局的同志要身体力行、以上率下，自觉做到廉洁自律，从严管好家属、子女和身边工作人员，抓好家风家教，坚决防止和反对特权思想、特权现象，带头不搞任何形式主义、官僚主义，为全党立好标杆、做好示范。

家庭是社会的基本细胞，是人生的第一所学校。中华民族历来重视家庭，正如孟子所说：“天下之本在国，国之本在家”，家和万事兴。国家富强，民族复兴，最终要体现在千千万万个家庭都幸福美满上，体现在亿万人民生活不断改善上。千家万户都好，国家才能好，民族才能好。中华民族自古以来就重视家庭、重视亲情。家和万事兴、天伦之乐、尊老爱幼、贤妻良母、相夫教子、勤俭持家等，都体现了中国人的这种观念。“慈母手中线，游子身上衣。临行密密缝，意恐迟迟归。谁言寸草心，报得三春晖。”唐代诗人孟郊的这首《游子吟》，生动表达了中国人深厚的家庭情结。家庭是社会的基本细胞，是人生的第一所学校。

家庭是家风教育和家风建设的主阵地。家风教育和家风建设离不开家庭。

现代教育追求家庭教育、社会教育和学校教育相结合。三者需要有机结合，不可或缺。无论是家庭教育、社会教育，还是学校教育，都指向立德树人。家庭、社会、学校教育的目的是立德树人，家风教育和家风建设的目的也是立德树人，二者有机结合，不可或缺。只不过立德是重点，树人是核心。

一、立德树人之下的家风教育和家风建设

现代家风教育和家风建设要体现社会主义核心价值观、传统文化、依法治国和创新精神。立德树人下的家风建设有三个方面的内容：一是文化基础，包括人文底蕴、科学精神；二是自主发展，包括学会学习、健康生活；三是需要社会参与，包括责任担当、实践创新。

文化基础以文化素养为基础。文化素养包括中国传统文化、世界优秀文化和社会主义优秀文化。有了深厚的文化素养，我们育人树人才能从历史到现实，引导孩子正确认识世界和中国发展大势；才能从国际到国内，引导孩子正确认识中国特色和国际比较；才能从社会到个人，引导孩子正确认识时代责任和历史使命；才能从理想到实践，引导孩子正确认识远大抱负和脚踏实地。唯有如此，社会主义合格人才才能弘扬爱国主义精神、传承优秀传统文化、渗透依法治国理念、关注生态文明建设，最终形成正确的世界观、人生观、价值观。

自主发展以人文情怀为核心。通过家风教育，增强中华优秀文化浸润，增强“四个自信”；学会关注人类命运共同体，倡导保护人类历史与文明，倡导和谐自然。家风教育要重视思维品质培养，倡导建立和谐人际关系，学会在社交过程中适当寒暄和闲谈，让家风成为人际相互理解沟通的基础，引导孩子主动捐献玩具，并从公益事业中获得快乐。

社会参与重在让孩子树立生态文明观，增强社会责任感；弘扬中华优秀文化，增强民族自豪感与自信心，同时加强孩子为祖国发展拼搏的社会责任感。

二、立德树人之下的家风教育和家风建设的四大核心

立德树人之下的家风教育和家风建设，强调以道德为本。传统美德是中国传统文化的精华所系。家风教育要突出立德树人，培养孩子良好的品德。比如谦虚谨慎的美德。姬旦《诫伯禽书》中说：故旧无大故则不弃也，无求备于一人。君

子力如牛，不与牛争力；走如马，不与马争走。智如士，不与士争智。德行广大而守以恭者，荣；聪明睿智而守以愚者，益。又如诚信也是美德。琅琊王氏是我国古代顶级门阀士族，晋代四大盛门“王谢袁萧”之首，素有“华夏首望”之誉称。《二十四史》中记载，从东汉至明清1700多年间，琅琊王氏共培养出了以王吉、王导、王羲之、王元姬等人为代表的35个宰相、36个皇后和36个驸马以及186位文人名仕。这得益于琅琊王氏家风，其家训中说：夫言行可覆，信之至也；推美引过，德之至也；扬名显亲，孝之至也；兄弟怡怡，宗族欣欣，悌之至也；临财莫过乎让；此五者，立身之本。琅琊王氏家训以信为首，以行达信，开门施教，贵在待人。王氏家训把处理好人与人的关系放在首位，把“信”作为立身处世的第一要务。这摒弃了“死读书”关门式的教育方式，教育后人走出家庭，诚信地与人交往。再如孝也是美德。如司马谈《命子迁》中说：且夫孝，始于事亲，中于事君，终于立身。扬名于后世以显父母，此孝之大者。司马谈强调孝亲孝君孝国孝德，是为大孝。如何修养道德呢？关键是静思反省，使自己尽善尽美，以俭朴节约来培养自己高尚的品德。故诸葛亮《诫子书》中说：夫君子之行，静以修身，俭以养德。非淡泊无以明志，非宁静无以致远。夫学须静也，才须学也。非学无以广才，非志无以成学。淫慢则不能励精，险躁则不能治性。年与时驰，意与日去，遂成枯落，多不接世。悲守穷庐，将复何及？

立德树人之下的家风教育和家风建设，强调以文化人、以文育人。萃取思想精华，以优秀的文化传统浸润人，是家风建设的重点。中国文化博大精深，润泽后世，优秀的文化传统是化人之本。优秀历史人物是中国优秀传统文化的主要传承者，前贤先哲的垂范是感召后世的重要方式。历史人物清忠履正、沉毅刚正、宽厚为政等高尚品质，值得孩子学习。如《孟子·鱼我所欲也》中“不食嗟来之食”的人和诸葛亮《出师表》中“鞠躬尽瘁、死而后已”的仁人志士，都会让孩子产生强烈的情感共鸣。古代思想是中国优秀传统文化的重要组成部分，也是建构和创新当代思想、文化的精神之源。儒学是中国古代思想的主体部分，也是当代文化实现创新性发展的重要资源。博采古今名篇，以精彩的文学作品感召人。腹有诗书气自华，优秀的文学作品在给人艺术享受的同时，还能够陶冶情操、涵养正气、升华人生境界。通过博采古今名篇，将艺术审美与价值导向紧密结合，在完成审美能力的同时，实现对孩子人生观、价值观的正面引导。语言文字是一个民族赖以存续的精神密码，本身包含着丰富的文化信息，是增进民族文化认同、影响民族发展的内在动力。语言文字是民族文化的重要载体，在凝聚民族精神、增进文化认同、提高国民素质等方面意义重大。家风建设中，要引导孩子在正确、规范使用祖国语言文字的过程中，深刻理解祖国语言文字的文化内涵，深刻理解祖国文化精神的厚重博大，在提高语言文字运用水平的同时，提高自身的文化素质。

立德树人之下，家风教育和家风建设，强调时代特点。好的家风能引导孩子关心天下大事、国内外大事，使孩子既要有爱国情操，还要有国际视野，具有强烈的时代感与历史感。好的家风能引导孩子在体会国家进步、民族振兴的同时，感受大国风采、民族精神和时代品格，不断增强自己和同代人的荣誉感、责任感，更充分认识个人成长与国家、与民族、与新时代的深刻关联，在实现社会主义现代化、实现中国梦的生动实践和激情奋斗中放飞青春梦想。好的家风会让孩子在家风教育中深刻领会当代青年的使命与挑战，时刻铭记改革前辈的光荣与梦想，不忘初心、接力奋斗、砥砺前行，将改革开放进行到底。

立德树人之下的家风教育和家风建设，强调培养孩子的理性思维能力和创新能力。通过家风教育，鼓励孩子主动思考，学会全面地、综合地看问题，抓主要矛盾和矛盾的主要方面，透过现象看本质，遵循认识事物的规律进行理性分析，跳出思维惯性，以逆向思维挖掘被隐藏的事实真相等。

三、立德树人之下的良好家风如何建设

首先要建设自立的家风。自立是一个家族立足的根本。天行健，君子以自强不息。《易经》中的这一句经典，向来被中国人当作安身立命的根基。越是有远见的家长，越是明白一个家族的延续必须学会自强自立。北宋僧人释文莹的《湘山野录》中曾记载过一则名为“断齑画粥”的典故：范仲淹少年求学的时候，因家境贫寒，常常食不果腹。他便用两升小米煮粥，隔夜粥凝固后，用刀切为 4 块，早晚各食两块，再切一些腌菜佐食。成年后，范仲淹到应天书院刻苦攻读，一位家境优渥且和他相交甚笃的同窗，见其生活困顿，便让家人送饭时多捎上一份，准备赠予范仲淹。范仲淹虽然十分感激，但他却再三谢绝道：“我多年吃粥已经习惯了，如果骤然吃上你送来的美味佳肴，以后粥就再也吃不下了，那怎么能行呢？你的好意我心领了。”一个人最为难得的便是认清自己，你永远无法依靠别

人的帮助过好自己的一生。想要改变命运，你必须拼尽自己的全力去争取。

其次要建设读书的家风。读书是一个家族兴旺的源泉。欧阳修曾经说过："立身以立学为先，立学以读书为本。"欧阳修强调学习、强调读书，希望儿子能继续养成读书的习惯，并从书中学会做人的道理。欧阳修《欧阳永叔集》说得好：玉不琢，不成器；人不学，不知道。然玉之为物，有不变之常德；虽不琢以为器，而犹不害为玉也。人之性，因物而迁，不学，则舍君子而为小人，可不念哉！范仲淹《训子弟语》，其中有两句强调了读书的重要性："耕读莫懒，起家之本；字纸莫弃，世间之宝。"正如苏轼在《三槐堂铭》中所言："忠厚传家久，诗书继世长。"

再次要建设清俭的家风。清俭是一个家族不败的基因。《范文正公言行拾遗事录》中记载："公虽贵，常以俭约率家人。"范纯仁曾深有体会地说："唯俭可以养廉，唯恕可以养德。" 要做到廉以修身、廉以持家，培育良好家风，教育督促亲属子女和身边工作人员走正道。

最后要建设行善的家风。行善是一个家族强大的灵魂。宋代钱公辅的《义田记》中有过这样一段记载："范文正公，苏人也……置负郭长稔之田千亩，号曰'义田'以养济群族之人。日有食，岁有衣，嫁娶凶葬皆有赡。择族中长而贤者主其计，而时出纳焉……仕而居官者罢莫给。"孟子曰："君子之泽，五世而斩。"古语云："道德传家，十代以上，耕读传家次之，诗书传家又次之，富贵传家，不过三代。"唯有行善，才能万世而不衰落。

我们要大力弘扬中华民族优秀传统文化，大力加强党风政风、社风家风建设，特别是要让中华民族文化基因在广大青少年心中生根发芽。

不论时代发生多大变化，不论生活格局发生多大变化，我们都要重视家庭建设，注重家庭、注重家教、注重家风，紧密结合培育和弘扬社会主义核心价值观，发扬光大中华民族传统家庭美德，促进家庭和睦，促进亲人相亲相爱，促进下一代健康成长，促进老年人老有所养，使千千万万个家庭成为国家发展、民族进步、社会和谐的重要基点。

黄会元，继承先辈事业，在黄氏家谱研究上发表相关论文13篇，先后主持研究和主编《永昌府黄氏家谱》《永昌府黄氏祖谱》《圣荷园黄氏家谱》。

家风家训的传承

栗荣晓

一

“家是最小国，国是千万家”。家庭既是个人成长的摇篮，也是社会的基本细胞。人类从氏族公社“群居”模式中走出来的那一刻，家庭便在时代变迁与社会发展中扮演着越来越重要的角色。国家是由千千万万个家庭组成的，家庭成了国家和民族最基本的单元。几千年来，千千万万个家庭，用中国家风家训中公认的优良品质，锻造出无数的优良家风，同时又丰富了中华民族的传统文化。在中华民族的发展史上，家风家规起着至关重要的作用。

中国的家风家训文化源远流长，家训最早的出现是父母通过对子女的当面训诫来体现的。现在能看到的最早文献资料，是3000多年前西周初期的周公训子。

司马迁《史记·鲁周公世家》记载，西周政权建立之后，遍封功臣，建立诸侯国。周武王之弟周公旦，受封于鲁国。由于周公要留在京城辅佐侄子周成王，不能就封，就让自己的儿子伯禽就封于鲁。伯禽临行之前，周公同儿子进行了一场严肃的谈话。司马迁的原文写道：“周公戒伯禽曰：‘我文王之子，武王之弟，成王之叔父，我于天下亦不贱矣。然我一沐三足发，一饭三吐哺，起以待士，犹恐先天下之贤人。子之鲁，慎无以国骄人。’”这段话什么意思呢？大意是：“我是周文王的儿子，是周武王的弟弟，是周成王的叔叔，又身兼辅佐天子的重任，我在天下的地位也不能算轻贱了。可是，为了不怠慢轻视人才，我还（常常）洗一次头发，要多次停下来接待宾客。吃一顿饭时，要多次停下来关照客人，还唯恐怠慢，你到鲁国任职之后，一定要向我学习。”

《论语·季氏》记载了孔子“庭训”儿子孔鲤的过程，孔子要求儿子“学诗”“学礼”。孔子认为“不学诗，无以言”“不学礼，无以立”。

周公和孔子是中华民族史上的两大圣人，他们训子的故事恰好体现了中国家训文化的两个最重要的方面：做人和学习。同时，这也奠定了中国家训文化的基础。

家训是中国家庭教育的优良传统，是中国家庭教育方法之一。中国的家训发展到后来，又通过书信、训词、遗嘱等形式，进而制定完整的家规、家范、家约来体现，形成了家庭内部成员的行为准则。因此，后世有关家训的说法很多，有人做过统计和专述，有 70 多种说法，但是最常见的、使用最广泛的还是家训。

二

中国的家训文化有三项基本功能。

一是训导教育子女成人成才。这是家训最基本的功能。孔子督促儿子孔鲤“学诗”“学礼”，其出发点就是要儿子长大后能够适应社会，有立足社会的基本能力。后世的家风家训文化，不管是哪一个时期，不管是哪一个层次的家庭，其家训都具有教育子女成人和成才的基本功能。

二是家庭的自我控制。家庭作为社会的基本单位，必须要接受外在控制，也就是社会控制，包括法律控制、行政控制、道德控制和习俗控制。同时，为了维护家庭内部的稳定，调整和处理好家庭内部关系，将子女培养成人，使家庭得以继承和延续，还必须有家庭的内在控制，即家庭的自我控制。家庭的自我控制，最重要的一方面就是通过家训，包括家规、家约、家范等各种形式来体现，从而达到对家庭成员的教育、引导、约束作用。

《宋史·陆九韶传》记载，宋代陆九韶每天宣读《家训》：“晨兴，家长率众弟子，谒先祠毕，击鼓诵其《家训》辞，使列听之。”自宋代以来，以家训来对家庭成员进行约束控制，越来越趋于严格，它有效地补充了国家法律在社会教化管理方面的不足。

三是确立良好的家风。家风又称门风，是指家庭成员在长期的家庭生活中逐渐形成并传承下去的价值观念、生活作风、生活方式、行为规范、生活习惯等的总称。家风的好坏，关系到一个家庭在社会上的声誉和地位，更直接地影响家庭成员的成长和发展。家庭是社会的细胞，家庭的和谐带来社会的和谐。同理，家庭是社会风气的基础，良好的社会风气，是以良好的家庭风气为前提的。国家和民族提高社会的精神文明程度，就是从建设良好的家风开始的。

三

一个家族的良好家风形成，是家庭成员共同努力和遵守的结果。其中有几个因素是起决定作用的：

一是有符合家庭情况的家训、家规，要求家庭成员一起遵守，这种家训、家规，有的是倡导性的，让家庭成员努力去践行；有的是强制性的，家庭成员不得违背，否则会受到家法惩戒。家庭中这一软一硬的家训、家规，保证了对家庭成员的引导和约束。

二是家庭中家长、长辈的表率示范作用。隋朝初年颜之推在《颜氏家训·治家篇》中说过："夫风化者，自上而行于下者也，自先而施于后者也。是以父不慈则子不孝，兄不友则弟不恭，夫不义则妇不顺矣。夫慈而子逆，兄友而弟傲，夫义而妇凌，则天之凶民，乃刑戮之所摄，非训导之所移也。"这一段话强调了父母言传身教的良好家风。

习近平总书记在 2017 年 1 月 6 日第十八届中纪委第七次全体会议上的重要讲话中指出"廉洁吏"家风的重要性，其中引用了《后汉书·杨震传》的典故，即"四知拒金"的故事。杨震为官廉明清正，以身作则，为杨家确立了"清白吏"的门风，其实，当时曾有长辈和同僚也劝他为子孙购置产业，杨震说："让以后的世人称赞他们是清官的子孙，我把这个留给他们，不是也很丰厚吗？"杨震的后世几代为官，都谨记祖训"以廉洁称"。

三是中国家庭中固有的尊祖敬宗的观念，使家庭成员易于接受祖训，形成门风。尊祖敬宗是中国家庭道德和家庭伦理的重要组成部分和体现。著名的《钱氏家训》能代代传延至今，就是钱氏后人对钱氏宗族始祖钱镠的敬仰和认可。

好家风的确立和表现，并没有统一的标准，但有几条是必须做到的：第一是家风正，体现在家庭成员能立德为本、勤俭持家、诗书传家、忠贞爱国等诸方面；第二是与时俱进，符合社会发展，具有与时代相适应的价值标准；第三是具有持久性，好的家风，往往绵延不断、代代相传。

"心术不可得罪于天地，言行要留好样于儿孙。"就是要求做父母的作风要正派，思想要纯正，理想要坚定，言行要得当。由此可见，良好的门风家规能够教育和造福子孙后代。如果不注意维护良好的门风，那么就可能祸延子孙，这样的例子不胜枚举。

四

中国近代史上，梁启超是一个维新家、思想家、文学家。他养育了9个子女，一方面教导子女热爱和传承中国传统文化，自强不息，勇于承担社会责任，忠于国家；另一方面又让子女到国外留学，追求科学与新知，学成后归国报效国家，服务社会。实践证明，梁启超的9个子女都成为国家的有用人才，创造了“一门三院士，个个皆才俊”的佳话。梁启超先生的家风家规，即中国家风家规文化在近代转型期，开辟出新生面的有力例证。

现代社会，家风问题又严峻地摆在我们的面前，一方面看到千千万万个普通家庭那么努力投身到家风的建设活动中去，另一方面我们又从报纸、电视、网络、新闻上不断地读到“官二代”“富二代”“星二代”种种负面新闻。所以，门风问题，不能不引起我们的高度重视。

在2015年春节团拜会上，习近平总书记发表了重要讲话，其中指出：“中华民族自古以来就重视家庭、重视亲情。家庭是社会的基本细胞，是人生的第一所学校。不论时代发生多大变化，不论生活格局发生多大变化，我们都要重视家庭建设，注重家庭、注重家教、注重家风，紧密结合和培养社会主义核心价值观，发扬光大中华民族传统家庭美德……使千千万万个家庭成员成为国家发展、民族进步、社会和谐的重要基点。”

弘扬中华民族精神，继承传统文化美德。只有这样才能把全民族智慧集中起来，形成强大的精神力量和物质财富。作为中华民族精神最基本细胞之一的家风，在社会发展和民族进步中起着不可替代的重要作用；在注重家风家规建设的同时，既要成为具有中国梦和社会主义核心价值观的生动实践，又要形成具有时代精神的修身文化，由此来描绘中华民族家风家训中的文化传承。

栗荣晓，1976年生于河南省南阳市方城县，毕业于河南财经政法大学金融管理专业，现就职于人民网，副高职称。总编“栗氏家园”系列丛书60万字。

汲取姓氏文化养生观，看母婴文化的形成与发展

谢　芳

近年来，社会各界对传统文化的热情大大增强，基层和民间的参与面很广，参与主体很多，形式载体多样，总的势头很好。随着我国对外开放日益扩大，西方各种社会文化思潮大量涌入，一定程度上出现了以洋为美、以洋为尊，甚至贬低、漠视优秀传统文化的现象。这都迫切需要加强党对文化工作的领导，加强顶层设计，推动中华优秀传统文化的传承发展走上积极健康、规范有序的轨道。

一、谱牒传承中华姓氏养生文化，是中华传统文化的组成部分

家谱首先是确认族众的血缘关系亲疏、防止血缘关系混乱的依据。世系图表中详细记载着全族男子的名讳、字号、葬地、配偶姓氏及生卒年月等，以及生几子几女、子何名、女适何地何姓等，有进学中举、为官做宦者还要记其简历。本族有史以来制定的各种家法族规、家训家范、祖宗训诫子孙的言论等，就可以据此确定族众的地位，赈济贫困族众，解决世系纠纷，防止血缘关系的混乱。载入家谱的用意是便于平时向子孙宣讲，要求族人永远恪守，并使族长能依据此类家法来惩罚不服统治的族众。

由于家谱是族人血缘关系的记录，是社会文明进步的轨迹，是以特殊形式记载的关于家庭起源、家族形成、民族融合及其繁衍生存、迁徙分布、发展兴衰的重要史籍，凝结着华夏文明的形成、发展、传播及各民族、各地区之间经济、文化交流的各种内容，蕴藏着丰富的文化遗产。由于家谱记载的内容又可反映当时的一些重要事件及经历，往往可补充史料的不足，属珍贵的人文资料。它对研究

我国的人文发展及其构成有着不可多得的史料价值。谱牒不为封建家族和剥削阶级所独有，谱牒的出现是中国人民尊重祖先的一种自然美德，记录家族历史是中华民族文化的重要组成部分。

炎黄子孙遍布世界 160 多个国家和地区，海外华人超过 5500 万。每年大批华人不辞辛劳，回到中国祭拜祖先。尊祖敬宗是炎黄子孙的传统美德，寻根溯源是人类的天性。中国人的这种寻根追祖情结，不能不说与延续数千年的家谱有关。家谱维系的不仅是一个家族，更是一个民族文化的代表，家族谱牒是构成中华文化的一个重要部分。

谱牒是记载姓氏宗族主要成员世系及其事迹的档案，是伴随着家族制度而来的记录家族血缘关系的文献，其形式和内容涉及档案学、历史学和文化人类学等学科。“谱牒学”是一门专门研究家谱、族谱的学科；“家谱”是以表谱的形式记载家族世系繁衍和本族人员事迹的图书体裁。家谱是封建家族记载本族世系和重要人物事迹的书，是大户人家记载其世系及显赫人物的谱籍。家谱起到维系近代家族制度的作用，目的在于炫耀门第、维护族权统治。长期以来，谱牒被认为是封建社会的产物，予以简单的否定，正是在这种错误思想的影响下，将家谱和“变天账”联系在一起，“文革”中无知的红卫兵更是将家谱当作“四旧”加以焚毁。

家谱亦称族谱，现存的族谱主要是北宋以来民间编修的，是以特殊形式记载一姓世系和人物事迹的历史图籍。由于时代、地域或记载范围的不同，又有族谱、宗谱、家乘、通谱、统宗世谱、房谱、支谱等称谓。家之有谱，犹县之有志、国之有史。家谱、方志和正史，构成了史籍大厦的三大支柱，就数量而言，家谱独占鳌头。

世界上，有的国家也有编制家谱的习俗，但它们大都只有几百年的历史。而中华家谱在中国延续了 3000 多年，仅上海图书馆收藏的家谱就有 12000 多部（9 万余册），是世界上收藏民间家谱原件最多的图书馆。

现代人续编的家谱，吸取了历史上编制家谱的精华，弃其糟粕，将每人的世系、生卒年月、学历、专业、经历、婚姻、成就、照片、地址等都记载下来，还配上反映重要人物及事件的短文，将家谱记载的内容加以发展，成为家族中维系血缘关系和记载家族历史的珍贵人文材料，代代相传。

二、DNA 检测在姓氏源流中的作用研究

一直以来人们通过姓氏和家谱追踪溯源，找寻自己的祖先，在这过程中会遇到各种各样的现实问题，例如家谱的缺失与有误、改姓、入赘和抱养等，但是无论如何根植于我们血脉中的基因传承从未断绝。我们可以通过基因检测追溯自己生物学上的父系祖先，这位祖先可能与自己现代姓氏的始祖相同，也可能不同。但更重要的是我们的父系家族从何而来，又经历了怎样的故事，最终继承了现有的文化脉络。

从遗传学角度看，中国人的姓氏是有遗传密码的，它以其特殊的血缘文化记录了中国人 5000 年父系社会的演变史，存在着大量异常丰富的生命遗传信息。所以，当姓氏已经无法作为追寻祖先的可靠标志的时候，研究 Y 染色体主干的类型分布，是直接追溯群体或者家族的父系起源的最佳方法，是验证祖先与后代的父系关联的可靠手段。

数千年来大部分姓氏都遵从父系传递，而人类基因组中的 Y 染色体更严格遵循父系遗传，因此姓氏与 Y 染色体有很好的平行对应关系。利用 Y 染色体的保守特性，先进的测序技术，源基因联合分子人类学方面的知名学者正在致力于构建一个庞大、精准且丰富的中国人姓氏和 DNA 遗传库，结合有效记载的家族谱系和历史资料，研究每个姓氏的源流、解密家族的历史变迁，为广大用户解决寻根问祖的问题。

中国人的姓氏为什么可以同 Y 染色体联系到一起？在人类的 23 对染色体中，只有 Y 染色体是男传男、父传子，是不变的；其他染色体则分别来自父母、一代一代不断无序稀释，经过很多代后就可能与先祖完全不一样了。Y 染色体 DNA 上有一段不决定人类任何性状的区域（约有 1500 万个碱基对），该区域发生的突变是中性的，不受环境选择的影响，可在男性后代中一直稳定地遗传下去。也就是说，子辈身上出现新突变的同时，也保留着祖辈所发生的所有突变。这些突变是研究姓氏祖源的最佳的遗传标记。因此，基于姓氏与 Y 染色体的对应关系，源基因和复旦大学等国内著名高校的专家学者携手，建立了 DNA 检测与姓氏研究服务平台，该服务平台建立了专业化的基因检测中心，使用全球领先的检测设备进行 DNA 测序，面向用户提供专业可读的 DNA 检测分析报告。现有产品包含基于基因组数据的父系溯源、母系溯源、个人特征、祖源分析和健康风险等方面的内容。通过对 Y 染色体进行检测，可确定所属的 Y 染色体单倍群、在 Y 染色

体谱系树上的位置及所属支系的地理分布、族群分布、代表人物等。

我们经常能看到“天下同姓是一家”“汉后无二刘”之类的说法，有时候这只是一种套近乎的说法，但还是有一些人确实相信某个姓的人都有同一个祖先，或者至少大多数人都是从同一个祖先传承下来的。自然，从文献上来看，大多数姓氏都有多种得姓来源，收养、入赘等情况也会有的，但同时也可能有一些文献上有的来源实际上绝后了。

每个姓氏必然有很多的家族分布在各个地方，我们可以征集某些姓氏的很多支系及地理分布规律，再结合家族与姓氏的内在关联，分析清楚家族与姓氏的关系。我们也可以通过某一姓氏的宗亲会来联系分布在各处的某姓的各个家族群体，对他们进行采样检测，研究每个家族内部、各个家族之间以及家族与他们的姓氏之间的关系。

中国的历史发展历经了多次的动荡变迁，各族人口也经历了不断的迁徙与融合，国人对家族和血缘格外重视，因此追根溯源、寻根问祖也是国人所固有的家国情怀。现代科学的研究发现，DNA 决定了我们生命的每种特性和特征，也记录了每个人独一无二的祖源故事。在以姓氏特定的文化背景和 DNA 特殊的传递规律为理论基础的前提下，源基因与复旦大学的知名学者共同携手，以期积累一个庞大、精准且丰富的中国人姓氏和 DNA 遗传库，通过描绘姓氏与 Y 染色体的对应关系，再结合有效记载的家族谱系和历史资料，研究每个家族姓氏的源流，为族人找到自己对应的分支和落叶归根提供帮助。综上所述，通过姓氏、家谱和 Y 染色体的关联研究、互相佐证，会成为研究中国人姓氏起源与演变的重要手段，开创姓氏文化研究的新篇章。

三、母婴文化形成与发展研究的当代意义

母婴文化从文字上讲就是母亲与婴儿之间的生养文化，也是老百姓口中的生孩子养孩子。母婴文化是人类生命的开始，是人类生命健康的源头。二孩政策放开后，70 后、80 后、90 后都在生孩子，女性生孩子的年龄从 25 岁扩展到 50 岁。女性生产的年龄越大，母体本身的身心健康就越容易存在着一定的问题，直接影响到下一代的生命质量。提升女性生养的意识，就是提升人类健康医养意识。

“三岁看大，七岁看老”，在孩子 7 岁接受体质教育之前，大部分的培养与母亲是密不可分的。当今社会一位母亲的身影出现最多的场所就是幼儿园门口，

学校门口，各种补习班的门口。她们殊不知家庭教育才是所有教育的源头，在家庭教育中，母亲的言谈举止对孩子的影响才是根深蒂固的，所以一位母亲的思想意识、品德意识、素质内涵，才是影响孩子一生的重中之重。

女性从古至今在家庭中就起到相夫教子的责任与义务，母婴文化就是家庭教育的源头。母婴文化的深入研究与发展直接影响着孩子的身心健康，正所谓少年强则国强。所以母婴文化的意识与发展，对国家的未来——孩子们的教育有着重要的意义与价值。

胎儿出生后的身体素质先天因素占 50%，另外 50%在于后天哺养，新生儿 0—6 个月哺养分为母乳喂养、人工喂养和混合喂养。不同的喂养方式对孩子的身心健康都有不同的影响。6 个月以后，辅食的添加更应该根据孩子体质的差异性进行有针对性的调理。孩子断奶以后的营养搭配，直接影响到孩子成长期的饮食习惯，也就决定着他未来的身体健康。俗话说病从口入，任何的疾病与不良的饮食习惯都有着密不可分的关系。孕妈情绪上的紧张压力、焦虑等也直接影响到胎儿的身心健康，表现在新生儿脾胃不和，对外界刺激反应敏感，哭闹。如何能在孕期正确地调理饮食、保持良好的身心，对胎儿的生长发育尤为重要。

“生养”在母婴文化当中代表着母亲对婴儿的孕育与生产，培养与喂养。女性在怀孕时候的身体健康指数、心理健康指数、思想培养意识直接影响胎儿身心健康的发育。当今社会的女性怀孕以后不注重饮食健康，狂吃乱补，导致妊娠血压高、血糖高等并发症，直接影响到胎儿的健康发育，出现唐氏儿、巨大儿、新生儿黄疸并发症等。

透过族谱，可以看到变幻着的历史风云与跌宕起伏的人世沧桑。谱牒学、姓氏学、姓氏社会学已注入了崭新的内容，“姓氏文化与生养健康教育”“母婴文化”将成为跨专业的边缘学科，呵护着人类健康成长。

谢芳，女，国家孕婴网理事单位、芳安星职业培训中心院长，具有高级美容师资质、整体形象健康管理师资质、产后康复训练师资质，企业大区经理，培训部总监，商学院金牌讲师，曾在北大女子总裁班进修。

浅论家族联姻与家族文化的发展

马学之 张 新

文化属于上层建筑的范畴，家族文化是文化的一部分，是凝聚家族力量，继承家族优良传统，形成良好的民风和社会风气并且引领国家层次文化发展导向的重要组成部分。随着国家的社会进步和经济发展，家族文化才得以加强和发展。而经济基础和家族联姻是家族文化得以发展的最主要的条件。

所谓经济基础主要指经济条件。比如马斯洛理论把需求分成生理需求、安全需求、归属需求、尊重需求及自我实现5类，通俗理解：假如一个人同时缺乏食物、安全、归属需求，通常对食物的需求是最强烈的，其他需求则显得不那么重要。此时人的意识几乎全被饥饿所占据，所有能量都被用来获取食物。在这种极端情况下，人生的全部意义就是吃，其他什么都不重要。

家族联姻是一种生活的主要状态和境界，也是人的需求的一个层次。没有家族和家族之间的联姻，就没有人类的生存和发展，也就没有生命的延续和社会的发展。也就是说，只有当人们能够满足基本需要，才能有意识和条件去实现自我实现，而基本需要都是以经济基础和社会关系为条件的。

济南市莱芜区是一个具有浓厚地域文化的区域，位于鲁中地区，正是由于这里的各种经济资源，比如煤炭和钢铁的丰富和久远的冶炼历史而驰名，才使得人们生活富足并开始追求精神生活。明代从外迁移而来的人民，像美洲发现新大陆一样，只有奋斗和人口延续发展才能生存和繁衍。而门当户对、经济相当的家族之间才有交往和联姻的可能。

莱芜科举人才具有明显的家族性和师承性，从下文的研究中就不难发现。正因为家族的联姻和师承性，才使得原山张氏和莱芜吕姓在清初密切联姻和相互影响。家族的联姻形成了信息的互通、资源的共享和生产力的合力，从而形成了社会关系，促进了家族文化的繁荣昌盛和发展。

一、原山张氏与莱芜吕氏家族发展脉络

在莱芜，原山张氏和莱芜吕氏的联姻情况集中体现在莱芜苗山镇南文字村和莱芜张家洼镇吕家芹村。因为这里诸多家庭都能说出对方的有关亲戚，自清中叶以来，联姻状况比较明显，生活习性和有关居住以及重视教育情况都差不多。张吕两姓落户莱芜有着家族式的发展、壮大的历史背景，而其中联姻情况是其文化发展和壮大的根本所在。

二、原山张氏发展脉络

张姓最早出自于人文始祖——轩辕黄帝的姬姓。张姓的始祖是挥祖。

挥祖的身世有两种说法：一是黄帝之“子”说。《康熙字典》：“（张）又姓。《广韵》：‘自轩辕第五子挥。’”二是黄帝之“孙”说。《新唐书·宰相世系表》：“黄帝子少昊青阳氏第五子挥。”唐代谱牒姓氏学专著——《元和姓纂》：“黄帝第五子青阳生挥。”挥祖不论是黄帝之子还是之孙，其后一支是由黄帝嫡传下来的张姓。

挥祖居尹城国的青阳，亦即清阳，清阳因在清河以南而得名（今河北省邢台市清河县东），故称“河北张氏”。《康熙字典》：“风俗通云：‘张王李赵，黄帝赐姓也。’出清河、南阳、吴郡、安定、炖煌、武威、范阳、犍为、沛国、梁国、中山、汲郡、河内、高平十四望。”

清朝嘉庆二十年（1815），新城《〈张氏谱系〉序》：“余族自杓山公徙山东新城之楼村，已五百余年。三世而分披阳、楼村两大支，名业相承，似序蕃衍。其自楼村出者：四世英之后居莱芜南台，兵备道四教公其后也；雄之后居益都胡田，亦散居府城及莒州。此宗派之所可征者。”

原山张氏是一个历史悠久、族风优良的大家族。明朝初年，原山张氏始祖南台公权祖定居南台庄（现莱芜市莱城区和庄镇张家台村），至今已 600 余年。

原山张氏宗族一向承袭中华民族主流文化，注重知识，注重教化，注重培育德才兼备、智勇双全的有用人才。勤劳朴实、诚信善良、求进好学、亲内友外、忠国效民，成为原山张氏宗族特有的传统族风。正是由于这种优良族风的孕育熏陶，培养和造就了一代又一代有道德、有才智、有建树、有政声的优秀族人。他

们以自己高尚的人格魅力和无愧于时代的业绩，为原山张氏宗族不断增添新的光彩，赢得了世人的信赖和尊崇。

原山张氏家族有进士张四教、张嵩、张梅亭。张嵩是张四教的孙子，为衡阳知县，爱民以宽，管吏以严，到任一年，衡阳大治。张嵩之子张湘，乾隆十七年壬申（1752）科举人，长于经学研究，所著《榆荫堂稿》“熔铸六经，折衷宋五子精理，灏气相辅而行”。张梅亭是张四教九世孙，幼承母教，9岁能诗文，于清光绪二十四年（1898）进士及第，任礼部主事，任职期间耿介自守，不趋炎附势，辛亥革命后回乡隐居，以读书教授生徒，并主编清宣统《莱芜县志》，考源辨流，极具文献价值。

三、莱芜吕氏发展脉络

周王朝时期，吕氏就有谱牒存在并流传后世。西汉历史学家司马迁曾利用这些资料，在著作《齐太公世家》时将齐国自始祖太公吕尚到康公吕贷的世系一一列明。

北宋仁宗时，吕尚后裔吕大防弟兄6人，其中有5人登科。吕大防的先辈为汲郡（今河南卫辉）人，后迁居京兆蓝田（今陕西蓝田），官居左光禄大夫，宋哲宗时任尚书左仆射兼门下侍郎，号称贤相。后来吕大防遭弹劾被贬，逝世于江西信丰县，迁葬于广东潮州海阳县（今广东澄海）上华镇吕厝村，广东吕氏宗亲会在修族谱时尊吕大防为始祖。

台湾地区吕氏宗亲会所制族谱，尊吕尚为吕氏远祖，常有吕氏后裔来卫辉拜祭。

据吕氏族谱记载，洪武二年（1369），始祖信复由莱阳渐水庄出发一路西行，肩上的一副挑子里，前面盛的是其子吕直性，后面盛的是吃饭用的家什，随身前行的还有老祖母。他们漫无目的地一路走来，当行至牛泉南宫岭时，累得实在走不动了，便停下脚步，在一棵柿子树下驻足歇息。当始祖信复看到身边的茅草过膝时，忽然耳边响起了临行前父母的叮嘱：“看到茅草过膝的地方那就到家了。”始祖信复当即驻足南宫岭，开始了莱芜吕氏家族的创业之路，发展成为莱芜一大名门望族。几十年后，始祖信复去世，葬在南宫岭，传至三世，再迁山阳保芹村（今吕芹村）。

吕氏先祖自明朝迁入莱芜，在乾隆年间才有了第一个举人，可以说吕氏家族经过不懈努力命运才出现转机。当时在民间有流传“点心匣子”的故事，是关于原山张氏和莱芜吕家之间出一斗米多的官的时位转换的故事，也是原山张氏和莱芜吕家亲戚关系的体现。

而莱芜原山张氏八世祖张四教，是明末清初顺治帝钦点的莱芜第一个进士，也就是说原山张氏读书好学，兴办私塾，出功名的人物要比莱芜吕氏出功名的人物要早。可以说莱芜吕家在原山张氏的影响下，得到了改观。吕氏家族兴旺后，开办学堂，重视教育，从而家族中陆续考中进士和众多举人，家族得以保持长久兴旺。莱芜的吕姓大多由大芹村搬出，所以大芹村应该算是莱芜吕氏的发源地。吕氏人才辈出，从乾隆年间开始，吕士贞、吕应祥陆续考中举人。

吕氏中出进士是在第十七世。吕宪瑞，字辑堂，号芝岩，咸丰己未恩科举人，同治元年壬戌（1862）进士（第四十二名），历任湖北黄陂、汉阳、东湖、黄冈、江陵、蕲州、随州和河南登封、滑县等知县，礼部精膳司主事，仪制司主稿，京察二等许州直隶州知州，钦加三品。

进士吕宪瑞祖父修建了汶源书院，翰林潘绍烈辞官回乡后，曾在汶源书院教书，与吕家人交往甚厚。而潘绍烈的老师正是原山张氏十三世张鼎文，就像原山张氏八世祖张道一是陈廷敬的老师一样被称为“帝师之师”，张鼎文也被称为吕氏老师的老师。

吕宪瑞父亲吕传诰，咸丰五年乙卯（1855）中第十五名举人，任职济宁州学政。吕传诰在村南修建了“蕉雨山房”作为学堂，培养了一大批人。与吕宪瑞同辈的吕氏第十七世中，除了吕宪瑞考中进士外，还有 6 个举人。

由于吕家和潘绍烈的交往，吕宪瑞得以拜师潘绍烈门下，加上自己的努力，终成大器，从而出现了莱芜历史上有名的“师徒两进士”的佳话。

四、原山张氏与莱芜吕氏家族联姻情况

举一个例子分析吧：

莱芜苗山镇南文字村，原名文字现村。南文字的张家大院是原山张氏自康乾年间祖居的主要聚集地。

张家大院西门老院子是积善堂。积善堂的早期主人是原山张氏十世祖张峦，到了十七世，主人是张世弼，清同治年间东昌府（今聊城）科举的郡庠生、附贡生。张世弼科考时 19 岁。当时莱芜吕家芹村的吕宪瑞（进士）将其侄女嫁给张世弼。吕氏，附生，候选县丞吕宪珂女。吕宪瑞之子吕祖泽任河南滑县县长。那时郡庠生以上凡是府考或省会考试以上点名都用朱笔，即朱砂点名。邑庠生即县考秀才，只能用墨

笔点名。张世弼的孙子张嘉琦老人在20世纪60年代见过吕家芹村的朱砚。

不说吕家第一个进士为什么会把自己的侄女嫁给原山张氏，这里只说吕氏和原山张氏联姻最起码使后代们记住了吕家的朱砚，从而教化和影响了原山张氏后代们，努力学习，奉献社会。

五、原山张氏和莱芜吕氏对地方文化的贡献

原山张氏和莱芜吕氏还有类似“点心匣子”的其他诸多民间故事，足以说明原山张氏和莱芜吕家人才辈出，文化繁荣，相互影响。正是两家的世代联姻，促进了两个家族文化的发展和昌盛。这才使得原山张氏关注莱芜吕家的人物和命运，才有了张氏人员为吕家撰写《吕氏四礼翼》跋、《吕宪珂先生传》等作品。

原山张氏十二世颟祖，邑庠生，道光初年，与吕风临创修汶阳书院，又重修大成殿。这对地方文化建设起了很大的推动作用。

原山张氏宗族不但创造了独具特色的宗族文化，而且为民族文化的发展做出了贡献。八世四教祖，“以文雄齐鲁间，流辈竞推重”，著有《大榆山房诗集》《独宦斋稿》《榆山讲义》，另有《正率讲院碑记》《重修学宫记》等遗文多篇。十世中柱祖，著有《在青集》《榆荫堂稿》。十一世受采祖，以理学自期，力主宋5子之说，不为歧途所惑。与书无所不窥，而尤精于经说，理学文望为一方楷模，著有《〈大学〉剩义》《〈中庸〉剩义》。十六世梅亭，一生勤于学读写作，著述颇丰，著有《一松山房存稿》《莱芜县志》《史学讲义》《一松山房随笔》《原山张氏族谱》《中庸札记》《万国地理学讲义》。特别值得称道的是，他1894年开始着手私纂中断200余年的《莱芜县志》，踏遍莱芜大地，征集资料，调查研究，历经4年，四易其稿，初成志稿，可谓历尽艰辛，成就了一件功德无量的大事，着实感人。22卷《莱芜县志》是一笔宝贵的文化遗产，此志颇受赞誉，《续修四库全书提要》评价道：“按是志虽属私家之作，而搜罗之富，取舍之严，体例内容皆极精备，较之官书多抄袭前书者，实有霄壤之别……在地志中，殊罕见杰构也。”十九世寿民酷爱书法，其书作雅健深秀，意蕴厚重，堪称大家，人民出版社出版了《张寿民书法集》，由中国书法家协会主席启功题写书名。

先举人后进士的吕宪瑞功名、官职最高，功业也最显著。他先任湖北黄陂、汉阳、东湖、黄冈、江陵、蕲州、随州和河南登封、滑县等知县，后任礼部精膳司主事，

再任河南许州知州，钦加三品衔，赏戴花翎，诰授中议大夫。他为人刚直豪爽，才能出众有谋略，且善于决断。任湖北黄陂知县时，重视城防，“以孤城支强寇”。在东湖任上，“以秘计擒大盗而不动声色”。他处处身先士卒。在江陵任上修筑数十里溃决江堤时“皆身肩其劳”。调署汉阳、黄冈后，整肃吏治，强化治安，政绩卓著。调入河南登封时，正值饥荒，加上前几任知县侵蚀，县库亏空，他多方筹措，“办赈务、抚流亡、给牛种、劝农桑、编保甲、建书院”，使县民顺利度荒，社会安定。遂擢升礼部主事。后补许州知州，钦加三品衔。终生重视教育，培养人才。在任汉阳知县时，主持县试，亲自手批考生试卷且当堂批评试卷优劣；为激赏士子好学上进，在县堂上郑重朗诵考生中的优秀范文，使“堂上堂下皆耸听以为奇”。任江陵知县时，大力兴办学堂，修复荒废多年的“龙山书院”。生平节俭，“一卧具四十五年不易”。但对公益事业“则挥斥千金不顾”。在许州任上，捐款建立本县义塾。其间，家乡莱芜修缮汶源书院，他倾囊无私资助“数万计”。暮年期盼终老于老家的蕉雨山房，虽未能如愿，但充分体现了终生热爱教育的情怀。年迈时依然勤心民事，不辞辛劳，以致积劳成疾，“以感酷暑病”，于光绪二十三年（1897）65 岁时卒于河南许州任所。

综上，在鲁中莱芜历史上，原山张氏与莱芜吕氏联姻关系不仅仅促进了家族文化的发展，同时也对地方社会文化的发展起到了很大的促进作用。

参考文献：

《莱芜县志》《原山张氏族谱》《新修原山张氏族谱》《山东莱芜吕氏族谱》。

马学之，莱芜职业技术学院校友联谊办公室主任，副教授，中华马氏通谱编委会委员。
张新，原山张氏文化研究中心高级会计师。

浅谈人类共识，探求未来信仰

陈又正

关注“共识信仰” 传承好家风

最近跟朋友聊天，谈到一个他认为相对敏感的话题时，他跟我说“信仰这个话题以后我们还是少谈”，我感到很惊讶，在我国大力倡导中国人应当有信仰的今天，居然在言谈中避讳谈信仰。

随后的交谈中才明确他所理解的信仰，只是佛教或其他宗教信仰；可是他不信佛，所以他说自己没有信仰，也很怕谈信仰这个话题。我顿然明白，原来他是把个人信仰跟宗教信仰等同起来；我告诉他，每个人都应该有信仰，没有信仰的人如同手机没有装内存卡，没有内存卡是没有“灵魂”的。

有西方媒体发表过关于中国人没有信仰的文章，那是西方人不懂中国，不懂我们中国文化；中国人不是没有信仰，只是没有统一的宗教信仰，但我们都有一个共同的信仰，就是信自己的祖宗。

时代在进步，人们的观念在改变，一切都好像变得太快，未来到底还有什么值得我们坚守的，的确是个值得探讨的话题。

一、共识信仰的定义

①不是宗派、教派、组织的信仰；

②不是以民族、国家、区域为分界的信仰；

③不是以达到某一层面人的某一目的而创造的信仰；

④它是符合全人类普遍需求，存在于人民日常生活与工作中最基本的思维准则、行业准则与一切统筹和管理之中的基本准则，并且由准则上升为文化，最后

上升为共识信仰，区别于传统意义上的信仰，是一种自觉信仰。

二、共识信仰的意义

1. 现实意义：

①无信仰者的无惧无畏、萌生社会乱象；

②种族信仰、民族信仰、地域信仰，催生了对异己的歧视和仇视，引发社会乱象；

③共识信仰是全人类自觉达成的和谐、文明、健康、共富的普世信仰，是任何只要对和平共处、和谐共建、幸福生活有追求的个人和团体都认同的信仰。

2. 未来意义：

①工业时代的到来，因为工具的革新和创新，人类在交通与通信工具上远超任何一个历史时期；差异化的人群交往的频率越来越高，引发的利益与信仰冲突越来越大，未来全球利益如何相对均衡合理地分配，文化如何共融，是我们每个国家和民族必须面对的问题。

②顺应历史潮流，把握时代发展，全球趋同是历史的必然，但要揭开趋同的表象，深度全面地从物质和精神上、经济与文化上、人文与体制上和谐共存，实现人类命运共同体的梦想，必须要有共识信仰作为前提。

三、共识信仰的内涵

人们最关注的是家庭和事业，而最终回归到家庭，因此家文化的普及与传承是共识信仰的基础。

人们会从 3 个方面关注家庭，分别是人际关系、身体状况、生存生活的自然环境与人文环境，以确保生存生活的物质财富保障。

①人际关系：孔子从五伦关系论述了人际关系的基本规律，如果将它放在家庭中来探讨，应是三种家庭人际关系，即“孝顺父母、夫妻恩爱、子女成才”，而“朋友有信、君臣有义”放在人文环境中进行探讨。

②身体状况：老子是中华历史上最伟大的思想家，他提出天人合一的思想，说透了人的身心健康、自然环境和人文环境问题。

③生存环境：管子是春秋时期最伟大的政治家、经济学家，无论是对国家还

是对家庭在财富的发掘、积累、管理与传承方面都有独到的见解。

因此，综合起来老子、孔子、管子的亲民、亲家、亲社会、亲国家的治国齐家思想综合体，是古圣先贤智慧的集中体现，是未来人们追求幸福家庭，享受幸福生活所倡导的家文化的基本内涵，也是未来建立共识信仰的基本内涵。

我们总结为：孝顺父母、夫妻恩爱、子女成才、家人健康、环境优美、家境富裕（或家庭富贵），从这6个方面形成家庭和社会法规、家庭和社会公德，最后形成家庭和社会共识文化，我们称之为家文化。家文化并不含信仰的全部内涵，但有可能在全球范围内形成以家文化为基础的共识信仰。

四、共识信仰的溯源

全人类都有一种好奇，中华文化与几千年的文明史的形成得益于什么？我的回答是：《易经》。且不说太遥远的文明史，近5000年的文明开启于《易经》，古圣先贤的智慧也来源于《易经》。孔子读过《易经》，还为《易经》做过注解，老子的《道德经》思想的源头也是来自《易经》，管子的管理学与统筹智慧也来自《易经》。

1. 家文化源于《易经》

家文化中的孝文化，来自《易经》的第三十七卦“家人卦”的第五爻：九五，王假有家，勿恤，吉；解释：对家人尤其是对父母、祖辈，应该和颜悦色地亲近感化他们，而不是同情怜悯他们，这样才会吉祥。紧接第六爻：上九，有孚威如，终吉；解释：树立父母和先祖的诚信和威望，是做子女的应该做的分内的事情，这样才能给家庭最终带来好运。

家庭环境的营造就是我们常说的居家风水，《易经》的第四十八卦“井卦”的第六爻说得十分清楚。

首先要遵循自然环境，如何做到干净、安全；最后还是落实到人的身上，只有把房修造得离井远一点，只有大家遵守不在井里洗涤脏物，井水才不会干涸，且清澈见底，说明自然（风水）与人文（风水）环境的重要性和紧密关系。

实际上人伦关系、家人健康、居家环境、家庭财富各个方面的智慧都能在《易经》中找到出处。

2. 核心价值观源于《易经》思维

社会主义核心价值观，是每个有追求的国家和人民都应该有的价值观，应该成为一种文化和信仰。

《易经》里是怎么解读国家富强的呢？《易经》第十四卦“大有卦”是这么说的：元亨，即时间的始终与空间的宏大；富只是物质上的丰富，强却是精神上的丰富与聚合力。

要在物质和精神上有足够的能量引领天下人，共同进入人类命运共同体的大同世界。国家富强需要 6 个基本条件：

①要有团结奋斗、排除万难与艰险的精神；

②要有先进的工具与改造世界的格局；

③要有宽松的共建、共享、共赢和大胆试错的政策；

④要有永不称霸的承诺；

⑤要树立崇高的国际威信；

⑥要有严格按照客观规律办事的优良作风。

再看《易经》里是如何解读爱国的，第二卦“坤卦”是这么描述的：“地势坤君子以厚德载物”，何为厚德载物？就是最起码的仁爱之心，上爱先祖、长者与领导，下爱少年与未来，内爱亲人朋友与同人，外爱公民与国际友人，五爱社会制度与身心健康，六爱自然环境与人文环境。坤卦的爻词说了爱之八德：

①不因谋求当下利益，而有损他人利益或长远利益；

②不因贪图个人空间，而占用他人空间；

③有才华文采应该贡献社会与国家，不应怀才不遇而抱怨社会；

④不因一时的口快，而有损国誉和己誉；

⑤不因有功于社会和国家，而有过分的奖赏要求；

⑥不因贪生怕死贪图享乐，而逃避正义之战；

⑦不因为了这一代人的建功立业，而有损后人的福祉；

⑧不因贪图小家安危，而弃故国而去，远走他乡。

由此可以看出，无论哪种文化，哪种信仰，它的理念是相通的，源流是相同的；文化与信仰也是合久必分，分久必合的规律。

今天的文化与信仰在历史长河中，发展到分久必合的阶段；全人类要想共谋发展、共享福祉，建立共识信仰才是符合历史的必然。

五、共识信仰的形成逻辑

1. 共识信仰的社会形成逻辑

共识信仰的社会形成逻辑，是从社会底层需求，逐渐向高层需求发展的过程；维系社会正常运转的三种力量是：①制度和法规；②道德与公理；③文化与信仰。

从中国几千年的文明历史来看，是把治理社会的重点放在道德与公理这一中间层面。今天来看，哪个层面的力量都不能弱化和忽视，法律与制度是基础，文化与信仰是社会的更高追求。

2. 共识信仰的思维形成逻辑

共识信仰的思维形成逻辑是百姓关注社会能给予什么，他们才信奉什么；社会不能给予就得不到老百姓的信任，一切文化信仰、国家愿景与理想无从谈起。

因此，我们必须先有社会共享，才能获得社会共识，最后才能形成人类共产，这是实现共产主义的三个必然阶段，即由共享主义发展为共识信仰主义，最后发展为人类共产主义。

3. 共识信仰的传播逻辑

共识信仰的传播逻辑是从公民生存生活的需求出发，给予家规、家训、家风方面的正确引导，形成普世惠民的家文化体系；然后在全国乃至全球范围内推广传播，以包容的姿态融汇各种文化与信仰的精华与智慧，最后形成普天之下的共识信仰。

六、共识信仰系统性建设的思考

任何一种主张、一种文化、一种信仰的建立和形成都需要考虑从理论体系建设、宣讲场所、宣讲对象、家文化传播的规章制度，宣讲与传播的表现形式和表达方式。下面分别从 5 个方面谈谈个人的思考。

1. 理论体系建设：目前相对成熟的理论是家文化体系

①要有家文化学理论研究会；

②要有家文化全日制教学大纲和成人学习大纲；

③要有家文化教材（包括思维学、行为学、统筹管理学）；

④要培训一批专业的家文化课教师队伍，各大专师范院校有专门的专业；

⑤要有一批社会贤达，积极地参与到理论建设队伍中来。

2. 宣讲场所

有了理论工具的基础，我们就要思考家文化的最佳推广场所，从本人多年从事家文化推广的体验来看，最成熟又最权威的场所应从权威性大学开始，比如中国人民大学，再到北大，最后推广到各大学。

当试用教材基本完善后，再到各党校开课；然后扩大到中小学，作为素质教育或思想品德教育的课程内容，最后在全社会推广开来。家文化是社区文化、乡村文化的基础，因此家文化是企业文化和社区文化建设过程中的必修课。

3. 宣讲对象

家文化虽然是每个家庭成员的必修课，但真正要发挥它的作用，应当有选择性地推广至人群，本人觉得 4 种身份的人群是推广过程中接受学习的首要人群：

①在校学生，因为学习是他们的任务和义务；

②国家公务员，因为他们是社会的公信力人群和引导社会主流价值观的风向标；

③企业管理者，因为他们是经济社会与商业社会的主体；

④适婚青年，这一代人的传统文化缺失，是家文化的最佳学习者及最佳实践者。

4. 家文化传播的规章制度

以此，对最基本的规章制度做如下提议（待实施过程中逐步完善）：

①不涉足宗教、党派立场；

②不复古、不封闭、不分派别；

③不允许宗族思想回潮；

④不类比其他文化，不贬低任何他国与民族文化；

⑤不夸大事实，不能过分商业化。

5. 宣讲与传播的表现形式和表达方式

①故事形式：任何好的理念、好的文化，没有转化为贴近生活的故事都很难传播，也很难被百姓接受；

②音乐形式：音乐是人类通用国际语言，无须翻译且情感自通，同时记忆永久难以磨灭，也是最容易传播的一种方式；

③节日与活动：节日是人们从时间这一维度上最容易接受和记住的文化表现形式，把家文化的 6 个要素：孝、爱、育、养、境、商，融入节日中或设立法定节日，这样的方式一旦被百姓接受就可以达到事半功倍的效果；

④就业与创业的基本素养考量的内容：当家文化推进到一定程度，被社会主流所理解和接受后，就可以实现这种表现形式。

七、未来社会人们自觉信奉共识信仰的愿景

人们在长期的生产生活过程中，逐步形成了自我内心坚守，当这种坚守从利他利己角度被社会所认同，并不断验证与总结，最终会成为共识。

在共识下的自觉思维习惯、行为习惯和语言习惯就是我们常说的文化，由此当人们发自灵魂深处的自觉坚守、共同践行，最终会成为共识信仰。

1. 国与家，梦想与自我价值实现的愿景

每个国家的国民都逐渐自觉意识到，国家与小家的密不可分的关系，爱国并不是空洞的口号；新时期的人们更是懂得敬业是人生的意义所在，诚信是兴业齐家之本，友善是经历物欲洗礼过后唤醒的良知。

在物质上满足了基本生存之后，追求精神上实现梦想和自我价值的相对平等；在追求以大数据为依据、以社会文明为基础的公正社会在逐步实现且确保维系正常运行的前提下，从全球视野制定符合人性的法治。

2. 应对不确定性的未来，共识与发展的愿景

未来时代的一切都将会改变，国家将会是在肩负全人类的命运中而变得富强；人们是在追求有自觉主义意识、尊重法治与道德的前提下的民主。

未来的世界正在营造新的格局，人们的一切思想和行为，只要是不利于他人，过于自私的举措都将没有存活的土壤；因为人们的一切生存条件，都不会孤立存在。

共享的社会必须有共识机制和共识意识才会有发展的空间，久而久之必将成为一种不会贴标签的信仰，这就是我们所推崇的自由自觉的共识信仰。

3. 在人类社会演化中，实现大同世界的愿景

当前全球所有主张，无论姓中姓西、姓资姓社，都将自觉不自觉地放下自己与大同世界理念相悖的主张，朝着共享、共信、共产、共赢的新共同命运生活圈奔跑，将那些不愿融合、不愿进步、不愿共存的国家、民族、家庭和个人

远远地抛在身后，而且相信他们一定会在经历了挫折与痛苦之后，再回到这个主体阵营。

未来有一种生物不是由动物繁衍出来的，而是从人类中分离出来的，他们不是在人类极速发展的路途中消亡，就必须在经历苦难修行之后急起直追。

让我们生活在和谐、文明、健康、富有的家庭之中，让我们生活在自由、平等、公正、法治、共享、共信的共识社会；让我们爱上我们富强、民主、文明、和谐、互尊、互助、互信的国家；让我们营造一个和平、安全、共建、共享、共信、共产的永续发展大同世界！

陈又正，百姓通谱网、“家谱同心圆”技术研发人。

走在家文化推广践行的路上

邓端华

一个普通农村家庭出身的女孩，高中毕业后，学了缝纫手艺，然后结婚生子进入家庭的角色。因为对美好生活的渴望又走向了社会，在营销行业摸爬滚打过。2012 年 5 月，因一个偶然的机会进入文化这个行业，参与互联网家谱、谱牒等文化工作的推广、家文化的推广，一直走到了今天。

凡事要靠谱。因为当时老一辈懂谱但对互联网不熟悉，年轻后生懂网却不那么关注家谱或族谱，该怎么去推进这项工作呢？在实际操作中，与身边的人去交流，发现：孝顺父母的、老年人生活过得好的、孩子有出息的、夫妻恩爱的、家境好的……凡是家庭和睦的都较为重视家庭教育，对家谱也更为重视，因为家谱、族谱里就记载着我们老一辈人一代代传承下来的家规、家训及族人的榜样。想要让年轻人来接触、了解、关注家谱，我们就选择了从传播家文化开始打开心门。

我们讲的家文化，它是以家人身心健康为基础，以和谐五伦关系为核心，以财商教育为支柱，从健康、孝顺、夫妻关系、子女教育、人文环境、财商教育、人生价值 7 个方面阐述的道家思想、儒家思想、佛家思想、管子思想的幸福家文化，其宗旨是实现幸福家庭的四大目标：健康、文明、和谐、富有，也是家庭成员共同遵守的一种公众行为习惯。

2012 年 5 月开始，在曾国藩故里——湖南双峰县城，由我负责，租了约 200 平方米的场地，设立了百姓通谱网公司双峰服务部，组织班子，成立了专门的讲师队伍，进行宣讲。约定每周五晚上在服务部会议室开放家文化讲堂，免费空调、茶水招待往来的听众。在我们的讲师团中，有老师、有学者、有社会知名人士、专家，课程的内容丰富多彩，吸引了很多关注家庭教育的人士。包括县里的领导屈伟洋、贺勇专，全国五好文明家庭代表罗绍志夫妇（现已故），《双峰春秋》

主编陈器之先生，县委退休的老领导徐国富先生，曾国藩研究专家胡卫平老师，文史专家李志和老师，教育工作者谭家传、黄菊芳、曾琦云，等等。听过我们课程的朋友，都收获多多，往往是听过一场后，下一场会再来，还会带人来听，生生不息。

中央电视台前著名主持人陈大惠老师，在全国各地倡导传统文化，我看过陈大惠老师的光盘《圣贤教育　改变命运》所有的内容，是受益匪浅的。我们很有想法，找到县文化局、县宣传部、广场办、城管办等汇报我们的工作计划，将在各大广场巡回公益播放陈大惠老师的光盘，让广大民众学习交流。因我们得不到相关部门书面的批文，不能正儿八经地放映。当时情绪有些低落，但心还是不甘，我们也是一片好心，希望通过这种形式的活动，让更多的家庭和谐起来，于是，就采取了曲线行动，先在广场旁边人多热闹处放映。主要由我和宋正国老师承担这项工作，我们的其他同事配合。这里说明一下，宋正国老师，也是我们双峰县梓门桥镇人，由百姓通谱网总部聘为推广部总监，委派到双峰来支持我的工作，现任湖南省家庭教育研究会理事，在全国各地宣讲家文化。

我们在夏天的时候就举办户外宣传活动。只要是天晴的傍晚，在下午 5 点左右就吃过晚餐，6 点多的时候我们就开始行动：备好车子，装上电脑、投影、音响、可移动的幻灯幕布等播放设备及能让观众坐的塑料凳去播放。新事物的发生总会引来一些人的关注，一天在女杰广场播放宣传片时，走来了一位很有气质的女同志，问我和宋总："你们是哪个单位的，为什么在这儿播放这些视频？"交流后才知道，她是我们双峰县妇联主席彭政毅同志，因为她老公来看过我们的视频，回家跟她说："有这样一批人在广场播放的视频与你的工作相关，很不错，你去看看。"从此，我们就和妇联的彭主席结下了深深的缘。妇联也是关注着妇女、儿童、老人、婚姻、家庭、社会等各方面工作的，我们所做的一切，都属于妇联所关注的范围。后来的工作中，妇联常与我们联系、合作，在全县许多乡镇开展过大型家庭教育讲座。

在县城内各大广场巡回播放公益视频，给大众留下了深刻的印象及深远的影响。当然也有些人质疑："政府给你们多少钱了？"我回答说："没有。"很多人都不相信、不愿相信，能有这样的"傻子"，大热的天，别人只寻凉快、自在、娱乐，我们却傻傻地做这些事。不论别人理解或不理解，我和宋正国等却这么坚持着，我们在心底里相信正义的东西、相信正气永存天地人间。

在蔡和森广场蔡畅图书馆处放视频的时候，还来了段小插曲。第一个晚上，放视频要接电源，在图书馆去接电的时候，一个中学生男孩家住在那儿，他让我们接了线，可放了一段时间后，图书馆馆长回来了，他说："你们没个主的，随便接电啊？"我解释道："因没找到馆长，就和这个学生打了声招呼，接上的。"其实站我面前的就是馆长，呵呵……

被馆长请到办公室咨询情况，馆长怕我们借名义做宣传、卖什么产品或宣传的东西不合政策，说："今晚你们放了就放了，以后就不要来放了。"我说："我们才开始第一晚放呢，至少要放一个星期左右。"他说："你们要放，我明天晚上就安排人来监督你们，录你们放的内容……"第二天晚上还真的有人来监督了，就这样，我们前前后后放了 9 个晚上。最后一天晚上，去办公室给馆里付电费时，馆长这样说："你们做好事，放的内容很有教育意义，如果我们还来收你的电费钱，我们就太不是人了！"馆长的话，也深深感动着我，我们一定要继续推广下去！

晚上出来听讲座的，各种身份的人都有，当我们再次走进文广新局、走进宣传部、走进政府领导的办公室时，领导们都很赞许，他们有的也看了视频，社会上有热心的同志也向县里有关领导反映过我们的事迹。

在双峰"幸福家文化""家文化"就成了我和宋正国老师的代名词，也感谢那段岁月的磨砺。

百姓通谱网公司双峰服务部也是全国的样板服务部，凡是了解通谱网项目的，就一定会推荐来双峰看看，来双峰考察的人一定会去一个地方，全国乃至世界有名的家教圣人——曾国藩故居去走走。曾国藩的"八本家训""书蔬鱼猪、早扫考宝""孝致祥""勤致祥""絜致祥"等家教思想，感染着无数人。带领来自全国各地的游学团队，组织四天三晚或三天两晚的游学活动，有 30 多场次，最多人次是 340 余人。在曾国藩故居设立了"家文化示范基地"，让有缘来到曾国藩故居的人都能领略曾国藩的家教思想，践行优秀家文化。县委宣传部彭云辉、县委邹学耀和左娅丽，旅游局、文广新局、双峰电视台、荷叶镇镇党委书记和镇长、故居管理处的领导都在关注着、支持着我们，在此对他们表示真诚的感谢！

"耕读天下，富厚日新"的双峰精神，由我们的游学队伍带向四面八方，发扬光大。作为一个双峰人，我骄傲，我自豪！我们的举动也同化了很多省、市、县的同事，他们也在各个地方这样去发起公益播放传统文化视频、推行送文化下乡的活动，一派家文化的热潮扑面而来，温暖了许多家庭。

在这几年的工作中，我也总结了一些优秀的家文化内容，整理了部分《双峰名人家训》送至县委、县政府、图书馆；赠送整理出来的《蔡林氏家训》给蔡畅、李富春的外孙李勇。

8 年的家文化推广践行，组织或参加 600 多场宣传活动，这是我生命中非常重要的部分，慢慢成长、蜕变、梦想出彩。这种思想在家庭中潜移默化地影响着自己的下一代、影响着周边的人，它就是一个充满正能量的磁场，对内产生强大的凝聚力，对外产生强大的感召力。本人现正积极地利用互联网，更好地推广家文化、大众公益，实现社会价值。

走在家文化推广践行的路上，最精彩的不是实现梦想的一瞬间，而是坚持梦想的过程。加油！

邓端华，女，1973年9月出生，湖南双峰人。先后从事过服装设计和商品营销工作，2012年至今从事家文化宣传推广、亲子教育培训和谱牒工作，2019年任湖南铁峥网络科技有限公司总监，“富贵有约”品牌创始人之一。

弘扬焦氏好家风，助力实现中国梦

焦留政

每个姓氏都有其起源历史。我们焦姓是神农之后，据《史记》记载，周武王建国后，乃褒封神农之后于焦。焦国是河南省三门峡市历史上的第一个封国，焦姓先祖们在那里建起了三门峡历史上第一个都城——焦城。

《史记正义》引《括地志》曰:“焦城在陕州城内东北百步，因焦水为名。”据《史记·周本纪》记载:“武王追思先圣王，乃褒封神农氏之后于焦。”《汉书·地理志》曰：“弘农陕县有焦城，故焦国也。”《水经注·卷四》说:“陕城，大城中有小城，故焦国也。武王以封神农之后于此。”《竹书纪年》卷下记载，周幽王“七年，虢人灭焦”。《春秋》《左传》《战国策》记载，秦伐陕时亦数次提到“焦城”或“焦”。由此可知，焦国建国年代是从西周武王初年（公元前 1046）至幽王七年（公元前 775）之间的近 300 年。

焦国是中等之国，其最高领导人为伯爵，史称焦伯，为焦姓得姓始祖。焦国存世近 300 年，按照正常规律，应该先后有 10 多人担任伯爵一职。一般所说的始祖焦伯，是指焦国第一任伯爵。《焦氏族歌》中“神农之后，周武封国，起于弘农，始祖焦伯”，就是焦姓起源的真实写照。

春秋末年焦国被侵占，焦国子民遂以国为姓，四散迁移。其中北渡黄河的一支成为现代中国焦姓人口主体，江南三诏堂始祖焦先就来自黄河北岸。明初大迁民移居到河南、河北、山东、江苏、安徽等地，这里是现在中国焦姓人口最为密集的地区。东迁一支在郑州附近留下焦国遗址（郑州市文物保护单位），在河南商丘永城县与安徽亳州附近留有焦国历史传说。山东省嘉祥县现有焦城遗址，并于公元 168 年建中国第一座焦姓祠堂。建祠时间，在焦国始封于周朝建国（公元前 1046）的 1214 年之后。祠堂经过历代整修，现名青山寺，成为当地著名风景区。

青山寺惠济公殿前宣统年间碑文称："史载，武王克商，封神农之后于焦，世称焦王。焦，在弘农陕县，今河南省河南府地。然则嘉祥何以有焦城？焦王据焦城何以称为青山？焦王惠济公，盖焦王受封后，即移城于青山之左，仍名焦城。殁后，建祠于青山之右。"2001 年 11 月 22 日，嘉祥县政府所立碑文《惠济公殿大修记》说："惠济公殿，原名焦王祠，嘉祥县县志记载，武王克商，封神农之后于焦，世称焦王。始封之焦在河南陕县，受封后，移城于嘉祥青山。焦王祠始建年代当在公元 168 年之前。（2001 年经过 150 多天重修后）青山风景区更加璀璨绚丽，妩媚多姿。"

焦姓在 2000 多年迁移过程中，逐渐与所在地民族融合，形成了以汉族为主体的拥有少量少数民族人口的多民族姓氏群体。各省、直辖市、自治区及港澳台都有分布。据国家人口统计显示，焦姓现有 120 多万人口，百家姓按照人口排名，居中华姓氏的 128 位。近代，焦姓也逐渐迁移到世界上很多国家。不论在哪里，天下焦姓，实为同宗共祖之一家。

2016 年 10 月，来自 29 个省级行政区（含台湾地区）的焦姓子民，在三门峡国家森林湿地公园竖起焦国纪念碑，碑上记载有焦国历史。三门峡博物馆有关于焦国史迹的记载、焦国出土文物、图片和文字介绍。

今天，我从中华民族的发源地——河南赶到美丽的青岛，在这大雅之堂，我就从山东的几位焦姓人物谈起，说说"弘扬焦氏好家风　助力实现中国梦"的话题。不当之处，请各位读者指正。

山东省，古有焦国后裔中的一支东迁到嘉祥，春秋时候属于鲁国附庸国。但是在宋朝以前的正史中，很难找到山东籍焦姓人物。

明初年，增、玖、诚、仪兄弟 4 人自河北枣强徙居山东。据日照和昌邑族谱记载，增居昌邑大庄，玖居黄县，诚居章丘，仪居安丘、青岛一带。现在整个山东中东部焦姓，基本上都是这 4 个弟兄的后裔。山东籍焦姓人物，从此在史书中大放异彩。

据我们研究，明清两朝全国焦姓进士共有 57 位，山东籍就有 15 位，占 1/4 多，其中又以章丘最集中。明清两朝焦姓状元仅有一位，即原籍日照大花崖的焦竑。

为啥明清山东焦姓突然爆发？这得益于增、玖、诚、仪 4 位老祖迁到山东后，面对世事艰难，为了开拓进取，在世代传承中，形成了良好的家教、家训、家规、家风。其核心内容，在《焦氏族歌》中总结为：孝悌忠信是家训，修身立德为家国。

好家教出好人，好家风出好人，好人做好事为国家民族利益，好人做大事促进国家和社会发展。家是最小国，国是大的家。我们研究发掘这些好人好事，将其发扬光大，激励后人，让“修身立德为家国”成为自觉行为，多出人才，这就是我们姓氏文化研究对国家进步、民族昌盛的最大贡献。“弘扬姓氏好家风，助力实现中国梦”，是我们姓氏文化研究之根本目的。

现在我介绍 4 位山东焦家人，来说明家风对人才成长的培根铸魂作用、对国家民族发展的推动作用。

一、德州焦显官清廉　刚正不阿焦青天

焦显（1427—？），字文明，授湖广道监察御史。巡视紫荆诸关，有威名。成化间，勘皇庄，悉以其田归原主。明嘉靖年间，他以知县升任彰德知府。彰德府，辖区在今河南安阳一带。据明嘉靖《彰德府志・卷五》记载：焦显“刚毅有大节，直道行志，虽贵势不挠”，是一位刚正不阿、廉洁清正、为民办事的官员，其事迹很类似宋朝的“包青天”。

有一年彰德闹灾荒，某佥事让富户出粮救灾，富户表面答应了，实际上却未交粮食。正好其他地方也闹灾荒，上级要调运彰德富户所出粮食救灾。焦显知道后奏曰：“这里的粮食捐赠实际上是一纸空文，况且彰德灾民都快饿死了，哪里还有外调的粮食？”那个佥事自知做了欺上之事，忧惑而死，另一个佥事请求焦显原谅他，掩盖他的罪责，焦显不允，按律追究了这个佥事的罪责。

焦显为官从不阿谀上级，若在路上遇到上级官员，也不行大礼，仅“拱立道旁”“是时上官皆畏焦公，非有急事不至郡”。

焦显还极重视案件的公正办理。当时安阳县有一个叫韦山的人，他母亲将已成为孤儿的侄子抚养在自己家，多年后韦山的这个表兄弟长大成人。有一天韦山远出，这个表兄弟向韦山母亲索要一百钱，韦山母亲不答应，于是这个表兄弟便杀了韦山的母亲、妻子和子女共 5 人。韦山回来后，寻找贼人不得，便到彰德府衙门告状号泣。焦显听了十分愤怒，下令限期捉拿罪犯归案。韦山那个表兄弟自知案子紧迫，难逃罪责，便在野外向落日跪拜行礼，并大哭说：“我怎么干出这种事来？我真是个忘恩负义的人！”一个在田间干活的农民见到这种情况，便向

知府衙门报告，焦显立即将罪犯捉拿归案，以正国法。

焦显的廉洁正直使那些贪赃枉法的官吏恨之入骨，他们将焦显视为“酷吏”，但焦显毫不动摇。当时安阳县知县崔鉴行贿受贿，拉帮结派，“善纳结贵人”，一些朝中官吏平时路过安阳时经常受到崔鉴的馈赠，所以崔鉴朝中熟人较多，谁对他都无可奈何。焦显在这样一个关系极为复杂的人犯事之后毫不手软。崔鉴求助于朝中大官，那些受过崔鉴贿赂的官员纷纷给焦显写信，为崔鉴辩解，让焦显宽大处理。面对这么多求情的大官，焦显在掌握了大量证据的情况下，仍然罢免了崔鉴的安阳县知县之职。随之风波大起，那些曾为崔鉴求情的大官，根据崔鉴的诬告，罗织罪名、栽赃陷害，罢免了焦显的彰德府知府之职。

德州焦显清洁廉，一心为民心自安。污名罢官何所惧，刚正不阿焦青天。

二、焦家自古人才多　状元焦竑学渊博

明清焦家人科考最好成绩是状元——焦竑（1540—1620）。焦竑，字弱侯，号漪园、澹园，生于江宁（今江苏南京），祖籍山东日照（今日照市东港区西湖镇大花崖村），寓居南京。

神宗万历十七年（1589）会试北京，得中一甲第一名进士（状元），授翰林院修撰、右谕德、皇长子侍读等职，南明福王时谥文端。他与思想家、文学家李贽（1527—1602）交谊甚笃，受其禅学影响，认为佛经所说最得孔孟“尽性至命”的精义，试图引佛入儒，调和两家思想；他博览群书，严谨治学，尤精于文史、哲学，为明代晚期著名思想家、藏书家、古音学家、文献考据学家，著作有《澹园集》《焦氏类林》《老子翼》《庄子翼》等，被称为百科全书式人物。焦氏族歌提到他时说“文有焦竑学渊博”，是焦姓人士好学习、重才学的代表性人物。

今山东日照有状元墓地，有焦竑文化研究会等机构。那里的焦家有家谱，人口众多，枝繁叶茂，人才济济，家风优良。日照焦氏分支元代从江南迁居苏北，又迁居日照。2012年版《日照焦氏祖谱》（焦广生提供）序言：上朔我焦氏所传，起自神农炎帝，至于西周，有焦伯者，秉先祖之智，成先祖之慧，豁然振奋吾脉于芸芸，声望享于当时而达于今世。自此而后，吾脉不敢忘先祖英明于外，诗书传家，耕读裕后，无有懈怠。虽宇宙沧桑，世事变迁，屡历战火、刀、枪、天灾、人祸而颠沛流离，仍持之以恒。元代而江南，徙迁而苏北，山东而日照，胞裔辗转而品

志毅韧。徙移愈繁，演绎愈广，若江河之涓溪，山岳之逶迤也（序言作者，大花崖二十一世焦自松）。

据说，当地焦家祠堂、焦竑纪念馆建设，已经提上议事日程。

焦竑为发扬中华优秀文化，贡献巨大，功勋卓著。他的功勋，是出于为国家为民族的内心自觉，是焦家良好家风的外在体现。

三、一代廉吏焦云龙　洁己爱民潼关厅

焦云龙（1840—1901），字雨田，山东省长山县（今淄博市周村区）人，清同治十三年（1874）中进士。在陕西潼关厅任抚民同知。

在焦家家训教导下，他在县衙大堂、书房居室悬挂的条幅是："视国事为己事，待民人如家人""求通民情，愿闻己过""立志由来不爱钱，居官切莫饮贪泉"。

他卓著的爱民廉洁行为，在此不多做介绍，从他 62 岁在任上去世时老百姓的表现，可以看到他的影子。

清光绪二十七年（1901）农历六月，陕西潼关厅抚民同知焦云龙去世的噩耗，像一声惊雷震动了潼关大地。百姓的哀悼，哭声直冲云霄。祭奠的白纸像雪片一样飞舞。百里外百姓前来戴孝送别。男女老幼像自己父母去世那样地沉浸在悲痛之中。山河呜咽，大地含悲……

这场景，很像焦裕禄逝世时兰考人民悲痛的场景……

一代廉吏焦云龙，洁己爱民潼关厅。万民跪送"焦青天"，好人千古留遗风。

四、焦裕禄公仆树楷模　兰考弘扬亮中国

焦裕禄事迹家喻户晓，不用多讲。百姓谁不爱好官？通过学习焦裕禄家风，用优良的家风培根固基，传承红色基因，立德树人，是我们研究会的根本任务。

4 月 30 日，来自全国各地的 130 多位焦氏宗亲会聚兰考，在焦裕禄干部学院参加"弘扬焦裕禄精神研修班"。该活动由河南省姓氏文化研究会联合焦裕禄干部学院主办，河南省姓氏文化研究会焦姓委员会承办具体联络和参加研修工作。由姓氏文化研究社团举办弘扬焦裕禄精神研修班，在全国尚属首例。

按照学院课程安排，焦氏宗亲从实地到教室，从观看视频到聆听讲授，在学院教师严谨的传授下，认真学习了全部的课程，身临其境，切身感受了时代楷模、

家族榜样焦裕禄大公无私的感人事迹，不少人为之动容、流泪，完成学院安排的研修内容。课堂安排内容丰富，室外参观生动活泼，历史与现实相得益彰，社会影响效果超过预期。对整个参修者来说，起到了内化于心、外化于行的催化作用。整个活动于5月2日结束。

“亲民爱民、艰苦奋斗、科学求实、迎难而上、无私奉献”，研修期间，大家纷纷在习近平总书记总结焦裕禄精神本质的幕墙前诵读、记录、留影，共同沐浴这纯净的精神雨露，接受那纯正的思想洗礼。

来自三门峡的焦足才代表研修班全体参修人员，向全国焦氏宗亲发出《全国焦氏宗亲“弘扬焦裕禄精神”倡议书》，倡议全国焦氏宗亲，在新时代要强化学习和聚力弘扬焦裕禄精神，为时代画像，为时代立传，为时代明德，为早日实现伟大的中国梦，贡献更多焦氏力量。

研修班开班前的4月30日，在焦裕禄纪念馆馆长张继焦的主持下，焦姓委员会会长焦显亮代表参修人员给焦裕禄烈士敬献花篮，上写：“焦裕禄精神永放光芒。”全体三鞠躬，绕墓一周瞻仰墓地。

在焦裕禄纪念馆，聆听讲解员对焦裕禄生前事迹的生动介绍。

在纪念馆二楼放映室的预备会议上，河南省姓氏文化研究会副会长穆朝庆传达河南省姓氏文化研究会会议精神，结合研究会实际和此次活动安排，从穆青等三位新华社记者采写焦裕禄新闻报道的往事谈起，倡议各个姓氏学习焦裕禄精神，在家规、家训、家风等方面找到切入点，用习近平新时代思想指引，为文化兴国战略、为早日实现伟大的中国梦努力奋斗。

焦姓委员会善于创新，《中华焦氏年鉴》荣获第四届全国家谱展评会“中华好家谱”创新一等奖。《中华焦氏年鉴》总编焦相山对二卷年鉴（2018年卷）编纂做出说明，总编焦九儆对三卷（2019年卷）征稿做出说明，穆朝庆副会长给年鉴编委会成员颁发聘书，编委会副主任焦宗波给为焦氏年鉴做出巨大贡献者颁发荣誉证书。太原焦朝红、北京焦宇做了表态发言。北京焦洁主持预备会，强调了参研纪律。

新华社的长篇通讯《县委书记的榜样——焦裕禄》，当时在全国通过广播播放三天，这个宣传力度，史无前例。当时在兰考的大街小巷，老百姓听了广播，奔走相告：“焦裕禄又回来了！他没有死！”

他没有死吗？他永远离开了这个世界，永远离开了他心爱的人民。他回来了吗？回来了，他的精神永放光芒！

焦裕禄优良的家风多年来一直影响着许多人的成长，良好的家教已经成为现代社会标杆，永远值得学习、传承、发扬。“焦裕禄公仆树楷模”这句话，已经被固化到《焦氏族歌》里世代传颂、弘扬。中共中央党校教授李永成讲到，“焦裕禄不仅是焦家人的骄傲，他更是共产党人的骄傲”。

党培养了他，他为党增光！焦家生育了他，他为焦家争气！焦氏宗亲学习他，焦裕禄精神永放光芒！

我讲的4个人，来自山东，奉献于外地，成名于中国。为当时人民造福，代表当时政府亲民、爱民、做学问。山东人这种毫不利己专门利人的高尚品德，值得我们每个人学习，感谢山东为全国各地输送大量人才。

弘扬姓氏好家风，助力实现中国梦。

附：

《焦氏族歌》

（创作于2015年11月）

作词：焦留政（郑州）、焦九儆（晋城），作曲：焦靖（贵州）

神农之后，周武封国，起于弘农，始祖焦伯。

宋王加封惠济公，青山寺里受香火。

延寿公《易林》传千载，焦裕禄公仆树楷模。

武有焦赞冠三军，文有焦竑学渊博。

孝悌忠信是家训，修身立德为家国。

古今华夏传美名，文韬武略代代歌！

焦留政，河南省研究会姓氏文化研究员，焦姓委员会常务副会长兼秘书长。《焦氏族歌》词作者，焦氏族徽设计小组成员，“中华焦氏文化网”总编，百度贴吧“焦氏吧”吧主，中华焦氏寻根大会会歌《相约三门峡》词作者。

弘扬传统家风文化，培育良好家风家教

——讲述川西林盘“唐家扁”的家风家事

唐羽萱 唐 博

俗话说：“站不倚门、话不高声，夹菜不过盘中线……”在中国数千年的传统家庭教育中，家风家训占据十分重要的位置。作为孩子出生后的第一课堂，来自父母的言传身教显得尤为可贵。父母的一言一行代表着一个家庭的家风与家教，无时无刻不在熏陶着孩子，并且影响子女一生。习近平总书记在谈治国理政思想中这样强调，“不论时代发生多大变化，不论生活格局发生多大变化，我们都要重视家庭建设，注重家庭、注重家教、注重家风”，要让“千千万万个家庭成为国家发展、民族进步、社会和谐的重要基点”。

一、从川西林盘“唐家扁”几十年的变迁谈传承传统家风文化

在近代，四川“唐门”一直比较有名，据统计目前四川唐姓人口占到全国唐姓总人数的11%以上。作为唐姓大省，唐氏在四川的分支很多，大多数为“湖广填四川”时由全国各唐氏宗源地迁入形成。这里的“唐家扁”是川西平坝崇州市隆兴镇的一个寻常村落，因村子中本族唐姓人口居多而得名。据“唐家扁”金单簿中记载，本族唐氏宗谱字辈排行为“联曾万文俊、思正怀天炳、登少德明远”。两百多年来，从“唐家扁”唐姓家谱有记载的祖先开始，唐氏一族就保持着良好的家风家训，对当地乡规民俗的传承起到了积极的作用。虽然“唐家扁”没有出过什么名人，也没有什么丰功伟绩，但是凭借良好的家风家教和勤劳朴实的家规家训，“唐家扁”的家人们一直过着相对殷实的生活。

由于地处相对偏远的平坝地区，小时候的“唐家扁”一直没有通电，父辈们日出而作，日落而息，可谓民风淳朴。记忆中我们住在瓦房和草房并存的四合院

里，那是一个有着“龙门子”（双扇厚木大门）和后侧门（单扇小木门）的民宅。四合院里住着同祖辈的三户人家，两家姓唐，一家姓沈。老老少少近 20 口人，年复一年地过着简单而又艰辛的生活。从小时候有记忆开始，整个“唐家扁”都很孝敬老人，老人们也帮着照看年幼的孩子，每逢大的节气，“唐家扁”的亲人们都要轮流请客。尽管当时农村很贫穷，但是民风淳朴，“唐家扁”留下了我们欢乐的童年。改革开放后农村通电了，大人们开始变得忙碌，有的原地开办酒厂，有的外出打工，破旧的四合院也在 20 世纪 80 年代被拆掉，取而代之的是独门独院的三户民宅。各家各户都在努力致富，这是那个年代乡村发展的缩影。

俗话说“忠厚传家久，诗书继世长”，记忆中奶奶常给我们讲读书的好处，她老人家最爱说的一句话是：“万般皆下品，唯有读书高。”到了父亲那一代，正是“文化大革命”时期，因为成分原因父亲在高考前被临时劝退回家，这成了父亲一生的痛。回到农村后父亲当过几年民办教师，但是那个年代民办教师的收入很低，无法保障我们三姊妹同时念书。最终父亲放弃了当老师的机会，后来父亲开过拖拉机、进过村办企业，甚至 50 多岁了还做过建筑工程，这些都是为了保障我们三姊妹读书的学费和生活费。正是因为父母的艰辛付出，哥哥、姐姐和我在 20 世纪 80 年代相继考上大学，毕业后也相继走上了各自的工作岗位。而我们的父母，从当初我们念完书后就真真实实地变老了，加上当时农村生活条件差，他们都是过早地满头白发。父亲说，他一生最大的成就是将我们三姊妹培养成才。

改革开放社会需要人才，“唐家扁”各家各户都很重视子女教育。从小父辈们就期望我们“知书达礼”，做“有文化”的人。在这样的家风之下，我们在各自成家后也继承着尊师重教的传统。我大学毕业后进入城市生活，收入并不高，女儿小升初考上成都外国语学校，为此我和妻子一直省吃俭用。高考时女儿因病失利，最终被安徽一所师范大学录取。在大家的鼓励下，孩子很快走出了阴影，一年多时间里先后在多家刊物发表作品，同时还考取了教育部中央电化教育馆颁发的“中华传统文化中级教师证”。2019 年，我和女儿应“首届全国姓氏文化研究与教育实践大会”的邀请，参与了大会的论文征集，并以《羌族的历史渊源以及姓氏文化研究》入选大会论文集；在疫情期间，女儿创作的诗词入选了《2020 武汉抗疫——全国诗词大赛优秀作品集》，此书已被国家图书馆收藏。同样的，侄女在大学毕业后先是去了一家机场工作，后来调到成都市一个投资集团。侄儿从北京的高校毕业后留学日本，目前正在攻读博士学位。

在儿时的记忆中，家乡各行各业的师傅们被称为匠人，修房子的称为“泥水匠”，做家具的被称为“木匠”，就连教师也被称为“教书匠”。“唐家扁”的老人们常常给下一代讲述“干一行爱一行”的道理，他们说得最多的还是那句老话，“三百六十行，行行出状元”。正是在这样的传承之下，在中国改革开放的40余年时间里，通过唐氏家人们的辛勤努力，“唐家扁”发生了翻天覆地的大变化。作为一个川西坝子上的平常村落，“唐家扁”本身并不大，一共只有10余户人家，却先后创办了一家酒厂、一家木材加工厂、一家蘑菇养殖场、两家个体经营户、两家运输专业户，也陆续出过一位企业家、一位民办教师、一位村干部、两位生产队长、10余位大学生。

“仓廪实而知礼节，衣食足而知荣辱。”在落实新的农村政策之后，从20世纪80年代开始，“唐家扁”的乡亲们开始各自打拼，有的原地开办企业，有的外出打工和创业，也有的念书后在外面工作，整个“唐家扁”老老少少都在努力耕耘着自己的梦想。生活富裕了，家家户户过上了充实而又幸福的生活，大人们农闲时辛苦挣钱，农忙时一起播种和抢收庄稼。老人们帮着看管家庭，上学的孩子们刻苦地读书，整个“唐家扁”就是“中国巨变”之下农村发展的一个缩影。进入21世纪以来，农村的生活质量得到进一步的提高，“唐家扁”再次变得热闹起来。随着国家乡村振兴战略的实施，“唐家扁”人的干劲更大了，酒厂扩大了规模，新农合的粮食加工厂建成投产，村里的亲朋也相继住进了新房。由于老家的民风尚可，加之旁边就是大型桤木河湿地公园，我的家乡已被授予全国统筹城乡综合配套改革示范区、成都市统筹城乡综合改革示范区和四川乡村振兴教学示范基地。

二、新时期“唐家扁”人如何进一步弘扬传统家风文化

通过这些年大力发展经济，崇州市的农村经济取得很大进步，但是乡村文化建设还相对滞后。无论是乡村风气治理和传统文化修复，还是民风民俗保护，乡村都还存在一些不良风气的陋习，一些领域还存有相互攀比、道德失范和传统丢失的现象。新时期，在党和政府《关于实施中华优秀传统文化传承发展工程的意见》中明确指出，“传承发展中华优秀传统文化，就要大力弘扬自强不息、

敬业乐群、扶危济困、见义勇为、孝老爱亲等中华传统美德”。在国家乡村振兴战略之下，要真正实现“美丽乡村”“大美乡村”的蓝图，需要充分发挥乡规民约的作用，在树立乡村新风尚、创建乡村精神文明上下功夫。继续以家庭教育为着力点，持续推进家风家训建设，既可以从个体上增强文明素质，又能以家庭为单位促进村级文明整体提高。从“唐家扁”几十年的变迁来看，当家风家训走进大多数家庭，并得以有效践行时，农村的民风、乡风才会得以转变。所以，良好的家风家教不仅是振兴乡村文化的基石，也夯实着乡村治理的基础。

如果说成都作为天府之国具有独特的自然生态、深厚的历史文化底蕴，也拥有建设美丽乡村和公园城市的优良条件，那么地处成都西南的崇州市更是凭借兴盛的人文、优美的景色和宜居的环境成为未来“天府之国”最菁华的花园重地。如今，崇州市正利用独特的地理优势，将与一些书院、博物馆等文化机构对接，把弘扬优秀传统文化和良好家风家教进一步结合起来，探索出一条适合自身发展的新农村发展道路。未来的崇州，将有更多的村落切实践行尊老爱幼、妻贤夫安、母慈子孝的家庭传统美德。放眼未来，在良好家风家教的影响之下，将有更多民众真正做到勤俭持家、知书达礼和遵纪守法，未来中国也将最终呈现“家和万事兴”的盛世局面。

唐羽萱，女，就读于安庆师范大学文学院。热爱优秀传统文化，取得“中华传统文化中级教师证”，有多篇作品在文学期刊发表。

唐博，四川省成都市人，化学工程师。热爱传统文化和国学，曾参与举办了四川省首届和第二届传统文化论坛，四川省传统文化促进会创始成员，取得教育部中央电化教育馆颁发的“中华传统文化教师高级证书”。创作有《紫论》《紫博》《生命的量度》《国学明志》《唐博杂谈》《唐博诗词集》《道德经译文》《传统文化与广义科学》《论高维意识》等，作品分别在《科学导报》《文艺殿堂》《卷宗》《鱼凫文艺》等刊物发表，并多次获奖。

推动传统家训与新时代家风建设的思考

周仪扬

引言

传统优秀的家训、家规与新时代的家风建设一脉相承，是承前启后的关系。本文拟就新时代家风建设中如何推动传统与发扬传统，又如何在构建新时代家风中促进文明建设进一步发挥作用。

新时代家风建设中不能全盘否定传统家训的历史作用，另起炉灶。传统的家训是经历几千年的淬炼保存下来的，要抓住其核心，即家国同构。忠孝仁义是核心的核心，要与当代社会主义核心价值观相结合，共融共通，共赢共发展，真正达到修身齐家治国平天下，这是人类命运共同体赋予我们文明新家风建设的时代要求。

闽南地区的宗亲文化氛围浓厚，在传统的宗族文化中的族谱、祠堂、祖坟三大要素中充分体现了血缘关系，充分体现了家国同构的国家情感，充分体现家族成员的修身齐家治国平天下的己任。这些大都很直接地体现在族谱中的“家训、家规”的各项条款中，也直接体现在祠堂大堂上“忠孝仁义”4个大字中，族宗准则也有体现在祠堂楹联上，以及宗族一系列活动中，如祭祀、按时增修族谱、修订家训族规，以及修葺祠堂、组织扫墓等活动中，进一步增强宗族凝聚力，促进敦亲睦族、振兴家族。

家国同构从古至今在我国绵延了几千年，对我国的经济发展、社会治理、民生进步，发挥着一种特殊的作用。

构建人类命运共同体，就是要从家庭建设入手，因为家庭是社会细胞，只有千千万万的国家的细胞基因都健康发育成长，人民的幸福感、获得感、成就感就能得到充分的提高，体现了民富思政，国家就能富强起来，真正做到民富国强、国强民安、民族复兴。

注重家风建设是新时代特色社会主义赋予我们的使命，是构建人类命运共同体的基础。

一、发挥传统家训家风并与新时代文明新风尚有机结合起来，是家风建设的关键

家训家风历史悠久，内容丰富，底蕴深厚。

家族组织，在原始社会末期就有了雏形。家族又称宗族，也就是说家族就是同一个男性祖先的子孙，若干世代相聚在一起，按照一定的规范，并以血缘关系为纽带结合而成的一种特殊的社会组织形式。他们聚族而居，在人口不断繁衍增多的基层不断分衍、滋生出不同的房头（支派）和祧份，社会就是这样在不断繁殖并不断组合众多新的家庭及家族。在奴隶制社会，家族组织和国家政权基本上是合而为一的，也就是我们常说的家国同构，实际上是一种扩大了的家庭组织，是仅次于国家政权的一种有系统的权力。到了封建社会，国家政权和家庭组织虽已分离，但家族制度仍然是封建政权的一种不可缺少的形式。

毛泽东在《湖南农民运动考察报告》中指出：包括“由宗祠支祠以至家长的家族系统（族权）”在内的“族权、神权、夫权，代表了全部封建宗法的思想和制度，是束缚中国人民特别是农民的四条极大的绳索”。

为了维护封建社会制度，巩固其统治地位，一套完整的宗法制度开始出现：“按地域划分的各级行政组织和按血缘划分的大小宗族基本是合而为一，政权和族权紧密结合起来。”

显然家族制度是中国封建专制主义的牢固基础之一，是为体现地主阶级的意志，保护其权益，国家层面制定出的制约和规范人们行为的制度。因此，各朝各代各个家族滋生出各自的家训族规，纵观我国各个姓氏、各个家族，其家训族规出现了不同的版本，这些家训族规大多以诗词、格言、名人讲话、书信摘录制定，各个姓氏中相互模仿、抄录也不少，但大多数都能增加与本家族有关条款内容，这些家训族规不仅记载于族谱中、碑文中，每个家族中有集会或宗族重大活动，都要由族长指定专人诵读家训、族规，时时提醒所有族众务必遵守、身体力行。

传统家训族规是为了规范族人的行为，起着修身齐家治国平天下的积极作用，但其糟粕、落后、束缚的条条框框也不少，要有的放矢，我们要判断，应特别注意发扬提倡什么（精华的），反对什么（糟粕的）。

时代在发展，社会在进步，新时代如何继续弘扬文明家风，使之与社会相适应，值得我们思考。首先要对新时代家庭文明建设有正确认识，《习近平关于注重家庭家教家风建设论述摘编》收录的一系列重要论述，为我们深刻把握家庭、家教、家风建设中的内涵和目标任务指明了方向。

要立足国情与我国法治建设、道德建设、文明建设有机结合起来，与践行社会主义核心价值观结合起来，与村规民约结合起来，与企业规章、学校校规和学生守则结合起来，总之要与当前现实情况结合起来。赋予家教、家风新的内涵、新的理解，使之成为每个家庭和每个成员的自觉行动。

要结合各个家族和家庭制定（修订）新的家教、家训，使之更符合新时代的精神要求，激发每个家庭和成员更加积极向上的力量，使之成为一种风气，我们国家也就必然风清气正、欣欣向荣。

二、构建家庭新风，“忠”“孝”是两大核心

传统的家训族规，有百条千条、有长有短，但总是集中于以孝为中心的封建伦理思想，它主要是指三纲五常、三从四德等纲常名教。这种封建伦理思想，概括起来就是忠孝节义或孝悌忠信等几个字。

忠是指忠于国家，有国才有家。传统的“忠”是指忠于封建专制，也忠于大家族利益。例如，按规定每个家庭都得按时按量完成每年的国家赋役。之所以家族或大家庭把完成国家赋役作为家法来要求，家族成员要遵守，是因为它们与封建国家的利益在根本上是一致的，以保证统治阶级的开支和征召兵役应对外敌的侵略和镇压农民起义，等等。

这同我们现在强调按时纳税、防止偷税漏税、保证国家财源是不一样的性质，而我们则取之于民，用之于民，搞经济建设，建设强大国防军事力量，保家卫国。

1. 先有国才有家，国强家宁，兵强民安

在事关国家利益的原则上，要旗帜鲜明，态度明朗，立场坚定。

在中国历史长河中，历朝历代，无不出现很多忠臣良将，他们有的为抵御外

国或外族的侵略不畏生死挺身而出，战死沙场；有的针砭时弊、直言敢谏，不怕冒犯、视死如归；有的坚持正义，敢于和奸佞抗争，不惧身家荣辱，等等。种种忠于国家的人物很多，都是各个家族中最为荣耀的闪光点，值得家族纪念，引以为荣耀和骄傲；也有的忠臣良将，永远活在百姓心中，他们有的被百姓建祠立庙，如有的升格为城隍、有的成为“王爷”信仰，受到百姓崇拜，香火鼎盛，这些都是典型的楷模；更有甚者，有的忠臣生前还享受到百姓的爱戴，为其建立生祠，这些事例各个家族族谱中均有记载，代代相传。

就在当代，我们的先辈为民族解放的革命事业，抛头颅洒热血，英勇献身，特别是改革开放以来也涌现出无数英雄模范人物，他们在各行各业积极响应党的号召，听从指挥，统一行动，做出了贡献，充分体现了中国人民热爱党、热爱社会主义祖国的高度自觉性。

2. 孝文化

对于封建家族来说，提倡孝很明显是为了家长、族长来控制整个家族，从而也巩固了家族制度。《孝经》说，事亲孝者必然“为天下不乱”。所以孝的根本目的是达到“犯口者鲜”“为天下不乱”。相同的道理，对父亲、家长、族长绝对顺从的人，对封建国家和封建君主也必然绝对听命顺从，即“忠臣必显孝子，孝子必然忠臣”，从孝出发一定得出忠君的结论。

很明显这是封建宗法社会提倡的孝的本义“孝就是忠，忠是大孝”。《礼记》中，忠和孝在一般情况下是一致的，但在特殊条件下也会发生矛盾。然而新时代的孝是家庭和谐的基础，“父慈子孝，兄友弟恭，娌妯和好，邻里和谐”是整个家庭、家族，以及一个村（聚居地）的起码要求，也体现在孝字上面要深刻体悟“忠”与“孝”的内在关联，两者密不可分，古人常说“忠孝不可两全”，但史料中也有“舍孝而取忠”“大义灭亲”的事例，从这两者的关系来看，从家庭宗族素养而言“先忠后孝”，不能都看成封建伦理理想，这是任何时代都得排正的位置，所以家风建设把忠与孝作为最关键的点，有忠又有孝的配合才更为完美，最首要的位置是不可改变的，至于家风建设方面的其他问题都可以在这个基础上得到解决。

3. 加强自身修养是基础

加强个人修养是传统家训、家规中一再强调的基本功。我们从传统的家训、家规中大概可以看出提倡什么、反对什么都有明确的条规，例如：①亲父子；②友兄弟；③和夫妇；④睦宗族；⑤交朋友；⑥厚仁理；⑦严课读；⑧勤耕作；⑨情丧祭；⑩崇节俭；⑪息争讼；⑫戒赌博；⑬警情游；⑭惩凶暴；等等。从以上的条规可以看出对家庭和家族子弟都有严格的要求，务必遵照执行，不然要受到家规的严惩，重者要革出宗族（不能入谱），甚至处以死刑。因此可以看出“家庭是精神成长的沃土，家国情怀的逻辑起点在于家风的修养，家教的养成”。

可见个人修养对家庭、对家族关系有重大影响，是家族兴旺发达的根本保证。每个家族成员都能自觉践行，家庭必然和睦团结一致，致力于发展家庭的经济，或专心于仕途前程等都具备了必然的基础。先人这种修身立德、传承家风，对国家认同的情感责任必然传承教育着代代子孙。

宗族就像一座大厦，在筑牢基础上，大厦才能拔地而起。每个成员就像大厦中的一砖一瓦、一石一木，哪个部分出了问题，都必须及时修补才能根基永固。

新时代家族成员更要践行社会主义核心价值观，自觉加强个人修养，为祖国建设尽自己的一份力量、做出贡献，也为家庭、家族争光。只要人人都尽心尽责，何愁家庭这个社会细胞不健康，国家也必然进一步复兴。这样才能体现家国情怀，这也体现在“国之本在于家”的准则。

三、处理好传承与创新的关系

优秀的传统家训、家规，如何才能代代相传，使之成为家族的传家宝，要处理好以下 4 个环节：

①对传统的家训、家规不能一成不变地照搬照套，要传承优秀的、抛弃封建落后的，这一点很关键。要善于区别，不能程式化一成不变，不能以此成为约束人们思想的枷锁。

②对优秀的家训、家规要根据时代的变迁，赋予时代的特点和精神，激发族人的思维，诠释新的时代内涵。

③对传统的家训、家规要适时给予修订，使之能与时代相融合、相适应。

④对传统的家训、家规要充分利用一切时机、场合，不断进行重温、注入新的含义，使之深入人心，成为每一个家庭、家族的行为准则，自觉行动，真正发扬家训、家规“修身齐家治国平天下”的功能。

四、如何创新推动家训、家规在构建新时代文明家庭建设中的作用

1. 学习家训、家规要和学习祖先的闪光点结合起来

学习家训、家规要从族谱资料中发掘家族父辈光辉业绩，利用祖先的事迹激励族人更能切身感受和激励，不能只看到那些当过官或中过进士的举人在仕途中的鲜活一面，同时更要注重家族中一些小人物的点滴细微的好人好事，如乐于助人、救助贫困的族亲、帮助寡弱残、资助莘莘学子等的行为。

2. 要向身边的好人好事学习

在日常生活中我们都要与众多的家族成员、邻居及周边的村落交往，在平凡日常中都有很多看似是细小的事情，但却蕴含着我们家族和我们中华民族的优秀传统。建功立业要表彰，平凡而细小的好人好事也要表扬，也值得我们学习，切勿善小而不为，莫以恶小而为之，我们要以小见大，从点滴做起、从自身做起，这要成为一种风气，并使之蔚然成风。

3. 从日常生活中学起

日常生活中有很多事能体现一个家族或成员的素质，例如：尊老爱幼，对人彬彬有礼，言行举止文明，邻里之间互相帮忙，抗灾救援中能慷慨伸出援助之手，关爱病困，乐于助学，危难之际敢于挺身而出，见义勇为，还有甘做无名英雄，乐于做义工无私奉献，在不同场合有序谦让、有序排队，衣食住行简朴，等等。

4. 要从传统文化节日中学习

传统文化节日很有仪式感，受众广、容易学、好记、好理解、好懂、印象深，如家族中的祠堂春冬两祭、清明扫墓怀念祖先及革命先烈，重阳节敬老活动，端午节祭祀屈原、祛五毒、注重环境卫生、预防疾病传染，这些会感同身受，从中可以得到沉浸式的体验，通过这种传统节俗的一次又一次的参与、春风细雨地滋润涵养，从而达到个人修养的提高和整个家族素质的提升。人人争做文明市民，家家成为五好家庭。

5. 家训、家规的传承要从小孩抓起

父母是最好的老师，培养好孩子使之成为健康优秀的人才，使之成为家之主心骨，家之栋梁。这种情况，古今中外的家庭都愿意为之付出很多代价，并做过了各种尝试，得出了很多经验和教训。家风是一种无言的教育，家训是一种无声

的嘱托，家庭及父母是最好的老师。时代在变，但万变不离其宗，家永远是我们温馨的港湾。注重家庭建设，注重家教家风，这是家和万事兴的基础，因为历史告诉我们有什么样的家教，就有什么样的家风，就有什么样的家庭。家庭、家教、家风要从小孩子抓起，持之以恒，和风细雨，言传身教。这就是家长要求小孩做到的事，家长首先要做表率，要从日常生活习惯中一件一件做起，特别是要培养小孩的严谨作风，家长做事更不能有半点马虎。要学会让小孩自己动手，不能太过宠爱。要从小培养孩子爱劳动的习惯、爱帮助别人的好品德，要经常带小孩参加一些社会活动，让他们感受到个人与社会之间的关系，如有序参加活动、要排队不插队、不乱吵闹等文明举止行为，要懂得家和国的一脉相承，每个人都离不开社会集体，要热爱祖国，热爱人民热爱党，这里显现出家庭和社会的相融相通的社会责任感，强化担当意识，对社会做贡献。在这里我们不是否定学校作用，要有机对接家庭、学校、社会，三者结合起来，营造一个良好环境，为孩子创造一个和睦的成长空间。

五、小结

作为中国封建社会的产物，家训族规，经历了几千年的发展、沉淀，在社会各个时期不断修订增补，而得以流传至今。它之所以有如此强大的生命力，顽强流传下来，主要有以下两个原因：

①传统的家训、族规是中华民族传统文化的重要组成部分，是符合世情、家情（家族）、国情的，它扎根群众，迎合了群众的心理诉求。

家训、家规要得以传承，是靠在各个历史时期，依托传统，又注入新的营养，适应社会的需要。因此它扎根社会有群众基础，才能根深叶茂，生生不息。从这点上说，我们对家教、家风要的是继承传统，它是我们良好家教、家风的营养液、培养基。

要在传承基础上创新，要与社会主义核心价值观相吻合，切勿背离主流价值观，如果那样，营养液再好，看似一片繁花似锦，但它没有把根扎深，一有风吹草动，就容易摇摆甚至倾倒。

②我们要在传承基础上，整理创新出更好、更新的优秀家教、家风条文，激励后辈，融入社会，让社会每一个“细胞”更健康、更具活力。

参考文献：

[1] 徐扬杰. 宋明家族制度史论 [M]. 北京：中华书局，1995.
[2] 周仪扬，蔡中谋. 谱牒研究与家训之风 [M]. 北京：中国文艺出版社，2015.
[3] 晋江市地方志学会，晋江谱牒民俗学会. 中华家训族规选萃 [M]. 2015.

周仪扬，福建省晋江市谱牒民俗学会创会会长，福建省民俗学会副会长。

第三章

家族、家教

论曾国藩家教以及推广

曾琦云

习近平总书记有关家教、家风的系列讲话促使我们重新认识曾国藩家教的意义，因此我们要认真研究并推广曾国藩家教。首先要充分认识曾国藩家教特点，了解曾国藩学术思想的研究现状，在这个基础上研究曾国藩家教如何推广。本文在这几个方面提出了个人的看法。

中国是一个重视家庭的国度，从古到今就注重家庭、注重家教、注重家风，中华民族优秀文化与传统美德在各个家族里得到继承与发展，形成了具有中国特色的传统家规与家训。中纪委官网编写了“中国传统中的家规”100 期，列出了中国历史名人 100 人所提炼的中华家教、家训内容，其中双峰县曾国藩家训就是其中之一。

中纪委官网说：“中华民族自古以来就重视家庭。‘国家’是中华民族特有的概念。‘国’和‘家’紧密相连，国由家组成，有国才有家；家是国的细胞，家和万事兴。治国从治家开始。‘家规’是治家教子、修身处世的重要载体，是中华民族传统文化的重要内容。”

这一段话说明了中华家教文化在历史中所起到的传承作用，亦是习近平总书记多次论述中华家教文化的重要概括。早在 2015 年 2 月 17 日春节团拜会，习近平总书记就说：“不论时代发生多大变化，不论生活格局发生多大变化，我们都要重视家庭建设，注重家庭、注重家教、注重家风，紧密结合培育和弘扬社会主义核心价值观，发扬光大中华民族传统家庭美德，促进家庭和睦，促进亲人相亲相爱，促进下一代健康成长，促进老年人老有所养，使千千万万个家庭成为国家发展、民族进步、社会和谐的重要基点。”

为深入贯彻习近平总书记系列讲话精神，特别是关于“注重家庭、注重家教、注重家风”重要指示精神，深化家庭文明建设，中央文明委开展了第一届全国文明家庭评选表彰活动。本次活动以爱国守法、遵德守礼、平等和谐、敬业诚信、家教良好、家风淳朴、绿色节俭、热心公益 8 个方面为评选标准，从全国范围评选了 300 户文明家庭。然后，第一届全国文明家庭表彰大会于 2016 年 12 月 12 日在京举行。习近平总书记亲切会见全国文明家庭代表，再次就“注重家庭、注重家教、注重家风”发表重要讲话。

在 2016 年“双 12”表彰会上，习近平总书记说：“中华民族历来重视家庭。中华民族传统家庭美德铭记在中国人的心灵中，融入中国人的血脉中，是支撑中华民族生生不息、薪火相传的重要精神力量，是家庭文明建设的宝贵精神财富。”“只有实现中华民族伟大复兴的中国梦，家庭梦才能梦想成真。广大家庭都要把爱家和爱国统一起来，把实现家庭梦融入民族梦之中，心往一处想，劲往一处使，用我们 4 亿多家庭、13 亿多人民的智慧和热情汇聚起实现‘两个一百年’奋斗目标、实现中华民族伟大复兴中国梦的磅礴力量。”

2017 年 10 月北京举行了举世瞩目的中共十九大会议，会议的主旋律是中华民族伟大复兴与中国梦，正如中共中央党校教授辛鸣说：“我们仔细认真学习领会习近平新时代中国特色社会主义思想，里面有一个很鲜明的风格和特点是什么呢？中华文明和中华优秀文化思想贯穿始终。”这个概括点明了十九大精神的核心，尽管十九大报告长达 86 页，字数超过 3 万，但核心思想是要实现中华民族伟大复兴的中国梦。中华民族复兴，其核心就是民族精神与民族文化复兴，民族文化就是民族精神的体现，不谈民族文化复兴，哪里还有中国梦？因此，落实十九大精神的关键就是要复兴中华民族优秀的传统文化，让中国文化跟上习近平新时代中国特色社会主义思想的步伐，与时俱进！

习近平总书记说：“没有高度的文化自信，没有文化的繁荣兴盛，就没有中华民族伟大复兴。要坚持中国特色社会主义文化发展道路，激发全民族文化创新创造活力，建设社会主义文化强国。”（见十九大报告）曾国藩是中国传统文化的集大成者，挖掘其丰厚的人文资源，将有益于建设文化强国。

习近平总书记说：“中国特色社会主义文化，源自于中华民族五千多年文明历史所孕育的中华优秀传统文化。”（见十九大报告）而我县曾国藩正是优秀传统文化的代表人物，他承前启后把中国儒家文化发展到一个新的极致，引起了广大知识分子的共鸣。他独特的时代背景，内忧外患，新旧交替，只有他那种身份才能担当继承文化的重任，也只有他深厚的文化底蕴才能引起广大知识分子的共鸣。

一、曾国藩家教、家风特征

“孝悌为本”是曾氏家族家风的一个显著特点，也是中华民族文化的核心，所谓“百善孝为先”，这就使我们民族的每一个人都具有家国情怀。曾氏家风无论是“八字”、“八本”还是“三致祥”等，都离不开孝的内容。如“考”（诚修祭祀祖先）、“养亲以得欢心为本”、“孝致祥”等都是讲孝道内容的。至于悌，就是指兄弟之间要友爱，曾国藩更是以身作则，时刻提携。在家中兄弟中，他排行第一，其下有4个弟弟，分别是：四弟（在全家族中排行第四）国潢（字澄侯）、六弟国华（字温甫）、九弟国荃（字沅甫）及幺弟国葆（字季洪）。4个弟弟中，曾国荃成绩最大，这与其兄循循善诱的调教是分不开的，他不仅从小在曾国藩手下读书，在整个成功过程中都得到其兄的悉心调教。

曾国藩家教、家风从他先祖那里就初步有了雏形，经过曾国藩继承发展并加以总结，使曾国藩家教、家风有了比较完整的体系。然而，无论是曾氏祖上家、教家风，还是曾国藩如何发扬光大，都是中国传统文化与传统美德在家族文化里面得到的体现和运用。曾国藩作为中国传统文化之集大成者，其家教、家风不仅打上了深深的儒家思想的烙印，而且中国诸子百家以及程朱理学都为其所用，兼收并蓄，体现了一代儒宗的宽大胸怀，使中华优秀传统文化与传统美德经过曾国藩的继承与发展，成为具有经世致用鲜明特色的新儒家思想。

纵观中华民族，良好的家教必然孕育出良好的家风，家风是在家教的作用下所形成的结果，曾氏家族也是如此。远在其祖父曾玉屏（号星冈，长子曾麟书即曾国藩之父）那里，他在实践中就总结了一套治家之法，如“八字、三不信”（早、扫、考、宝、书、蔬、鱼、猪，不信僧巫、地仙、医药）。同时，曾国藩后来加以总结的八本，在其祖父那里也有了实践与雏形。

优秀的家教可以培养优秀的人才，曾氏家族到他父亲曾麟书（字竹亭）那里，终获“大界曾氏”几百年来第一个秀才，曾氏家族自此科门大开。然而，读书破万卷，并非为了只是登科取士，曾竹亭留下家训云：“有子孙，有田园，家风半读半耕，但以箕裘承祖泽；无官守，无言责，世事不闻不问，且将艰巨付尔曹。”可见读书只是为了完成修身齐家之道。为促儿女谨记，曾国藩把这一家训提升到“家风”高度，亲自撰写制版，悬挂起来，作为曾氏家训世代流传下去。

总结曾氏家训一个重要特点就是：“半耕半读，孝悌为本，勤俭持家，清芬世守。”双峰精神我们总结为：“耕读天下，富厚日新。”虽然来源于曾国藩家教、家风，但实际上还是没有把曾氏家训“半耕半读”的精神概括出来。曾氏家训“半耕半读”，是把读书与实践很好地统一起来。所谓“耕”，是读书必须与生产劳动相结合，也就是不能脱离实践，若将读书视为向上爬的梯子，忽略了读书明理，提高道德修养，那么即使读再多的书也没有用。富厚堂求阙斋藏书楼进门处为“无慢室”，墙上联云：“万卷藏书宜子弟，一尊满意说桑麻。”该联为曾国藩手书。上联要求子孙后代多读书，做“读书明理之君子”；下联化用唐代诗人孟浩然诗句“把酒话桑麻”，告诫弟妹子侄要与家乡的父老乡亲融洽无间，打成一片，也就是读书不离开劳动人民，也不离开劳动，继承曾氏家族耕读之风。

因为“半耕半读”，所以曾氏家族就有“早、扫、考、宝、书、蔬、鱼、猪”八字家风，后来曾国藩为了强调读书，将八字变为“书、蔬、鱼、猪、早、扫、考、宝”。但是，把读书提到第一位并非就忽视了劳动，而是必须读书才知道所付出的劳动更有意义。曾国藩考中了进士，曾星冈训曾竹亭说：“宽一点翰林，我家仍靠种田吃饭。”进士是封建社会的最高文凭，点了翰林从此就是高官厚禄、平步青云了。曾国藩的家风却不是如此。曾国藩家书说：“余与沅弟同时封爵开府，门庭可谓极盛，然非可常恃之道。记得己亥正月，星冈公训竹亭公曰：‘宽一虽点翰林，我家仍靠作田为业，不可靠他吃饭。’此语最有道理，今亦当守此二语为命脉。望吾弟专在作田上用些工夫，而辅之以‘书蔬鱼猪早扫考宝’八字。任凭家中如何贵盛，切莫全改道光初年之规模。凡家道所以可久者，不恃一时之官爵，而恃长远之家规；不恃一二人之骤发，而恃大众之维持。我若有福，罢官回家，当与弟竭力维持。”即使在军队里，曾国藩仍旧坚持耕读治军，他不仅要求部下读书，还在军营驻地种菜自给自足。

“富厚堂”门匾，为曾国藩所题。两边的对联“清芬世守，盛德日新”是曾纪泽为纪念父亲曾国藩所书，意思是：清廉品格世代遵守，崇高美德弘扬光大。这也是曾氏家风的一个特点，百多年来曾家没有出过一个败家子、一个腐败分子，清廉家风代代相传。曾国藩曾经写联曰："俭以养廉。"他自己就一直是这样要求的，他位居高官，生活清廉俭朴，也要求家人艰苦朴素。他做京官10年，总是过着贫困的生活，直到担任考官时才勉强凑足了1000两银子，寄回家中，且吩咐须以400两分赠戚族的贫穷者。至于后来带兵多年，做了总督，也从来不取公家一丝一毫以自肥。曾国藩说："余初带兵之时，立志不取军营之钱，以自肥其私，今日差幸不负始愿。"（《同治九年六月初四日谕纪泽、纪鸿》）

"勤俭持家"是曾氏家族的传承，"八字"家训哪个字不体现一个勤字呢？曾国藩说"余生平亦颇以勤字自励"，又说："家勤则兴人勤则健，能勤能俭永不贫贱。""勤俭"二字曾国藩在家书中反复向子弟灌输这些内容并身体力行，率先贯彻之。例如他让家人做鞋子、做衣服、纺纱织布，作为每天功课亲自检查。他自己一生衣食住行都极其简单，他每食只吃蔬菜一品，决不多设。其女曾纪芬回忆说："初文正在日，家中人给月费二缗（mín，两串，两千文，大约相当于现在200元），尔时物价虽贱，亦苦不足，稍涉奢华之物不能买，亦不敢买也。欧阳太夫人偶唤卖京货之妪入署，且为文正公所诃，他无论矣。"

以上曾国藩家教、家风承前启后，我将它概括为16字，再简单一点可以概括为8字："耕读孝友，勤俭清廉。"然而，曾国藩作为一代儒宗，他又将祖传家风发扬光大，他的家教思想更加博大精深，其内容已经不能用此8字完整概括出来。如他给后辈立下4条遗嘱，既有传统家教的影子，更有曾国藩一生的经验总结。这4条家教是："慎独则心安，主敬则身强，求仁则人悦，习劳则神钦。"曾国藩说："此4条为余数十年人世之得，汝兄弟记之行之，并传之于子子孙孙，则余曾家可长盛不衰，代有人才。"研究这4条家教，其重点在修身。实际上，曾国藩的家训，始终是要求家人立德修身，他要求家庭的每一个成员都要以追求儒家"五常"（仁义礼智信）以及程朱理学所说"八德"（孝悌忠信礼义廉耻）为人生目标，铲除个人的私欲，维护家庭的整体利益，进而扩展到先天下之忧而忧，后天下之乐而乐。

以儒家为首的中国文化，它首先是一种人生哲学，因此中国文化的特点实际上是一种修身的文化。儒家经典《大学》说"自天子以至于庶人，壹是皆以修身为本"，无论是高贵的天子，还是贫贱的百姓，都要以修身为本。如何修身呢？其纲目就在正心诚意、致知格物、齐家治国等中。曾国藩改造旧儒学成为他的新儒学，在传统儒学的基础上突出了修身的实践作用，就是曾国藩所强调的“经济”（经世济民，经世致用）思想，即不能只看重“内圣”，亦要重视“外王”之业。“内圣”就是道德境界内在完善，但这种内在完善离不开外界的道德实践，必须在齐家、治国、平天下中表现出来，所以曾国藩追求“内圣”之时，同时也成就了他的“外王”之业。为了达到“内圣外王”的目的，曾国藩以儒家伦理思想为基础，吸收百家之所长，从自己做起，以身作则，引导家人和后辈走上中国传统的修身道德实践。他要求家人和子孙追求以“仁”为核心的最高道德境界，这就是遗嘱 4 条的核心与灵魂。

修身所带来的人格魅力可以感化身边的人，是家庭和谐、事业成功、国家富强的关键因素。试想：如果一个家长没有人格魅力，那么他就没有威信，更谈不上齐家了。如果一个企业的高管没有人格魅力，那么他所领导的企业就没有团队精神。如果一个国家的领导人没有人格魅力，那么他就不能带给人民幸福与安康。所以，修身、齐家、治国、平天下，起点和终点都是修身，第一步没有做好，也就谈不上齐家、治国、平天下了。

曾国藩修身所带来的人格魅力使他成为中国历史上“三不朽”（立德、立功、立言）的人物，他在家庭里带出了一个兴旺百年的家族，他在团队中带领他的将士打败了太平天国。他为何能够成为中兴四大名臣？他修身带来了什么样的人格魅力？概括到一点就是“以忠诚为天下倡”。“忠诚”概括了他的“三观”（世界观、价值观、人生观）。“忠”在家庭层面的表现就是孝，在国家层面的表现就是爱国主义精神，在一个企业或单位层面的表现就是我们社会主义核心价值观所说的“敬业”。“诚”是我们处理人与人之间关系的一个重要准则，“诚信”是社会主义核心价值观之一，是中国传统文化的继承与发展。

曾国藩墨绖（dié）出山，移孝作忠，就打起了“以忠诚为天下倡”、捍卫中华文化的大旗。他说：“君子之道，莫大乎以忠诚为天下倡。世之乱也，上下纵于亡等之欲，奸伪相吞，变诈相角，自图其安而予人以至危，畏难避害，曾不肯捐丝粟之力以拯天下。得忠诚者，起而矫之，克己而爱人，去伪而崇拙，躬履诸艰而不责人以同患；浩然捐生，如远游之还乡而无所顾忌。由是众人效其所为，亦皆以苟活为羞，以避事为耻。”（《湘乡昭忠祠记》）

曾国藩靠什么团结他的将士前赴后继，奔赴国难，慷慨就义而不畏惧？首先就是“以忠诚为天下倡”，然后就是举起了捍卫中华文化这面大旗。洪秀全为首的“拜上帝教”扫荡中国文化，冯友兰说神权统治会使中国倒退几个世纪（《中国哲学史新编》下卷），马克思在《中国纪事》里严厉批判其对中国的破坏（《马克思恩格斯全集》第 15 卷）。因此，曾国藩发表《讨粤匪檄》，为捍卫文化发出号令，引起了仁人志士的共鸣，一支捍卫中国文化的湘军很快就组织起来。湘军的建立，其最大的贡献不只是保卫了国家的安定，让人民避免了更多的痛苦，更重要的是保卫了中国文化。曾国藩举义旗而群起响应，有曾国藩自身的人格魅力，更有中华文化自身的力量。当然，民族文化的力量本身就是不可战胜的，想要毁灭民族文化的人只能毁灭他自己。

因此，曾国藩的成功，首先是修身的成功，因为修身成功，所以他齐家、治国、平天下也成功。历史英雄那么多，他们可以战胜百万雄师，可真正能够战胜自己的人又有多少呢？曾国藩既能够在战场上战胜百万雄师，又能够在个人修行的道路上战胜自己。这就是曾国藩成为乱世英雄的地方。

二、曾国藩学术思想研究现状

中纪委网站如此说：“‘立德立功立言三不朽，为师为将为相一完人’，晚清名臣曾国藩集政治家、战略家、理学家、文学家于一身，修齐治平，堪称典范；生前身后，备受赞誉。‘清芬世守，盛德日新’，曾氏后人谨守家训，传承家风，贤才辈出。曾国藩治家教子的理念与实践，更是被社会大众所推崇和效仿，成为中国传统家教的范本。”

曾国藩家教、家风成为中国传统家教的范本，双峰县作为曾国藩的故乡多次举行过研讨会，虽然不是专门研究曾国藩家教、家风，但研究曾国藩学术研讨会规模空前，论文成果丰硕，所以对曾国藩家教、家风的研究客观上也起了促进作用。

1995 年 11 月 18 日，全国第一次曾国藩学术研讨会在双峰县永丰镇召开。来自国内 20 多个省市的学者，向大会提交论文 60 余篇。学者们在论文里、在发言中，提出了许多有意义、有价值的问题和见解。这次讨论涉及的问题甚广，可谓是对曾国藩的一次全面评价。这次大会就曾国藩与近代文化、洋务运动、太平天国、近代中国外交等问题都展开了热烈的讨论，解放了思想，并产生了很多新观点、新成果。此外，还有相当多的论文阐述了曾国藩在文学、史学、军事学、学术观、家教等方面的问题，都很有新意，都未有争论。

2006年11月30日至12月2日，双峰县人民政府承办了2006双峰国际曾国藩学术研讨会暨中国首届曾国藩文化旅游节。本次（节）会成为双峰县改革开放以来规模最大、规格最高、影响最广、成果最丰的一次文化旅游盛会。“曾国藩与近代中国”是本届研讨会的主题，同时还成立了曾国藩研究会。这次大会虽然没有突出曾国藩家教主题，但是这次盛会，最成功的就是突出了曾国藩故里历史文化的主题，亮出了有浓郁地方特色的双峰名片，让四方嘉宾通过参观曾国藩故居，耳濡目染了曾国藩家教、家风。共有120位专家学者参加会议，收到论文128篇，作者地域广泛，选题视野宽阔，进一步开辟了曾国藩文化思想研究的新领域。

2011年9月2日至4日，县委、县政府在总结前面两次盛会的基础上，再次成功地举办了“2011海峡两岸首届曾国藩学术研讨会暨中国第三届曾国藩文化旅游节”。研讨会围绕“曾国藩与中国对外开放”主题，通过总结交流两岸近年来曾国藩研究成果，进一步弘扬中华民族的优秀传统文化，促进两岸文化交流。本届节（会）活动参会人数700多名，参加会议的学者150多名，收到论文128篇。

纵观前面三次盛会，之所以没有突出曾国藩家教主题，是因为曾国藩的事功在历史上影响太大了。我们要转变突出曾国藩家教家风主题，就不能把功夫专门放在曾国藩的事功研究上，而要把曾国藩当成中国传统文化的一代宗师来看。事实上，《清史稿·曾国藩传》给曾国藩定位的一个身份就是一代儒宗，我们过去却忽视了这个身份，而把研究曾国藩主要放在他的事功上，突出他的“三立”身份。这种研究，没有找到中国文化源头，也不能从曾国藩身上看到作为一代儒宗是如何继承和发展中国文化的。为了弥补这一缺陷，我曾经在《湘潭大学学报》《湖南人文科技学院学报》《曾国藩研究》以及海峡两岸曾国藩学术研讨会发表论文，提出“曾国藩——中国近代新儒家的开创者”这一历史定位问题。然后又与湖南人文科技学院合作立项研究写出《内圣外王——解读一代儒宗曾国藩》这部专著，重点突出曾国藩作为一代儒宗的文化定位问题。希望抛砖引玉，引起文化界与学术界的重视，把曾国藩的研究推向一个新领域。

2012年7月，我与文正学校董事长黄菊芳女士合作，策划首届全国曾国藩家教、家风论坛，为大会写出我的新作《曾国藩家教新读》，胡卫平先生为大会写出《曾氏家风与教育》。我这本书摘取曾国藩一生有关修身的最精辟的语言，进行解读，包括原文、译文、故事和拓展阅读，第一次将曾国藩留给后人的精神财富以深入浅出的方式解读，提供给不同年龄层次的读者，并希望策划出系列国学丛书。胡卫平先生的《曾氏家风与教育》总结了曾国藩家风与教育，更是第一次突出了富厚堂家教的女传人，可以说是我县研究曾国藩家教的一个丰硕成果。大会收到各类稿件 60 余篇，其中曾国藩故里双峰县就有 20 多篇。经过评审和筛选，特选定 48 篇分“国学传播”“曾氏家教研究”“现代家教研究（青少年健康成长研究、留守儿童家教研究）”三个部分结成集子。这次大会我们第一次提出了打造“中华家教第一县”的口号，写在县长的发言报告上。

2014 年，我被聘为政协文史委研究员，开始策划曾国藩文史研究丛书。这个研究项目，我的目的是要从曾国藩留下的 1000 多万字的著作中找到我们今天读者的亮点，为今天的人们找到修身、齐家、平天下的法宝。至 2016 年 3 月写出 50 万字的专著，书名为《曾琦云评解文正国学智慧·骈句篇》，几经修改，到 2017 年 10 月才完成终审，至 2017 年 11 月才开始付梓，由中国书籍出版社全国公开出版发行。本书章节丰富多彩，选文范围横跨曾国藩一生各个重要时期，从最早的进士论文《顺性命之理论》一直到天津教案《谕天津士民》，涉及道光、咸丰、同治年间的家书、日记、奏章、论文等内容。这些论述用来做我们人生的镜子，可以防止走入歧途；用来做家教的教材，可以使家庭长盛而不衰；用来做为官的镜子，可以防止腐败；用来做办事的准则，可以使事业亨通无往而不利；用来做学问的指南，很多问题亦迎刃而解。大到治国平天下，小到一家一身，常胜不败的锦囊妙计都在其中，阅读其中一条尚且可以一生受用无穷，若全部理解并运用于实践，何事而不成？成贤成圣亦指日可待。

2016 年 9 月，我继续与文正学校董事长黄菊芳女士合作，策划第二届全国曾国藩家教论坛。从 2016 年 7 月，文正学校发出“第二届全国曾国藩家教论坛”征文通知，至 11 月，已收到来自全国各地的论文 60 多篇，经过 4 个月的筹备工作，于 2016 年 12 月在湖南人文科技学院成功举行。文正学校作为承办单位，成功邀请中国社会科学院近代思想研究中心、湘潭大学、湖南人文科技学院作为主办单位，与刘蓉思想研讨会同时举行。我是本次论坛学术组负责人，又是论文集的主编，特将本次论坛主题与廉政建设联系起来。论文集开设了《家教家风与廉政建设》栏目，收入了十几篇论文，这些作者有在任纪委书记，有党校教授，也有基层作者，以曾国藩为典型，正好分析了习总书记所提出的“廉洁修身、廉洁齐家，在管好自己的同时，严格要求配偶、子女和身边工作人员”这一主题，为家教、家风与廉政建设指明了一条光明的道路。

综上所述，双峰县虽然卓有成效举办了三次曾国藩研讨会，但单就研究曾国藩家教的论坛，却是从民间企业倡导开始的。这两次曾国藩家教论坛无论规模，还是组织工作，肯定不如县政府正式举办的盛会。如果我们县委、县政府如前面三次盛会一样，组织一次曾国藩家教研讨会暨打造中华家教文化第一县动员大会，那么双峰县家教、家风将会引领全国，开创文化兴县的新局面。

三、推广曾国藩家教的措施

1. 打造家教、家风道德模范，将中华传统美德发扬光大

根据曾国藩家教、家风特点，家教道德模范应当继承“耕读孝友，勤俭清廉”的优良传统，那么这种家教道德模范应当包括“孝老爱亲”“勤俭持家”“清廉之家”模范。

2017 年 11 月 23 日，第六届全国道德模范颁奖仪式在北京人民大会堂金色大厅举行。颁奖仪式分为“助人为乐”“见义勇为”“诚实守信”“敬业奉献”“孝老爱亲”5 个篇章，而“孝老爱亲”是表彰会最引起人们关注的一项表彰。虽然都是道德模范，也都是中华传统美德的表彰大会，但“孝老爱亲”更加关系到全国每一个家庭。所以，我们双峰县也应当跟上中央文明办的步伐，打造双峰县的“孝老爱亲”模范。只有打造了更多的“孝老爱亲”模范，打造中华家教文化第一县才算成功。

“勤俭持家”模范也很重要，我们改革的目标是要人民都成为小康之家，而要成为小康之家，必须提倡勤劳致富，那些想不劳而获的人，必然受到全社会的抛弃，因此打造更多“勤俭持家”模范，必然能够促进人们勤劳致富。

“清廉之家”主要针对领导，也可针对公务员，这些家庭在利益面前不动心，把国家利益和集体利益放在第一位，多打造“清廉之家”，腐败分子就没有滋生之地。

2. 打造各具特色的文明家庭，经常开展文明家庭表彰活动

第一届全国文明家庭评选表彰活动以爱国守法、遵德守礼、平等和谐、敬业

诚信、家教良好、家风淳朴、绿色节俭、热心公益 8 个方面为评选标准，表彰了全国 300 个文明家庭。那么我们双峰县也可从这 8 个方面考虑，再加上我们地方特色，确立我们双峰县评选文明家庭的标准。确立好以后，就要形成制度，经常开展文明家庭表彰活动。

应当借鉴曾国藩家教思想的优秀内容，打造新时代的和谐家庭。曾国藩及其四兄弟家族，绵延至今 190 余年间，共出有名望的人才 240 多人，没有出一个纨绔子弟。如此长盛兴旺之家，在古今中外皆属罕见。因此在曾国藩故居除了旅游开发之外，更要重视曾国藩家教文化思想的总结和整理，为今天的家庭道德教育服务。

3. 开发和利用曾国藩故居家教旅游资源，使每一个参观者都受到中华传统家教、家风的教育

利用曾国藩故居现有资源，重点解读故居内部所展示的家教、家风内涵。要重新解读和讲解曾国藩故居的内容，不能把故居介绍放在曾国藩生平与事功上。要利用故居的资源，重新培养讲解员，重新写好讲解词，突出曾国藩家教、家风。如果到了曾国藩的家里都不能受到曾国藩家教、家风的教育，那么我们就没有突出曾国藩故居的重点。家教、家风是每一个家庭都需要的，每个参观的人如果到这里都受到曾国藩家教、家风的教育，他们就会真心感觉太有收获了，而不是走马观花把曾国藩故居看一遍。如此一来，曾国藩故居才会升级为“中国传统家教的范本”，成为全国的家教基地。

打造曾国藩家教馆。以曾国藩家教馆为主馆，其他历史人物作为分馆，把他们最有特色的家规展示出来。当然曾国藩家教馆要突出地方特色和地方文化，但其他名人家规来到双峰曾国藩家教馆，不仅不使曾国藩家教逊色，而且更加突出了我们双峰地方文化的特色，这叫作锦上添花。此外，还要为历史上深受曾国藩家教影响的名人（如毛泽东、蒋介石）建立分馆，说明他们是怎么受到曾国藩家教的影响的。曾氏自家受影响的名人亦可以建立分馆。

打造曾国藩网上家教馆，将双峰文化推向全世界。互联网的作用越来越重要，甚至已经很大程度上取代传统媒体，因此打造曾国藩网上家教馆，将双峰文化宣传到全世界，已经很大程度上势在必行。网上家教馆突破了硬件的限制，能够从更大范围体现曾国藩家教的特色，可以建立更多的栏目，用更多的图片，3D 立体展现

曾国藩家教的特色。同时继续辐射到历代名人家规（分馆），将历代名人家规与曾氏家规进行比较，以展示我们地方文化独特之处。同时将曾国藩家教与廉政建设主题联系起来,亦与历代名人家规有关廉政建设的主题联系起来,求同存异、同而不同、异而不异。各分馆亦要在网上展示出来，内容应当更加丰富多彩。

4. 打造家教之乡，作为中华家教之乡的典型予以推广

我县已经有女杰之乡、书画之乡等，但还没有家教之乡。这个家教之乡，可以是中华家教之乡，也可以是双峰县的家教之乡，先作为全县的典型予以推广，如果影响大了，也就自然成为中华家教之乡了。这个家教之乡选到哪里？请县里根据现有各乡镇条件进行研究，要有基础，也要有传统文化底蕴。当然，我们也许更认同将曾国藩故居打造为家教之乡。但是，曾国藩故居也许其他条件没有优势，曾国藩故居可作为家教基地。要打造家教之乡，我以为不一定要选择曾国藩故居。

5. 突出宣传孝道文化

忠臣必出孝子之门，孝道文化是中国文化的根本，也是曾国藩家教家风的根本，“耕读孝友”最后都要落到孝道上。为大力弘扬中华民族孝亲敬老的传统美德，我曾经应双峰县招商局邀请为全体机关干部在局机关会议室讲授孝道文化知识。《娄底日报》报道说：

> 孝道文化的核心是敬老养老，它强调幼敬长、下尊上，要求晚辈尊敬老人，子女孝敬父母，爱护、照顾、赡养老人，使老人们颐养天年，享受天伦之乐。讲座中，曾琦云引古论今，深入浅出地论述了孝道文化的起源、内涵、历史作用和养亲的三种境界，让在场的每一位机关干部感同身受。
>
> 讲座后，大家展开了热烈讨论，提出“我是否能践行孝道”的自我拷问。通过这次孝道文化学习活动，不仅使全体机关干部对孝道有了更加深刻的理解，也启发大家今后要更加关爱长辈，增强爱岗爱家、敬业尽孝的责任感。

原双峰县委书记赵世荣先生邀请我去他的家乡建设仁山文塔，与我讨论这个文塔应当弘扬什么文化，我说应当围绕孝道文化来建设仁山文塔，这是中国文化的根本精神。随后文塔公园即突出孝道文化这个主题，让人们进公园观赏之余还能受到孝道文化的熏陶。

仁山所在的花门镇也把孝道文化摆到了重要议事日程，2016 年 4 月 12 日，该镇在仁山村孝文化广场举办的以“弘扬孝道文化，共建和谐花门”为主题的花门镇首届“孝”文化节开幕式上，获得“花门镇首届最美孝子称号”的杨展培等 8 位孝子典范，受到该镇党委政府的隆重表彰，赢得满堂喝彩。

为了提倡孝道文化，应评选好儿女、好媳妇、好兄弟、好姊妹模范人物，将中华民族孝亲敬老的传统美德落到实处。

6. 确定打造中华家教文化第一县的近期目标与远期目标

孔子说：“弟子入则孝，出则弟，谨而信，泛爱众，而亲仁。行有余力，则以学文。” 孔子教育自己的学生在家和出家怎么去做好一个人。在家首先是尽到自己的孝道，这是孔子道德的立足点和出发点。他教育弟子做人的入手处虽然是从家庭开始，但其归结点还是要爱洒众生，他说的“泛爱众”与“兼爱”并没有什么区别。孔子有做人三部曲，即亲亲—仁民—爱物，首先爱自己的亲人，然后爱别人，最后爱一切众生，这样就能按部就班地达到天人合一的人生最高境界（最高目标）。

《论语》说：“孝弟也者，其为仁之本与！” 从孝道这个根本出发，可以确定我们打造中华家教文化第一县的近期目标与远期目标。近期目标就是使双峰人民成为“爱党爱国，遵纪守法，父慈子孝，领导仁德，下属忠诚，夫妇恩爱，兄弟和睦，邻里友善，朋友有信”的好公民。就社会影响来看，近期目标就是人际关系和谐、市容市貌变化、村镇民风好转、党群关系密切。

远期目标，这种理想可以用儒家的“大同世界”来形容。大道实行，天下为公。选拔贤才，荐举能人，互相信任，和睦共处。因此人们不单单是以自己的亲人为亲，而是以自己之亲推及别人之亲；人们不单单是以自己的儿子为子，而是以自己之子推及别人之子。使老有所终，壮有所用，幼有所长，矜寡孤独废疾的人，都有所养。男婚女嫁，各得其所。人们都不会随意把财物丢弃在地上，也不会私藏而独自享受。竭尽自己的全力办事，并不是为自己。因此人们不用锁门，想法防备别人，从来不会有盗贼出现。这种夜不闭户、路不拾遗的社会，就是大同世界。（原文见《礼记·礼运说》）

7. 编写家庭教育教材和曾国藩家教丛书

突出曾国藩家教家风，编写曾国藩家教丛书，将曾国藩留下的遗训进行系统整理和编写，并进行与时俱进的解读，然后可以作为一套礼品送给来到双峰的人士。目前我写的《曾琦云评解文正国学智慧》，虽然列为“曾国藩文史研究丛书”，实际上也是“曾国藩家教丛书”。有了以往主编曾国藩家教论文的经验，我愿意承担这项丛书的编写工作。

此外，还要汇集那些经受历史考验、朗朗上口、为广大人民群众喜闻乐见，又有深厚文化底蕴、启迪智慧、净化心灵的圣贤经典，总名为《中华家训宝典》。让圣贤经典以新的面貌出现在新的时代，成为人民大众最宝贵的精神财富，家喻户晓，人手一册，天天背诵，经久不衰，成为全国人民喜闻乐见的教材。

对于家教的名言警句，领导干部要带头背诵，政治学习时间背诵不辍，作为提高领导素质的行动指南。

当大家都来读家教之类的书时，耳濡目染而自觉成为生活工作的行动指南时，那么所带来的效果一定是翻天覆地的变化。到那时，大街上再没有人会丢垃圾，环境卫生首先会改观；昔日的顽劣无礼之徒，今日也会说礼貌语言，也学会了鞠躬、致谢；看书学习的多了，打牌赌博的少了；家庭和睦的多了，婆媳不和的少了；孝顺好学的孩子多了，邻里吵架的少了；甚至服刑人员中，暴戾之气也少了，祥和之气浓了。让大家都来读家庭教育教材，以家庭教育教材来指导人生，新的风貌必将超胜独妙，到那时全国家教学双峰，我们的目的就实现了。

推广曾国藩家教是一项伟大的灵魂重塑工程，有利于安邦治国，有利于反腐倡廉，有利于社会和谐，有利于家庭幸福，有利于经济发展，有利于净化心灵，有利于长治久安。这是功在当代，利在千秋的大好事。

我们坚信，如果我们坚持文化自信，弥补家教缺失的现状，星星之火，可以燎原，中华民族伟大复兴的中国梦也将提前实现！

曾琦云，湖南双峰人，北京大学哲学系研究生毕业。任双峰县教师进修学校高级讲师，双峰县政协委员兼文史委研究员，湖南人文科技学院曾国藩研究所研究员，湘潭大学曾国藩研究中心《曾国藩研究》编委，文正学校首聘国学讲师、曾国藩研究专家并担任该校曾国藩家教课题组研究人员，曾国藩研究会研究员，三立学校国学顾问兼国学讲师，艺芳学校国学顾问兼国学讲师，等等，还任双峰县佛教协会秘书长、娄底市佛教协会常务理事等社团职务。

代表作有《宗教文化导论》（浙江大学出版社）、《内圣外王——解读一代儒宗曾国藩》（中国电影出版社）、《心经心得》（线装书局）、《每日论语》（巴蜀书社）、《般若禅》（文化艺术出版社）、《论语禅》（文化艺术出版社）、《安士全书白话解》上下卷（内蒙古人民出版社）、《印光大师说净土》（宗教文化出版社）、《舍利与修行》（宗教文化出版社）、《新版安士全书校注》（内蒙古人民出版社）、《太上感应篇汇编白话解》四卷（西藏藏文古籍出版社）、《曾琦云评解文正国学智慧》多卷（中国书籍出版社）、《中华国学劝善经典白话解·了凡四训》（线装书局）、《中华国学名著白话解·弟子规》（华龄出版社）、《正蒙宝典：中华国学经典名篇诵读》（线装书局）等。

近年来致力于弘扬国学，解读曾国藩家教，研究曾国藩学术思想。同时将国学送进中小学课堂与政府有关单位，应邀在有关中华传统文化的讲座上做主讲。主编两届全国曾国藩家教论坛论文集，编写《曾国藩家教新读》《曾国藩三十二圣哲画像记新读》《国学经典选读》等国学教材。

（本文为湖南省教育科学研究工作者协会“十三五”教育科研课题《曾国藩家教与青少年健康人格养成研究与实践》研究成果）

林氏研究中林则徐的世界影响

——兼论虎门销烟的全球意义

林 岷

习近平总书记在2019年致信祝贺“中国社会科学院 中国历史研究院”成立时，强调指出：总结历史经验、揭示历史规律、把握历史趋势、继承优良传统，整合中国历史、世界历史、考古等方面研究力量，着力提高研究水平和创新能力，推动相关历史学科融合发展，加快构建中国特色历史学学科体系、学术体系、话语体系。讲好中国历史、传播好中国文化，充分研究好中华近万年的姓氏宗亲文化，总结家族的家规、家训，揭示育人的教化作用，传承好家风！

中华姓氏宗亲文化，是我国传统文化的重要组成部分，一直以来为扩大海外联系范围，拓展统战工作领域，发挥了积极作用——中国改革开放40多年来，凡有海水的地方都有我炎黄子孙在那里辛勤耕耘，造福世界！这些海外华人华商富起来不忘祖，满怀赤子情怀，回到祖国寻根问祖，投资建设，拉动了中国地方经济与文化的长足发展。

这种数千年历朝历代不变的中华民族血缘亲情，联结着海内外各姓氏宗亲——“我是谁？我从哪里来？我将要到哪里去？”这一世界性学科难以回答的命题，就可以从中华家谱、从祠堂、从姓氏基因、从墓志铭中找到答案。今天，我是谁并不重要，重要的是：“我要做什么？”

回首过往，缅怀先人，慎终追远，是为了绵延传承中华文明，是为了让那璀璨继续熠熠生辉！人不可拆毁自己脚下的基石，人不可忘掉自己文化的来源，人不可丢掉自己初始的美好！在经济高速发展的时代，在互联网高科技大数据的时代，我们更需要从先人那里获得奋发的动力，更需要从先人那里获得心灵滋养，更需要从先人那里获得灵魂的慰藉。

在我们研究中华姓氏宗亲文化中，历朝历代都有人杰赤子。然而，最会让我肃然起敬的是先祖林则徐，他一生的为人品德与作为，受到世界人民的敬仰，每当提到他的名字，总会让世人肃然起敬！

为何林则徐会受到世人如此敬仰？让我们共同回望180年前的那段历史。那是1838年，林则徐正在湖广总督任上，忙于水利兴修，治洪；忙于到部队校场，检阅军队操练及射箭；忙于在湖广推行禁烟，收缴鸦片和烟枪，取得成绩；忙于处理各种冤假错案和京控案（向皇上申冤）；忙于奖励晋升有功人员，和对工作不负责失察降职处理……就在紧张忙碌的这年11月23日，林则徐接到宣召进京的命令，当晚，他清理公牍到寅刻（凌晨三点半）。

第二天，他接待过往的拜请客人，包括刚考上进士、授于翰林院庶吉士（这是不拿工资的小公务员）的曾国藩。接着给皇上拜发了湖广任上的最后三道奏折：

一是，他勘察夏天以来，江夏等州县卫被淹，受旱田地均成灾，奏请分别展缓上缴新旧银米，以纾民力（《林则徐全集》第1207页，《楚省被淹受旱田地请缓征折》）。

二是，以湖南常宁县知县（邵棻）办理盐务向不得力，失察私枭过境，请旨先行摘去顶戴（同上书第1243页，《常宁知县邵棻过境先行摘顶片》）。

三是，接着又有人奏参：湖北德安府知府，方长庆设局销盐敛财一案，说明尚未彻底查明，移交伍长华查办（同上书第1245页，《查复德安府知府方长庆设局销盐敛财片》）。

11月27日，短短三天，一切处理交代完毕，交出总督印，给代理湖广总督的伍长华。林则徐立即从武昌起身北上，踏上为国家为民族争命的历程。一路上，在风雨雪交加中，日夜兼程，只用了一个月时间，在12月26日抵达北京，当晚就在东华门外烧酒胡同（今改名韶九胡同）的关帝庙内住。

从第二天起，即12月27日，道光帝接连在8天中，召见林则徐8次，第1—3次召见，每次一个小时；第4—8次，每次召见一个半小时——如此频繁、连续、长时间召见，在清朝历史上是首次，既说明此时的皇帝对林则徐与禁烟的高度重视，也说明林则徐每次所谈，毒品的严重泛滥给国家财政带来的白银大量外流，人民与军队及官吏，从上至下的吸毒，削弱军队的战斗力，官员腐败，劳动者丧失劳动力，这些直接影响国家安危，影响皇帝宝座……道光皇帝听罢不寒而栗，才下决心禁烟。

谁能承担这一重任？道光帝考察了林则徐为官的全过程，是在翰林院时，两次派到地方监考举人，在江西、云南都极好完成任务，公平与关爱考生，受到当地官员和考生及家长的高度好评，获得“清榜”美誉（见《林则徐集·日记》第59页）。分文不贪，公平、公正、公开录取才子。然后在首次外放为官的杭嘉湖道上，就博得为官好名声；在江苏巡抚任上，最终“单衔上奏”，清理了无数冤案错案，获得“林青天”美名；在湖广总督任上，又率先开始了收缴鸦片与烟枪，当众烧毁；在山东济宁任东河河道总督期间，冒着寒风雨雪，亲自到河道检查、督工，获得道光帝“从未有河工像你如此认真办事”的高度评价（《林则徐集·奏稿》上册第28页）。

做人真诚，做事细致认真，从无私心考虑个人得失，所以道光帝拍板“颁给钦差大臣，驰驿前往广东查办海口事件，该省水师兼归节制。钦此”（《林则徐集·日记》第315页）。

道光帝命林则徐使粤禁烟，意图是希望依靠林则徐办事的细密精干，一劳永逸地清除鸦片的隐患，解决清朝的财政危机。后来的事实证明，他想“一劳永逸”，无非是盲目乐观，所以，当事态发展出乎他的意料，他的禁烟决心便发生了动摇，对林则徐的倚信亦起变化，甚至把自己信誓旦旦的圣言置于脑后，蛮横指责，多方掣肘，致使禁烟运动失败。但在当时，不管道光帝的主观愿望如何，他敢于赋予林则徐钦差大臣的全权，使长期以来有名无实的禁烟，变为“天地同力”的实际行动，是一个明智的决断，这是值得肯定的。

林则徐内心十分明白，这次使命非同寻常“乃蹈汤火”（《昭代名人大牍续集》卷8，林则徐《致叶小庚书》1840年书）。但是，为了堵塞中国大患之源，锄奸拯弱，免毒流于四海，他决心“置祸福荣辱于度外”（林则徐《致叶小庚书》1841年书）。

1839年1月8日，林则徐起用钦差大臣关防，辞别故人，由正阳门出新仪门南下，傍晚到达良乡县（东关外的卓秀书院住下），他从良乡发出传牌，表示此行，并无随带官员，供事书吏（秘书）只有驾车马夫一人，跟丁六人，厨丁小夫三人，都是随我行走，并无前站后站之人，如有借名影射，立即拿究。所雇夫价车价均已自行发给，不许在各驿站重取丝毫，所有住宿公馆只用家常便饭，不必备办整桌酒席，尤其不得用燕窝烧烤，并命沿途州县、驿站官吏均照此办理。这道传牌，体现了林则徐不同于贪官污吏的正派严肃作风。

1839 年 3 月 10 日，到达广州，他将沿途了解到的贩毒、吸毒情况，在广州进一步多方核实查证，并研究如何绿色环保地销毁鸦片，他传见掩护鸦片贩子将鸦片运到广州的十三行洋商，当十三行洋商妄图出巨款解脱，林则徐愤怒道："本大臣不要钱，要你脑袋！"并张贴告示，严肃表示禁毒决心："若鸦片一日未绝，本大臣一日不回，誓与此事相始终，绝无中止之理！"他又先后刊刻《禁烟章程十条》和各种断瘾药方，颁发全省各地遵照实行。一切在进行中，1839 年 5 月 18 日，正是英国鸦片贩子倾数交清的这一天，林则徐在虎门接到调任两江总督的谕旨，尽管重重阻力掣肘着他，但他没有动摇自己的斗志。他还上奏道光帝，力陈缴烟后，禁烟运动不能停止，各省应同心协力。

5 月 30 日，林则徐在虎门，奉道光帝允准将收缴鸦片、就地销毁，一切安排就绪。6 月 1 日，林则徐祭告海神，"此日内消化鸦片，放出大洋。令水族先期暂徒，以避其毒"——祭神是中国传统的民俗活动。林则徐对神、佛颇为虔诚，但透过神秘的帷幕，我们不难看出林则徐禁毒的坚强意志和纯洁的道德心，"本除害马，岂任殃鱼"，这是何等气魄？！

如此珍惜鱼儿生命，这又是何等纯洁？"虽蛮貊之邦可行，勿污我黄图赤县"，这分明是向五洲四海宣告中华民族拒毒的决心（《林则徐集 · 日记》第 342 页）。

6 月 3 日下午 2 时许，林则徐在当地文武百官陪同下，登上礼台，在礼炮声中，震动中外的虎门销烟开始了。只见一群群袒胸赤脚的工人，将鸦片球逐个切成小瓣，抛入有盐的池内，经过一段时间的浸化，又把一担担烧透的石灰倒下去，顿时，销烟池沸滚如汤，"浓油上涌，渣滓下沉，臭秽熏腾，不可向迩"（《林则徐集 · 奏稿》中册第 647 页，《会奏销化烟土已将及半情形折》）。从 6 月 3 —25 日（中国端午节放假一天），整整销烟 22 天，共销毁 238 万斤鸦片。

所有在广州的外商，十三行洋商及民众都准允到现场观看销烟壮举，他们脱帽向林则徐致敬！这一伟大行动，向全世界表明中国人民反对外来侵略的坚决性，并一洗贪官污吏所加予中国的耻辱。

林则徐主持虎门销烟，是世界禁毒史的重大事件，正如美国传教士卫三畏在《中国总论》（上册第 504 页）中的评说："鸦片是在彻底的手段下被销毁了……在世界史中，一个非基督教的君主，宁愿销毁损害他的臣民的东西，而不愿出售它来装满自己的腰包，这是唯一的一个实例，全部事务的处理，在人类历史上，也必将永远是一个最为卓越的事件。”这是中国人和全人类理性和良知的胜利。

林则徐办事高度认真，洋溢着民族自尊心和爱国主义精神，他的名字，是这场关系到中华民族“存土续绝”的斗争的一面战斗的旗帜！虎门销烟的历史意义，远远超出查禁鸦片本身。毛泽东曾经精辟地指出：“我们的民主革命……从林则徐算起，一直革了一百多年。”（毛泽东《坚定地相信群众的大多数》）这也就是把林则徐禁烟抗英事业的标志——虎门销烟，作为中国人民反帝斗争的伟大起点，在这个意义上，林则徐为中华民族立下殊勋，是中国近代史第一位杰出的民族英雄。

1850年11月22日，林则徐与世长辞，就在他刚逝世不久的1851年，正是英国，那个贩卖鸦片毒害中国人民，那个发动鸦片战争，侵略中国，号称大不列颠英殖民者，它的人民竟然在伦敦杜索夫人蜡像馆，塑了林则徐与夫人全身蜡像，供世人瞻仰，陈展时间之久，为所有该馆的名人、伟人蜡像之最！正是英国，在世界上开创了为中国的林则徐陈展塑像的国家和民族，应该予以充分肯定和评价！我20年前曾在《人民日报·海外版》发表了《林则徐首倡中英友谊》一文，获得较好的反响！这可能也是林则徐在禁烟时的正确政策，“抗法者去之，执法者来之”，将英国来华贸易的商人，严格区分“莨莠”，欢迎正常贸易，善待正常贸易者！正是：“人在做，天在看，头上三尺有神灵。”所给予他的福报吧！至今中英关系发展良好，可慰林公！

也正因为林则徐领导的广东禁烟运动和抗英斗争，揭开了中国近代史反帝反封建民主革命的序幕。1950年，天安门广场人民英雄纪念碑的碑座上第一幅浮雕，就是林则徐虎门销烟雄宏的场面。

世界上第二个为林则徐塑像的是澳门。特别值得一提，早在20世纪80年代，当年只有十几平方公里的澳门三岛（澳门半岛、淡氹、路环）在葡萄牙殖民者治理下，已达数百年之久，竟然由一位广东籍的龚树根先生为首，率领他的“莲峰庙值理会”全体人员，感恩林则徐为巩固虎门销烟成果，于1839年9月3日巡阅澳门所取得的非凡成果——为澳门首次建立了户籍制，延续至今，使葡萄牙国保持中立，不让英国贩卖鸦片，不给英国鸦片贩子居住，使得小小的澳门岛得以安宁和谐。

选择了在澳门本岛，古老的莲峰庙，塑了一尊乳白色花岗岩的林则徐全身塑像，造型既庄严又宏伟，又满面春风、祥和——1987年，我正在香港大学讲学，应邀首次造访澳门，亲眼看到林则徐全身塑像正在制作中，第二年就落成了，底座由澳门著名文化人90岁高龄的梁披云亲自撰文并写碑文。

10年后，龚树根主席又率领他的“莲峰庙值理会”全体值理，再次自筹资金，为迎接祝贺香港即将回归，在林公塑像旁，又建了内地之外的第一座林则徐纪念馆。龚主席和他的值理们，在澳门尚未回归，就用自己的行动证明了他们作为炎黄子孙，那强烈的、发自心灵深处的爱国之心！自从澳门林则徐纪念馆于1997年7月1日，香港回归前夕落成了，每年龚主席和他的团队，都要在馆里举办“纪念林则徐诞辰多少年，林则徐巡阅澳门多少年”的系列庆典活动，澳门葡萄牙总督，澳门新华分社，以及回归后的澳门特区政府，中共中央驻澳联络办，都要派人参加他们举办的庆典，我们林公后裔也年年应邀参会，受到盛情接待。龚主席和他的团队，如此敬崇民族英雄林则徐，年年斥资庆典，他们用自己的爱国情怀和行动，表达对伟大的爱国主义者林则徐的纪念，他们是当代伟大的爱国主义者！我不由得内心发出：爱国者美！爱国者大美！！

第三个在海外为林公塑像的是美国，这个号称世界大国、强国者，对林则徐的品德、作为由衷敬佩，不得不同意纽约的华人，在香港回归前，在寸土寸金的纽约广场，立了一尊林则徐高大铜像，供世人瞻仰拍照留念。后来纽约市长安东尼还将纽约广场改名为林则徐广场，又将百老汇街的一段命名为“林则徐路”。

再继之，就是新加坡的晚晴公园里，早就塑有孙中山全身像，为迎香港回归，又塑了一尊林则徐像，该公园负责人如是说：“当天黑人静时，让中国近代史上的开始与结束的两位世纪伟人，在公园里漫步、对话、设计中国伟大蓝图……多么浪漫又多么深深的情怀！”

2017年，我曾率林则徐研究委员会应邀访问菲律宾，在与“菲华商总会”的座谈会上，侨胞们的发言，异口同声一致表示：我们虽侨居海外，远离祖国，但我们为自己的民族培育了这样一位世纪伟人感到骄傲，我们以林则徐为骄傲、为榜样。会上林金山先生提议：借今天会议，我会集资，在首都马尼拉人民公园，塑一尊林则徐全身像，既表达我们对他的敬仰，也以此警示所有制、贩、吸毒者，远离毒品，珍爱生命！这一倡议，得到与会者一致鼓掌通过，最后大家表示要向总统报告落实。

再回首我们的祖国，值得欣慰的是，中国人民以林则徐为骄傲、为榜样，在中华大地上，从东南到西北，林则徐各种材质塑像，据不完全统计（含全身、半身）达四五十尊。地方性的专题林则徐纪念馆，第一个是20世纪50年代，建的虎门林则徐纪念馆，接着福州林则徐纪念馆、新疆林则徐纪念馆、澳门林则徐纪念馆、陕西蒲城林则徐纪念馆、广东普宁林则徐纪念馆，共6所地方性纪念馆，如雨后春笋纷纷建成。

林则徐纪念堂在全国有三个（江苏南京、福建福清、浙江镇海）；还有一个浙江义乌正在筹建；另外，在新疆玛纳兹，当地人民为纪念林则徐在南疆勘垦时经过此处，特在10多年前建纳玛兹林则徐广场和塑像；除此外，在家乡福州，还有林则徐的出生地、故居、读书处及安葬林则徐的墓（这是他为官后，为父母、弟弟夫妇、自己和夫人，共用的六人合一墓穴），从中可看出他的孝心及悌爱之情，也可看出他的节俭作风（这种合葬六人棺，在中国实不多见）。在全国尤其福建，以他的名字命名的小学、中学、戒毒所、街名，比比皆是。

还有林则徐的名言被广泛运用在多种场合，如：30年前，我在台湾“国立政治大学”时，该校长办公室里就悬挂着“有容乃大，无欲则刚”的横匾，校长告诉我，他“非常欣赏林文忠公这句名言”。7年前，在江苏泰州一家老字号饭店用餐，就看到餐厅大门和厅内分别悬挂着“海纳百川，有容乃大”；2019年2月，我在吉隆坡一家餐厅，也看到“海纳百川”的牌子，福州市的市训也是它。林公座右铭放之四海皆可用！

由此，林则徐（1785—1850），不仅仅是中国杰出的政治家、思想家、革命家、教育家、经济家、农田水利家、中华民族大英雄（江泽民视察虎门林则徐纪念馆语）！被誉为“世界禁毒先驱”“改革开放先驱”“开眼看世界第一人”亦当之无愧！他是一代又一代中国人自幼崇敬的民族英雄楷模。因此，继续宣传弘扬林则徐精神，是中国知识分子要承担的社会责任，也是我们从事姓氏宗亲文化研究必须着力抓的重点和要点。

当他被遣戍新疆时，他将精心收集的海外资料毫无保留地交给挚友魏源，魏源在此基础上充实、完成了《海国图志》100卷，较为详细、系统地介绍了许多国家和地区的历史、地理、文化，有陆路的，也有海路的，并主张向当时世界上最先进的西方科学技术学习。《四洲志》与《海国图志》这两本书，内容丰富，视角独具，包含了各国的文化传承、贸易种类、历史遗址和遗物、旅行或航海工具和技术，以及词源学、地名学、管理学、中外关系史等诸多知识领域，不仅对当时的中国思想界产生了很大的影响，也为当下倡导构建“一带一路”的战略构想提供了比较全面的知识储备。

去年我团队访问韩国，在首尔造访韩国庆南大学远东问题研究所的李庆万教授，他向我们表示，他虽是朝鲜族、是地道的韩国人，但他对林则徐极其崇敬，愿意参加我们团队，宣传林公精神和事迹。这是多么令人感动的心语！

还有一事值得一提，就是1999年世界小行星命名委员会，将新发现的一颗小行星命名为“林则徐星”，从此林则徐星伴随着日月星辰照耀着地球村的每个角落——它印证了王岐山老领导2007年11月21日当面对我说的三句经典：“林则徐不仅是你们家族的，他还是我们中华民族的，他更是属于全世界，这是我们中华民族的骄傲！”

老领导的三句警语，一直点拨指引着我，我用了30年时间一直在呼吁：请将北京南二环内骡马市大街51号，林则徐故居，改建成中国林则徐纪念馆，为此分别给习近平、温家宝、王岐山、郭金龙、蔡奇等领导写信，分别给上届两会中的香港政协委员写信，给本届全国人大代表写信……30年，于宇宙洪荒，不及一瞬，但对我个人而言，这30年里，舒卷着个人的蹉跎岁月，特别是2019年以我们林则徐研究委员集体名义上书，集体回溯林则徐精神、姿态、意念，我愈发惊讶于其异乎寻常的挺拔、昂扬、高峻！如果中国林则徐纪念馆一期、二期工程能如愿建成，我们将全方位地陈展林则徐在各领域的业绩作为，相信这在全球当属独一无二，别开生面。其实这些都不重要，最重要的是作为林则徐研究委员会，我们有属于自己的担当，属于自己的逻辑，那就是岁岁枯荣、年年春秋、一地繁花、诸般风物，皆在逝去，都会坍塌，唯有特立独行的精神永不倒下。今天，纪念林则徐，是为了寻觅历史深处的中国风骨、中国脊梁，还有那刻骨铭心的家国情怀！

综上可见，无论在国内，还是在海外，林公造像、纪念馆、林公语录、林公广场，依然是清风流云，这就是炎黄子孙们敬仰英雄、最具说服力的注脚之一。

因此，当今深入研究林则徐的全方位遗产，以更好地弘扬林则徐精神，对内、对外讲好林则徐故事，都有积极的文化传播和传统教育意义，也符合国家发展战略的现实需要，能够按习近平总书记所指示的，将“掌握海外中国近现代史研究的国际话语权”这一神圣的政治责任，具体地落在实处。

同时，在国家和平崛起、中华文化复兴的时代背景下，姓氏宗亲文化研究中林则徐的业绩作为，再度成为永载中华文化，释放和谐气象的中国符号。顺理成章地，把林则徐精神送哪里，林则徐的故事就演绎在哪一方天地之间，林则徐故事，正因为虎门销烟，其韵如剑气千秋，其神若砥柱中流，其格乃海纳百川。值此时刻，借今天的姓氏宗亲大会，研究林则徐的世界影响，这是时代的召唤，更是历史的回响——它如此朴实！如此华贵！如此尊严！

林岷，女，北京文史研究馆终身馆员，中国戏曲学院教授，中国和平统一促进会两届十年国内理事，林则徐研究会创会会长，林则徐六世嫡孙女。

感悟先祖林则徐《十无益》格言的家风魅力

郑 林

林则徐（1785—1850），福建侯官（今福州）人，他为官30年，统兵40万，官至一品，是我国杰出的民族英雄、政治家、思想家、教育家、军事家、书法家、文学家、农田水利家……被誉为近代中国“开眼看世界的第一人”！他一生以爱国主义对待国家，坚决维护国家主权和民族利益。1839年6月3日，他主持了震惊中外的虎门销烟，被誉为“世界禁毒先驱”，以卓越超群的战略战术思想，在鸦片战争的前哨战中，粉碎了英国侵略者的多次武装挑衅，以重民思想对待人民，以改革精神对待社会，以廉洁自律对待自己，表现了坚贞不渝的爱国主义精神！

林则徐为了巩固虎门销烟的成果，让侵略者保证永不携带鸦片，他决定亲赴澳门巡阅，1839年9月3日，成功巡视澳门后，写下流传至今的《十无益》家训格言。先祖所写的《十无益》不仅陈述了为人做事的原则，还点明了道理，让人耳目一新，非常难得，是他修行的标准，也是他教育子女的原则，亦适用今天任何人的行为道德做人标准。

民族英雄林则徐书《十无益》家训格言

全文注释如下：

一、存心不善风水无益

注释：儒家把“人”等同于“仁”，如果心存不善，逆天而行，无疑是自取灭亡，风水无益。

二、不孝父母奉神无益

注释：人生在世要有爱，简言之，亲情、爱情、友情，相互依存，要有百善之孝，尊敬父母，如果对父母不孝，则奉神也无大益。

三、兄弟不和交友无益

注释：兄弟在这里可以理解为，包括堂兄弟姐妹在内的兄弟姐妹。兄弟姐妹尚且不能与之和睦交好，何必言友。

四、行止不端读书无益

注释：简单说，读书是为了修身正行，若读了书依然“行止不端”，学识上是大学生、高才生，品行上却无知无德还不如一个小学生，可谓读书无益，枉读诗书了。

五、作事乖张聪明无益

注释：“作事乖张”乃谓为人处世不讲情理，偏执、不驯服，处处与众不同，则“聪明”就会为虎作伥，成为作恶的工具，再聪明也无益。

六、心高气傲博学无益

注释：博学为何，若以读书为装点门面，以博学做夸耀之本，心高自傲，不可取也。

七、 时运不通妄求无益

注释：就是客观条件，还不足以成为满足实现主观要求的条件，妄然求取，非但无益，而且有害。

八、妄取人财布施无益

注释：钱财是身外之物，无功不受禄，劫取他人钱财，拿来布施，无益于个人的品德。

九、不惜元气服药无益

注释：人生于世，无处不有欲，若纵欲而行，伤身又伤元气，虽有灵芝妙药，服之无益，要有善养浩然之气，方见成效。

十、淫恶肆欲阴骘无益

注释：骘（zhì）如若生活放纵奢侈，荒淫无度，虽行善积德，但也无益。

家风的品德是一种精神层面的教育，是一种需要潜移默化的教育理念，更是一种正面的积极向上的行为准则，它需要先内化于心，而后外化于日常的行为。父母的言传身教是对子女润物无声的点滴渗透，好的家风是一种教育方式的传承。今天，我们通过"国际家庭日·姓氏好家风"论坛与大家分享先祖林则徐写下的这些家教，尤其是《十无益》这个经典家训格言，已被中纪委列入重点家风家训，令全国广习之，从中启迪我们做人的行为规范准则，把习近平总书记关于社会主义核心价值观的重要论述，融入社会发展的各个方面中，让《十无益》的内容格言走进千家万户。他从 10 个方面讲述了不同的做人做事的道理，启迪心灵，是修行根本、修身之道，齐家、治国、平天下，成为一个家庭或家族千百年来，传下良好"门风"的行为准则，同时也是社会和谐的基础。

林则徐一心为国为民，只要是国家民族之利，个人所遭的祸与福、生与死从不加考虑，这种"苟利国家生死以，岂因祸福避趋之"的忘我精神展现出他的伟大爱国思想以及"海纳百川，有容乃大；壁立千仞，无欲则刚"的豁达胸怀。林则徐一生写出了许多充满智慧的家训格言，如"子孙若如我，留钱做什么，贤而多财，则损其志；子孙不如我，留钱做什么，愚而多财，益增其过"。1838 年 12 月底，林则徐被授予钦差大臣，当他南下广州禁烟抗英时，立即给家乡的夫人写信，在信中他强调子女教育："做官不易，做大官更不易，我是奉命唯谨，毕恭毕敬，夫人务必嘱咐二儿须千万谨慎，切勿仰仗乃父的势力，和官府忘相往来，更不可干预地方事务。" 字里行间无不展现清明廉洁的官风，不让子女借父之势插足官场勾结。还有林则徐写的一副对联"室友肯临容膝地，儿孙莫过等身书"，以上都是林则徐家训格言的精髓，至今读来还是受益匪浅。

林则徐力主禁烟，维护了中华民族的尊严和利益，是一股浩然正气，另外他的书法也很有成就。早年在翰林院时期，他的正楷馆阁体和行书体，已被许多人认可，他的字体取势端庄，笔意情发，受到很多友人的喜爱，在西戍被贬途中，世人对他的书法依然求索不断，他几乎每日为前来求字者书写，如为新疆伊犁将军布彦泰请写"神匾"，在乌鲁木齐时因求字者很多，他为此花了两天的时间，写出了50多条条幅。林则徐虽公务繁忙，仍然为友人书写书法作品，这也是将人品与书品融为一体的体现。

林则徐七世嫡外孙郑林书写先祖林则徐《十无益》家训格言。

本文如有不妥之处，请各位专家指正。

郑林，1965年生人，祖籍福州，现就职于国家清史编纂委员会典志组秘书，民族英雄林则徐七世嫡外孙，中国书画艺术促进会理事，中国和平统一促进会理事，民革北京中山书画社会员，林则徐研究委员会副会长。

2005年，由澳门特区政府行政长官何厚铧亲颁“澳门林则徐纪念馆荣誉顾问”。2017年，书法作品参加巴拿马世界万国博览会。2018年，书法作品被美国邮政集团选中，邮票上的艺术名家，印成“国礼世界珍邮”邮册，全球发行。

自幼热爱书法，得名家精心指点。书法风格遒劲，上迄两汉，承魏晋，继承古法，创新书风，书法作品不仅被港、澳、台以及各部委机关和知名企业等友人所收藏，而且也得到了欧美、马来西亚、新加坡、日本、韩国、泰国等国家和地区的知名企业及友人的认可与赏识。

卞氏家族忠贞榴瑞堂，千年忠孝相承七代之“忠孝与创新”研究

卞世传

清署浙江巡抚、第一次鸦片战争期间民族英烈卞士云的忠贞榴瑞堂家族，秉承东晋卞（壸）忠贞公的千年“忠贞世家”文脉，遵循“以忠孝传家和民生强盛为己任”家风，以大量族迹构成连续百余年“捍卫主权世家”“服务民生世家”“科技创造世家”史，是具有忠贞爱国责任价值取向的东方“名门望族”；以家族责任、家风目标管理体系为主的家教，族人铸成百余年担当社会公共安全支撑的中流砥柱。

“中华民族爱国主义家族史，必须是以细化、具体爱国特质内容的族绩为家史支撑。”扬州清署浙江巡抚卞士云公开创“忠贞榴瑞堂”家族为代表的“忠贞世家”支脉，以恪守东晋忠臣卞忠贞公千年“忠孝传家”的责任家风和开拓“以民生强盛为己任”的使命价值导向为内涵，以翰林入仕、忠孝传家、责任兴国、脉承学识、书香门第、服务民生，成为晚清民国时期扬州“八大望族”之一。

以卞士云公一脉相承的七代人的生命历程，以具体的族人事例，集中形成了连续百余年“捍卫主权世家”忠贞史、“服务民生世家”强国史、终结技术难题“科技创造世家”开拓史的家风族迹范例；是族人成功恪守我国北方领土主权和收复我国经济金融主权的家族；是在清末民国初期，家族内 6 人留学美国均毕业后及时回国，报效一穷二白的祖国的家族；是历史上没有卖国者和贪污犯的家族；是一个支脉 5 位成年男子，三位不约而同制定行业文明标准的家族；是推进我国金融业发展、进步，走向世界的家族。以上卞士云家族“八项爱国特质族迹”，

默默擎起中华民族传统“名门望族”家族群体中一面“家风淳朴、诚意正心、齐家治国、承担责任”的标志性旗帜。

卞氏家族族训族鉴为：“为宗、为孙，为邦、为先”“忠孝、正直、勤俭、强业”“立德、立功、立言、立节”“博学、审问、慎思、明辨、笃行、求实”。

一、扬州的清署浙江巡抚卞士云公忠贞家族的“八项爱国特征指标”

一是卞氏传统“忠贞世家”中的扬州“忠贞榴瑞堂”家族，秉承千余年“忠孝责任”家风，不仅是百年国史中独具一脉相承六代人百余年抗击外夷侵略、守护国家主权的驱夷家族，还是中华民族以七代人持续180年历史，恪守国权安全的“捍卫国家主权世家”。

①卞士云家族，具有1700年“忠贞世家”家风的“齐家史”。

卞氏“忠贞世家”家族，始终恪守千余年“忠孝责任”家风。当国家尊严遭受凌辱之时，族人承担起国家责任。东晋忠臣、尚书令卞壶父子三人，为捍卫国家安全秩序，在国家遭遇叛军侵袭的危难之际，在众大臣避之情形下，尚书令卞壶父子，为报国恩，以“父为忠死、子为孝亡，忠孝之道、萃于一门”的为国捐躯事例，演绎了中华民族以家族形式的千古“护国忠烈史”。

②卞士云家族，自第一次鸦片战争始（1840），至今（2020）以一脉相承、前仆后继的七代人，捍卫着国家尊严、领土主权，构成连续180年“捍卫国家主权世家史”。

扬州“忠贞榴瑞堂”捍卫国家主权的主要家族成员有：

第一代的代表是第一次鸦片战争期间抗击英国侵略者而劳累过度献身职位的封疆大吏署理浙江巡抚卞士云；

第二代的代表有卞士云长子、第二次鸦片战争期间在天津站区通过与俄夷具体谈判，恪守了《瑷珲条约》前我国北方60万平方公里面积的领土主权、维护中华民族国土主权完整性的清夷务负责人（清廷天津站区临时外交部负责人）卞宝书；

第二代的代表还有卞士云四子、启动厦门海防要塞胡里山炮台建设及坚持严惩洋人草菅人命的“鞠躬尽瘁 臣子之芳”闽浙总督卞宝第；

第三代的代表有担当日本长崎领事官而建孔子学堂，是继扬州鉴真和尚至日本输出佛教文明后，又至日本弘扬儒家文明的扬州人，且坚决不给侵华日军做事情的威武不屈“张之洞长女婿”卞綍昌；

第四代有中国银行“为社会谋福利，为国家求富强；操守廉洁，公而忘私，不畏艰险，不畏强御，战胜难关”行训的原型人物、中国银行副总经理卞寿孙（卞白眉）；

第四代有通过与日本侵略者具体谈判，成功收复“九一八”期间日寇侵占东北奉天（沈阳）中国银行、交通银行金融经济主权的中国银行奉天支行行长卞福孙；

第四代还有国民军第七战区与日寇血战的黄埔军校五期学员、国民党少将卞泰孙；

第五代有燕京大学学生，“七七事变”回到扬州，自发宣传抗日，担任扬州地区抗日领袖、“文救会”主席、“江文团”团长卞璟（卞胜年）；

第五代还有隐姓埋名、视死如归参加国民党空军，与日寇空中血战的国民党上尉卞灏年（梁如年）；

第六代有担当新四军电台台长、因劳累过度患“肺痨”丧失生命的卞家珍；等等。

这些卞氏“忠贞榴瑞堂”家族的六代族人，为中华民族反抗外夷侵略的解放事业“冲设风涛、不避艰险、忠贞爱国、恪守主权”做出了重大贡献。

第七代卞世传，秉承先祖卞宝书护疆我国北方领土事件的遗志，以恪守国家尊严的举措，以不同形式持续追讨国权，揭露中国历史上最大汉奸的割土罪行，构成了中华民族独具连续 180 年历史守护国权的“捍卫主权世家”家族忠贞史、族格史、奋斗史、尊严史的具体事迹。

卞氏“忠贞榴瑞堂”家族，秉承卞忠贞公千年“忠贞世家”的“忠孝责任”家风，以卞士云为代表的七代族人延续了坚守“忠孝传家”的千年家风。

二是卞氏“忠贞榴瑞堂”族人，在百年国史过程中，通过与沙俄、日寇侵略者的具体谈判，成功捍卫了国土主权，收复了银行金融经济主权。

三是卞氏“忠贞榴瑞堂”家族史，是持续 192 年“以民生强盛为己任”，致力于生民休戚领域“服务民生，创新世家”的强国史。

卞宝第是晚清重要九督之一的封疆大吏，但他首先是一位理想主义者和思想家，是我国早期洋务运动开创的先驱者，在中国近代史上是一位有着“忠孝”道德影响力和推进社会功绩并建树极重要的影响人物。尤其是在“治国先治吏”的维护社会文明秩序过程中，卞宝第以一生大量生动事迹，始终保持着体恤百姓、为民请命、刚正不阿、廉吏直臣、纲纪执法、不畏权势的“官德”本色。卞宝第“所任之处，诛锄奸猾，扶植良愿，民尤感之”。

第三代安徽巡警道卞绪昌，在1908年11月19日，当清安庆新军中的革命党人，趁光绪皇帝和慈禧太后相继去世之机，安徽第三十一协炮营熊成基，在安庆城郊率马、炮两营士兵千余人起义，后为清军所镇压。这次起义是辛亥革命的前奏曲。安庆兵变失败后，省垣戒严，革命党人熊成基之兄熊子嘉等被捕，卞绪昌出面以顶戴花翎保释其扬州同乡熊子嘉及一批起义人员，并使其出狱，保护了一批参与起义的革命志士，为辛亥革命留下了火种，做出了巨大贡献。

第四代三品衔湖广厘捐道卞斌孙，第四代天津银行公会会长、中国银行天津支行行长卞白眉（卞寿孙），第四代中国银行驻英国伦敦首任办事处主任卞福孙，开启了中国金融业驶向海外的航船。

第五代担任广西桂剧院导演的卞胜年（卞璟），陆续导演了《海滨激战》《刘莲英》《归来》《日出》《刘三姐》等话剧；第五代台北中华航空公司总经理卞奭年，20世纪80年代回大陆签署“三通协议”。

第六代沈阳拖拉机厂总师办高工卞家瑜（卞佩瑾）制定国家机械行业标准、担当扬州卞氏忠贞堂文化传承委员会会长，留有《我不断奋斗的一生》自传；第六代国家一机部人事司卞家森参与制定《八级工工资标准》。

第七代辽宁省环保产业协会噪声与振动控制专业委员会主任、沈阳节能协会会长、沈阳市中小企业公共服务技术平台负责人，积极制定国家以及行业标准，建言献策，依据《宪法》提议修订和废止“恶法”，减少“维稳费用”，推进了国家安居乐业、民生安全的公益事业和法制建设。

卞士云家族，以不断探索、创新服务精神的文化基因，以大量调研、直谏和行业规范制定，构成系列建议，履行实施、依法治国的国家法规，为人文社会科学领域增砖添瓦，为中华民族的民生强盛，承担履行“冲设风涛、不避艰险，建章立制、完善秩序”的传统家族使命。

四是卞氏“忠贞榴瑞堂”家族，以145年历史的科学救国、强国为职业行为，成为终结技术难题的“科学技术创造世家”开拓史。

第五代东北建筑设计院建筑材料分院总工程师卞龍年，1957 年参与建立石棉水泥制品设计专业，共同研制火中波石棉瓦，引进石棉水泥管成套设备，为国内增加了石棉水泥制品新品种。

台湾“中央研究院近代所档案馆和国史馆”，存有中国大陆移存至台湾的清署浙江巡抚卞士云为代表“忠贞榴瑞堂”家族一脉相承连续五代人，在 1949 年前为国家领土和金融主权驱夷保国史、国计民生服务管理创新史、科技强国创造史而具有文献的历史人物，计 15 位族人。他们是卞士云，卞宝书、卞宝第，卞綍昌，卞寿孙（卞白眉）、卞福孙、卞喜孙、卞泰孙、卞鼎孙，卞柏年、卞松年、卞万年、卞凤年、卞美年、卞灏年（梁如年）；他们以生命的全过程，为中华民族获取尊严和核心利益，做出了巨大的功德性杰出贡献。

五是卞氏“忠贞榴瑞堂”家族，清末民初在扬州地区首创“卞府洋学堂”，聘请外国人授课的解惑、传道模式，以培育“东西方绅士教育”形式，贯彻“修身之道”，提升人文素质。清末民初该家族中 6 人留学美国，毕业后均及时回国，参与祖国建设，为祖国做出巨大贡献，并与世界文明接轨。

六是卞氏“忠贞榴瑞堂”家族族人百年为官，没有一个卖国者和贪污犯。

七是卞氏“忠贞榴瑞堂”家族的一个支脉在国内计 5 位成年男人，其中三位为国家进步而制定行业文明标准。

八是卞氏“忠贞榴瑞堂”家族奋斗史，是一部涵盖了中国金融业创业期间的发展进步史。卞氏“忠贞榴瑞堂”家族，在民国期间有多人从事金融职业，他们是卞寿孙（卞白眉）、卞福孙、卞喜孙、卞凤年、卞乔年，他们以家族“忠孝责任和以民生强盛为己任”的共同价值主张，推进了我国金融业文化提升。

以上卞氏“忠贞榴瑞堂”家族，以“家族八项爱国特质文脉”现象表明，以卞士云、卞宝书、卞宝第等为代表的“忠贞榴瑞堂”家族群英谱，在百年的国难屈辱史时期，彰显出卞氏家族满门忠烈、责任担当、捍卫主权、同仇敌忾、舍生取义、前仆后继、自强不息、励精图治的爱国忠贞家族精神，扛起了中华民族百年不畏强暴、抗击侵略、恪守尊严、捍卫国土的家族责任和国家使命，展现卞氏“忠贞榴瑞堂”家族以集中具有“忠贞世家和创新世家”家族输出特征，每当民族遭遇不同危难之际，族人依据能力，主动承担重大责任风险，解决问题，实现社会公共利益的功德性目标。

卞氏“忠贞榴瑞堂”家族，“以爱国主义为核心的家族精神及管理、科技创造为核心的时代精神”，以“捍卫国土安全主权和金融经济主权”家传事例的历史，以持续恪守千年“忠孝责任”家训和遵循“以民生强盛为己任”家风，构成近200年积极承担社会责任而功德积累的家族史，在“贡贤、献猷、立功、兴利”的“报国之道”4方面，传统“忠贞世家”，当之无愧！

二、东方名门望族具有价值体系统一性的爱国忠贞精神

我国传统“名门望族”精神，由于连年来各种运动的侵蚀，现已支离破碎、面目全非。但东方传统“文化家族”精神，是以“家风道德情操的教养、独立自由不畏强权的意志、在国家危难之际积极承担起公共责任的行动力”为支撑，构成推进社会和国家发展和进步的先驱者、引领者。尤其反映在国家危难之际，能否主动承担责任，是考核其族群是否存在“爱国忠贞精神”特征中最重要的指标要素。即在国家遭遇危难之际，能否挺身而出，以生命相许，舍生取义、为国捐躯而守护国家秩序安全的底线，履行社会公益性义务，这不仅体现爱国忠贞精神的责任情怀，更反映出家庭教养、独立精神行动力的全貌。

三、卞氏“忠贞榴瑞堂”家风文化“目标管理”的激励体系，是中华民族千余年传统人文科学领域的文明，属于非物质文化遗产的宝贵财富

卞氏“忠贞榴瑞堂”家风文化“目标管理”的激励体系，作为中华民族传统家风文化的实施方式，全部符合日本实业家稻盛和夫在所著《调动员工积极性的七个关键》中的方法内容构成，将其方式全部移植至卞氏传统“忠贞世家”家风教育中，作为以卞氏“忠孝责任和以民生强盛为己任”的家族文化，调动族人生命过程中目标导向的方式案例，提升了卞氏家风文化认知和践行体系，通过将族人作为共同遵循祖德家风文化的血脉之人；将家风作为族人们共同恪守、督促的家族传统价值体系文明而形成相互尊重、信赖的家族大环境；进而阐述“忠孝责任”家风内涵的意义；揭示东晋忠臣卞忠贞公“忠贞世家”家风所确定人生高度、明确人生使命，提升族人对社会责任、家族责任的大目标、大境界、大格局；明确卞氏族格中忠孝和强业即精神文明和物质文明的人生使

命；促使族人通过不断认识、归纳家族本源、本质、共性的血脉基因性格，研究和掌握族人性格特质所具有的共性因素，选择职业领域、规范强业方式，通过持续优化完善，不断讲述和贯彻家风正义性的价值主张，学习族人中忠孝先贤榜样，认知、践行、提升祖德家风文化愿景目标；通过不断学习，提升族人自身能力和技能方法，分析、判断、选择客观的善恶行为，明确族人行为恪守的人性底线，升华心性，培育习惯，提高了族人整体定位素质和人生所追求价值的品质内涵格局，追求卞氏祖德确定的人生家国责任，形成卞氏“忠贞榴瑞堂”家族作为“名门望族”，其族人所具备的良好教养、独立人格、责任担当的家族精神。

四、卞氏“忠贞榴瑞堂”家族，拟将扬州广陵路“卞府”宅院作为爱国主义教育基地，申请组建“护城抗夷史纪念馆”

卞氏“忠贞榴瑞堂”家族，拟将扬州广陵路“卞府”7000余平方米家族宅院作为爱国主义教育基地，以“忠贞榴瑞堂”家族为主导，以“民办非企业单位”为模式，申请组建“卞氏千余年‘忠孝责任’家风百年驱夷爱国史和扬州七百年‘忠贞爱国’城市精神护城抗夷史纪念馆”。由于扬州卞氏“忠贞榴瑞堂”家族170余年忠贞爱国史与扬州700年抗夷护城史有着重要交集，为此，卞氏“忠贞榴瑞堂”家族，以“忠孝责任”作为中华民族千年人文科学的传统成果，“以民生强盛为己任”家族之道的明德、亲民、止于至善为导向大格局，以提升各传统家族中“家道、家风、家学、家业”平台为出发点，重塑中华民族传统道德精神信仰，将“以人为本”作为出发点，以国人的“忠孝责任”为追求，实现人生积善、积德、积功的意义。

卞氏“忠贞榴瑞堂”家族以近200年历史所秉承“忠孝责任和以民生强盛为己任”的家风模型，继承传统又有所创新，实现了“家族八项爱国特征指标”的人文成果，以构建“扬州家族和城市抗夷纪念馆”的举措，彰显以千余年“忠孝传家”家风为文化信仰基因的延续，以传统“忠贞世家”声誉为尊严，以民族核心利益不容侵犯为底线，必将影响国人的责任意识。推进全社会精神文明建设，为人民有信仰、民族有希望、国家有力量，不懈推动着国家科技发展、创新进步，助力实现和谐社会。

卞世传，沈阳市八达能源技术研究所所长，高级工程师。专业领域为电气自动化、流体机械、节能环保。主要学术兼职有：辽宁省环保产业协会噪声与振动控制专业委员会主任委员、沈阳市中小企业“节能减排”公共服务技术示范平台负责人、沈阳节能协会会长。

在姓氏文化推广方面，担任卞氏文化研究会副会长，2009年写有《怀念叔曾祖卞孝萱》一文，发表于常州《谱牒文化》；组织编辑《云贵总督卞三元》《护疆忠贞卞宝书》《闽浙总督卞宝第》等书；每年主编卞氏家族新年挂历，赠送给族人，并规范卞氏宗族愿景、使命、核心价值观，挖掘、守护、弘扬家族千年“忠孝传家”的家风文化。

试论三国优秀人物美德对现代好家风建设的影响与作用

谢 超 苏飞跃

家庭是践行社会主义核心价值观的基本场域，家风建设是社会最直接的德育方式。中国历代英雄豪杰、仁人志士的价值追求、处世原则、行为规范，为一代代人及家庭遵守、传承，这些优秀人物成为中华传统文化传播的重要载体。

三国文化是中华优秀传统文化中一颗璀璨的明珠，三国时期是中国家风建设的重要探索和发展期，三国优秀人物展现出来的优秀品质和传统美德，对后世的家风传承与发展产生了极其深远的影响，对中华好家风的形成和传播起到了积极的推动作用！

一、三国优秀人物美德研究是中华好家风研究的重大课题

党的十八大以来，习近平总书记在不同场合多次谈到要“注重家庭、注重家教、注重家风”。家庭是社会的基本细胞，是个人与社会连接的纽带，家风是一个家庭的精神内核。2017年1月25日，中共中央办公厅、国务院办公厅印发的《关于实施中华优秀传统文化传承发展工程的意见》指出：“广泛开展文明家庭创建活动，挖掘和整理家训、家书文化，用优良的家风、家教培育青少年。”中华优秀文化哺育了优秀的中华儿女，中华优秀文化中的好家风是我们民族强大和自信的重要精神支柱。中华历代优秀人物折射出来的良好品质和家风传承，为后世津津乐道，特别是罗贯中以《三国志》为基础创作的《三国演义》，雄踞古代四大名著之首，在我国家喻户晓、妇孺皆知，不少人从小熟知三国人物、三国故事，并对他们人格的形成、日常的行为产生了不可忽视的影响。

因此，对三国家风的挖掘、研究与传播是现代好家风建设研究的重大课题。提炼三国优秀人物的思想、行为美德，传播他们著名的箴言、警句，宣传他们的光辉形象，有助于现代人民公仆精神的培养，有助于现代企业家精神的提升，有助于青少年良好道德品质的形成。加强对三国时期好家风的研究和应用，对提升广大人民群众的人文素质，推动社会主义精神文明的建设，增强中华民族的文化自信，有着非常积极的作用。

二、三国优秀人物美德是中华优秀传统文化的生动表达

东汉末年，群雄并起，人才辈出，以曹操、刘备、孙权为首的英雄人物分别建立了魏、蜀、吴三国政权。后人陈寿的《三国志》、罗贯中的《三国演义》，对 200 多位三国优秀人物进行了深入的刻画，国内外影响深远，不少优秀人物的传奇故事人们耳熟能详、深入人心。中华民族是崇拜英雄的民族，这些优秀人物的道德准则、思想作风、价值取向、精神追求生动表达了传统优秀文化，为形成新时代的良好家风提供了丰厚营养。现以几位典型三国优秀人物为例，诠释他们的美德，简析其对后代的影响。

1.“非淡泊无以明志，非宁静无以致远”“鞠躬尽瘁，死而后已”之诸葛亮

“夫君子之行，静以修身，俭以养德。非淡泊无以明志，非宁静无以致远”，出自三国时期蜀国丞相诸葛亮 54 岁时写给 8 岁儿子诸葛瞻的《诫子书》。其本意为：有道德修养的人，他们以静思反省来使自己尽善尽美，以俭朴节约财物来培养自己高尚的品德。不看轻世俗的名利，就不能明确自己的志向；身心不宁静就不能实现在远大的理想。用现在的话来说就是：只有忍得住诱惑、耐得住寂寞，才能静下心来认真学习、踏实工作，只有这样才能实现自己远大的理想。这两句话现在浓缩为：“淡泊明志，宁静致远”。古往今来，许多卓有成就的人正是践行了“淡泊明志，宁静致远”的信条，才名扬天下。《诫子书》被后世奉为家庭教育的圣典传诵和践行，特别对青少年的健康成长有着非常重要的指导作用。历朝历代的诸葛亮后裔中没有出现贪官，就是受该书和先祖诸葛亮的影响。

“鞠躬尽瘁，死而后已”出自诸葛亮的《前出师表》，这句话的意思是：对自己肩负的任务一定勤勤恳恳、竭尽心力，一直工作到死为止。这句话充分体现

了他心存社稷、无怨无悔的担当精神，体现了他高尚的人格魅力和职业操守，体现了他崇高的家国情怀，唯有这种情怀和担当精神才能做到“死而后已”。明嘉靖年间，诸葛亮第四十世孙诸葛岘官至刑科给事中，立朝端正，忠直敢言，不图名利，弹劾奸佞，正气浩然，后因劳累病死任上，就是诸葛亮当年形象的延续。诸葛亮这种高尚情操和无私奉献精神就是现在提倡的人民公仆精神，应该成为仕途之人追求的一种精神境界。

2.“勿以恶小而为之，勿以善小而不为”之刘备

历代刘氏宗谱重点记载了蜀国皇帝刘备的这一条遗训。当年刘备与东吴孙权发生战争，兵败奉节白帝城，托孤丞相诸葛亮时，给后主刘禅写的遗书《遗诏敕后主》中写道：“勿以恶小而为之，勿以善小而不为。惟贤惟德，能服于人。”基本意思就是：不要认为坏事小就去做，好事小就不去做。只有贤明、品德高尚的人，才能让人信服。这样，才能得道多助、家庭安宁、国家兴旺。这里的“恶”也可引申为不好的事，既然不是好事，肯定会危及自己、家人或社会，肯定不能去做；“善”也可引申为正确或应该做的事，做好事能帮助别人排忧解难，陶冶自己的情操，提升自己的德行，是双赢的事情，何乐而不为呢？

刘备是三国时期难得的仁义之君，他始终仁德为先、爱民如子，从不妄自杀戮，深得百姓爱戴。俗语云：得民心者得天下，正是刘备的仁义之举让他能在曹操、袁绍的强大势力中间周旋而不灭，即使东奔西走投靠他人也备受欢迎。刘备的善举赢得了关羽、张飞、赵云的生死追随，赢得了诸葛亮的鞠躬尽瘁，赢得了蜀汉政权的成功建立。

刘备提出的这条箴言已经成为现代为人处世遵循的是非善恶取舍和个人行为标准。

3.“重贤任才、尚礼重法、倡清廉风气、重视教育”之曹操

曹魏之主曹操有雄才大略，他用武将知人善任，用谋士博采众长，用文臣不重虚誉、唯才是举。他三下“求贤令”，选拔和任用有才之人。打破世族门第观念，网罗中下层人物，抑制豪强，加强集权。对选用的官员要求“明达法理”，能行法治。他还提倡廉洁，他用崔琰、毛玠掌管选举，“其所举用，皆清正之士，虽于时有盛名而行不由本者，终莫得进。务以俭率人，由是天下之士莫不以廉节自励，虽贵宠之臣，舆服不敢过度”。通过这恩威并济的手段，让当时的社会风

气得到好转，他倡导的廉洁风气深为后世仿效和赞扬。他重视家庭教育，明确教育目标，倡导文武兼习，在实践中锻炼、选拔接班人。

曹操严于律己、以诚服众，从他“割发代首”一事可见一斑。有次出征曹操亲下军令：“行军士兵不准践踏麦苗，违令者处斩。” 但行军途中路过麦田时，恰逢一群鸠鸟突然飞起，在曹操的马前掠过，马一惊吓踏进了麦田地。曹操作为法令的制定者，为了遵守法则，维护军令，就割下了自己的一绺头发，交给了主簿以示处罚。在当时刑不上大夫的规则下，在“身体发肤，受之父母”这种深入人心的观念下，头发就是生命，不能有一丝损坏，毁了头发就是毁了生命。曹操作为丞相，割下一绺头发以示斩首，这是非常难能可贵的，在当时军中也确实起到了警示作用。他的这种行为，对如今的法治社会和军队管理影响很深，法律制定者要做到有法必依、违法必究，同时也要宽严相济。

曹操在病危时，特别嘱咐儿子们，他的葬礼要一切从简，不得铺张浪费，也不能强迫民众为他吊丧。这种节俭精神在当时士大夫特别是帝王一级层面难能可贵，这种强调死后不铺张浪费的精神，对后世丧事从简有很大的指导和参考意义。

为了激励孩子发愤学习，他颁布《诸儿令》：“儿虽小时见爱，而长大能善，必用之，吾非有二言也。不但不私臣吏，儿子亦不欲有所私。”意思是：儿子们小的时候，我都喜欢，但是长大了，我会量才而用，说到做到。对部下，我不偏心，对你们，我也公正，唯才是举，最有才能的人，才配当我的接班人。他坚信“德厚流光”，选择老师重德行。要求诸子兼习文武，全面发展，但允许有偏好。为后代家庭教育和全面发展提供了很好的借鉴。

蜀汉名将关羽将忠义两全、义重如山的做人精神演绎得淋漓尽致，成为后世学习的榜样。建安五年（200）刘备败逃投奔袁绍，关羽战败被生擒，不得已而投降，曹操待以厚礼，任命为偏将军。后关羽斩颜良、诛文丑，帮曹操解白马之围，被封为汉寿亭侯。但关羽重桃园三结义之情，曾对张辽叹息道：“我知道曹公对我的厚爱，但我受刘备将军的厚恩，发誓共死，不可背弃。我终不会留下，在为曹公立下功劳后我便会离去。”而他心中更是觉得刘备想匡扶汉室是正统思想，是国家大义，应该与刘备志同道合，甘苦与共。所以在得知刘备消息后，立即尽封曹操赏赐，留书告辞，回到刘备身边，这充分体现了他对兄弟的忠诚和国家大义。

后来赤壁之战，曹操兵败华容道，关羽念曹操当年知遇之恩，放曹操一条生路，将“情义”二字演绎得淋漓尽致。后世皇帝对关羽的忠义相继给予封赠，从宋徽宗封忠惠公开始，到明万历四十二年（1614）明神宗封三界伏魔大帝神威远镇天尊关圣帝君，至清世祖顺治九年（1652）封忠义神武关圣大帝。这确定了关羽在民间武圣的地位，其忠义两全、义重如山的美德被广泛传扬，成为中华传统文化中的忠义两全的代表性人物。

孙权知人善任、长于隐忍、聪明率性、善守基业的性格，为他18岁首担重任、53年的帝王管理奠定了基础。孙权为人节俭，称帝迁都建业时，不建新宫殿，因陋就简沿用旧将军府寺为宫，至赤乌十年（247）腐朽损坏后仍仅以武昌宫加以重建，可见其爱惜民力。他善于听取意见，如对内听从陆逊之言，令诸将增广农田、拓开屯田，且扩大屯田面积，并将驾车的牛改作耕牛，亲自耕田，鼓励将吏屯垦。对外通达、联蜀抗魏，将祖宗的基业在自己手中扩大，属于守业有成的代表人物，成为后世学习的榜样。

孙权的处世经验和管理思想为后人所认同。《三国志》陈寿评说：“孙权屈身忍辱，任才尚计，有勾践之奇，英人之杰矣。故能自擅江表，成鼎峙之业。”他的这种隐忍精神也是一种知己知彼、求真务实、稳健发展的思想行为，为后世不少杰出人物所认可和仿效。

4.“只有断头将军，没有投降将军”之严颜

严颜是三国时益州牧刘璋手下的一员战将，镇守巴州（亦称巴郡，郡治江州，今重庆市主城）。严颜是一名忠将，他得知刘璋已投降刘备，十分痛心，不齿刘璋所为，决定死守江州，誓不投降。但因粮少兵缺，又无后援，因此按兵不动，欲避张飞锐气，乘其不备，再出城一战，擒住张飞，保全巴州。后张飞用计生擒严颜，并决定斩杀严颜，以消几天来心中憋着的怨气。但又爱惜严颜武艺不凡，是他入川后少见的勇将，不忍轻易杀掉，想收为己用。但被严颜反唇相讥，并引春秋时巴国将军巴蔓子宁愿自己刎首也不丢城的故事来表达宁死不降的决心。张飞见严颜不但有勇有谋，而且忠于社稷，心系黎民，肃然起敬，于是躬身下拜，义释严颜。严颜怨恨刘璋无节，钦佩刘备统一天下的大志，思虑再三，最终决定协助刘备兴复汉室，成就一段佳话。他的出生地忠州（现忠县）就是唐贞观八年（634）唐太宗嘉其忠义而赐名。

罗贯中为其题诗：

白发居西蜀，清名震大邦。
忠心如皎日，浩气卷长江。
宁可断头死，安能屈膝降?
巴州年老将，天下更无双。

苏轼为其题诗：

先主反刘璋，兵意颇不义。
孔明古豪杰，何乃为此事。
刘璋固庸主，谁为死不二。
严子独何贤，谈笑傲砧几。
国亡君已执，嗟子死谁为。
何人刻山石，使我空涕泪。
吁嗟断头将，千古为病悸。

严颜宁做断头将军、不做投降将军的忠于社稷、忠于人民的忠义精神成为军人的榜样，也成为现在军风、国风的有机组成部分。

除刘备、诸葛亮、关羽、严颜、曹操、孙权外，其他如蒋琬的宽宏大量、赵云的赤胆忠心、吕蒙的好学向上、鲁肃的仗义疏财等都为民间所津津乐道，是家庭建设的基本遵循，成为后世各自姓氏好家风传承的标杆性人物，他们的个人道德、家庭美德、社会公德和国家品格成为传统文化的有效载体，是家族生生不息的精神脉搏，是中国道德思想的重要组成部分，为中华好家风的形成和发展起到了举足轻重的作用。

三、三国优秀人物的美德

从对前述几位优秀人物的解析可以看出，三国优秀人物的美德集中体现在三个方面：忠于社稷、人民公仆的担当精神，诚实守信、取信于民的忠义两全精神，严于修身、重视家学传承的兴家旺族精神。他们的美德对后世各姓氏的家风产生了积极而又深远的影响，是中华优秀传统文化的典型范本，是弘扬社会主义核心价值观的重要源泉，是做好现代好家风建设可以借助的有效手段。特别是国家公职人员、企业家和青少年更要学习这些美德，传承这些精神。

1. 在公职人员中传承家国情怀和公仆担当精神

三国优秀人物天下兴亡、匹夫有责的家国情怀，鞠躬尽瘁，死而后已的公仆担当精神，彰显了他们对国家和人民的热爱。在国家公职人员中宣传和学习三国优秀人物的美德，有利于树立他们的大局意识、公仆意识，培养他们养成在家尽孝、为国尽忠的良好品行，以及家国情怀和担当精神，引导公职人员在个人发展过程中把个人利益、家庭利益和国家利益有机结合，更好地为中国人民谋幸福、为中华民族谋复兴。

2. 在企业家中培养和弘扬诚实守信、一诺千金、重情重义的企业家精神

当前全国上千万的企业主，有的企业主叫商人，有的企业主被称为企业家，他们之间的本质区别是什么？关键就是看企业主是否具有承担社会责任的意识和精神。“弘扬企业家爱国敬业遵纪守法艰苦奋斗的精神，引导企业家树立崇高理想信念。加强对企业家特别是年轻一代民营企业家的理想信念教育和社会主义核心价值观教育，开展优良革命传统、形势政策、守法诚信教育培训，培养企业家国家使命感和民族自豪感，引导企业家正确处理国家利益、企业利益、员工利益和个人利益的关系，把个人理想融入民族复兴的伟大实践。”爱国敬业、遵纪守法、艰苦奋斗的企业家精神与三国优秀人物讲仁爱、重忠义、求大同、惠民生、守诚信等思想是一脉相承的，在企业家中大力宣传、学习和弘扬三国优秀人物的美德，有利于培养优秀企业家精神，推动企业家带头依法经营，自觉履行社会责任，为建立良好的政治生态、净化社会风气、营造风清气正环境多做贡献。

3. 引导青少年认真学习三国优秀人物美德

三国优秀人物品性美德在家族传承、不断熏陶下，潜移默化地影响一代代人的思想行为，对青少年的影响尤其突出。我们要利用青少年喜读、喜看《三国演义》的特点，家庭、学校、社会要关注和引导他们对三国优秀人物的正确解读，让他们以三国优秀人物为榜样，树立远大志向，提高道德修养，将三国优秀人物的美德物化为自己的思想行动，做到孝顺父母、兄友弟恭、待友诚信、为人正直、处事循义，尊老爱幼、尊师重教，从而形成正确的世界观、人生观、价值观和家庭观。

四、挖掘三国优秀人物美德，探索好家风建设有效路径

在政府权威、社会引领、学校智力支持下将精神理念转化为具体行动，逐渐形成现代优良家风。

学校，是人们接受教育最系统、最高效的场所。学校要把家庭教育纳入教育体系中，通过总体设计将理论研究与实践探索相结合。在理论研究方面，鼓励学界对三国优秀人物美德的理论探讨与研究，鼓励举办家风文化理论的研讨会或讲座。在实践方面，通过“家长会”“家长委员会”“校园开放日”等形式，对家长进行指导，普及三国文化基本知识，培养家长对家风家训的兴趣，增强对家风的认同，并加强好家风之间的互动，营造一种家风传播辐射的氛围。

参考资料：

［1］中共中央办公厅、国务院办公厅印发《关于实施中华优秀传统文化传承发展工程的意见》（2017-01-25）.

［2］陈寿.三国志：蜀书［M］.北京：中华书局，1959.

谢超，大学本科，重庆奉节人，姓氏文化学者、谱牒信息化专家，重庆市三国文化研究会副会长，重庆市轩辕文化研究会谱牒文化专业委员会会长，人生谱·家谱数据化云平台CEO，重庆修谱文化传播有限公司董事长。

主要从事传统文化信息化、基层社会组织、基层党群团组织研究及姓氏文创项目规划与实施，主编高校教材2部，发表论文10余篇，主持、参与省级课题5项，承担家谱数据化项目数十项（涉及人口数十万），参与多个姓氏文创项目。

苏飞跃，本科学历，副研究员，重庆市教育学会副会长兼秘书长。

主要从事学校德育、教育管理与统筹城乡教育发展研究，主持部省级以上课题和实验9项，主持主编《城乡教育一体化重庆探索》等著作13部，发表论文40余篇，曾荣获省部级教育科研成果一等奖、教学成果二等奖和社会科学成果三等奖。

（原载《人民周刊》，2019年第14期）

中华百姓宗祖与关公文化
——谈关族独有的道德精神楷模公民

世 诚

一、关公文化概论

1. 关公文化的形成

关公是与孔子并列中国“圣人”之冠的“武圣”。作为中国特有的一种文化现象——崇拜文化，在中华文明5000年间，于华夏大地造就了上百位被民众真心实意崇拜的对象。说句实在话，崇拜这个、崇拜那个，无论秦皇汉武，还是唐宗宋祖，抑或无论是智圣诗圣，还是科圣兵圣，中国人在近1000年崇拜文化大行其道的岁月里，最为崇拜的人物还是文武二圣人。这里，对于关公的崇拜尤为甚之。以立朝276年的明代和立朝267年的清代为例，在这500多年间，关公崇拜可谓登峰造极，全国各省各府各州，乃至各县各镇各村，几乎无处不立关帝庙，民众对这位“武圣人”兼“武财神”的崇拜达至极致，家家户户都供奉“关老爷”。这种崇拜不单单限于汉族，满族和蒙古族等中华民族的各个少数民族对于“关老爷”也是顶礼膜拜。明清两朝，中国境内的关帝庙之数量稳居全国各神祇庙的首位。

从北宋的关公崇拜开始盛行，到南宋再到元明清三代再到民国时期，以关公为象征和旗帜的意识形态在华夏大地愈来愈炽热，以至在东南亚各国的华人华侨中，乃至各国各地的当地民众之中，对“关老爷”的崇拜和祭祀也是越来越高涨和普及。以我国的宝岛台湾为例，到了近代社会，全岛计有林林总总的关帝庙388座。时至今日，在中国台湾，每年到各个关帝庙祭拜关公的民众，不低于1000万人次。在大洋彼岸的美国，数目庞大的华人华侨组建了一个崇奉祭拜关公的民间组织——旅美炎黄世胄关圣研习联谊总会，在全美 50 个州建立了 170 个分会。

关公崇拜至今整整 1000 年了。这一空前绝后的现象之所以千年不衰，当然遵从了一定的因果规律，因而促进了中国社会公序良俗的发展，促进了几十代人道德情操的自律和自励，具有无可替代的深远久长与潜移默化的特殊功能。我们今天思索和研究关公崇拜的根源，改善甚至再建民族道德体系，重塑信仰，俾对国家并社会治理的全局产生一定的作用。这就是我们深入探讨关公崇拜现象来龙去脉的重要现实意义和深刻历史意义。

2. 关公从“一介武夫”成为中华民族之精神道德楷模

关公生前为将为侯，死后封王、封帝、成圣、成神！成为“忠义仁勇”集于一身的中国道德精神的化身。从关公生活的年代至今，关公文化不断地提升演进，至此形成了独特的文化特点。我认为关公文化体现了为人处世的行为规范、中华社会交往的准则、文化的包容、民族的融合等特点，关公是中华民族的文化道德精神楷模。

1000 年来的历史长河中，经过几十代人的努力，我们的关羽从“一介武夫”成为一个超国籍、超信仰、超民族、超时空的人上之人、帝上之帝、神上之神。

关羽以及由之而生成的关公，在广被社会基层民众崇拜与认同后，再被历代民间列入祭祀行列，而又再被文化艺术合力宣扬，于是因而又被王室谥封推崇，再而由王室到官吏，又作用于民间，在这样一个来回作用与反作用过程后，关公文化历经千余年的发展完美，使关公成为一个超时空的各种美好道德形象代表，并以“神”这个特殊的文化形象扎根在中华文明史中，与我们民族千百年同在，历经风雨而永不泯灭。

3. 关公成为“全民崇拜之神”

关公是“儒释道”所共同尊崇的圣人（儒家尊为“武圣”，佛教尊为“伽蓝菩萨”，道家尊为“关帝”）。同时不只于此，还有结义神、黑白两道神、皇家神、国防神、战神、门神、财神、乡里神、江湖神、全民神、移民神等等。

中华全能的保护神——求子、求医、祈福、求雨、御敌、诛叛、司命禄、佑科举、治病魔、招财、驱邪恶、祛灾害等无边法力的全能保护神！

不管持任何世界观的学者或政治家，必须承认一个事实，即今天现实中，无论怎样评价中国历史，千余年的历史长河中，或更早的历史时段中，关羽受到的崇拜，形成的庙宇、殿堂、灵位及其信众虔诚礼拜，是任何人、任何帝、任何神都不可匹敌的。很简单，仅从国内外现存和现在还在不断受祭拜各种神和人的重要载体——庙、寺、坛、院而言，是无论什么时代或任何宗教主持建筑及任何崇拜目标的时间、地域，以及崇拜人群的界别分类和民众数量，关公崇拜是遥遥领先的，是绝对第一位的！此中，我们也绝不可忽略普及民居家庭院落、个人居室以及办公室一类的小小空间的各种关公祭祀……

4. 团结海外及中华民族凝聚力的象征

据著名的关公文化学者胡小伟的研究：世界上 160 个国家和地区建有关庙，但没有准确数量，据不完全统计有 3 万座。15 年前有文献表明，世界上有 144 个国家和地区有关公崇拜活动……

关帝庙是为了祭拜、怀思暨供奉三国时期蜀汉的大将关羽而兴建的。千百年来，关帝庙已经成为中华传统文化的一个重要组成部分。“县县有文庙，村村有武庙”，这是中国进入明清历史时期以后社会各界普遍祭拜孔子和关公的真实描述。据台湾专门研究宗教的张柽先生介绍：1945 年抗日战争胜利后，全国有一次专门调查统计，大陆道教庙观总数达 4.4 万多座，而且不计小山村庙殿数，每庙都有专供或合供、配供关公的。他还介绍，1956 年台湾有过专门登记，总庙宇数量达 1.7 万余座，至少有 1.5 万座庙中供祀关公。

山西祖庙入口，于右任老先生题写的：“忠义二字团结了中华儿女，春秋一书代表了民族精神。”曾有记者问陈水扁：“你坚持台独，为什么还祭拜大陆的关公？”陈水扁说：“神不分两岸！”我们信仰同一神灵，民族大团结和平统一不容置疑。

二、姓氏宗亲文化是我国传统文化的重要组成部分

1. 祠堂是中华民族姓氏宗亲文化的重要表现形式和载体

祠堂一般分为两大类：姓氏祠堂和历史名人祠堂。中国是一个文明古国，远在几千年前的夏商周时期，祠堂这一中华本土的建筑物在华夏大地就开始萌芽，经历两三千年，到了北宋已形成较完备的体系。祠堂盛于明清，尤其是清代中后期，大小祠堂遍布我国城乡各地。祠堂大多建筑宏丽、工艺精美，

集建筑、雕刻、绘画、书法、文学于一体，成语“美轮美奂”即对大姓高官之祠堂的形容。祠堂作为一种文化现象，具有深厚的历史积淀和悠远的传统风俗，千百年来为我国民众高度重视。据历史记载：宋曰墓祠，“南宋《家礼》立祠堂之制中，称家庙为祠堂”。故旧时祠堂又称为“家庙”“祠庙”，多建于墓所、宅地或家族的聚居地附近。

祠堂是“用自己存在的方式诠释时代文明”，其中所显示的强大生命力经久不衰。祠堂从一个又一个文化侧面反映了这个历史时期的社会稳定。修祠建堂是政通人和、国泰民安的具体体现。祠堂是人们祭祀祖先或先贤的聚会场所，族亲们在祠堂商议族内的重要事务。祠堂还是教育族内晚生后辈的场所，对于违族规的人要到祠堂祖先牌位前被相应处罚，对男盗女娼者和作奸犯科者一律不得进入祠堂。因而祠堂起到道德养成、教化育人场所的作用。

祠堂内供祖先的神主牌位以及香炉、烛台等祭器。四周壁上有绘画、祠联、楹联、匾牌等。祠中大多都有戏台。门上大多绘刻尉迟恭和秦琼二位猛将作为护门神。在神州大地，一般每个村庄都有祠堂，且以姓氏为基本单元建造祠堂，称呼也为“某家祠堂”“某家宗祠”。

2.《百家姓》既是一本启蒙教材，也是历史记录

在历朝历代的千百年间，炎黄子孙的《百家姓》广为流传。宗亲在历史上是血缘的标志、家族的徽章，集中体现了门第思想和宗法观念。纵观数千余年的中华文明史，不管换了多少朝代、改了多少年号，中国人的姓氏宗亲一直延续着，从未间断。我们老祖宗创建的华夏灿烂文化，后人至今仍享其恩泽。“家谱、方志、正史”构成中华民族历史大厦的三大支柱，是民族融合的特质表征，是民族文化的重要组成部分，是我国文化遗产中不可或缺的一部分。

3. 宗亲姓氏文化对关公文化的推动

关公在历史上有 5 个主要地方留下经典典故，必须提及和纪念：这就是生于山西运城，结义于河北涿州，成名于河南许昌，被害于湖北荆州，头葬于洛阳关林。

随着关公崇拜普及，国内和世界各国的关帝庙剧增，值得一提的是还有相当数量的家庙。关帝庙是关氏家族姓氏文化的载体，是华夏儿女的血缘基因，是中华文明史的重要标识，是延续华夏人类文明的活化石，也是弘扬德孝爱国的根本和源头。

中华姓氏文化蕴含着民族文明生生不息的进取精神，它是一部完整的中华民族传统文化史。中国是世界上最早使用姓氏的国家。姓氏是中华民族传统文化的重要组成部分，是中华民族根的标志，是人类社会发展进化过程中留下的珍贵的文化遗产。

关氏家族一脉相连，源于同宗。在山西运城、河北涿州、河南许昌和洛阳、湖北荆州、台湾的有关城市，以及美国等地都有关氏宗亲联谊组织，每年都有全球的关氏宗亲活动，我也参加过几次活动。这些关氏宗亲活动，不仅极大地推动了关公文化，传承和弘扬了中华优秀传统文化，也惠及众多子孙后代的教育成长。宗亲团结一致，群策群力，共商家族历史发展大计，促进宗亲团结情谊，抒发宗亲质朴情感，这是一种源自心灵深处的震撼，在这生生不息的文化源脉中得到精神涵养的升华。

4. 民间社会信仰的需要

有研究人员证明，警察的前身——衙役拜关公，最早始于北宋。这种信仰的形成很重要的原因在于关公的身份，他当过别部司马，相当于捕头，即负责地方治安的官员。关公忠义的性格特点和伏魔大帝的传奇经历使他到了北宋时逐渐演变为保佑治安的神，并且一直延续至今。

关公是武财神！是商业的守护神，更有趣的是理发业、屠宰业、刀剪铺业，因为他们的工具都是刀，而关羽的兵器就是青龙大刀，也把关公奉为他们的神。

三、弘扬关公文化与现实社会相结合

中华姓氏文化是中国历史上发展形成最长久的，根植于中国传统文化的，人与人社会关系的一种形态结构。自有文明史以来，中华民族的基本单元是由姓氏宗亲家族组成的，炎黄子孙、华夏儿女几千年来上敬祖宗、下泽后裔、上慈下孝、扩大联亲、溯本家谱，昭示后人。传统中国是“家国一体”，“家”即缩小的“国”，“国”即放大的“家”。这样一种定式在全世界人类发展史上具有独特的地位，是中华民族数千年繁延传承而生生不息的珍贵人文、历史、地理“遗产”。中华姓氏文化活动凸现了中华儿女对自身历史感、归属感、道德感和责任感的不断体验和不懈追求。

中华民族历来以炎黄子孙而自荣、华夏儿女而自傲，始终将炎黄二帝和蚩尤作为共同的人文始祖和精神偶像而顶礼。这种以血缘、宗亲为传承纽带，对共同祖先形象的塑造，对民族渊源的追述，构成了中华民族文化多元一体化和连续传承性的认同基石。

我们每当在海外见到华人华侨，听到乡音，倍感亲切，“血浓于水”的由衷之情便油然而生，这种款款深情是欧美人所无法理解的。我们的姓氏、名字、称谓等早已锁定我们是中华民族大家庭的一分子，也是几千年来的血脉传承的浓缩。

中国古人云：“君子有三畏，畏天命，畏鬼神，畏圣人之言。”这一箴言充分体现了中华民族的历代先民对祖先和大自然的敬畏！在敬畏祖先、敬畏前辈、敬畏神灵的同时也自然而然地得到心灵的净化。

关公文化学者胡小伟曾说：“一个民族的道德不可能引进，它必须根植在自己的历史文化之中。”关公是我们中华民族道德精神的楷模，关公一世风范所凝聚成的 4 个大字“忠义仁勇”，也是华夏儿女为人处世和毕生遵循的标准，也是关公文化精神的具体体现，因而分布于全球各国和各地数以万计的关帝庙理应成为世界华人亲情的桥梁和宗祖文化联系的纽带，成为纪念中华历代宗祖、继承中国精神和传承民族优秀传统文化的基地。

习近平总书记指出：“我们要坚持道路自信、理论自信、制度自信，最根本的还有一个文化自信。”那么，何谓文化自信？文化自信是一个民族、一个国家，以及一个政党对自身文化价值的充分肯定和积极践行，并对其文化的生命力持有的坚定信心。

如果将关公文化的精神植入贯彻到一个国家、一个民族、一个企业甚至每个国民的骨髓之中，那么这个国家、这个民族、这个企业将成为精神巨人，可以肯定他们在前进的道路上，必将实实在在立于不败之地。这种精神是强大的、是内在的。我想关公文化正是中华优秀传统文化的重要组成部分，推动关公文化必将有力地提振民族自信心和文化自豪感，功在当代、利在千秋。

笔者认为：关公文化具有独特性、代表性、包容性，千年传承，集中而精确地彰显和诠释了民族精神。关公文化是中国传统文化的综合优选，也是中华民族美好希望的集中体现，我们必须给予传承和弘扬！

世诚，京东峨眉山关帝庙庙工。

毕业于首都经贸大学经济信息管理专业，后在经济管理学院、党校研究生班（领导干部班）进修。师从于经济学家、教育学家罗元章教授。

从事IT营销和传媒20余年，2007年起，立志研究关公文化，致力于“关学”的创立与深度打造，向全国乃至世界大力推崇“忠义仁勇”的传统国学精粹。先后完成“汉寿亭侯关公”标志设计并注册成功，又经由百余名人题写，完成“武圣关公诔”并推出关公系列文创产品等。

2016年5月成立关公文化专项基金并于当年6月20日由世诚个人出资修缮北京平谷京东峨眉山关帝庙。先后完成民国十三年版《关帝灵感录》《关帝灵签》《关帝明圣真经》等整理及助印工作，印制了非遗传人所刻制的关公木版画，开设中华禅武大讲堂、敬老公益素斋，遍访世界各地关庙（横滨和大阪、台湾、福建、五台山、海南等地关帝庙）。为纪念中华历代宗祖和缅怀中华抗战英烈，恭敬庄严地设立“中华百姓宗祖祠”和“中华英烈祠”等。

出版有《中国品牌战略闯与创》《中国梦、科技梦——中国高科技企业品牌》等专著。同时义务演讲“关公文化研究——中华第一神明”多场报告。

对家族文化的执着与坚守

——不忘初心，从事古氏文化研究与传播 30 年略述

古小彬

中华优秀传统文化是现阶段治国理念的重要来源。弘扬中华优秀传统文化是每一个中华儿女应当肩负的历史使命。为推动古氏文化传承与创新，促进交流，致力于古氏文化事业的繁荣发展，笔者近30年来，风耕雨种、坚持不懈、饱经风霜。

古氏，是个多民族的大家族，有着悠久的历史、辉煌灿烂的文化。数千年来，古氏大家族在漫长的历史长河中，耕读传家，艰苦奋斗，勤劳俭朴，热爱生活，关心民生，充分利用各自的资源优势，发挥聪明才干，为社会谋福祉，为国家做贡献，从而诞生了可歌可泣、不胜枚举的杰出人物，衍生了许多世代口碑相传的传奇故事。因此，古氏大家族的优良品德得以传承，古氏传统优秀文化得以弘扬。

一、吃水不忘挖井人

饮水思源，慎终追远，怀宗念祖，敦亲睦族，是中华民族传统美德。而饮水思源的举措，常常表现在“寻根”“谒祖”“修祖墓”“建祠堂”“编族谱”“宗亲联谊”“氏族恳亲”等事情上。

说起对族谱的认识与了解，得缘于少小时期家父的口传。那时，经常听父亲谈起与族谱相关的话语，譬如：“查看一下族谱，对祖先的墓葬所在与方位要搞清楚，不要拜错祖先了”“要把去年生卒、嫁娶的人名，誊写到‘鸿丁谱’上，以备将来修族谱之用”“六月六，晒谱日，这天把族谱拿出来晒晒，就不会被虫蛀”等等。也就是从那时起，对族谱充满好奇心，总想揭开那神秘面纱，也激发我对族谱的浓厚兴趣，敦促着自己要去弄清楚各个支系的源流与分布。

大陆族谱，在历经“文化大革命”之后，尚存无多，所以，要查找各系的谱

牒，则困难重重，个中辛酸，不是每个人都能体会的。路不行不达，事不做不成。我从1989年初步追寻，至1991年正式涉足古氏文史资料的采集工作迄今，时光已经跨越了30多个年头，我也从19岁的小伙，即将步入“五十知天命”之龄。但在这30多年采编的岁月里，寒来暑往，足迹踏遍祖国20多个省（直辖市、自治区）的600多个市县区（有些县区还不止一次前往），可谓历尽艰辛，饱经风霜。

二、寻宗访亲的20余年

20是一个稀松平常的阿拉伯数字，20年则是一个人生的注脚！

20年，让人从呱呱坠地、嗷嗷待哺的幼儿成长为一名挺拔的青春少年，是一段充满希望的年华；让人从饱受疼爱的父母怀抱中步入求知校园继而走向社会的青葱岁月。20年，是一个让人从懵懂少年迅速走向中年的精彩魔术；是一个对事业、对生活、对万物充满激情的岁月；也是人生之中最闪光、最精彩的转折点。20年，也是一个从中年迈向老年的阶梯，犹如日暮一般，让人失去了原有的绚丽与光华，却多了洗净的铅华。

在这20余年里，也许你的生活过得潇洒得意，肆意策马奔腾；也许你创造了无数的财富，让儿孙几代人享用无穷。而我的20余年，却投向了看似枯燥乏味且毫无经济价值的“古氏文化研究与传播”，孜孜不倦、夜以继日为古氏文化传播与发展贡献着自己的微薄之力，并愿意为心中挚爱的古氏文化化身成林中的一只鸟儿，每天将它歌颂，直到它变成广袤的森林，为天下古氏不断提供新鲜的精神食粮。20余年来，为古氏文化走亲访友足迹竟已遍及全国20多个省，回想起往昔，自己心中不禁有一种“噫吁嚱”的感慨。

三、涉水跋山做调研

没有调查就没有发言权，闭门是造不出车的。为获取第一手古氏文史材料，就必须亲赴各地做田野调研。因古氏家族，多聚居乡村僻壤，故而挨门问路，走村串户，每天在重复着同样的事情。

20世纪90年代初期，乡下交通不便，没有摩托车出租，很多地方从县城到乡镇的班车，每天只有一两班。不管路途远近，不管刮风下雨，都难以阻挡我的访亲之行。

犹记在河北省访亲时，从报章里获悉蔚县下宫村乡有古氏，于是乘车前往蔚县，转乘至下宫村乡的巴士，待下得车来，时近下午 4 点多。经询当地百姓，得知苏贾堡村有古氏居住。可是从下宫村到苏贾堡，尚有一段路程，没有公交车前往，也没有摩托车可以出租，不得已，只得徒步前去。俟抵达苏贾堡村时，已是傍晚 6 点多钟了。进得村来，未悉哪家是“古家”，也只能见人就询。幸好村民热心肠，见我是外乡人，问明我的来意后，便亲自带我去到古氏长者家。

其实，在十几年的访亲道路上，徒步两三个钟头是家常便饭之事。如在海南岛访亲时，遭遇突如其来的暴雨，衣服淋湿，脱履蹚河。又如在湖南省访亲时，步行两个多钟头，翻山越岭前往古姓村寨，等等，不胜枚举。

四、住通铺、睡牛棚，吃快餐、啃馒头

日求三餐，夜求一宿。在早期的访亲岁月里，因为是自费，为节省开支，每天在外的开销都是计划经济。

早上赶车，往往顾不及早餐，即使吃得上早餐，也是 5 角钱两个馒头了事。而午餐、晚饭，则是以 2 元、3 元的快餐来填饱肚子。日后，深圳古辉宗亲经常说“冷水泡馒头，是小彬老师在外经常经历的事”。

在南方诸省尚且习惯，因为快餐都是以米饭为主。但在中原，乃至北方，餐饮多为面食，初虽不适应，但面食分量大、汤水足，亦能饱餐。到了晚上，奔波了一天，甚感疲惫，多渴求美美地、暖暖地睡上一觉。但条件所限，我只能选择车站旅馆，不仅仅是因为赶车方便，更主要的是便宜，3 元、4 元就可以住上一宿。

诚然，3 元、4 元的床位，可不是独立房间（独立房的床位价格要偏高，五六元），而是通铺，一个房间五六个床位，住宿人员也是来自五湖四海，有时睡到半夜仍有投宿之人。如此通铺，想要休息好是不太可能的。但多年如此，习惯罢了。

有旅店投宿是很幸运的事儿。记得有次在重庆访亲，因当地宗亲居住环境较差，像样的房子没有几间，我只能和宗亲主人一起，住在牛棚里。说是牛棚，也不完全准确，因为是木房子，上下两层，第一层放牛，第二层则铺上禾秆，放张席子，睡在上面也软软的“挺舒服”的，虽然有异味，或许太困顿了，竟然一觉睡到天亮。

五、贯彻新发展理念，建设现代化经济体系

然而，在田野访亲中，吃住行方面，经历了一生难忘的“吃闭门羹”“夜爬货车”“露宿街头”，每每想来，喉咙骨鲠、眼眶闪花。“露宿街头”，以前只是在书本上阅读过，在影片里看到过，根本没想到会发生在自己身上。1993 年秋，我在湖南郴州访亲，因下大雨，走路较晴日缓慢了许多，回到了乡政府所在的街上，错过回城的班车，小小的街道没有旅店，唯一的一家饮食店也早早关门收市。天渐渐黑了，举目无亲，投宿无门，不得已，只好在候车点的瘸脚板凳上时躺或坐，熬过一宿，待第二天中午 12 点，才搭上进城的第一班车。露宿街头的经历，后来在江苏省无锡市也发生过。今天谈起这件事，并不是诉苦，而是要让读者们知道，每一件事情的背后，都有着不同的辛酸。像“吃闭门羹”被拒之门外、“夜爬货车”赶往下一站，都是经常发生过、经历过的。每每经历这些，那份沮丧、那份酸楚、那份孤独、那份悲哀，油然而生。

六、近在咫尺不相识

2009 年 4 月 22 日，我和台湾宗亲古国瑞、古汉金、古进昌等，前往四川省雅安市访亲。首先，我从报章媒体里获悉雅安南郊乡澄清村有古氏，便驱车前往澄清村。澄清村“古国瑞”医生向我们介绍说，这一支没有族谱了，他们村是从望鱼镇大河乡那边迁过来的，以前拜祖时要拜三个桌子（估计是三个祖先牌）。因为他们的源头在大河乡，我们于是转道大河乡。

在大河乡（今望鱼镇周河村），经路人指点，要我们去找到“老辈子”古宗仁。古宗仁是一位六七十岁的前辈，石匠，住在山腰。我们爬上山去，老远就看见一老者在打石磨，而这位老者，就是村里人所说的古宗仁。古宗仁放下手里的活儿，端了几碗茶水出来招呼我们，当听说我们要看看他们的古氏族谱资料时，宗仁前辈脱口而出地说：你们要去广东，去找古小彬，古小彬那里有好多。

我们一听，很是纳闷，是不是他们村里人也有人叫“古小彬”（因为澄清村有位“古国瑞”与台湾“古国瑞”同名同姓），族谱在他手里。后来古宗仁解释说古小彬是广东那边的，出版了好多古家书。

至此，我们才明白他所说的“古小彬”就是我。而我和古宗仁从未谋面，真是近在咫尺不相识，只缘都是古家人。

七、住在茅草屋的遐思

访亲生涯不是一帆风顺的，也不是我们预期所想的那么乐观。1996 年，我辗转来到了四川某古家村，因为山路，道途狭小，恰值阴雨天气，走在泥泞路上本来就特别的吃力，再加上背着行囊，可谓一路走来一路愁。抵达古家村时，已是下午 3 点多钟了。在一位刘姓老伯的指引下，我叩开了古振伯的家门。振伯获悉我的来意之后，很热情地招呼我坐下。振伯带着我走访了几位长者，我只能在他们那不完整的口述中，整理出这一支脉的源流与概况。

晚饭时分，振伯家陆陆续续来了十几位乡邻，很是热闹。经振伯的介绍，才知道来的都是“家门”，因为我是“贵客”，所以邀约他们一起吃饭来了。

开饭了，饭桌上有 4 个菜：一碗干豆腐、一碗水豆腐（后来才知道是四川招待贵客必备的“豆腐花”）、一碗青菜、一盘鸡肉。

旁座的“德叔”说：难得见到“家门”，大家都很高兴，今天就像过年一样，因为只有在过年过节时，家里才杀鸡、磨豆腐的，所以大家要吃好。

受此厚遇，在不胜感激又感慨的同时，也深深体会到宗亲们那份朴实与浓情厚谊。

乡下的住宿条件不比城镇，振伯安排我住在他自己住的茅草房里。我是第一次住茅草房。茅草屋收拾得干净，显得卫生，住下也觉舒服。可是，半夜里，隔壁猪圈时不时传来猪打架的声音，夹杂着半夜进山劳作的村民说笑声。好不容易睡着，却又被冻醒，因为山里风凉，茅草屋有好几个口子，山风就是从口子里侵来的。

此时的我，不止一次地问自己：我这样做究竟是为什么啊？难道仅仅是因为姓“古”吗？姓“古”的人成千上万，有钱有权的大有人在，为什么他们不去弄清楚来龙去脉，我又何苦而为之呢？

转念一想：现在很多地方没有谱牒了，而对古氏源流、古氏文化相对了解的，也就是这些老年长辈了，趁长辈们还健在，抓紧时间做个记录，哪怕是只言片语，也很珍贵，抢救性地挖掘、整理，编辑成册，对后世子孙也算有个文字交代。

八、为 100 多个宗支寻找到根源及相关成果汇编

有耕耘就有收获，有些人收获的是名誉，有些人收获的是金钱，而我收获的是亲情、是快乐。

尽管做了 30 多年的家族文化工作，耗费了毕生心血与积蓄，也经历了靠借贷维持的苦日子，但那些都过去了。刚才都说了，我收获了别人体会不到的快乐——为海内外 100 多个古氏宗亲（宗支）寻找到了根源。譬如：

为广东省连州市鸬鹚嘴的宗亲找到根源。2002 年，居住在广州的古细强宗亲通过网络联系上我，无法判定其祖籍“斜坑”在何处。经过询问，得知其支系为客家人，应该是广东梅县佘江镇的“畲坑”。我通过族谱比对，判定无误。

为广州市白云区太和镇古屋村宗亲找到根源。应太和镇古汉明宗亲的要求，帮助他这一支系寻找祖籍。据悉，该村老村长古炳均宗长曾多年带着族谱到广东梅县丙村镇一带寻根，一直没有找到。我根据太和镇古屋村的古氏族谱线索，判定其祖籍应该在广东省蕉岭县谢陂村，并借 2009 年春组团到江西、广东联谊之机，与蕉岭县古金富宗亲联系，准备摆谱认亲。果不其然，族谱完全对接上了。

为广东省惠东县稔山镇坝子村下坝古氏宗亲寻找到根。稔山镇坝子村下坝古氏一直口传祖籍在“齐昌”、在“五华”等等。而当地宗亲辈分却已经传到四十二世、四十三世，因此，首先排除“祖籍在五华”之说。经走访长辈、查看金埕（装尸骸的罐子）、抄写墓碑文、梳理传闻逸事、遍查族谱，亲赴广东兴宁水口、湖南炎陵三口等地寻找佐证资料，最终将该支系与广东兴宁市下堡古氏支系完整对接。

为广东省惠州市惠城区惠环街道大岭下古氏宗亲找到根。2016 年三四月间，经与惠环街道大岭下古伟明多次联系，得知该支系仅知从广东五华县迁去，但不知道属于哪一支系。博罗县古宏新宗亲一直在从旁协助，仍是悬案。同年 7 月，我与中华古氏文化促进会深圳理事会常务副秘书长古达清、五华县华阳镇大拔村宗亲古彩威，专程前往惠环平南村大岭下了解情况，将墓碑拍摄回深圳。后经认真查证，结论是：大岭下开基祖“奇猷公”是从五华县华阳镇迁去，属十三世祖琢宦公派下二十四世。奇猷公生三子：三连、祖祈、三才。与遗存的墓碑文“三大房”记载吻合。

还有：为广东汕头市潮南区雷岭镇古氏找到根源（广东五华迁入），为广东

阳江市林冲古氏找到根源（广东梅县莲塘迁入），为台湾新竹古氏找到根源（广东五华县迁往），为加拿大温哥华古氏找到根源（广东梅县迁往），为四川成都市温江区古氏找到根源（广东普宁市迁往）；帮助广东梅县大坪镇宗亲找到迁往缅甸古氏亲人；帮助广东丰顺县砂田镇找到迁台湾地区古氏亲人……

总之，几十年来，通过手头资料，为几十个古氏支系找到根源，为 100 多位古氏寻亲人找到了亲属……传播正能量，我在继续着。

在挖掘、整理古氏文化的同时，整理、汇编的古氏文献有：

1994 年：主编《古氏历代人物采访录》（合编）；

1995 年：主编《新安古氏八修谱》（合编）；

1997 年：主编《古氏渊源暨分支・大陆版》（合编）；

2000 年：主编《古氏渊源暨分支・台湾版》（合编），《周都寻根》，总编《古氏史志》第 1 卷（合编）；

2002 年：编著《古姓史话》（合作编著）；

2003 年：主编《三台县新安堂古氏族谱》（合编），《新都县新安堂古氏族谱》（合编）；

2006 年：编著《北宋岭南第一进士古成之》（合编）；

2007 年：主编《古氏文选・古代卷》（合编）；

2008 年：主编《国学家古直》（合编）；

2008 年：主编《新安堂古氏大宗谱》（合编）；

2009 年：总编《古氏史志》第 2—4 卷（合编）；

2009 年：策划《华夏"古姓"五千年》电视纪录片；

2010 年：主编《西林公系古氏族谱》（合编）；

2012 年：创办《古氏通讯》报（今《中华古氏》杂志前身）；

2013 年：创建"中华古氏"网；

2014 年：主编《中国南康百家姓和谐城古氏宗祠竣工庆典纪念册》（合编）；

2015 年：执行总编《中华古氏总族谱》；

2016 年：执行总编《中华古氏宗祠图志》，主编《祖德流芳——五华县华阳镇新田重建古氏我池公祠纪念》（合编），参编《岭南首第古成之》；

2017 年：执行总编《古氏历史人物绘像》。

在网络不盛行的时代，我亲自采访调查、主笔撰写、费尽心思整理编辑的古氏文献，可以说为联络海内外古氏宗亲，起到非常积极而坚固的桥梁作用。

特别是在当今学习、生活不可或缺的网络上，只要搜索相关古氏的文史资料，可以说大部分都出自我编写的文献，如《洪洞大槐树移民志》一书中，足足10个页面转载我的调查成果；又如执笔编著的《古姓史话》一书，全书内容一字不漏地被转载入网络；其他学术论文等，亦不胜枚举。

九、打工攒钱来完成古氏文献

2010年底，广东省潮安县古镇成宗亲给我电话，说几次想问我的工作性质是什么？谁给我发工资？

我笑笑，坦言地说：我现在还在打工，有一份工作做。而对于古氏家族的事情，是自己的兴趣爱好，有一份热情在里头，20年来，都是义务工作，没有谁给我发工资，更谈不上什么奖金啦。但在1997年下半年至1999年，在西安市古培才宗亲身边时，是培才宗亲管我吃住，每月给我发工资，后因其他原因而无法继续。所以到2013年为止，都是自己想办法去筹集经费，在打工之余，来做这份工作、去完成这份神圣使命，使古氏灿烂文化得以传承与弘扬，让古姓绚丽之花在五湖四海遍开。

将我的经历简述成文字，才能体会古氏文化的传承与发展的不易，才明白了："哪有什么岁月静好，只因有人替你负重前行"这句话的含义。

30多年来，因为那份执着、那份热爱、那份家族文化的信仰，我一字一句记录、一点一滴采集，风雨不改、贫病无阻、加班加点、毫不懈怠地汇编成册，完成了别人不敢想、不敢做的事情。

古氏家族是一支庞大而优秀的家族，我为自己姓古而骄傲。

追记来时路，特写数语，与诸君共勉。

古小彬，江西省瑞金市人。福建客家研究院特邀研究员、北京联合大学客家研究中心客座研究员、海南省儋州市客家联谊会常务副会长、古氏文化促进会深圳理事会执行会长、《中华古氏》总编。

弘扬渤海家声，传承武陵正气

——不忘初心传承族规家训，牢记使命倡导优秀家风

龚泉元

一、龚姓是个血脉单一而古老显赫的姓氏

龚姓起源于上古时代部族首领共工氏的名字。中国所有古籍记载看法均较一致。譬如，《古今姓氏书辩证》指出“其先共氏避难，加龙为龚”；《姓纂》则指出“共工后有共、龚二氏”；《万姓统谱》也指出“龚氏之先共氏，避难加龙为龚”。共工，专门管理水土，因治水有功，被封为“水神”。共工后人改为龚、洪两姓，都以共工治水有功而引以为荣，尊其为得姓始祖。共工氏是炎帝系统的部族。共工氏及其儿子后土能在当时称雄九州，其实力可能与黄帝系统的颛顼不相上下。共工与颛顼争帝虽然失败了，但他触断天柱，改天换地，打破了旧世界的格局，按照毛泽东的说法，他仍然是个“胜利的英雄”。

“龚”字的本意，从甲骨文的结构上看，龚字上面是“龙”字，下面的“共”字是宗庙烧香进行“敬供”的供桌之意。这种图腾文字与我国古代的祈祷祭祀有关，该字龙在上，为恭敬无比的天上之神；共在下，为敬供摆放祭品与香火的案桌，属后生黎民百姓之意。而按古代历史的时代来看，“龚”字在春秋战国时代就有，可见“龚”字的由来是图腾化的象形字，其由来年代久远，看来这种解说字形的解说法，恰与龚姓来源于共工氏的某种天意有暗合之意。

共工之裔句龙氏为后土。《左传·昭公二十九年》也做了记载：“共工有子曰句龙，为后土。……后土为社。”句龙死后，被人们尊为后土神、社神（土地神），成为几千年来人们奉祀的祭主。中国古人将皇天与后土并称，将后土摆在与天帝并列的地位，常常以后土配祭黄帝，说明后土在当时做出过非同寻常的贡

献，值得后人永世景仰。目前全球龚姓人口达 270 万。最新全国姓氏人口排位调查结果显示，龚姓排在第九十九位。

龚姓是一个血脉单一而古老显赫、充满神奇传说的姓氏，也是在《百家姓》中唯一一个不忘祖先恩典和本源的姓氏！

二、《汉书》专为龚遂立传，渤海清风流芳千古

龚遂，字少卿，晋大夫，为山阳郡南平阳县（今山东邹城市平阳寺）人，在汉昭帝时以明习经学而公考入仕途，朝廷官位为跟随皇帝左右的郎中令；昌邑王刘贺多有不正，而龚遂为人忠厚，刚正不阿，屡屡劝谏。刘贺继位后日益骄溢，谏之不复听，因荒淫无道而被废除帝位。刘询为帝，继天子位，是为宣帝。数年以后，渤海（今河北仓县东）郡及其附近地区发生灾荒，农民起义并起，皇室多次派兵镇压而不能平息。

于是，宣帝亲自选拔能治之才。丞相、御史均举荐龚遂，遂当时已 70 多岁，身体短小，相貌平庸。宣帝召见时顿生轻蔑之意，但龚遂陈述有力，诸多良策，正中皇帝心思，皇帝听后非常高兴。欣然采纳他“唯缓之，然后可治”以及安抚教化的主张，并起用他为渤海太守，加赐黄金，赠遣书籍。

龚遂乘坐驿车来到渤海郡边界。郡中官员听说新太守来了，派出军队迎接。龚遂把他们都打发回去了。然后下达文件命令所属各县：撤销全部捕捉盗贼的通告；那些拿着锄头、镰刀等种田器具的都是良民，官吏们不得查问；拿着兵器的才是盗贼。命令一出，郡中一下子平静了下来，盗贼们都停止做坏事，渤海的很多盗贼团伙听说了龚遂的教令后，各自解散回家，放下兵器，拿起钩锄重新务农。盗贼的祸患就这么轻而易举地平息了，百姓也能够安居乐业了。

龚遂不带兵卒，单车独行赴任渤海太守，郡中安顺翕然。龚遂开仓廪，济贫民，选良吏，施教化，劝农桑。农民起义队伍看到龚遂的安抚教令，纷纷解散归田，民得以安居乐业。数年，渤海郡出现了一派升平殷富景象，诉讼案件大为减少。因遂政绩显著，拜官水衡都尉，管理上林禁苑，皇帝愈加器重，后卒于官。

汉朝起南方的龚氏族人将其认为始祖。堂号为“渤海郡”，因为龚遂为人忠厚，刚正不阿，忠孝国事，善用人才，体恤贫民……后人把龚遂在渤海的有所作

为政绩谥号“渤海家声”！为记述龚遂的事迹，国史《汉书》专为其立传，并将其置于西汉循吏（清官）之列。

三、荆楚龚胜、龚舍、龚祈名节闻名，奏响了武陵正气

数千年来，中华民族没有一家忘了他们的根源。这种伦理精神的凝结，宗族观念的团结，全靠一种若有若无的称谓在维护，这就是姓氏的“堂号”，也叫“郡号”，郡是行政区域的建置，也是一个姓氏发祥的本源，后世深以源远流长，怀有所失，因此立堂号而为信。龚姓发源地较多，有河北、辽宁和山西、河南、福建等，龚姓早期主要繁衍于北方地区。

龚氏还有一个支脉以发祥地“武陵郡”为堂号，史称武陵、朗州、鼎城，曾是七朝郡治、七朝军府、七代藩封之地，辖区远及湘西北、鄂西南、黔东北、桂东北地区，素有“西楚唇齿”“黔川咽喉”之称，可见武陵郡历史悠久，文化沉淀深厚。龚遂长子龚奇英，汉元帝时为武陵守后辞官，定居武陵，开武陵龚氏之源，吾宗号称武陵世家。龚氏先人千年前就以浓厚人文聚居地武陵郡作为堂号，体现出龚氏自古以来就不是一般的庶民。历代以来的龚氏后裔以水神共工、句龙后土神祖先为骄傲、自豪！龚家人历代以就仕入世清廉为官一方，多是在弘扬祖德，光大清明节气家风而闻名！

西汉龚遂清官扬名之后，汉哀帝时期的江苏徐州人龚胜与江苏邳州人龚舍均以名节闻名，有“楚两龚”之称号。其一生坚守名节的秉性正是龚氏武陵郡堂号正气的体现：

龚舍是一位精通鲁诗的学者，贤名远播。汉哀帝曾一再征召他出来做官，可是三番五次都被他所婉拒，甚至皇帝特别遣派使者亲自登门请他出来当泰山太守，他也当了不到几个月就“上书乞骸骨”。后来又拜他为地位崇高的光禄大夫，他也一样地不肯接受，视富贵如浮云，为后世读书人树立了不朽典范。（故事出自《汉书·龚舍传》）

龚胜也一样是以好学明经与崇高名节而见称。他虽然曾于汉哀帝时应诏为光禄大夫，但于王莽秉政时即悄然隐退乡里。后来，王莽篡国称孤道寡，仰慕龚胜的高名，曾经奉印绶，安车驷马，恭恭敬敬地征拜他为上卿。可是，龚胜却在“吾受汉厚恩，岂以一身事二姓哉”的感叹声中，绝食而死，高洁志行，垂诵千古。

（故事出自《汉书·列传第四十二》）

还有南朝时期的“荆楚仙范”——龚祈，字孟道，武陵郡汉寿人也。他很有才能，风姿端雅，容止可观，时或赋诗，言不及世事，42岁愤世而死。他祖父学识优雅高深，父亲身为百姓平民，都不去接应官府的应诏而做官。龚祈年纪十四，乡党推举为州府当任“迎西曹”的官职，他不去上任。南朝宋大臣谢晦巡视到武陵州来，任命龚祈为主簿（文书官）；可是彭城王刘义康是位专权的宰相，推举龚祈为秀才，有以加朝会的资格；临川王刘义庆聘请任平西参军（参谋），而后衡阳王刘义季执掌东宫宿卫，后来也兼管秘书、侍从之职。龚祈都不去就职……元中书郎范述会见龚祈后而惊叹：“此荆楚仙人也。”（故事出自《宋书·列传·卷九十三》）

以上通过三个不同时期官方史书的记载，可以看出龚胜、龚舍、龚祈三位龚氏先人的个性里，共同流淌着龚家人保持胸怀坦荡、高洁志气、坚贞不屈，为实现自己的美好理想，即使社会乱世，民不聊生，各方强雄割据强取豪夺地盘，拉拢志士，而龚氏先人志士始终不同流合污而苟且偷生，甚至甘愿去饿死！这就是我们龚家人美好、高尚的人性、人格的集中体现。

四、历代龚氏士贤共铸“渤海清风、武陵正气”家风

正因为前面有远古的共工治水永不言败精神被尊为“水神”；句龙善于平整土地，疏导河流，做出丰功伟绩被世人尊为“后土神”；龚遂以民为本治理渤海郡而出现了一派升平殷富景象的功绩；龚舍视富贵如浮云，为后世读书人树立了不朽典范；龚胜为官“岂以一身事二姓哉”忠孝高洁志行绝食而死；武陵龚祈一生不畏权贵、不贪荣华富贵所表现的坚保名节的“仙范”……已成为龚氏后裔的光辉典范了。几千年来，不管朝代如何变换、世事如何更替，龚氏族人一直把列祖列宗用智慧节气，乃至生命谱写一曲撼天震地、可歌可泣的生命交响曲，给后人留下永存于天地间不泯灭的丰功伟绩和不朽英名：“渤海清风、武陵正气！”当成一代接一代永续的家风精神的俗定口号。

我们单从福建、浙江龚氏群体里敞开，简述龚氏遗留下来的家风、族谱、宗祠、祖坟、群居的生活习俗等方面就略见一斑：

到过浙江温州的人，稍微留意一下《温州通史》，就会发现一位非常著

名的历史名人，他就是龚炳，号欧涛，于唐武宗会昌三年（843），任温州郡将，“雄豪仁厚，体恤民情……疏浚鹿城西南之十里西湖（即今会昌河），并筑堤设闸蓄水。擢由龚公奉旨规划督办其事……恩怜工役，不使劳悴，沐雨栉风和民同甘苦，不辞辛劳，几经寒暑。因该河始工于会昌年间，而名会昌河，汛则防涝、晴则防旱，变水患为水利。至唐懿宗咸通元年，浙东有裘甫起兵造反，声势浩大，由甬台直抵温州进犯鹿城，龚公奋力迎战，立斩诸贼将，终因众寡悬殊，殉职战死溺于会昌河畔（今瓯海区将军桥带）”，成为抗击倭寇的英烈。坐落于温州西山东麓之乌岩寺，为纪念护国忠烈龚将军，内供将军灵位，高挂忠烈将军匾额，竖立将军传略石碑，香火旺盛。温州市人民政府在瓯海区市中心为纪念这位民族英雄而塑像，温州地区的龚氏族人以龚聪华、龚中和、龚海鸥为首发动族群善举捐款400多万，在任桥镇民间首创建设成具有“欧涛将军治水文化展厅”，这些举措显示出对历史英雄人物的敬畏，对祖先留下美德的永久承传。

福建闽北（光泽县牛田）《龚氏宗谱》有记载：龚愈公南唐庄宗同光元年癸未（923）同榜进士。奉使于汉，不辱君命，得升少卿。未领旨征闽皆获捷，进兵部尚书。广顺二年壬子（952）六月，转礼部兼太保太傅。显德六年己未（959），封上国柱越国公，龚愈有子五人，愈公对其进行分房取名：仁房长子龚勗、义房次子龚慎仪、礼房三子龚保贞、智房四子龚耀卿、信房幼子龚定言。门第之盛，古所未有矣。其中“仁义礼智信”5字就体现出龚家人要遵循中华民族传统五常伦理美德的内涵去延续生存大道。龚愈公后之子孙有一榜四进士，五举十八中、九子八举之荣，名震朝野。衍派宗支，枝繁叶茂，文人继起，英才辈出，遍布大江南北，为姓氏名门望族，百世兴隆，其后裔人数达到100多万！

龚愈公长孙子龚颖（仁房），邵武人，北宋官员（开宝八年初仕南唐，归宋为御史大夫）历仕三朝，《八闽通志》中有记载其人，为了律已及训教儿孙，著有《正己箴》珍录于家谱以传之后世，子孙后裔奉为为人处世之范。

天有常道，物有常理。我禀精纯，鲁无张弛。福虽有倚，俟我而起。祸虽有始，我在所履。始胎于此，必形于彼。言出乎口，行发乎迩。其道如底，其直如矢。进则利物，退则克己。无得无畏，宁问三褫。时行则行，时止则止。与世推移，至于没齿。游焉息焉，书于此矣。（录自邵武《茅傅龚氏族谱》）

这与龚愈公崇尚的五常之伦理原则分化到每一房之中，让后裔一代接一代牢记家训的本源初心，行则能直接沟通；通则去其间隔，相互感应与和洽。所以五常之道在南唐及北宋时期已经是龚愈家族继“渤海清风、武陵正气”家风之后的一个延续，它实是一切社会成员间理性的沟通原则、感通原则、谐和原则。

同样我们在福建闽东龚临公分支载公（北宋咸平年鉴由浙江迁居福建寿宁南阳，与龚愈不同分支）成为寿宁龚氏始祖，至今1016年历史，以寿宁县南阳龚氏族人为祖居地及其后裔繁衍一万多人群居地，成为闽东的望族。如今在南阳村是龚氏群居村落和《寿宁龚载公支谱》中也是发现载公后裔第十世时，龚仕颐公生4子，分房时也是按照五常中仁、义、礼、智4个字来分房，千百年来南阳龚氏族人群居慎终追远、承传祖德、乡规民约、民风朴实、敦亲睦族，保存着特有的非物质文化遗产——南阳龚氏传统孝悌美德一年一度的“元宵福祭祀祖先和敬孝老人”的习俗文化活动，被誉为“寿宁好南阳”，其实是对南阳龚氏好家风的赞赏！

临公后裔龚膺，字维尚，明朝天顺八年甲申（1464）科殿试金榜进士，历任户部郎官、金（台）地方官，曾任湖广布政司参议等职，因任职期间“杖子还金”的事迹从明代的弘治二年（1489）《八闽通志》，至清乾隆二十七年（1762）《福宁府志》及《宁德县志》均有记载的人物传中称龚膺“督理粮储民不困而事集，平生不为利动”。就是说龚膺为人敦厚清廉勤政、廉洁奉公，是清官。通观全志，既当了官，又是廉洁的清官不多。现成为蕉城区的历史名人。

清代思想家、诗人、文学家和改良主义的先驱者龚自珍，龚自珍的祖父龚禔身及其弟弟龚敬身和龚自珍的父亲龚丽正均为进士，就仕清乾隆官府，他们为官清廉，在当地颇有政声。龚自珍从小在这样为官显赫的家庭里，深受社会、政治、文学修养的熏陶，包括他母亲段驯的书香门第的家风教育。所以在他的诗歌《己亥杂诗》中的批判、呼唤、期望，集中反映了诗人高度关怀民族、国家命运的爱国激情。

以上列举了人物事例，他们德懿善行，崇尚向善之心镜而为之，方能为后人之楷模，折射出龚氏家族是一脉相承、血统单一、高贵显赫的一个大家庭。也因为龚氏人秉着持之以恒护卫来之不易的高尚家风，致使龚氏家族一直屹立于百家姓中享誉有真正的“龙的传人”！

五、新时期下弘扬祖德家荣国盛，承传践行好家风

“天下之本在国，国之本在家，家之本在身。”龚氏的先贤们光前裕后、前仆后继地践行“齐家”而后“治国”的高尚理念，以自己极致的人生观、价值观给后人树立了一个永不陨落的光辉榜样！家风好，就能家道兴盛、和顺美满；家风差，难免殃及子孙、贻害社会。如今欣逢盛世，国泰民安，人民安居乐业，要实现中华民族伟大复兴的中国梦，面对着 270 万分居五湖四海的龚氏家族，走向何方？如何组织引导大家重视家庭建设，注重家庭、注重家教、注重家风？是我们要解决的重大课题！也是当代一些龚氏贤达和有识之士面对的挑战问题！

最近 10 多年来，在各地也涌现出一批又一批热心于龚氏家族事业的有识之士，在龚龙泉、龚巧玉、龚望生、龚全元、龚厚臣、龚云定、龚绍安、龚求山等宗贤的感召和呼唤下，各省、直辖市、自治区和地州市的广大龚氏族人纷纷响应，积极组织和筹建了各类不同名称的龚氏宗亲联谊会和龚氏文化历史研究会，福建龚氏还加入两岸姓氏源流文化研究会、龚氏委员会等机构，在全国范围内形成了便于大家开展宗亲联谊、寻根问祖、联系交流、信息共享的场所和情愫联结的纽带。

2016年3月22日，我们在北京密云区成立了“中华龚氏宗亲联合会”，本着“联合、有序、合法、发展”的方向，持续不断地组织全国各地的龚氏宗贤抓时机，齐心协力、与时俱进地做好家族的传统文化教育工作和各地组织的会务工作；在缅怀先祖、追思祖德方面，我们通过组织龚氏历史文化研究院的专家成员，努力挖掘共工文化和龚氏文化以及古代龚氏名人，正本清源，建立族氏文化自信；同时通过发动全省龚氏联谱倡议，动员各县市修编宗谱、修缮宗祠、保护龚氏文物等活动；我们精心编写出版《共工之语》《天下龚氏》特刊，并建立“龚氏网”英特网、“龚氏订阅号”等媒体平台给后代传递良好的家风、家训，以先贤志士为榜样树立起正确的人生观，成为奉献社会的有用之人！

例如龚巧玉宗贤为了自己母亲的遗愿在北京大学设立“忠孝振兴基金会”，专门鼓励北大女性学子创业、励志、学习，为国家社会培养优秀人才，每年在各地组织恳亲会或集体清明祭祖活动，通过活动让龚氏族人明确家荣国盛、同族同宗、血脉相连、增进亲情、团结互爱，建立起家族文化的自信心。

2020 年 12 月 20 日，在福建光泽县牛田村，聚全国各地龚氏族人大团结集

资 800 多万元，经 6 年持续建设起来的“中华龚氏家庙”，举行 118 位来自全国各地县的龚氏肇基祖晋祖典礼。龚氏祖先的神位和族人都聚在这个大家庭里，朝圣共享着“天下龚氏一家亲”的可贵情感！

有了中华龚氏家庙，龚氏族人就有了精神的归宿，将成为下一代人了解和学习优良家族文化教育的基地，是彰显当代龚氏族人精诚团结、爱族敬宗、承传家训家风的具体表现形式，它是新时代家族文化在历史的长河中建造的一座丰碑。

在新时代，我们家族“不忘初心、牢记使命”，多次举办全国性的民间家风、家训教育交流培训班。各种形式的家风、家训的宣传教育活动，有利于家族建设、国家建设，净化社会风气，在复杂的社会关系中创造发展和谐关系。它对新时代社会主义文明的建设，有着极大的促进作用。因此，我们应将这个优秀的家国文化内容代代传承下去，这对维护和捍卫国家之尊严有着非常重要的作用。

龚泉元，龚氏文化研究专家，印尼《国际日报》驻中国记者。

家庭教育建设良好家教礼仪的基本原则和方法

陶 金

中华民族文化源远流长，在5000年的历史长河中，勤劳勇敢智慧的中华儿女创造了灿烂的文化，千百年来形成了高尚的道德准则、完整的礼仪规范和优秀的传统美德，中国亦因此被称为“文明古国，礼仪之邦”“衣冠上国，礼仪之邦”。

中国古代的“礼”和“仪”，实际上是两项不同的概念。“礼”是制度、规则和一种社会意识观念；“仪”是“礼”的具体表现形式，它是依据“礼”的规定和内容形成的一套系统而完整的程序。礼仪，更多的应该是讲致敬、行礼的仪式：从招手、握手、鞠躬、请安等，到升旗、奏乐、鸣枪、红地毯等，放到社会生活中，便成为人们一些社会交往的行为规范。

家是社会和谐的基础细胞，家风是一个家庭或家族的传统风尚，也是我们立身做人的行为规范和准则。古人把家风总结为五常八德，五常即仁、义、礼、智、信，八德为忠、孝、仁、爱、信、义、和、平。仁、义、礼、智、信自古以来被认为是中国人最核心的价值观。中华民族千百年来的发展进步中，“礼”在一个人的价值观中占据着重要的地位。

文明礼仪、家风、家教渗透到日常生活的方方面面，发挥着越来越重要的作用，尤其对孩子的成才与未来人生具有不可替代的重要作用。

礼仪反映着一个国家、一个民族的文明程度，是社会风尚和道德水准的重要标志，也是一个人的思想觉悟、文化修养、精神风貌的基本体现。明末清初著名思想家颜元说：“国尚礼则国昌，家尚礼则家大，身尚礼则身正，心尚礼则心泰。”在家庭教育中，讲究礼仪对提高孩子们的道德素质、塑造高尚人格具有十分重要的教育和导向作用，是一条教子成才行之有效的途径。这是因为，礼仪对人的要求包括表里两个方面，它既要求一个人要有与人为善的道德观念，又要有优雅得体的言行举止。因此，从小接受过良好礼仪教育或注重礼仪修养的孩子，很容易形成高尚的人格。一个孩子从小通过家长的言传身教来知礼、行礼、守礼。通过学习礼仪，可以提高自身的道德修养和文明程度，更好地显示自身的优雅风度和良好形象。礼仪教育是培养和造就成功人士的重要因素，其作用是不可替代的。

一个孩子如果从小在家长的教育与熏陶下，懂得并且运用不同场合的礼仪知识，就能够更容易地与人打成一片，使与他交往的对象倍感亲切、自然，乐于接纳和接近，从而得到人们的理解和尊重，门路可以更宽，朋友可以更多，造诣可以更高。

希望孩子未来成才的家长，必须懂得从两个方面重点对孩子从小加强教育和培养：一是给孩子更多的品德教育、礼仪熏陶和文明教化；二是要学好科学文化知识，提高思维理解能力、语言表达能力，认识问题、分析问题、解决问题的能力，能够帮助处理未来人生中的各种矛盾，密切人际关系。要知道，孩子们礼仪熏陶与学习进步是相辅相成、互动增长的。

孩子从小具有一定的礼仪知识，养成文明有礼的习惯，有助于掌握更多更全面的知识，有助于陶冶情操，使人情趣高雅、充满活力，同时丰富的科学文化知识也是促进礼仪修养的一个基础。孩子学习各种知识，能使自己更加懂礼貌、讲礼节，思考问题才能周到详尽，处理问题才能得体妥当，在走入社会后才能以良好的形象与人进行广泛交流。

正是因为家庭教育礼仪在孩子成长与成才过程中具有不可忽视的作用，甚至决定着孩子未来人生的发展，所以在每个家庭中，父母都绝不能轻视礼仪，都应在教育孩子的过程中学习礼仪、讲究礼仪，以“礼”教子，育子成才。

家长是孩子成长中的初任老师，也是影响孩子一生的示范样板。没有不成才的孩子，只有不会教育的家长。家长要教育和培养孩子以良好的品格与全面的素质走上成才之路。家庭教育礼仪就是对家长施教行为的规范要求。

一、家庭教育建设良好家教礼仪的基本原则

礼仪作为人们日常生活的行为规范，对人们的社会行为具有很强的约束作用。在中国的家庭教育中，提倡讲究礼仪有助于净化家长的教育理念，规范家长的教育

行为，维护家庭中和谐的氛围。透过一个孩子的文明礼仪水准，往往能够反映其家长和整个家庭的文明水平和素质教养。可以说，一个家庭中有文明的家长，也必有懂礼的孩子。提倡家教礼仪的学习、运用，与教育培养孩子成长和成才是相互配合、相互促进的。而要做好家庭教育中的“礼治”，必须遵循科学的原则。

1. 尊重原则

尊重是家教礼仪的灵魂。总的来说，家教礼仪中的尊重原则，主要包括家长自尊和尊重两方面。众多研究和案例表明，尊重是家教礼仪的情感基础，一个家庭中只有父母与孩子之间形成彼此相互尊重的行为习惯，才能保持和谐愉快的亲子关系。讲究家教礼仪，就是要求家长要尊重孩子的人格，尊重孩子的意愿，这也是对家长自己的尊重。尊重首先要求每个家长做到自尊。家长有自尊心、上进心、自信和自强，才有能力培养孩子学本领和有成就。家长若没有了自尊就会表现出不思上进、怨天尤人、情绪灰暗，进而影响孩子，使孩子产生自卑、消极、堕落甚至绝望的情绪或自毁前程。

尊重除了要求家长要自尊，同时还要求家长要尊重孩子。首先，要尊重孩子的人格。人格是一个孩子具有比较重要的和比较稳定的心理特征的总和，通常也指尊严、价值和品格的总称。每个孩子与家长的人格都是平等的。家长蔑视和侮辱孩子的人格是不道德、不礼貌、不可取的。可以说一个正常的人，最为看重、最为在意的莫过于自己的人格。其次，家长要尊重孩子的爱好和习惯。在家庭教育中，家长不要以自己的好恶和标准来评价孩子的兴趣爱好，更不要强求孩子按自己的爱好和习惯来生活、行事。每个孩子性格特点不同，成长经历不同，在成长过程中形成的爱和习惯就是千差万别的，如果对孩子妄加评论，很容易伤害孩子的自尊心。渴望教子成才的家长要切记尊重孩子。

科学而文明的家庭教育的目的不是限制孩子，而是充分释放孩子的潜能，这才是家庭教育最重要的课题。还有许多家长出于对孩子的过分保护，严加控制孩子的行为，甚至剥夺了孩子的人身自由。这样做不仅抑制了孩子一些自主性的举动和想法，更为严重的是抑制了孩子的创新意识，阻碍了孩子创造能力的发展。正是这种貌似关爱的控制，酿成了孩子懦弱的性格。从表面上看，家长对孩子的这种控制似乎使孩子抓紧了时间，其实反而浪费了孩子大量的时间。因为孩子们被剥夺了休息、娱乐与调节精神生活的基本需求，他们就会有意无意地用慢节奏来对付。家长在教育孩子时，一定要把自主的权利即独立思考和行动的权利还给孩子。

家长们要牢记家教礼仪中这个原则：尊重孩子的人格独立，可以呼唤出孩子内心深处的创造潜能，这是他日后有所成就的前提。

2. 平等原则

平等是密切亲子关系的必要条件。平等是家教礼仪中的一个核心原则，也是因材施教、育子成才的必要条件。在社会交往、家庭生活中应当做到人人平等，不论长幼，人格总是平等的，多子女家庭中，家长更应当一视同仁，平等对待。讲究家教礼仪，绝不能根据家长自己的意志，强迫孩子服从。这样做，无法使孩子保持自己的尊严和人格。对每个孩子，家长都应当尊重他们、热情帮助他们，关心他们，切勿让自己的不当言行挫伤孩子的自尊心。

在家教礼仪上，应做到只有辈分大小、年龄长幼的不同，而无人格的差别。这是密切亲子关系、培育孩子健康人格的必要条件。

3. 道德原则

道德培育是家教礼仪的基础。道德是一个人的内在修养，礼仪是道德的一种外在表现形式。礼仪是被道德制约、支配的，道德是礼仪的前提。家庭教育不能抛开道德去谈礼仪，只有具有良好的道德品质，才会使孩子自然地形成高尚、优雅、文明的良好品质。良好的家庭教育如果不注意孩子道德品质的提高，不加强对孩子文明素质的培养，只是单纯地在表面形式上下功夫，这样势必事与愿违。

所以，讲究家教礼仪，家长就应当把外在的礼仪形式同内在的道德修养紧密结合起来，使二者在孩子身上得到和谐统一、有机结合，为未来成才打好素质基础。

4. 诚信原则

家庭教育必须讲诚信。诚信是培养孩子良好品德的基本条件。讲诚信，既是家长外在行为与内在道德的有机统一，也是家长为孩子树立示范榜样的根本体现。身为家长，在教育孩子过程中，必须要心口一致、表里一致、言行一致、前后一致，只有这样才能取得孩子的信任。如果家长口是心非、表里不一、说了不算、答应不办，那就难以取得孩子的信任，家庭教育就很难收到理想成效。所以，教育孩子一定要感情真挚、心口如一、发自内心，这样才能成为孩子信赖的知心朋友。只有建立在诚信基础之上的家庭教育，才可能培养孩子真的美德。守信守诚就是要言必信、行必果。孔子曰："人而无信，不知其可也。"这强调的就是人要守信用、重诺言。

守信的家长，在教育孩子时要做到言行一致、信守约定，承诺的事一定完成，这样有利于促进孩子形成诚信的品质，从而为孩子未来成才奠定良好的道德品质基础。不讲礼仪，家教必然失败。家庭教育礼仪，是礼仪文化中一个重要的组成部分。家庭礼仪代表着一个家庭的教育方式和质量，体现着施教家长的教育理念和教育水平，也是衡量对子女教育能否达到要求、保证成效、实现预期理想目标的标志。一个家长能将高雅的仪表风度、完善的语言艺术、良好的个人形象、文明的气质修养与科学的施教方法结合起来，就构成了望子成龙、望女成凤实现成功教育的基础保证。因此，家教必讲礼仪，无礼仪则无家教。

二、家庭教育建设良好家教礼仪的遵循方法

1. 沟通与调节

在家庭教育中，父母的言谈举止、体态仪表和情绪感情，都作为一种潜在的信息间接或直接地传递给孩子。良好的礼仪修养可以塑造美丽的形象，表达友好的交往愿望，增进亲子之间和家庭成员之间的信任、了解与亲情。如果每个家长都能遵循一定的礼仪规范去进行家庭教育，亲子之间就很容易沟通。而沟通情感正是礼仪的首要功能，也是礼仪的首要目的。

家教礼仪的调节功能，对亲子之间相互关系模式起着规范和及时调整的功能，可以化解矛盾、建立新的亲子关系模式，在发展健康、良好的家庭关系中，家长与孩子有时会突然发生冲突，甚至会采取极端行为。讲究家教礼仪有利于促使冲突各方保持冷静，缓解已经激化的矛盾，使父母与孩子之间的感情得以沟通，建立相互尊重、彼此信任、良性互动的关系，进而有利于孩子的健康成长。

2. 尊重与礼貌

礼仪的核心要求是尊重。尊重即向对方表示尊敬和敬意，同时对方也还之以礼。礼尚往来有礼仪的交往行为，蕴含着彼此的尊敬。在家庭教育中，孩子再小，父母也要重视孩子的人格，以平等、友善、礼貌的文明举止施教。作为家长，自觉地执行家教礼仪规范，教育孩子能以礼相待，可以使亲子双方的感情得到沟通，

有助于加强亲子之间互相尊重并建立亲密感情，避免不必要的矛盾和冲突。在向孩子表示尊重、礼貌的过程中，也会获得孩子的理解和尊重。另外，讲究家教礼仪也有助于缓和化解已经出现的家庭矛盾。

3. 教化与熏陶

家教礼仪以一种道德熏陶与文明教化的方式，对家庭中的家长和孩子发挥着明显的教化功能。家教礼仪作为一种道德规范，对每个家庭成员都有影响，都会以“传统”的力量不断地由老一辈传递给新一代。家长通过对礼仪的学习和应用，有益于在家庭教育中建立新型的亲子关系，使得家长严于律己，宽以待人；孩子讲文明，懂礼貌，与家长和睦相处，形成温馨的家庭环境。可见，家庭教育礼仪的教化熏陶功能具有极为重要的实际作用。

以礼施教，可以让孩子从小养成高尚的品德和文明的素质，在未来成长道路上展示一个有礼、自信、文明的自我形象，为人生奠定成功的基础。

实践证明，家教礼仪，就是开启教子成才之门的金钥匙。学好用好家教礼仪，是每个家长的教子必修课。教子成才十分需要讲究，家教礼仪，是家长教育子女的行为规范。现代家庭教育十分强调礼仪的突出作用。

总结家庭教育的成败得失，一个重要的结论是：教子成才，不能违背教子规律，更不能违背家风、家教礼仪。以礼仪教化子女，是家长成熟与家教成功的标志。

陶金，山东枣庄人，职业策划人。世界中医药学会联合会传统医药合作分会理事兼副秘书长，中星未来（海南）文化发展有限公司总经理。

谈“人生四养”

陈军英

人生的价值是什么，是功名利禄？功名利禄能带来幸福吗？没钱人愁钱，有钱人愁得更多。人生十有八九不如意，也就是说苦如影随形。如何脱离这些苦，如何让自己更幸福，如何让人生更有价值？唯一的答案就是修身。

修身是什么，如何修？所谓修身，即养护自己的人身，保养好自己的身心灵。

修身的 4 个阶段：教养、素养、涵养、修养。

①教养→教的是礼貌，尊重别人或自己→是父母教育的→生活阶段。

②素养→素质，礼节或是规矩→自爱→是在学校学的→学习阶段。

③涵养→内涵、文化→博爱→自我学习、自我升华→研究阶段。

④修养→觉醒→无我的境界、自性→绽放天性、自我觉醒→修行阶段。

教养和素养要靠父母、老师教导，涵养和修养则只能靠自己的精进成长。

一、教养

教养是为人父母的第一责任，没有给子女好的教养就是不合格的父母。我们开车需要驾照，律师有律师证，医生有医师证，而作为父母却不需要领证上岗。教养就是父母证。

孩子没教养，是父母没尽到责任，那什么是教养呢？教养是礼貌礼节，是为人的基础，有规矩知义务，是尊重别人、尊重自己的前提。

在实际家庭教育中，有个重大误区，造成了很多人与人相处的问题。

其一，人们经常教孩子，当别人跟他说“谢谢”时，要回答“不用谢”。

我们设想一个场景，有人跟你孩子说“谢谢”时，他要回答“不用谢”，一次是这样，两次是这样，久而久之，不回答“不用谢”都成了没礼貌了。看过去好像比较谦卑，实则对人的潜意识造成非常不好的影响。

如果说对跟你说“谢谢”的人，你要回“不用谢”，那就已经形成潜规则，既然都“不用谢”，那我以后还要谢吗？就好比我借你的东西，每次你都说不用还，那以后我拿你的东西还要还吗？

其二，如果有人帮了我，我跟他说“谢谢”，我都知道他会说“不用谢”，那我还要跟他说“谢谢”吗？明知道他会说“不用谢”，我还要跟他说“谢谢”，那岂不是太假，太客套，太虚伪了啊！长此以往，很多人在家里讲“谢谢”都很反感，会觉得不是一家人。

更何况，现在溺爱孩子的人比比皆是，在家不讲“谢谢”，在外讲“谢谢”也成了形式，毫无诚意可言，从此就再无感恩文化。

为了不埋没感恩之心，别人讲“谢谢”时，应该要接受，所以要回答“好的”或“收到”等类似的话。这样当自己跟别人讲“谢谢”时，也就知道是需要的了，因为对方会接受。

其三，当别人跟他说“对不起”时，要回答“没关系”。

与上面分析的同理，如果说“对不起”就知道对方会回答“没关系”，那为什么还要多此一举说“对不起”呢？以致很多人养成了不好意思说“对不起”的习惯。因此，为了避免这些问题，当别人说“对不起”时，我们要认真地说“收到”。

“对不起”是个非常重要的概念，并非说只有做错事了才讲“对不起”。哪怕做对事了，被别人误解了，也可以说“对不起”。也就是说，只要引起别人不愉快了都可以说“对不起”。讲“对不起”是为人的基本素质。

如果说做错事才讲“对不起”，也就是说，讲了“对不起”就证明是自己做错事了，因此就造成很多人打死都不说“对不起”。讲“对不起”只是道歉的一种表现形式。道歉是为人的基础素质，会道歉的人才会有敬畏心。

教养是非常值得研究的课题，教养的内容很多，需要有一定标准。

二、素养

素养是处世的学问，是养成负责任意识的基础，做事要专注、专业是前提。素养包含各种仪容仪表、各种礼仪及职业道德等。可以说素养就是工作证。

素养最重要的一个课题是反思总结。反思是一种思考的能力。

没有反思和总结的经历，对自己就是一种伤害。反思不是记仇，不是抱怨，不是怪别人、不是制造问题、不是挑刺、不是找碴儿，而是发现问题、分析问题、解决问题。

素养是“听说问答”的能力，什么是好话，什么是坏话？说你好的就是好话吗？说你的问题就是在说你坏话吗？说你喜欢听的就是好话吗？说你不喜欢听的就是坏话吗？正所谓忠言逆耳，谎言顺耳，假言悦耳，真言刺耳。之所以真言刺耳，是因为你没有听真话的能力。

素养是训练实事求是的精神，训练对事不对人的精神，训练知无不言、言无不尽的精神。

我们稍微将“听话”这个概念做些展开。

①听话是一种能力。不但要能听懂别人说的话，还要听懂自己说的话。有人可能会觉得自己说的话，难道不懂吗？在现实生活中，很多人自己说出来的话，从来没有进行过认真的思考。有些人说话只是自然的条件反射而已，你让他再重复一下自己说的话，他可能都不知道自己刚才说了什么，也就意味着他没有听到从自己嘴巴说出来的话。

②听谁说话。是听靠谱、专业、实事求是的人说的话，还是听道听途说的话？多少人把听说当作事实，没有考证的话也到处乱传，信以为真。正所谓谣言止于智者。

③听话的态度。用耳听还是用心听。听是听力，能听见别人说话的声音或者听见别人语言的含义。用心听是能听懂别人的心声，是应付听、倾听、静听，还是没耐心听。

④听话的内涵。听到声音，能复述、能理解、能展开、能执行。

⑤听话的承受力。听到误会你的话，听到讲你问题的话，听到表扬你的话，你会有什么样的情绪。是听想听的还是听需要听的？多少人一听到自己不想听的就暴跳如雷。想听自己不知道的事和各种的观点，多少人讨厌别人教自己，一听到别人说自己知道的话，就反感。

⑥听话后的反应。是思考还是猜测、猜疑、猜忌？你认为的还是对方认为的，你感觉的是事实，还是你觉得的是事实？

⑦听到话的性质。听到的是观点、建议、意见、命令、要求。比如要小孩听话就是要求。

同样的，素养还有更多的内容值得研究，在这里也不一一展开了。

三、涵养

涵养是人内在思想的升华，是对万事万物的思考，丰富人的精神世界。涵养是生活证，越有涵养的人生活就越精彩。

涵养是对人生观、价值观、世界观深度思考及实践，是有梦想、有理想的基础。现在社会多少人谈梦想变色、谈理想变色，那一句梦想能当饭吃吗？

一个梦想都不敢有的人生还有什么意义呢？到底什么是梦想？什么是理想？为什么你们对它这么反感呢？

“梦想总是要有的，万一实现了呢”“理想很丰满，现实很骨感”“现实是残酷”“人要现实点”。这些话说的是什么？

如果你跟你父母谈梦想会怎样？如果你跟你的另一半谈梦想会怎样？如果你跟你兄弟、同学、朋友、同事谈梦想会怎样？

梦想到底是什么？说梦想要先说理想，理想是按“理论”来实现的想法。理想是有根有据的，是按设计图来规划执行的，如果事情按这样做大体就不会出什么差错。

因此按理想做出来的现实才是美好的，没有了理想就缺乏了理论支持，这样的现实自然是残酷的。没有理论支持的想法那是妄想，以下对这几种想法做个区分：

①理想，有理论支撑的想法。这样的想法才是现实的，是可实现的。

②梦想，是对理想的深化，是根植于内心的想法，是终其一生都要去实现的想法，同样是有理论支撑的。

③空想，不但没有理论的支持，也没有付出行动计划，执行更谈不上。

④妄想，想法很多，但不能形成理论，或者说这些想法缺乏相应的理论支持。这种想法问题很大，缺乏逻辑，看似很有“道理”，其实是不可实现的想法。

⑤幻想，人是有感觉的，感觉很容易产生错觉，进而产生幻听、幻视、幻

觉。当经常出现幻觉时，幻想就产生了。有时幻想看过去还很有逻辑、很真实，但幻想终归是自己的错觉。一般情况下自己很难发现，而别人却可以看得一清二楚。

别把空想、妄想、幻想当作理想和梦想，那是不现实的，也是实现不了的。如果这样的事做多了，现实自然就残酷了。

梦想还是要有的，这是对一个人来说，活着唯一有意义的事情。对从来没有按理想做过事情的人来说，梦想就无从谈起，这样的人自然就会认为梦想是不现实的。企业家与生意人的区别就在于有没有涵养。现在是企业家崛起的时代，企业文化、使命、愿景、价值观是企业家必备的涵养。

四、修养

生命本身就是一场修行，家庭、工作单位都是修行的场所，有人在世外修行，有人在红尘中修行。天命之谓性，率性之谓道，修道之为教。修养就是找到自己的天命，绽放自己的天性。修养是生命证。

修养是做减法，减去贪嗔痴慢疑，正所谓为学日益，为道日损，损之又损，以致无为。

在这里有必要说一下减法，减法并非简单地理解为少做点事，做减法还可以有以下几种理解：

①做关键的事。对于不关键的事，可做可不做，或者让别人来做，不纠结。

②做力所能及的事。

③找合作伙伴一起做。不要让自己的负担太重，一个人只能挑起50斤的东西，两个人就能轻松挑起80斤的东西。

④提升自己的能力。以前10天只能做一件事，现在通过锻炼自己的能力，一天能做一件事，这样我们做事的效率就提高了。

⑤专注。全力以赴做好一件事。

修养是对人格的思考，是对心性的思考，是对生命的思考。庄子说“以物观之，自贵而相见；以俗观之，贵贱不在己；以道观之，物无贵贱”。

修养是对情绪的把握，是对原理的认知。修养是修一颗强大的内心，是心随境转到境随心转的过程。

教养——为人的标准，是基础。

素养——处世的标准，是规矩。

涵养——生活的标准，是精神。

修养——生命的标准，是灵魂。

陈军英，女，家庭教育母亲文化研究者，生命轨迹、生命觉醒导师，家董会发起人。

第四章
家谱、祠堂

家谱编修和传播的革命

卞学敏

国有历史才知朝代更迭，族有家谱方晓辈次尊卑。族谱文化，是中华文化精髓之一，它彰显着同族血脉相连的世袭罔替。族谱的编修就是同族宗亲追根溯源的一种独特的方式。通过族谱编修，祖先世代留下的美好道德观念得以传承与发扬光大。

近期笔者在家谱编修和传播方面进行了有益的尝试，效果非常理想，现分享给大家。

一、概述

家谱，又称族谱、家乘、祖谱、谱牒、宗谱等，是记载某个姓氏家族子孙世系传承之书，具有区分家族成员血缘关系亲疏远近的作用，是中国封建宗法制度的产物。随着历史的发展，家谱由官修变为私修，所录内容不断丰富，其作用也不断增加和变化。如今，家谱同各姓氏的郡望、堂号一样，不仅可区别姓氏源流，还可作为数典认祖和研究历史、地理、社会、民俗等的参考资料，它还是姓氏文化的重要组成部分。

家谱是中国特有的文化遗产，在汉族有悠久的历史，后来在民族融合中逐渐在各民族中开始出现。

家谱是中华民族的三大文献（国史、地志、家谱）之一，属珍贵的人文资料，对于历史学、民俗学、人口学、社会学和经济学的深入研究，均有其不可替代的独特功能。

世系表是家谱中最重要的内容，是说明一个家族成员，如父子、兄弟间的相互关系，写清楚祖先后代每一个家族成员名字的图表。它有 4 种基本的记述格式：

欧式、苏式、宝塔式和牒记式。

欧式：又称横行体，是北宋文学家欧阳修创立的。欧式的特点是：世代分格，由右向左横行，五世一表，用起来很方便。欧式中，每个世代人名左侧都有一段生平记述，介绍该人的字、号、功名、官爵、生辰年月日、配偶、葬地、功绩等。

苏式：又称垂珠体，是北宋文学家苏洵创立的。苏式的特点是：世代直行下垂，世代间无横线连接，全部用竖线串联，图表格式也是由右向左排列的，主要是强调宗法关系。

宝塔式：顾名思义，就是将世代人名像宝塔一样，由上向下排列。宝塔式采用横竖线连接法，竖线永远处在横线的中间，这对人多的大家族来说，因人名不可能排在同一页纸上，兄弟之间长幼关系不清，会为写谱、看谱带来很多不便。

牒记式：不用横竖线连接世代人名间的关系，而是纯用文字来表述这种关系。每个人名下都有一个相关的简介，如字、号、功名、官爵、生辰年月日、葬地、功绩等。牒记式的世系形式固定、次序分明，比较节约纸张。

以上 4 种世系表的形式都各有特色，这是一般族谱中比较常见的世系表，但也有其他的变化，我们在记述家族世系表时，可根据掌握材料的多少、家族成员的多少等灵活采用。总之，世系表要易看易懂、内容真实、次序分明，这才是最为重要的。

二、家谱编修的组织

家谱的编修需要有组织地进行，需要有领导、秘书和信息人员，需要建立微信群等及时进行信息交流，从而对家谱进行及时编修。

一般选择家族中年龄较长、德高望重、有闲暇时间、有一定文化水平的家族成员作为组织人，负责整个家族家谱编修的组织工作。选用懂计算机 Word、Excel 编辑的人为秘书，根据家族新增人口信息及时对家谱进行修改。信息采集人员提供家族中各支新增人口等信息给秘书，可根据每支人口多少和地域分布，每支设一到几名。

利用计算机、微信进行家谱信息的交流是最好的选择。组织人需要建立家谱编修联系群，信息采集人员及时掌握本支人口的变化信息并在群内发送信息，秘书定期及时更新有道云笔记版家谱信息。

组织人还要集思广益，及时解决家谱修编过程中遇到的问题。

三、家谱编辑的软件选择

“工欲善其事，必先利其器。”家谱的编辑有太多的工具可供选择，不同选择的效果有天壤之别。

笔者在家谱编辑的实践中使用的工具很多，如 Word、Excel 等，但大多数人不知道如何使用，只能望洋兴叹。家谱一般包括文字叙述（前言等）和世系表。文字编辑比较容易，采用 Word 等，多数人都会；但世系表的编辑比较困难，其格式并不统一，表现形式千差万别。采用 Excel 的小网格制表，非常容易地安排各辈分人员在网格中的位置，再进行家谱编辑。

家谱一般有电子版和印刷版之分，其使用的软件并不相同。电子版需要有道云笔记编辑除世系表以外的文字，Excel 编辑世系表，微信用于传播和阅读。

四、家谱的编辑

有了编辑家谱的软件，并不一定能使用它编辑出令人满意的家谱。就像我们拥有黄豆的历史远远长于吃到豆腐的历史一样。

家谱一般由前言和世系表构成，前言用 Word 或有道云笔记编辑，非常容易，多数人均可很方便地操作。世系表一般用 Excel 小网格制表进行编辑。

打开 Excel，进入工作表，设置整表的行高和列宽均为 10 像素，全表就相当于一个网格表。

每个家庭由两个宽度为 2 个单元格和高为 8 个单元格的区域构成，外框为实线，可用实线上面连接其父母，下面连接其子女，家谱中人员之间辈分非常明晰。为便于编辑，可以设置较大的显示比例。

新增人员一般采用直接填入或“复制”和在适当位置“粘贴”并修改姓名即可。每个家庭的连线反映家族成员的辈分关系，必须正确。

每个 Excel 工作表文件的大小以在 A4 纸上打印可看清的人名，同时相同来源的支系尽量在一页上为准。具体排版时可以一支多页，也可一页多支。

编辑好的世系表是以图片的方式提供给家谱使用。一般是在 Excel 中粘贴为图片（具体可参照本文家谱发布中的操作，此处不再详述），在有道云笔记版家谱中粘贴即可，印刷版在 Excel 家谱打印模板中进行相应操作即可。

家谱的维护一般是世系表在电脑上完成，大量文字录入在电脑上完成，少量文字修改在手机上的有道云笔记完成。

五、家谱的发布

进行家谱编修的目的是让更多的家族成员能够及时、便捷地看到家谱，了解本家族起源、发展等各种信息。家谱的发布有多种方式，基本上可分为电子版和印刷版。电子版又有 Word、PDF、微信版、有道云笔记版等多种。

（一）电子版家谱的发布和传播

电子版的家谱易于传播，可快速传递到每一位家族成员。能够用于发布电子版家谱的软件非常多，有 Word、PDF、微信、有道云笔记等，每种方式独具特色。

用 Word 版发布家谱的优势是大家基本都能使用，传播也非常方便，缺点是很容易被有意或无意地窜改，修订后多个版本并存，经多年传播后真伪难辨。

PDF 版克服了 Word 版容易被有意或无意窜改的缺点，但其家谱的修改和发布都非常困难，一般人难以操作，信息反馈也非常困难。

微信版的家谱编辑非常困难，需要编辑者有微信公众号，编辑图片需要上传，发布受到严格的审查。其优势是信息反馈是最好的。

有道云笔记版家谱实际上是由有道云笔记编辑修改、微信发布和传播。其优势是实时编修和发布，微信使用者看到的永远是最新版本。这样编辑的家谱具有：①便于传播，微信转发即可，人人都会操作；②容易编辑，可在任何时间、任何地点使用电脑或手机编辑修改，自动同步，在微信打开的永远是最新版本，用户得到的永远是最新信息；③成本低廉，使用免费的有道云笔记编辑，微信发布，无须任何投入；④沟通方便，阅读者可利用留言直接反馈错别字、新增人员等多种信息。

家谱世系表在手机屏幕上直接看并不清晰，可单击图片，用两个手指放大即可，很方便阅读。

以上各种家谱编辑方式，本人均使用过，PDF 版通过微信（电子版）和打印的纸质版快递发给外地的宗亲。但最优秀的是有道云笔记版，它采用微信阅读并传播，可实时编辑和发布，用户使用的永远是最新的家谱信息，同时信息反馈容易实现。

（二）印刷版的发布

电子版方便快捷，但有些人却偏爱印刷版，每隔一定年限发行一个印刷版满足家族成员的个性化需求。

有道云笔记版家谱是最新的家谱信息，印刷版只需按家族喜欢的格式重新排版即可。重新排版可以使用多种软件，本人使用的是几乎所有电脑都安装的 Excel。下面我就介绍如何使用 Excel 给家谱排版。

1. 家谱模板

家谱按统一的格式设计，给人一种庄重、规范的感觉。家谱的样式多种多样，选择一种自己喜欢的样式即可。

家谱一般按 A4 纸大小排版印刷，家谱模板也要按 A4 纸大小设计（笔者家谱使用的是 A3 页面对折方式排版），每个单元格的行高和列宽均为 10 像素，多次打印并选用好的实际打印效果的模板。

Excel 模板文件中的“卞氏裔谱”4 个大字是在 Excel 其他工作表中设置多行和多列的“合并后居中”，录入“卞氏裔谱”，选用适当的字体字号，“粘贴”这个单元格区域为图片，在家谱模板的适当位置粘贴并调整。

2. 封面排版

家谱的封面一般都是图文并茂，且多数是聘用专业人员设计的。我们一般只需将其扫描，形成图片文件，插入 Excel 家谱打印模板文件中相应位置编辑，或另行彩色印刷。

3. 前言排版

前言一般用 Word 编辑，其边距上下左右相等，数值大小根据个人偏好。编辑好后，点击打印预览（屏幕要显示整页文档），进行屏幕硬拷贝；进入 Excel 家谱打印模板粘贴；裁剪掉四周无用区域；调整图片在 Excel 家谱打印模板位置；输入页码，如Ⅰ、Ⅱ等。

Word 是专业的文字处理软件，使用 Word 排版的前言页面是非常漂亮的（Word

有两端对齐按钮），这是其他软件无法达到的。

4. 世系表排版

世系表排版实际上包括编辑和排版两部分，编辑是在另一 Excel 文档中进行，排版在与前言同一文档中。

在世系表 Excel 文件中，选中需要复制为图片格式的家谱的单元格区域；鼠标点“开始”→“粘贴”→“以图片格式（A）”→“复制为图片（C）”……→选择“如屏幕所示（S）”和“位图”→“确定”等按钮。

进入 Excel 家谱打印模板的相应工作表，点击“粘贴”按钮，单击“格式”→“旋转”→“向左旋转 90°（L）”，单击“剪切”，单击 CN2 单元格，单击“粘贴”，从图片下方和右方调整图片大小，录入家谱支系标题，录入页码。

依此类推，即可完成全部世系表编辑工作。

5. 其他内容排版

家谱中还有其他内容，如阴宅等，可参照以上排版方法制作。

6. 家谱的印刷与装订

上述家谱如果需要的数量不大，直接打印即可；如果需要的数量很大，需要打印样张，到印刷厂制版印刷。

家谱页数较少的可用普通订书机进行简单装订。家谱页数较多或需要比较专业的装订，则必须到印刷厂等专业机构进行装订。

六、结语

发明和使用工具是人类社会发展的源泉和动力，利用计算机文字处理软件编辑家谱也是如此。

有道云笔记编辑（Word 和 Excel 辅助编辑）、微信发布和传播，这种方式几乎无须任何资金投入，就可建立实时、动态的家谱，是目前家谱管理的最理想方法。

卞学敏，华能呼伦贝尔能源开发有限公司高级会计师、经济师。

祠堂文化是中华姓氏文化的核心

张远谋

祠堂文化是什么呢？通常的理解是泛指以姓氏宗祠为载体的文化现象，能反映姓氏宗祠固有的文化内涵、文化形式和文化特征。姓氏文化又是什么呢？比较一致的看法是反映姓氏起源和发展历史的文化总成，是所有传统文化产生的基因和土壤。以上解释虽然尚未形成权威定义，但可以清楚界定祠堂文化与姓氏文化的关系，即祠堂文化是具有姓氏属性的一种文化形态，依附于姓氏母体而存在。因此，按照文化形成的社会历史范畴来划分，祠堂文化并不是原生和独立存在的文化种类，而是姓氏文化发展到一定阶段的产物。

在中华姓氏文化历史上，最早出现的文化元素是围绕图腾崇拜形成的图腾文化。图腾就是一种标识氏族文化的符号，一般选择鸟兽、山川、树木等象形文字或图案来表现，每个图腾代表一个氏族，具有亘古不变的文化延续性。图腾文化反映的最本质属性就是该氏族的血缘基因，是建立在祖神传说基础之上的情感文化。譬如龙形图腾就代表其祖神为龙的化身，凤形图腾就代表其祖神为凤的化身，上古的黄帝部族就崇拜龙形图腾，炎帝部族则崇拜凤形图腾，中华民族之所以自称“龙的传人”即源自龙形图腾崇拜，用“龙凤呈祥”比喻美好事物的最早出处

龙图腾

凤图腾

龙凤呈祥图案

或许也能追溯到炎黄两个部族的大融合时期，由此繁衍了中华民族。

根据战国《世本》辑补本、西汉《史记·黄帝本纪》、东汉《潜夫论·志氏姓篇》、东汉《风俗通·姓氏篇》等古文献对姓氏源流的记载，以及《说文解字》《通志·姓氏篇》等古文献对姓氏产生的论述可知："姓"产生于原始母系社会，至少有 6000 年的历史，代表一个以母系血缘为纽带的原始族群，如"炎黄同出风姓"，"风"就代表炎帝和黄帝的母系血缘；"氏"则产生于原始父系社会，也有 5000 多年的历史，代表一个以父系血缘为纽带的原始族群，如"炎黄同出少典氏"，"少典"就代表炎帝和黄帝的父系血缘。氏的产生是人类告别蒙昧繁殖的文明跨越，标志着父系血缘成为区分原始种族的重要依据，也意味着姓氏文化从图腾崇拜的萌芽状态开始进入种族意识的更高文化层面。以后炎帝因居"姜水"，取姓为"姜"，命氏"神农"，所以凡炎帝子孙的姓氏起源即为姜姓、氏神农；同理，黄帝因居"姬水"，取姓为"姬"，命氏"轩辕"，封地"有熊"，所以凡黄帝子孙的姓氏起源即为姬姓、氏轩辕或有熊。炎黄二帝从"风"姓分化为"姜"姓和"姬"姓，从"少典"氏分化为"神农"氏和"轩辕"氏，说明上古的姓氏是随着族群的迁徙、繁衍、分支而变化的，直到进入前三朝（夏、商、周）以后，由于农耕生产的地域固定性和父系社会制度的建立，姓氏才成为比较稳定的族群符号，再往后发展到秦汉时期，姓与氏被合为一体，并呈现超稳定特征，其中许多古老姓氏传承达数千年不变，由早期的族群符号发展为涵盖"祖神崇拜""祭祀烝尝""抱团聚族""敦本溯源""祖训族规""家乘谱牒""昭穆伦常""门风礼仪""姓氏荣辱""置业信仰""宗法道统""门第贵贱"等博大精深的姓氏文化体系，成为中华文明的重要构成，长期占据传统文化的轴心地位，大能左右治国安邦，小则影响社会风尚。而其中祠堂的产生对于姓氏文化的发展无疑具有空前的推动作用。

据《诗经》《礼记》等古文献记载，祠堂的雏形最早出现于殷商时期，通常建于墓室之侧，称为"墓祠"或"宗庙"，是商王和贵族祭拜祖先的场所，"顾予烝尝，汤孙之将"即描写商汤子孙冬秋两祭的场面（冬祭谓烝，秋祭谓尝），周灭商以后，祭祀被视为国之大事和王权象征，庙宇规模自然比殷商时期宏大，建筑位置也不局限于墓室之侧，如周人将祭祀后稷始祖的太庙（清庙）描写为"於穆清庙，肃雍显相"，反映出庄严宏大的气派，又有"天子七庙、侯王五庙、大夫三庙、士族一庙、庶民无庙”的等级规定。商周两朝是祠堂文化的发祥之初，文化内涵和形式都比较单一，实则属于王侯将相的专利。真正意义上的祠堂文化历史源于两汉，兴于唐宋，盛于明清。

《汉书·张安世传》记载“赐茔社东，将作穿复土，起冢祠堂”，这是祠堂在民间出现的文献证明，“茔”和“冢”均指官人墓葬，所建祠堂可能也是“墓祠”；唐代文学家陆龟蒙见到闽西等地大兴建祠祭祀之风后说了一句“闽人好祀鬼”的传世名言，在唐时兴建的祠堂庙宇数以千计，大部分现存堂号、庙号的记载；南宋大儒朱熹在《朱文公家礼》中倡导“君子将营宫室，先立祠堂于正寝之东”，说明祠堂的作用已经深合于儒家礼教思想；明代嘉靖皇帝降旨“许民间皆得联宗立庙”，这个“联宗”的确切含义是准许同一姓氏的族群之间通过世系对接纂修谱牒，所以才出现第一部官修性质的《张氏会修统宗世谱》，“立庙”的意思就是建宗祠，尽管明朝的“严政”古今闻名，而嘉靖的皇旨实际上又是对唐宋以来民俗风尚的认可；清朝以后更是祠堂林立、琳琅满目、名目繁多（祠堂的别名有宗祊、宗庙、祠宇、香社、家乘等），规模越来越宏大，占地数十亩的姓氏宗祠比比皆是，非此不能彰显门第道统而获得社会的认同。因此，自汉以来，祠堂和祭祀不再是王公贵族的专利，呈现出大众化、普遍性和多功能的发展趋势，祠堂成为一族标志，有其堂号和徽徵的文化招牌，是中华姓氏文化发展到高级阶段的主要载体。为证明这个观点，笔者根据历代家谱记载，整理出本族祠堂曾产生的各种物质和非物质文化现象如下：

张崇祀祠坐落于四川南部富顺古县城中区，毗邻古县衙，与文庙、西湖呈“品”字形格局，是一所规模宏大的客家张氏宗祠，总占地20余亩，建筑面积近万平方米，主体建筑约5000平方米，仿照四门三径的城府布局，内设大小殿堂、祭坛、花厅、戏楼、书阁、厢房和寝室、膳所。结构上庭院相间、回廊相连、高低错落、铺陈有序，外观上门庭阔壮、楹柱高闲、飞檐翘角、宝相庄严，建筑风格追求古朴厚重，工艺上体现精巧细腻。座向乾巽，南北呼应，直视滚滚沱江，依靠锦绣西湖，大气与儒雅兼收；朝闻西禅钟声，暮看回澜塔影，风光韵致无限。

根据嘉庆元年（1796）划界记录，张崇祀祠建筑“后至汪姓宅基地，左抵万寿寺街心，右至三清殿皂荚树街心，前至大街街心，左有住宅楼房、店铺，右有旧宅楼房、菜园，界址分明”（摘于《张崇祀祠族谱》），是文庙之外城内最大的古建筑。建筑的主人是清朝康雍时期由闽西龙岩山区分迁入川的六房客家张姓，其中约 500 人（成年男丁 157 人）入籍当时江阳（泸州）治辖的富顺县。六房的构成是：原居龙岩江山乡塘边村的古山、古田二房，原居龙岩江山乡新田村的成福、成禄二房，原居龙岩江山乡富溪村的成龙一房，原居龙岩江山乡山头村的维京一房。分迁背景是在康熙三十三年（1694）朝廷发布《召民填川诏》后出现的第二轮移民入川高峰期，确切时间段是在康熙五十一年（1712）至雍正元年（1723）。六房客家张姓本为数百年前一祖所出，因齿繁少耕散居于龙岩内外江山的几个村落，并不断在寻求新的生存空间，因此在入川以后迅速抱团立业。雍正六年（1728），族人永坎、兆椒、兆杰等提出“人生大事莫重敦本，敦本之要莫大祠堂”，遂联合六房族人之力开始营建宗祠，定名“崇祀”。最早的基址是买的杨姓旧宅，谱上描述为“曾经兵燹，土宇荒凉，顾瞻之下惟有败宇颓垣、残砾荆榛而已”，尔后多次筹银买地扩基，最后连成一片的基址总面积达到 20 亩。由于财力不济、意见不统等，崇祀祠经历了三建三停的营建曲折，耗时长达 68 年之久，至嘉庆元年（1796）终于落成。关于张崇祀祠的营建过程，在历代家谱中均保留多处相同的文献记载，其中尤以《崇祀祠碑记》为详。

附：《崇祀祠碑记》

富邑中肯堂焉，额曰“崇祠”，乃张族宗祠也。族本闽籍，自明时由吴基地派衍(吴基地：指上杭小吴地)，龙崖、厥里、前村、新田、山头、塘边是其墟也。至康熙朝，吾族螽繁，闻蜀稀旷，分徙入川，望富邑而戾止焉。斯时也，吾族先辈窃念人生大事莫重敦本，敦本之要莫大祠堂，故投足之下他务未遑即兢兢以建祠为急。然犹未有址也，至雍正六年（1728）乃得杨姓基址而价买焉。斯地也，曾经兵燹，土宇荒凉，顾瞻之下惟有败宇颓垣、残砾荆榛而已。既无旧贯堪仍，亦靡公尝足藉，欲兴工作时势殊难。吾族先辈乃奋然同心，各输财力相与，取材运木、鸠工任匠，卜日而肯构焉。至乾隆丙辰（1736）而寝庙成，阅丙申（1776）丁酉（1777）而中堂就，再阅甲寅（1794）乙卯（1795）而三厅大门备，经营之务凡三次矣，屈指始建以迄于今阅六十年前后，其间启宇辟基、置尝定产匪属一时，亦非一致，缔造之难盖有如斯！爰将前人初创条规、遗留款则、始末原由刻列于左以垂诸右。

由于宗祠的建成，增辉千年古县，光大六房门庭。因此以宗祠为标志的崇祀祠新族在富顺崛起，首先是带动其产业的迅猛发展，其次是因家族建树而产生巨大的社会影响力。从乾隆朝开始，家族产业由富顺县域陆续拓展至屏山、绥江、安里、仁怀、桐梓、遵义、赤水，商号遍及川、滇、黔，营生多达20种，良田广厦难计其数，被当地俗称“张半城”，持续兴旺百年之久。论科举，高中进士、举人者不下30人；论功名，有嘉、道、咸三朝仕宦，服正五品以上高官者十数人，还有近代中国首批留洋的司法先驱，其一人因政绩卓著，当地士民为其建生祠（为活着的人建祠堂），川督黄寿诚为其撰墓志，有御赐五世同堂金匾、御题孝节牌坊、钦封诰命夫人、钦封三品食禄等；论公益，有面向社会的慈善事业和兴资办学的开明乡绅，对穷困急难或直接资助或以工代赈。民国初期，受当时西方教会和慈善事业的影响，崇祀祠成立“张氏慈善会”机构，下置草编、理发、面坊、油坊等手工作坊，为族内外贫困市民提供就业。1930年，崇祀祠兴办“张氏贫民学堂”，吸收平民子弟入学。抗战时期，冯玉祥将军下榻崇祀祠，为抗战发表募捐演说。族人张祚麒，字静山、名以辛，少捐直隶州州同（正五品）不仕，创业富南赵化，咸丰初与许凤仪、赵双盛、田师辅、唐绍庚合筑普安寨以防滇匪，创办乡团兼督修六合、保与、龙翔、平安、太平、营山6寨，光绪朝以巨资兴学，刘光第（戊戌六君子之一）、刘光赏、胡世杰等百余举子进士尽受其恩，其时富顺科名1/5出于赵化。族人张世恒，字常安，富邑巨绅，力筹谷银支持新政，教化俚党，兴资创办十子岭中学（现富顺二中立有置业碑）。

张崇祀祠的社会影响力除了上述之外，还重点表现于通过对客家文明的继承、传播和再创造，力促富顺古县由清朝以前的地域文明特征向客家文明的更高形态发展，由崇祀祠为家族标志演绎的文化现象包罗万千，其中宗祠、墓葬、尝田、祭祀、谱牒、族务组织和祖训族规等物质和非物质文化现象就是客家文明形态的集中展示。

宗祠

据谱图记载，崇祀祠家族形成之前，在闽西的各支族群基本上都建有宗祠，规模大小不等，布局如出一辙，神龛上位供奉太七始祖，按辈往下安放列祖神位。其中最早的宗祠是山头派“仁龙楼”，约建于明洪武年间，不久遭遇回禄（火焚）。

最负盛名的宗祠是新田派开基祖德瑞（墩庄）亲建的“大仑土堡”，为早期客家土楼风格，形如冲天蜡烛，明末改建时得刑部侍郎王命璇亲题“世兴”牌匾，爰改称“世兴楼”，现存改修建筑。族群分徙入川后，“他务未遑即兢兢以建祠为急”，首建宗祠即崇祀祠，寓“崇尚祭祀”之意。崇祀祠家族形成后，六房族人尊称首建宗祠为“总祠”，又在集居区营建5所支祠，分别是崇源堂、品兴堂、谷贻祠、崇文祠、周家坝下宗祠，完全沿袭闽西旧制而规模远远超前。但是由于近代以来战乱频仍、文物浩劫造成的巨大破坏，崇祀祠及其大小支祠仅两处残留遗迹，余者灰飞烟灭。

宗祠的功能是什么呢？一是祭祀祖宗，举孝崇仁；二是抱团聚族，共御外敌；三是合议族务，断决是非。乾隆三十七年（1772）《张崇祀祠族谱·建祠首人记》中有如是记载：“岁至秋冬必举祭礼，祭则少长咸集，虽秀朴不一然皆太和有礼，且间有曲直未明者经辨于祠则释然以解。”《张崇祀祠族谱·行述篇》记载：“兴坤公：字方山，榜名士俊，公推族长。族有典吏年六十余，以夺其母俸领祠杖四十，其余杖责者皆服，族有既成讼者，知县每批交公处息并常委释外纷（受官府委托调解社会纠纷），数十年一族安然，得辅邑治。”可见祠堂不仅是族内公堂，还是官府帮办。

墓葬

崇祀祠家族前几代祖墓主要安葬入川先祖和由闽移川的先祖骨骸，其中先祖骨骸的移葬必须以本房已无留闽族人为前提，且移葬的过程往往要经历数月艰辛。虽然前几代祖墓在富顺当地占尽风水，但比较分散，远近相去数十里，山路难行，祭扫不便。以后各房纷纷购买了风水上佳的山场墓地，能集中安葬众考妣，因此形成族内公墓。历代祖墓均入册列，且大部分配有图示，标明位置处所、墓形座向，以供后人索寻凭吊。墓地管理非常严格，尤其入葬和迁葬被纳入族规条例不许擅改；墓冢清理也十分程序化，每次大修族谱都要重新勘察确认，以免因墓碑毁损、墓穴被盗或动迁等出现墓名混淆。乾隆以后，墓葬体制趋于贵族化，部分墓地雇有看山护墓人，以保风水不失。新中国成立后，因山场充公、宗族瓦解，这一切统统成为历史，最典型的是城西烟墩山墓地，四百棺祖墓居然成为无主之墓，旬月之间全部被掘！这一事件让许多健在老人痛心疾首，终于倡建“烟墩山被掘祖墓碑林”，由族内巨子出资完成。

尝田

尝田也称祭田或烝尝，广义上包括田、土、山场、房舍、商号等产业形态，一般由族人耕种纳粮、经营偿利或放租生息，祭祀先祖所耗香火杂费等概由尝田收入补给，因此是族内的主要公产和维持宗族活动的经济基础。

崇祀祠家族形成前，其闽西族群已在清康熙十七年（1678）首建尝田制，以后随族群分流至各地而沿袭不变。按崇祀祠谱图记载估算，家族尝田数目巨大，其中仅闽蜀两地有清册的就多达130余处，包括房舍、店铺百余所，田土山场上万亩，年收谷银折合不下3000石。对尝田的管理主要采取两种方式：一是记名，如“德瑞公闽尝”，规定尝田收入用于祭祀某先祖而不得挪作他用；二是计量，如“每年收租银一两”，计量标准可根据年成好歹、物价起伏、承佃人变更等因素适时调整。

祭祀

国之大事唯战与祭，祭祀自古以来不仅是国之大事，还是宗族活动的重头戏。“礼重祭祀，诗咏升香”，人伦之大者也。

崇祀祠作为总祠规格的祭祀一直遵循闽西传统的秋冬两祭旧俗。秋祭于中秋后辰巳日（按干支纪日法推算），以新食（当年所收粮米）设祭神农五谷大仙；冬祭（大祭）于立冬后卜择吉日，以活杀三牲祭祀列宗，祭礼遵从朱子（南宋理学家朱熹）家礼以正民俗。大祭之日，举族（六房）男丁参与，设主祭、文颂、司仪、鼓号、礼炮、听差等职位，祭祀时杀猪、牛、羊三牲置于祭坛，族人三拜九叩、焚香祈祷，然后颂唱祭文。以后因家族财雄势大，祭祀形式渐趋奢华，祭祀礼制更加系统完善，如对主祭和文颂者资格就有以下严格规定：本祠主祭须以科第正贵职分大者主之，职等者又以职而兼齿者当之，盖上体朝廷重士之典，下鼓子弟人才之盛矣；本祠赞礼（文颂）祭祀须以读书明通、熟习礼仪者当之。又如对祭祀礼仪和颁胙标准也有细致规定：冬祭堂上只许首事一人、监祭品一人往来，谨恪。将事以外无论长幼概不许上堂拥挤，如违重责。礼生除行礼外亦不许上堂。如上堂观仪典须走两侧，不得由中上下。集聚高谈震惊先灵者面责。本祠颁胙，词林（翰林的别称）与祭颁胙十斤，进士与祭颁胙六斤，举人与祭颁胙五斤，恩拨、附岁、贡生与祭颁胙四斤，捐贡与祭颁胙三斤，监生与祭颁胙二斤，以上与祭则颁，未祭则停。主祭者外颁胙二斤，赞礼者外颁胙二斤，寿八者者各颁胙二斤。

总祠大祭之外各房又设若干小祭（家祭），多选祖宗生卒之日，举家参与，先以肉食果品供于祖宗灵前，然后焚香化帛、洒酒为祭。由于入乡随俗，小祭日期有的改在清明前后，以方便踏青扫墓，祭品则根据财力大小，或备大三牲，或备小三牲，不一而足。但多数族群仍然恪守闽西传统。

祭祀礼制是汉人家族重要的族规内容，目的在于敬天法祖，也使族人明辨长幼尊卑，维护家族正统秩序。

谱牒

崇祀祠家谱文献中记载最早的谱牒称为“元明鼎革谱”，“鼎革”之意就是王权变更，因此元明鼎革谱应成谱于元朝末年，当时崇祀祠家族并不存在，但其前身太七家族已经是闽西巨族，纂修家谱不仅完全符合其所处的社会地位，而对于乱世之际的家族而言也是十分必要的。但是此谱于明洪武时期就亡佚，一直到康熙十四年（1675）才由亿澜、亿汶等族人发凡起例肇修家谱，以后平均三四十年一修。这个传统一直延续至今，家族也因此世代不紊、昭穆有序。从肇修谱牒起300余年共修11次，分别为：康熙十四年（1675）闽西新田肇修，雍正元年（1723）闽西新田续修，乾隆三十二年（1767）闽西新田续修，乾隆三十七年（1772）蜀南崇祀祠增修（入蜀肇修），道光三年（1823）闽西新田续修，道光二十七年（1847）蜀南崇祀祠续修，同治十二年（1873）蜀南崇祀祠续修，光绪三十一年（1905）闽西山头肇修，民国十九年（1930）蜀南崇祀祠续修，民国二十七年（1938）闽西新田续修，2006—2008年蜀南崇祀祠新修。修谱期间统定世派30字，除留闽的山头支外，其余留闽族人和入川族人（含入川的山头支族人）共遵统定世派即雍正元年定永、和、兴、世、祚、绵、远、胜、长、天，同治十年（1871）定祖、泽、培、心、广、传、家、继、述、光、昭、明、思、佑、启、信、克、肇、忠、良。留闽的山头支不遵统定世派的原因是当时尚不确认同祖太七一人，而入川的山头支遵循统定世派的原因是已经与太七入川族人联宗，公认两支为近宗，直到200年以后才真相大白！

族务组织

崇祀祠家族庞大，族务组织必不可少。族务组织的主要职责是决断族内大事，如制定族规条例、修谱、祭祀、架造、公产划拨分配等，同时也平息族人纠纷，扮演族内公堂角色，其运行模式在所有汉人家族中十分相似，无须赘述。但是由于崇祀祠家族的形成过程和族群成分非常复杂，建立的族务组织和组织运行模式必须与之适应。从家族形成的过程来看，是由闽西龙岩山区的散居族群分徙而来，分徙时间长达数十年，族群人丁众寡、贫富悬殊，同时因入川先后形成迥然不同的业态环境；从族群成分来看，有大支两宗，彼此血缘相隔八至十二代，其中一支由六大房系组成，另一支则由若干小房组成。鉴于此种情况，崇祀祠家族最后选择"大房治族"的组织建立原则，设族长二人，从两支中公选各一人，两支各举荐房长二人，然后小房并入大房，每房举首事（或称户首）一人。这样就形成了族长→房长→首事三级组织结构，同时规定三级机构成员全部履行任期职责，须连选方能连任，组织中枢虽为族长，但不可能一言堂，因此也建立了族内民主的组织基础，这是家族能够持续兴旺百年之久的重要原因。维持机构的活动经费来源于族内公产，机构成员个人津贴按职位高低每年计发，俗称"养廉钱"，光绪时期的标准为：族长四千文，房长二千文，首事一千文，均在当年冬至发放。

祖训族规

族规是一族纲纪，一般包括祖训和条例两大部分。前者承袭祖宗信条、重要言论，被视为立族之本，后者则是对族人行为的细致规范。查阅崇祀祠现存谱牒文献，虽然各朝、各代、各支的族规条例不尽一致，而其精髓要义始终没有脱离儒家倡导的"礼、义、廉、耻、孝、悌、忠、信"思想，与所有汉人家族的族规并无二致。

现选录 12 则：

一、本祠所举族长、房长等，凡祠姓有事投到，务须急速登祠，公平处断。不可托故延迟，怠缓从事；亦不可避嫌畏势，曲意徇私，有谬公平。倘有等情，摒弃不用，务须更举。

二、凡祠内人等，有财产不清、事务不明，投凭房长，房长未息，再投族长，族长莫息，听凭控诉可也。若未经族长而动辄控官者，问以藐族欺公、轻祠健讼之条，重行处究。

三、本祠有不孝双亲者，凭祠革出，送官究治。

四、有肆暴逞凶，殴及胞伯、胞叔、胞兄并师长者，凭祠革出，送官究治。

五、有身恃富豪，以少凌长，以卑欺尊者，凭祠革出。

六、有纵欲贪淫，干犯伦纪者，凭祠究处，重责革出。

七、有家规不正，近及娼风者，凭祠革出。

八、有男女婚配，或入或出，颠倒尊卑致失伦彝者，凭祠革出。

九、有暗行盗窃，脏犯有凭者，凭祠革出。

十、有滥娶娼妇为妻、为妾者，凭祠革出。

十一、有身属家主，纵容奴仆妻妾辱长凌尊者，凭祠重责革出。

十二、有孤贫身故，无可挨靠者，亲房须为办理（后事）不得推诿，违者凭祠重罚。

结论

品析张崇祀祠文化现象不难发现，祠堂是具有综合功能的姓氏文化载体，祠堂文化无论内涵、形式、特征完全能够代表同一时期、同一姓氏、同一族群的文化状态，占据姓氏文化的核心地位。

张远谋，四川辉腾科技专项负责人，中华文促会挥公文研工作委委员，中国地名姓氏委挥公文化理事会副理事长。主编专著40余部，发表姓氏学系列文章，主修家谱，主编族史大纲。

祠堂文化在中华姓氏文化中的作用研究

—— 楹联在家族祠堂之体现

贾沧斌

2007年6月，由国家命名的“中国历史文化名镇”——浙江省义乌市佛堂古镇，是个有1490多年历史、平均100个人就占有一个姓氏的极其典型的“移民镇”。其深厚的历史文化底蕴，迄今缺乏一部记载镇史的“镇志”，却深藏在能够彰显姓氏文化“社会运行、社会本土、社会互构、社会转型”中的一座座不同姓氏祠堂屋柱的楹联艺术中。

一、“社会运行”中的祠堂楹联

社会，是人与人形成关系的总和。因此，人与人之间为共同利益而形成团体的“社会运行”，它所创造的物质与精神的财富，叫作“社会文化”。

佛堂古镇竹园村王姓的时禄公祠堂内，用“古佛神灵安四境，佛堂市兴永千秋”楹联，见证“佛堂市镇”的由来，这就是彰显祠堂楹联在社会运行中应用的鲜明一例。

传说，南朝梁代年间（502—557），嵩头陀达摩云游义乌双林寺时，被双林寺始祖傅大士“以人为本”带领民众在义乌江上抗洪抢险的义举所感动，遂将诵念佛经用的铜磬，掷入江中，化成渡船，救出了被洪水围困的百姓。百姓为纪念嵩头陀达摩和傅大士的救命之恩，就在达摩投磬处，募建了一座渡磬寺。由于渡磬寺香火旺盛，人们就挑来五谷，牵来六畜，在渡磬寺周边占地做起了买卖。因寺内有一副“佛光透彩传万代，堂烛生辉照八方”的藏头楹联，此地遂取此联藏头的佛堂两字为地名。所以，渡磬寺自古以来又称为古佛堂。

据佛堂镇王蒲潭村的《凤林蒲潭王氏宗谱》载：始祖王彦超，字德升（914—

986），大名临清人（今河北省邢台市临西县），宋朝开国名将。12岁能提双锤，跃马疆场。跟随后唐魏王李继岌出征蜀国。李继岌遇害后，王彦超在陕西凤翔重云山削发为僧。后得舍晖道人指点，投奔吴越王钱镠麾下，并得到钱镠王器重。在奉命巡视义乌时，见今义乌南端莱山的树林中，有凤凰鸣叫栖居，就给此山取名为凤林山。并在此地娶妻、生子、建村，成为义乌凤林王氏始祖，迄今已1000多年。

义乌凤林王氏第五世：名固，字觇，号八明（1018—1078），宋皇祐五年（1053）进士，官恩阳令，生有秉集、秉文、秉节、秉操四子。其幼子秉操（1052—1117），迁居（今佛堂镇北）下强村，成为下强凤林王始祖，迄今已900多年。

其下强村，位于义乌江东岸，岸边建有义乌双林寺的专用码头，凡从义乌江水路来双林寺拜佛的香客，都从这个双林码头上岸。因为岸上的下强村有多家卖拜佛用香烛的，以及方便香客喝茶、吃饭、住宿的店铺林立，所以“店多成市”，从唐朝开始，下强村也就被称为“双林古市”。义乌凤林王氏入住双林古市后，入乡随俗，也便成了双林古市的商民。

义乌凤林王氏第十五世：讳信，字希行，号月沼（1275—1346），宗谱排行“印二公”。见下强村南一处叫蒲潭的地方，水绕山环，风水独好。始从下强村析居到蒲潭建村，成为义乌凤林王氏蒲潭村始祖，迄今已700年左右。

凤林王氏蒲潭二世：讳正，字文仲（1299—1365），排行“信十公”。生有祯、兴、法、球四子。其中“兴”“球”两子无嗣；长子“祯”（鼎二公）、三子“法”（鼎五公）的裔孙，分别析居在今佛堂镇旧城区内的双塘、王蒲潭、头甲、老市基（利记、日顺）竹园等自然村。

竹园村，位于吴溪江汇入义乌江“双江口”上游的渡磬寺（古佛堂）附近，村民迁居到这里后得益于渡磬寺香火的兴旺，就在渡磬寺的旁边建造了一座时禄公祠堂。祠堂屋柱上贴上了一副“古佛神灵安四境，佛堂市兴永千秋”的楹联，寄寓了渡磬寺周边的佛堂市场，因得古代佛教先祖嵩头陀达摩与傅大士神灵的庇护而发达的缘由。竹园村的时禄公祠堂，也便成了竹园村蒲潭凤林王氏的家庙，见证了渡磬寺及其周边的佛堂市场，从时禄公祠堂建成那天起，迄今也已有500多年的历史。

清朝乾隆初年，一大批徽商来到这里。他们发现渡磬寺里“佛光透彩传万代，堂烛生辉照八方”的楹联，点明了千年佛堂地名的来历；时禄公祠堂里“古佛神灵安四境，佛堂市兴永千秋”的楹联，突出了这里因有古佛神灵的庇荫而适宜兴办买卖市场的商机。于是，他们就在靠近渡磬寺与时禄公祠堂旁边义乌江的南岸，建造了一座徽州会馆（徽州会馆遭咸丰末年太平军兵燹，重建后改称新安会馆）。靠近徽州会馆的义乌江边，建造了一个徽州商船停泊的专用码头，并鼓励当地的蒲潭凤林王氏裔孙，利用“靠水吃水”的本土资源，发展义乌江水上航运的运输业，一个营商、一个营运，与他们徽商共同联手开发“佛堂市镇”。

据嘉庆七年（1802）版《义乌县志》记载：乾隆二十五年（1760），在“无徽不成镇”的努力下，一个在义乌江边沿用了几百年的佛堂埠，一举开发成为岸上“服贾牵车、交通邻邑”、江中船只“泊岸如蚁附”的浙中最繁华的“佛堂市镇”。

二、祠堂楹联在“社会本土”文化运行中的应用

祠堂既是祖宗神灵聚居的地方，又是讨论宗族事务的会场。雕刻在祠堂石柱上的石刻楹联，象征着这个姓氏家族的祖训、族规与建村规划的指南。在佛堂古镇盘石丁氏友龙公祠堂内，24 根石柱上的 12 副石刻楹联中，就寄寓着丁氏宗族祖先规划和建设佛堂古镇、街、巷的社会本土文化。

清朝乾隆年间，今佛堂镇塔山下村“盘石丁氏”里丁派之祖丁祥的第十二代后裔（盘石丁氏二十三世）丁忠广（1748—1820），迁来此地“瑶鱼口”（地名）定居后，果然财运亨通，人丁兴旺，成为今佛堂镇老市基村的丁氏之祖。

丁忠广，生有 4 子：长子汝文（1769—1848），后来建有“长新堂”（经商店号）29 间大屋，成为长新里丁氏之祖；次子汝戬（1777—1804），建有“义和堂”（经商店号），成为今佛堂镇义和里丁氏之祖；三子汝楣（1784—1862），迁居下王斗村，从事农耕，并建有下王斗 24 间大厅堂一座，成为下王斗丁氏之祖；四子汝清（1780—1854），建有“六盛堂”（经商店号）18 间大屋一座，成为佛堂镇六盛里丁氏之祖。

丁忠广的 4 个儿子各自成家后，父子 5 人经商致富，都成了拥有千石田（一石 =2.5 亩）的富翁。丁忠广与 4 个儿子，共同凭借义乌江水上交通便捷的“天时、地利、人和”得天独厚的条件，在佛堂市镇经营酒坊、油坊、火腿、粮食、田料、草籽，生意做得十分红火。同时在他家所在的瑶鱼口沿江一线，建造了今天被称为东风桥、官厅前、友龙公祠的但当时被称为“丁家埠头”的三个专用商埠码头。

友龙公祠堂，由丁忠广二儿子“汝戬公”的后裔，建于1919—1926年。其造型改变了一般的传统的祠堂格局；占地750平方米，前后三进；其中中进与后进的中间建一过道廊，形成三个天井呈上下颠倒的“品”字形。其正门外石刻门额，是由清朝山东潍坊的末代状元王寿彭书写的“友龙公祠”4个大字，这里还有一个来历十分有趣的传奇故事。

传说，当年慈禧太后圈点龙虎榜时，正是慈禧太后的寿诞期。旁观的太监偶见山东潍坊考生“王寿彭”名字，心中顿喜。马上恭维慈禧太后说：“太后当‘王’，又逢‘寿’诞，这‘王寿彭’名字，犹如八百岁寿翁的‘彭祖老仙’来贺，此乃吉星高照啊！” 慈禧太后一听，立即欣然提笔，圈点“王寿彭”为状元。1926年，“汝戬公”的裔孙丁廷管（1887—1970）在山东省高等法院当推事庭长，借“汝戬公”，字“友龙”一名，遂请王寿彭书写了“友龙公祠”4个大字，以图吉利。所以，整座友龙公祠堂内的楹联文化气息特别浓厚。仅中进厅堂内的24根石柱上，就分别镌刻着12副恭请当时知名书法家、各用不同书体写的书法楹联。其每字每句，不但生动地描绘了创业者选中这块风水宝地建祠堂的初衷，而且还寄寓着为什么穿镇而过的义乌江水“自东向西”流，而佛堂镇内古街道却要“自西向东”与江水流向逆向称呼为上街、下街的故事。加上门窗上十分精细的雕刻艺术的点缀，整座祠堂，无处不深藏着佛堂古镇浓重的“社会本土”文化的底蕴。

“友龙公祠”是一座由今佛堂镇老市基村丁姓村民祖先，建于1926年的徽派宗族祠堂，新中国成立后，一直由粮管所借用。2002年归还村里办成了村老年协会的活动场所。除去尘埃后，美丽端庄的书法石刻和既通俗易懂又寓意深刻的楹联句子，成为古镇本土楹联文化之一绝。

请看位于友龙公祠中厅中的一副长联：

基地奠瑶鱼，地接婺江，饮水思源，愿世世子孙无忘祖德。
庙堂辉景象，派分磐石，报本追远，喜莘莘俎豆时荐神羞。

创业者巧妙地选用了佛堂古镇是块“天上瑶鱼落凡间”的风水宝地的神话故事，结合义乌江下游接金华婺江的地理环境，在这里建“磐石丁氏”宗庙的初衷，是企盼子子孙孙把握好“滚滚江水如财源”的契机，可见“勤劳致富，子孙昌盛”的良苦用心。

诒厥孙谋化居佛镇，绳其祖武垂钓瑶鱼。

业创统垂光前后裕，仁基礼范植本发源。

这两副楹联用“垂钓瑶鱼”，形象地指出了友龙公祠，是位于“瑶鱼口”的位置。寓意：只有站在友龙公祠堂这个“瑶鱼口”位置，才能“垂钓”到这个“瑶鱼”。形容把这个“头朝北来尾朝南，鱼口接吞双江水”的瑶鱼，指称为就是“日进万金”的聚宝盆。所以，把这个方位叫“瑶鱼口”的佛堂古镇主街道，称为“下街”；把“瑶鱼尾”称为“上街”，把友龙公祠堂象征正接吞着从上游由东阳的南江与北江汇合成滚滚而来的义乌江水的“瑶鱼口”，如同“接吞”长流不息的江水一样，永无休止地“招财进宝”。这才是祖先选址在“这里”，建造“宗庙祠堂”的本来用意。

三、女子祠堂楹联在“社会互构”中的应用

祠堂是封建社会家族的法庭。如果说家法族规是家族的法律，那么家法也是封建社会国法的补充。在提倡男尊女卑的旧社会，佛堂古镇有一座专为女性而建的祠堂。在祠堂外的“碑亭”里，有一副为女性而写的楹联，与世共存地倾诉着在旧社会里女性只能“在家从父、出嫁从夫、夫亡从子”的封建社会互构制度的苦衷。

祠堂又名家庙，过去是祭祀男性宗族先祖，陈列已故祖先的神主牌位，供各房子孙举办婚、丧、寿、喜等聚会，修编传男不传女的宗谱，商议族内的重要事务之用，重男轻女的场所。

但是在义乌市佛堂古镇的头甲村，不但有一座专门为女人而建造的“节孝祠堂”，而且还有一座与之相关的“节孝牌坊”，更有一个寡妇甘愿与丈夫“生未共牢（一起白头偕老），死甘同穴（墓）”的“节孝碑亭”，记述着女性“生前死后、皆尽节孝”的封建社会互构礼义制度性的文化。

据清道光四年（1824）版《风林蒲潭王氏宗谱》内的《节孝祠序》记载：“尝

恩妇莫重于节，行莫大于孝。易曰：苦节不可贞。以青年而无琴瑟之乐，苦执甚焉。孟云：孝惟不失身，以平时面乏嗔笑之，苟守执峻焉。”“族伯讳以琳，字玉林者，宽猛并用，仁慈表荐人也。奈长子曰正元，厥配朱氏；次子曰正享，厥配张氏；四子曰正贞，厥配朱氏，俱丧偶居寡……各建旌坊矣。而贞嫂又建祠宇，合族赐以嘉名，曰节孝祠。盖因一子，名宽高，丧亡。赵氏居寡，箕裘无人，为之计长久耳。”“其祠寝堂三间，两边插厢、台门、一带厨房二间，黄泥塘田四号共四石，俱入祠。管理签托合族祠长，绅衿轮流办祭。”

考义乌《风林蒲潭王氏宗谱》载：风林王氏二十九世祖王以琳（1712—1769），字玉林，号荆山，排行“正二百三”。生有正元、正亨、正利、正贞4子。遗憾长子正元（1729—1754）终仅25岁；次子正亨（1733—1757）终24岁；三子正利，未娶早丧；四子正贞（1741—1765）终24岁。遂成一门三寡妇。其时，三寡妇上忧老母，下戚嗣艰，茕茕凄苦，日夜悲伤。然而三寡妇贞洁处世，并非一朝一夕所能办到的事，真诚足以动天地，其名可争日月光，精气足以泣鬼神。

尤其是正贞之妻朱氏丧夫后，为祭祀亡夫及正元、正亨二位哥哥亡灵，建成节孝祠。并舍出田产，立祭期于春秋仲月初八，作为收田产之租利，措办祭品。其子宽高，娶妻赵氏；但赵氏因自己没有为丈夫生育过儿女而内疚于心。

赵氏为了丈夫宽高后继有人，赵氏先为丈夫娶了黄氏作为侧室；遗憾的是黄氏还未有孕，38岁的宽高就过世了，赵氏将宽高也同葬于白塳头的祖墓旁。

赵氏为了已亡故的丈夫有“续后”嗣，又择堂伯宽道之子“敏浦”作为已亡故丈夫的“过继子”，并在亡夫墓边建造了一座石碑亭。

传说，因“男女有别”，所以在女人的“节孝祠堂”里是不用楹联的。要用也只能在女人祠堂外的这座坐东朝西“碑亭”的前面二根石柱上，刻上“生未共牢行妇道，死甘同穴慰夫灵”楹联。如今，该碑亭中的石碑，虽已无存，但这副残存的石刻楹联，已经明确地告诉世人：妻子为丈夫生儿育女传宗接代，是为“妇道”。“生未共牢（一起白头偕老），死甘同穴（墓）”“慰夫亡灵”。更是这个赵氏女人生前死后应该“恪守尽节尽孝”的封建礼义文化。

乾隆壬子年（1792），经皇帝下旨，旌奖褒扬这三寡妇节孝之嘉行。嘉庆四年（1799），在这座“节孝祠”（女人祠堂）的天井里，建成了一座迄今犹存且十分精致的节孝牌坊。

四、祠堂楹联有记载“社会转型”的文化功能

祠堂有助学育才功能。对本姓氏族子弟，可以在族人所捐赠的公田中，提取助学金、奖学金或提取开设义学、义塾之开支费用，帮助读书人走上仕途，光耀门庭、荣宗耀祖，提高整个家族的声望。

1906年，停止所有乡会试的科举制度后，在佛堂古镇建成的丁氏“留轩祠堂”天井边石柱上的石刻楹联，记载着社会转型且又十分应时的文化内容。

清末年间，在佛堂古镇上开店经商的徽州商人的子孙，凭着他们“商而好儒”的特长，个个能写会算。尤其是在商务来往中，有了文化就如鱼得水，占尽风光。不得不使沉睡初醒的佛堂本土的商人，刮目相看而争相效仿。

佛堂本土商人丁成余（1857—1932），字留轩。年轻时家境贫寒，中年时来佛堂镇上，拜一位徽州商人为师，开设了一家靛青染坊，从此发家致富。

1925年，丁成余购买上海航空彩票，得了个二等奖银圆5000块，他就以这5000块得奖银圆为基金，倒贴进30石（合75亩）良田，建成一所位于今佛堂镇人民巷以他自己名字命名的“留轩祠堂”，为了彰显这座祠堂专用于佛堂古镇商家子弟读书教学的功能，其建筑风格，独树一帜。

留轩祠堂占地1200多平方米，坐南朝北，前后三进。内二进是中国传统的宗庙式建筑。其中第二进与第三进中间，是用青石板铺设的大天井，天井的上、下、左、右四周，各有二根长6—7米，宽约30厘米见方的青石柱子，每根石柱上，都刻写了秀美的隶书字体的楹联，其中上、下联是：

在宗载考咸与维新，则古称先昭兹来许。
敬祖尊宗本源不昧，化民成俗文教覃敷。

从中不难看出，丁成余先生不但要效仿徽商“赚了钱，建家庙，修祠堂”，而且在社会维新，提倡文化教育中，他要教化民众，读书成俗，以此提高人民文化的良苦用心。上、下联是：

人文蔚起跻跻跄跄，堂构聿新雍雍肃肃。
春风化雨惠泽同沾，麟趾凤毛贤明能继。

更袒露了丁成余先生借 1919 年五四运动的春风，要以先进的文化教育为宗旨，把祠堂转型办成学堂，教书育人出人才的心迹。

其头一进门厅，则完全是采用中西合璧的“半西洋派”建筑。上方左右两个圆形框内，雕刻着两幅栩栩如生的“拉黄包车”和“骑脚踏车”的立体画案。寓意小孩只要认真读书，拥有知识就是戴着礼帽、穿着西装“骑脚踏车”的料（当时骑脚踏车是最时髦、奢侈的象征）；否则，你就只能是“拉黄包车”卖苦力的车夫。两图一左一右，是“学而优则仕”思想的具体体现。

祠堂第二进的正门，是罗马柱的拱门，与檐口水接上部“龙头”雕塑的滴水口相匹配，很是美观典雅。

1932 年，思想维新的丁成余先生病危，临终前，把丁瑞熊、丁瑞华两个嫡孙，分别从浙江大学与上海法政大学传唤回家，嘱咐他俩要把正门上的“留轩祠堂”4 个大字，改写为“留轩学堂”。并一再吩咐丁瑞熊、丁瑞华两个孙子，大学毕业后，应该放弃可以出国留学的机会，回到佛堂镇自己创办的“留轩学堂”里当小学教师。丁成余先生 75 岁仙逝后，两个孙子果然听从爷爷的话回到“留轩学堂”担任教师。最终使“留轩祠堂”转型成“留轩学堂”，成为誉满金华八婺，甚至是当时浙江省内闻名的私办名校，其事迹被存入浙江省档案馆。

贾沧斌，浙江省金华义乌市佛堂镇人，地方文史研究者。中国报告文学学会会员，中国民俗学会会员，浙江省作协会员。出版“千年佛堂”丛书（中国文史出版社2005年版），分《佛堂佛缘》《佛堂古镇》《佛堂商道》《佛堂艺苑》4册，全方位推介了佛堂古镇1500年的历史文化。完成浙江省社会科学界联合会《佛堂古镇的民风民俗》《双林禅寺与佛堂古镇》《佛堂古镇的文化遗存》三个“佛堂古镇系列”120万字研究课题。现任《义乌方志》特邀撰稿人，《义乌商报》特邀记者，《佛堂镇志》编辑。

简谈堂号和家风、家训

王朝利

堂号本是厅堂名称，用在姓氏文化中初为分别房支，之后郡望堂号开始混用，是由郡望演变而来。宋时王姓著称的有二十一望和三十八郡望。郡望，一郡之望族，在讲究门第时代为了区别身份而始。如琅琊王氏在琅琊郡，为琅琊郡望族，所以称琅琊王氏。在魏晋时期王谢袁萧为顶级门阀贵族，所以琅琊王氏更被称为首望，为百姓众郡望之首。

宋前王姓二十一望分别是琅琊，太原，北海，陈留，东海，高平，京兆，天水，东平，新蔡，新野，山阳，中山，章武，东莱，河东，金城，广汉，长沙，堂邑，河南。以上郡望都是宋以前行政区划名称，因王姓为当地郡内显族，他们全称应是琅琊郡王氏，来代指王祥、王览这一兄弟支派的王氏，其他依次类推。

没有列入二十一郡望的 17 个王姓望族还有：河间王氏，汲郡王氏，乌丸王氏，冯翊王氏，安东王氏，营州王氏，华阴王氏，河内王氏，广陵王氏，聊城王氏，长安王氏，高陵王氏，蓝田王氏，上党王氏，邺郡王氏，广平王氏，乐陵王氏。

其他知名的王姓大望族还有王城王氏、元城王氏、乐浪王氏、豫章王氏、开闽王氏、三槐王氏。宋初时，郡望和堂号就开始混用，如太原郡王氏，在讲究郡望时代称为太原王氏，因各种原因离开太原郡播迁的房支大都以太原堂示人，建立祠堂，祭祀祖先，高挂太原堂堂匾，以示不忘先祖，继承祖先的荣耀。郡望和堂号混用之后，郡望慢慢消失，都归于堂号。现在王姓堂号有很多，已知的不会低于 330 个，含很多挂相同堂号牌匾的，特别是像琅琊堂、太原堂、开闽堂、三槐堂这种早期王氏大堂派更多，并且随着播迁衍生出很多分派，这些分派又重立堂派，新刻堂派牌匾高悬，彰显开基祖宗功德。在《中国家谱综合目录》的王氏家谱目录中，冠以“三槐堂”堂号的家谱目录，占王氏家谱总数的40%，所以三槐王氏也被称为王姓最大的堂派。

三槐王氏就是三槐堂，三槐堂的来历也很传奇。北宋初时三槐堂三世祖王祜（有谱作祐、佑，本文作祜），家居开封，在朝为官。时太祖皇帝猜忌军中重臣符彦卿，欲除之而后快。时宋朝刚刚建立，一是重臣没有谋反之证据，二来王祜也不希望看见君臣猜忌再起战祸，致使百姓再陷入水深火热当中，便用全家人性命担保重臣不会谋反，消弭了一场宋初危机。但因为没有达到皇帝目的，便被贬出京。在离开京城开封之前，在东郊自己家宅院内手植槐树三株，并曰“吾后世子孙必有为三公者”。其次子王旦在宋真宗时期登上相位，实现预言。到王旦孙子王巩时，因与苏轼交好，苏轼写三槐堂铭，三槐王氏自此名扬天下。

堂号是祠堂悬挂牌匾之号，从早期的甄身份，到明以后主要的作用就是聚血亲。同一个堂号、祠堂的，可以确定亲缘关系。但是在目前的家谱编修中，有一种不好的现象，为了通谱而通，明明确凿的世系传承只能到清中、明初，却一下把世系祖宗追溯到黄帝、伏羲。尊宗敬祖修家谱种的善因很好，最好的修谱策略是有确凿的证据论证后写入家谱，存疑的注明存疑记入家谱，切忌把自己的猜测作为结论，不加注明地录入，误导子孙，给后世子孙真正厘清世系时带来麻烦。

堂号的牌匾高悬在祠堂之上，祠堂的主要作用除了缅怀祖先外，非常重要的功能就是教育子孙。主办者不要怕礼仪烦琐，福至心灵的有心子孙，会把它传承下来的。祠堂拜祖重要的环节是诵读家训，而家风、家训由来已久，最初出现的意义在于长辈把自己对外在的感受、经验、教训，直接传递给下一代。哪些能做、哪些不能做，使其少走弯路、少遭磨难、顺利健康成长、继承自己的遗训，或者在自己事业的基础上发扬光大、增光添彩。家风、家训都是为了教育子女，很多人混淆不清、混为一谈，其实它们还是有细微差别的。认真分析就会发现，它们的区别一个行言之教，一个行不言之教；还有一个行教人的性别也有区分。

简单来讲，可从家风、家训中的本字来分析。“家”字大家都明白，家风、家训一般发生在家中、祠堂中。“风”字、“训”字，大家应该可以字面理解。首先看家风中的“风”字，在自然界中，风是和雷相对的，所以，家风对应的是什么呢？就是家训！假如说，家风是一种和风，温温柔柔的，化雨而万物生；那家训，就像是一种雷暴，斧砍刀劈，雷霆之重，声色俱厉。在家庭中，家风和家训也有两个表现形式或者角色，就是家庭中的男性角色父亲和女性角色母亲。就是说，在家庭中，长辈的男性，不管是祖上或父亲对孩子的教诲，一般称之为家训；在家庭中，长辈的女性，外祖母或母亲对孩子的教育，一般称为家风。

家风和家训不知道其起始于何时，我相信它会一代一代地传承下去。在中国目前已知的家风中，比较知名的有岳母刺字、陶母退鱼等；在中国目前已知的家训中，有三槐堂王氏家训、朱子家训等。但最知名，史料记载最多的家训、家风，莫过于庭训和徙教。

有一天孔子站在庭院里，他的儿子伯鱼（孔鲤）“趋而过庭”，低着头，小步很快地这样走过去，这叫“趋”。孔子说:“站住，学诗了吗？”“没有。”“不学诗何以言（不学诗怎么能正确地说话）？”“是”，“退而学诗”。又一天，孔子又站在庭院里，孔鲤又“趋而过庭”，孔子说:“站住，学礼了吗？”“还没有。”“不学礼何以立（不学礼怎么能在社会立足）？”“是”，“退而学礼”。这就是中国历史上最著名的家训，男性长辈对晚辈的教育——庭训！

昔日孟子年少时，父亲早丧，孟母守节，居住在墓地附近。孟子就和小伙伴们学大人跪拜、号啕大哭的样子，孟母一见，这怎么能把孩子教育成才呢；然后，搬到了集市附近，孟子呢，又学起了杀鸡宰鹅、讨价还价的游戏（问这条鱼多少钱一斤？ 10块钱一斤。答，10块钱？太便宜了，我给你20块钱一斤好不好？说，好的，送给你了），孟母一看，说这地方也不适合我儿子居住；然后，又搬到了学校附近，孟子就变得懂礼貌、爱读书，孟母高兴地说，这才是我儿子该住的地方啊。这就是中国历史上最著名的家风，女性长辈对晚辈的教育——徙教！

当今国富民强，正是传统文化发展的黄金时期。据我的不完全统计，中央电视台的新闻，新华网、人民网官媒的报道，习近平总书记至少13次提到了王阳明、王阳明的思想以及知行合一的学说。而王阳明，就是王姓最大堂派三槐堂王氏的第二十二世孙。而三槐堂王氏子孙，骨子里都会受三槐堂王氏家训的重要影响。

2016年，本人为弘扬王氏祖德，把三槐堂王氏家训整理、翻译，于2017年1月在微信公众平台王氏研究上向全世界王氏宗亲正式刊发，因为目前有据可查的是三槐堂四世祖王旦祭祖时就在用，建议作为三槐堂王氏的总家训，受到广大宗亲的支持和响应。今把该家训原文和译文收录如下，请同人们感受一下立德立功立言三立圣人王阳明的祖训是怎么样的。

三槐堂王氏家训，又名《文正遗训》，原刊于清人王梓材、冯云濠所编的《宋元学案补遗》卷三，是与其他文字合编在一起的。根据上下文的意思，该家训是要子孙在祠堂祭祖时诵读的，联系上下文的原文：

冬至一节，宗长领子孙男女，齐到祠堂，击鼓三声，参拜四礼，供献酌馔。礼毕，宗长坐于堂东，主妇坐于堂西，子孙男女分立左右，命子弟一人诵家训曰："为臣必忠，为子必孝，为兄必爱，为弟必敬，为妻必顺，毋徇私以伤和气，毋因私故以绝恩义，毋惹闲非以扰门庭，毋耽曲糵以乱德行。有一于此，是悖祖宗教训，族共责之。"众一揖而退，饮酒分福，成礼而散。

上述家训的译文是说，作为我三槐堂王氏子孙，出仕应该衷心服务百姓，在家应该孝顺父母。身为兄长的应该关心爱护弟弟妹妹，担起兄长的责任。身为弟弟妹妹的应该恭恭敬敬对待兄长，长幼有序。作为妻子的应该和睦妯娌孝顺公婆。做官时不要徇私枉法而伤天害理，更不要因为违法对象是亲友而不秉公执法。年轻人不要游手好闲，惹是生非，给家族招灾引祸。没有重要事情不要喝闲酒，以免酒后失德降品。如果违犯上面家训中任意一条，就是违背祖宗教训，要召集族人，让他在大庭广众下接受责罚。

王氏还有一个非常知名的家训，笔者推之为琅琊王氏总家训，它的作者位列二十四孝之一，是西晋时官拜太保，晋封睢陵公的王祥所写，原文：

夫言行可覆，信之至也；推美引过，德之至也；扬名显亲，孝之至也；兄弟怡怡，宗族欣欣，悌之至也；临财莫过乎让。此五者，立身之本。

琅琊王氏家训总训译文：说和做能一致且经得住时间的考验，是诚信的最高境界；把荣誉让给他人，把责任留给自己，是德行的最高境界；自己修德、立业、扬名，使自己的父母名扬尊显，是孝的最高境界；兄弟相处融洽，家族和睦兴旺是悌的最高境界；面对财物最好的态度是能够谦让。这 5 个方面，是人立身处世的根本。

在南北宋的时候，三槐王氏曾经出过两个知名的外交家，名字叫王伦和王楠，王伦为三槐九世孙，宋史有传，王楠为王伦之孙，十一世孙。北宋末年，开封沦陷，时金国国主和重臣金兀术南侵战略已定，王伦第四次使金时，金兀术便在中山府（今河北省石家庄市正定）把他扣留，许以高官相诱（平滦三路都转运使），引诱王伦变节，王伦大斥之，整服南拜，引颈被绞，从容殉国。北宋迁都杭州，是为南宋，到王伦孙子王楠时，南宋和金国谈判，派遣 7 个使节都没有成功，王楠以“苟利国家生死以，岂因祸福趋避之”的精神领命北上。临行前，其母勉励他说：“尔祖以死忠国，故恩济子孙，汝其勉旃，勿以吾老为念。”

家风、家训是一个家族的精气神、脊梁骨。所以在戊戌年（2018）6 月，中国王姓文化委员会在南锣鼓巷成立之前，我就做了一批黄色上衣，背上印制“尊宗敬祖、忠孝友悌，从王姓开始”的宣传语，大量免费赠送。到 7 月首届王姓拜始祖典礼前，更是大量免费分发，来弘扬王氏精神，当然我也希望更多的人来了解王氏家风、家训，共同弘扬王氏精神，为王氏金光闪闪的堂号增光添彩。

祖先的训诲祭祖时要诵读，门风要世世传承。家风之贵，贵在相传不衰，一世和睦敦厚易，代代清正亲善难。一代一代的王家人，遵从祖先的教诲，身体力行，本本分分，为官为民，在家孝亲，使王姓这个高贵的姓氏，含金量越来越高，王家这棵大树，也越来越枝繁叶茂，兴旺发达！

王朝利，1977年生，河南宝丰人，现居郑州。王姓文化传承人，河南省王姓文化研究院副院长兼秘书长、河南王姓寻根家谱馆馆长。

三槐堂王氏家风、家训研究定稿人，王氏家谱编纂规范制定人，为1000多个王氏家族家谱编纂指导服务，河南王姓寻根家谱馆馆藏家谱达到1600多套。河南王姓拜祖大典发起人兼秘书长、王姓文化论坛发起人兼秘书长、王姓文化传承手册《王者世家》总编辑。

数字人文研究视野下的堂号与家风传承研究

——以汪山土库程氏清峻堂为例

程　实

一、前言

“堂号”是中国家族文化中的一种特殊的文化标志。特别是经过漫长的岁月洗礼之后，堂号仍是引领家族寻根和强化族人认同的最大公约数。在堂号的召唤下，家族大小或成员远近都不妨碍族人保持慎终追远、敬宗睦族的精神追求。

然而，随着科学技术水平的进步以及全球化的进程加快，人与人的交流方式产生了巨大的变化，家族成员在生活方式、文化认同等方面存在差异。堂号及其蕴含的家史、家风等各种家族宝贵的非物质文化，在传承时也遇到了前所未有的挑战。

笔者以汪山土库程氏家族（堂号“清峻堂”）为研究对象，探讨了一些数字人文研究视野下的技术与应用，力求给出符合时代特色与保存家族文化精髓的家风传承解决方案。

二、清峻堂与汪山土库程氏家族

华夏程氏，以上古伯符为祖，唐乾符四年（877）时，程火宙始迁江西新建。火宙公次子均生仕升，是为新建大塘程氏始迁祖。仕升公历十九世，玉球公，号雪松，是为大塘汪山始迁祖。玉球公历七世，君定公，名元正，生于清朝顺治丁酉年；君定公长子清可公，名良缨；次子滚轩公，名良绣。清可公虽然没有考取功名，仍工诗书。生子峻崖公。峻崖公之孙辈，程矞采、程焕采、程楙采三人，以学自奋，终得以入对天子。清道光二十二年（1842），裔采任广东巡抚（后历任漕运总督、云贵总督、湖广总督等职），焕采任湖北盐法道（七年后署江苏巡抚），楙采任安徽巡抚。兄弟三人同为封疆大吏，故有“一门三督抚”之说。正是这兄弟三人，主持修建了当今被称为“汪山土库”的家族聚居建筑群。为了纪念曾祖父、祖父，兄弟三人从清可公、峻崖公中各取第一个字成为“清峻堂”。兄弟三人加上彼此堂兄弟共九人，“清峻堂”即为这九人及后世子孙的堂号。

清峻堂的后人，代有家法：以修身谨行立于天下、以孝友治家传于子孙、以赈助乡里扬于四邻、以秉公理政利于国家。2017 年 3 月 14 日，汪山土库程氏家族的家规、祖训，以“操修淳笃、矩范严明”为题，登上了中央纪委监察部网站的专题栏目——《中国传统中的家规》。

三、家风传承的传统方式

清峻堂家风虽然以口耳相传的方式于历代间传述，但其内容准确性不易稽考，所幸的是汪山土库程氏家族的家规祖训也见诸文字。峻崖公，以及峻崖公之子模山公（谱名逢寿，名楷，字九龄，号模山）、笏堂公（谱名逢禄，名达先，字养贤，号笏堂，逢寿胞弟）乃至峻崖公之孙程裔采、焕采、楙采等祖孙三代人的德义品行，经程楙采之长子程鼎芬编纂，得以收入《程氏三世言行录》，流传后世。

孟子曰：“君子之泽，五世而斩。”而汪山土库程氏家族能够世出亢宗之才，与家规、家训中对于修身谨行的要求是分不开的。《程氏三世言行录》中，这方面的记载数不胜数。笔者试举几例：

笏堂公常常训导子孙：

“惜福者添福，享福者减福。”

又曰：“东岳大帝有言：‘有势不可使尽，有福不可享尽，贫穷不可欺尽。’使势，享福，欺人，本损德事，况尽乎！真富贵家药石之言。”

又曰：“人能知稼穑之难，而念念不忘，终身无饿日；人能知纺织之难，而念念不忘，终身无寒日。谚云：敬衣得衣，敬食得食。”

训孙辈曰：“‘不认错’三字最坏事，自古亡国败家胥由于此。故自天子以至庶人皆当切戒。”

又曰：“有才不难，有才不露为难，不露而善用其才为尤难。”

又曰："世俗见朴素人，辄笑为一身土气，此大谬也。土为万物之母，患不能有土气耳。有之，则安贞之吉，应地无疆。受福，讵可量耶？"

训孙辈曰："'求己'二字是一生受用，道德、学问、功名皆从此出。"

程楙采在家书中强调："浑厚乃传家至宝。"

程焕采撰联云："已甘常悯先人苦，能俭犹防后世奢。"

弼卿公（程弼卿，谱名新育，榜名亮采，程楙采胞弟）训鼎芬曰："心静为入德之门。几见轻扬浮躁人，能沈潜入理也？"又曰："存心切忌阴险。"

四、数字人文研究视野下的新思考

数字人文（Digital Humanities）作为人文科学领域的一个新的实践，近20年来方兴未艾。但是目前数字人文项目主要局限于博物馆、大专院校研究所等研究机构。

"文宝典藏数字人文研究平台"（以下简称本平台），缘起于数字人文研究视野下对家风传承这一课题的新思考。在首期架构中，它以汪山土库程氏家族的非物质人文遗产为主要研究对象，以清中期至清晚期的历史为时间纵深，以全方位的数字化档案材料为史料素材，特别注重数字人文分析、整合、可视化等应用。以最流行的数字人文研究工具，保护家族的文化精髓；以可视化的呈现方式，给出符合时代特色的家风传承解决方案。下面从3个方面简单介绍本平台的内容与应用。

1. 可视化家谱世系图

家谱的编修是家族演变历史的实证记录。而世系图录是家谱的主要内容之一，且能够直观地表现家族分支与家族成员之间的关系，特别需要也特别适合可视化呈现。本平台采用可折叠树状图来呈现汪山土库程氏家族族谱世系（可折叠树状图，可分层点击折叠或查看详细内容）。源数据来自汪山土库程氏家族联谊会编修《新建大塘程氏家谱（乙未版）》。

2. 数据库的数字人文研究应用

本平台使用的是以CBDB（中国历代人物传记资料库）为基础的人物传记关系型数据库。CBDB源自于郝若贝教授（Robert Hartwell，1932—1996）个人搜集，并赠予哈佛燕京学社，现在由哈佛大学费正清中国研究中心、中央研究院历史语言研究所与北京大学中国古代史研究中心负责建设。CBDB开放的最新版数据库是Harvard University，Academia Sinica and Peking University，China Biographical Database

的单机版本，本平台对其数据信息加以扩充，构成了家族人物与姻亲关系或其他社会关系的社会网络关系图等数字人文应用。

3. 清朝政务文书数字人文研究应用

清代公文书沿用明制，即例行公事使用题本、个人私事则用奏本。题本是清朝高级官员向皇帝报告政务的文书之一。国家政务中，如举劾官员、兵马钱粮、命盗刑名等例行公务，官员都可具题，经内阁进呈皇帝阅览。本平台首先综合了中国第一历史档案馆以及台北“故宫”博物院的档案记录，将程矞采、程焕采、程楙采三兄弟之题本、军机处全宗录副奏折及宫中朱批奏折共汇总 2844 件，继而对清单进行酌情合并、修正，最终形成完整清单。

对于上述文书清单，可以通过采用多种数字人文研究手段加以应用。例如，提取程矞采政务文书中的所有“题名”信息（题名可以理解为奏折、题本等政务文书的题目，简要说明该件文书的内容），然后形成独有的“程矞采政务文书语料库”。同样的研究方法可以扩展到其他名臣，或者不同历史时期（例如嘉庆朝政务、道光朝政务）语料库。在语料库的基础上再进行可视化呈现。

上述三种应用，辅以大量的人物传记、宗（族）谱信息、文学著作、日记信札等为基础的史料库，构成了我们对于汪山土库程氏家族非物质文化遗产的完整立体呈现。基于首期丰富的内容与技术手段，以及本平台已经收录的程志和、程天放、程时煃、程学恂、程懋型、程懋筠、程思三、程懋增（介一）、程应镠、程应铨等家族先贤的相关史料，本平台将适当增加研究范围（如新建乃至江右世族家风、姻亲关系网络，两任湖南巡抚陈宏谋、刘昆比较研究，等等）与扩大时间跨度（如清早期、民国），最终目的是建立可持续扩展的数字人文研究平台。并在此研究平台的基础上，继续开发多种数字人文应用方式，成为辉映先贤、示法后来的文化基础。

参考文献：

［1］汪山土库程氏家族联谊会. 新建大塘汪山土库——程氏家谱［M］. 2015.

［2］谭国根，梁慕灵，黄自鸿. 数码时代的中国人文学科研究［M］. 台北：秀威出版社，2018.

程实，南昌市新建区汪山土库府第文化研究会秘书长，曾参与“南昌市新建区汪山土库府第文化研究会”的设置和成立，策划数个高校与汪山土库程氏家族相关的课题活动。

第五章
姓氏与地名

地理学与姓氏文化研究

马武举

姓氏文化研究是一门既古老又年轻的学科，也是一门交叉学科，它与许多学科有着密切的联系，地理学便是其中之一。地理学是研究姓氏文化的基础学科，也是姓氏文化研究者必须学习的基础课。什么是地理学，它与姓氏文化有什么关系，学习地理学有什么意义，如何学习地理学，笔者不揣冒昧，就诸如此类的问题谈些粗浅的看法。

一、地理与地理学

地理就是全世界或一个地区的山川、气候等自然环境及物产、交通、居民点等社会经济因素总的情况。简单说，就是地球上存在的自然和人文状况，自然地理就是自然状况，人文地理就是人文状况。地理也可以理解为地球上的纹理，也就是地球上的印记或痕迹，这种印记有自然形成的，也有人为形成的，因此，也就有了自然地理和人文地理。地理还可以理解为关于地球的理论，地理研究地球上的存在物的分布状况。

地理学是研究人类生活的地理环境，以及人类生活与地理环境关系的学科，是人类对其生存、活动所依赖的地球空间的知识体系。通常把地理学分为自然地理学和人文地理学。地理学同地球科学有区别，地球科学简称地学，它是研究地球系统（大气圈、水圈、岩石圈、生物圈和日地空间）的形成、发展和变化及其相互作用的科学，包括地理学、地质学、地球物理学、地球化学、大气科学、海洋学、水文学和空间物理学等等。地理学是地球科学的一个分支，主要研究地球表面上的东西。

随着研究工作的深入，地理学又出现了许多分支，如历史地理学、地名地理学、语言地理学等。

历史地理学是研究历史时期的地理现象及其演变规律的一门学科。它的研究对象与现代地理学基本是一致的，包括历史自然地理（地貌、地形、气候、土壤、植被、动物等）和历史人文地理（经济开发、产业分布、城市、聚落、交通、人口、疆域、政区、文化、风俗、语言、宗教等）这两个方面。中国历史地理是历史时期的中国地理，也就是过去几千年间中国范围内的地理状况。历史地理学对姓氏文化研究工作十分重要。

地名地理学是研究地名的地理分布的学问。地名地理学的方法在 20 世纪 30 年代已经运用于我国的地名研究中了。地名地理学研究地名的起源与演变，研究地名的命名原则与变化规律，与姓氏文化研究工作有更直接的关系。

语言地理学是研究语言或方言的地域分布的学科，形成于 19 世纪下半叶。语言地理学强调地理因素，严格要求在一定的区域中观察语言现象，研究不同区域的语言特点。语言地理学对我们研究姓氏文化亦有一定的帮助。

地理学按其研究的范围划分，还可以分为世界地理、中国地理、区域地理等，对姓氏文化研究者来说，与姓氏文化关系比较密切的是中国地理，对某一姓氏来说，区域地理也很重要。当然，在研究中国姓氏文化时，也会涉及世界地理知识。如果要研究国外姓氏，更少不了世界地理。

二、地理学与姓氏文化的关系

姓氏文化研究工作的实践告诉我们，姓氏文化与地理学有着十分密切的关系。姓氏文化研究姓氏的产生与发展、迁徙与演变、姓氏人物的活动、姓氏事件的发生等，中心是研究人，有人就会有活动，有活动就会有事情发生，有事情就会有地点。也就是说世界上的事物离不开人物、时间、地点（空间）这几个要素，而这些地点都会在地理空间上反映出来，都会在地理上找到它们的存在与位置，都会在地图上找到它们的线索与轨迹。具体地说，姓氏文化与地理学的关系主要体现在以下几个方面。

（一）姓氏的产生与地理有渊源

姓氏的产生必定与一定的地理空间相联系，姓氏总有它的产生地点。任何姓氏都有它产生的具体地点，或者叫祖源地，这些祖源地不管我们知道与否，不管我们认定与否，它都客观地存在着，不管这些祖源地是一地或多地，但它都有一定的地理位置。

从姓氏的历史来看，有许多姓氏的来源都与地名有直接关系。汉代应劭的《风俗通·姓氏》和王符的《潜夫论·志氏姓》，收录了当时的数百个姓氏，并依据其得姓受氏的来源，将其分为9大类，其中有氏于国的，如齐、鲁、宋、卫等；有氏于居的，如城、郭、园、池等。宋代郑樵的《通志·氏族略》将得姓受氏的类别分为32类，其中的以国为氏、以郡国为氏、以邑为氏、以乡为氏、以亭为氏、以地为氏都与地名有关系。这一类以地为氏的姓氏都是先有地名，后有姓氏，因地而氏。还有一类是先有姓氏，后有地名，因姓氏而得地名。某一姓氏在某地聚居人数较多或时间较久，就以该姓氏为该地命名。如张庄、李寨、马营、武村等。据不完全统计，大约每个县内有20%—40%的村庄是用姓氏命名的。如浙江省嵊州市面积1828平方公里，有自然村2276个，其中同名的村庄306个。这些重名的村庄多数是以姓氏命名的，如王家村、张家村等。

（二）姓氏的迁徙与地理有关系

历史上，由于战乱、移民、天灾人祸等，姓氏的迁徙是十分频繁的。姓氏的迁徙过程与地理有着十分密切的关系。

首先是迁徙的路线会在地理上留下痕迹。如对后世影响较大的西晋末年的衣冠南渡、唐末五代的入闽开漳、宋室南渡时的大举南迁，基本上是以中原为起点向南迁徙。

其次是迁徙之后定居的地方会在地理上留下印记。随着一个时期迁徙过程的结束，迁徙者会在某个地方安定下来，这个落脚的地方都有一个地理方位，都会在地图上留下一个印记，某些姓氏还会在某一地域范围内形成名门望族，并使当地成为有影响的郡望地。

最后是定居地的地名带有明显的姓氏特征，如马家庄、牛家寨等等。魏孝文帝迁都洛阳后实行汉化政策，其中最有成就者当数改姓氏。据统计，共有99个鲜卑旧姓改为汉姓，如拓跋氏定为元氏，丘穆氏定为穆氏……在改姓的基础上，北魏又定氏，规定门第等级，其中元氏门第最高，穆、陆、贺、刘、楼（娄）、于、稽、尉八姓次之，相当于汉姓的崔、卢、李、郑四姓门第。地名命名也体现了姓氏特点，姓氏地名有如元氏县、尉氏县、卢氏县、寄氏县、冀氏县、端氏县、已氏县、猗氏县、北猗氏县、乘氏县等。

（三）姓氏的活动与地理有联系

任何姓氏都会有活动，小到日常生活起居，大到族人的聚会、祭祀等，无论是常人的耕耘劳作，还是名人的出行征战，无论是平民的出生地，还是官员的归葬地，都与某一区域某一地点相联系，都有其地理位置。也就是说，无论是琐碎小事，还是重大事件，只要是在地球上发生的事情，都有其时间、地点，都在地理范围之内,都有它依托的实体位置。若没有它依托的地理空间,此事便化为乌有。

总之，无论姓氏的产生地、迁徙地，还是其活动地，这些人文活动都必定会与地理环境发生关系，都离不开地理空间，都会有地理位置。也就是说，姓氏文化与地理密不可分。姓氏文化研究离不开地理学做基础，地理学是姓氏文化研究的基础学科。

三、学习地理学的意义

因为地理学同姓氏文化研究关系密切，所以，要想搞好姓氏文化研究，就必须学习地理学。对于姓氏文化研究者来说，学习地理学的意义重大。

（一）理解地理概念——定方位

学习地理学，就必须理解它的有关概念，弄清它的含义与内容。地理学是发展的科学，地理概念也是在发展的。比如历史地理与现代地理相比，有好多概念的内涵是不一样的。

例如,关于国的概念,古今有很大差别。古代的国,多指方国、王国(诸侯国),也指国都。尤其是在先秦时代，方国是王室统治下的臣属之邦。分封制是种族奴隶制的统治形式，即用“封邦建国”“分土封侯”的办法来划分区域。相传殷商时期已实行分封，为了控制被征服的广大地区，商王常把自己的亲系子弟分封在“外服”地区（当时实行服爵制）。后来逐渐发展成了诸侯国，从而形成分封制的先例。到了西周时期，分封制成为地方行政制度。相传西周主要有两次大分封，即武王伐纣以后及周公东征胜利后，先后分封的诸侯国达 70 国之多。周初分封的诸侯，大多是同姓子弟。荀子称，周初“立七十一国，姬姓独居五十三人”。除同姓子弟外，周的姻亲、功臣等贵族，一般也都得到“受疆土”之封，而做了大小诸侯。西周的地方制度，大概分为国、都、邑三级，“国”即国都，“都”即大邑，“邑”为小邑。可见，古代“国”的概念同我们今天所说的国家的概念是不同的。再比如，关于“中国”的概念，古代同现在也是不一样的。春秋以前，大大小小的国数以千计，天子所居的“国”（京师）处于中心、中枢地位，被称为中国。以后又将在地理位置上处于中心区的国称为“中国”，即中心区的国。这一中心区域在先秦时只限于黄河中下游两岸至江淮地区的中原地域，即周天子的直属区和诸侯中的晋、郑、宋、鲁、卫等国，而周围地区或其他诸侯国就不能算中国。孟子说：“人有恒言，皆曰天下国家。天下之本在国，国之本在家。”家指诸卿大夫田邑，国指诸侯城邦。这个时期，中国并不是代表中华民族的整体，而是指中原。中原周边的地区被称为“四夷”。在明清以前，“中国”是一个地域的概念，并不表示国家或疆域的意思。明朝自称中国，中国作为明朝的代名词。第一次鸦片战争后，中国作为国家或清朝的代名词。到晚清，中国作为国家主权的概念已明确，中国的地域范围即指清朝主权所达到的范围。1912 年中华民国成立，中国成为中华民国的正式简称。1949 年 10 月 1 日，中华人民共和国成立，简称中国。

作为行政区划的“省”的概念，不同时代也有明显的差别。西汉称宫禁之中为“省中”，魏晋以后逐渐把设于宫禁附近的尚书、门下、中书等中央政府机构都称为省，这是省的原意。从魏晋时代起，出现了行台、大行台或行台省，这是行省的前身。台省原是设在京都城内的中央政府，一旦发生重大事件，需要由掌握中央政权的位居宰相的大臣率领一部分中央政府人员离开首都到前线去征伐或镇压，这就形成了一个或几个出行在外的台省，因而便以行台或行台省为名。但魏晋南北朝隋唐时代的行台省都是因事而设，事已即罢，不为常制。到了金朝末年，中央政府叫尚书省，地方上就设置了许多行尚书省。元朝建立后，也学金朝制度，设立行尚书省。元世祖以后改以中书省总领政务，行尚书省也就改称行中书省。不管是行尚书省还是行中书省，在元朝初年，都还不是正式的、经常性的地方行政区划，而只是中央政府派遣在外的临时机构。平宋以后，元朝中央政府还叫中书省，地方政府叫行中书省。明朝时取消行省，改为承宣布政使司，同时裁撤了中央政府的中书省。但民间还是习惯于把一个布政使司或一个直隶称为一省。清朝沿袭明制，仍置行省，省由中央政府机构变成了地方最高一级行政区划。

另外，曾经作为行政区划的郡、州、道、路、府，不同时期也有不同的内涵。

不只是行政区划名称，有些山川河流的名称，不同时期也有不同的含义。我国最早的地理著作《尚书·禹贡》所记载的“江”是专指长江的，“河”则是专指黄河的，“岳”在商代是专指今霍山，而不是泛指。汉代司马迁的《史记》里，“江”已转化为通名了，不再为长江所专有；“河”也不再专指黄河了，而成为北方水流的通名了。

诸如此类的地理概念，我们只有通过学习历史地理学才能够弄清楚。学习历史地理学，能够使我们更准确地理解不同时期的地理概念，更好地确定与姓氏文化研究有关的各种地物的地理方位，更好地服务于姓氏文化研究各方面的工作。

（二）熟悉政区沿革——找坐标

我国经历了几千年的奴隶制、封建制社会，经历了许多次的改朝换代，每一次王朝的更替，都会带来制度的变化和区划的调整，从夏商的服爵制到周代的分封制，从秦汉的郡县两级制，到魏、晋、南北朝的州、郡、县三级制，再从隋、唐、五代、宋、辽、金时期的道、路时代，到元、明、清的行省时代，区划的调整、政区的增废，往往会使下一级政区归属发生变化。尤其是县以下的基层政权，变化更多。比如元朝时，全国有一个中书省直辖区和 10 个行中书省，另有一些边远地区还不在此内。当时的中书省直辖区范围很大，包括今北京、天津、河北、内蒙古、山西、山东和河南的黄河以北地区。10 个行中书省，平均一省约有今两省之地。明朝时，全国又分为两直隶、13 个布政使司（省）。古今行政区划不同，政区名称不同，这给我们研究姓氏文化的历史带来了困难，我们不能用今天的行政区划概念去研究历史上的问题。我们要研究姓氏文化的历史，就必须了解相应时代的行政区划，这就要学习历史地理学。只有学习好历史地理学，才能弄清不同时期的行政区划情况，弄清不同区划之间的沿革情况和相互关系，从而找到我们研究对象的地理坐标，使研究工作收到事半功倍的效果。

（三）了解地名变化——寻踪迹

地名产生之后，具有相对的稳定性，又有一定的可变性，许多地名在历史的长河中不断变化，甚至出现新陈代谢现象，旧的地名取消了，新的地名又产生了。由于地名是社会文化生活的产物，因此，它往往受各种社会因素的影响而发生变化。新土地的发现、新地区的垦殖，以及民族的迁徙、军事的征服、国家的兴亡、朝代的更替、社会的进步、经济的发展等，都会直接牵涉到地名的变化。据有关专家统计，在我国历史上，县以上行政区划名称虽然更改较多，但是各代的变动，一般是 1%—2%，至多不超过 3%。隋朝数量稍微大一些，是 3%—4%，其原因是南北朝的动乱局面导致了地名的混乱。像王莽时期地名更名数量达到 50%，是独一无二的。王莽上台后，为了维护其统治，大量增设郡县，至少增加了 22 个郡 、616 个县。而郡县的改名，则数字更为惊人，据《汉书 · 地理志》记载统计，当时有郡、国 103 个，改名的 75 个，占 73%；县、道、侯国 1587 个，改名的 730 个，占 46%（施和金:《略论王莽更改地名的失败和教训》，载《地名知识》1980 年第 3 期）。

纵观地名的汪洋大海，大致可分为三种情况：一是从古至今一直未变的地名，这一类地名以自然地物较多，如山川、河流的名称；还有部分县以上的行政区划，如新安县等一些千年古县。二是在古代一次或多次更改的地名，这一类以县以下地名较多。三是现代更改地名的，有的是因为地名本身不健康而改名，如迪化改为乌鲁木齐；有的是区划调整，由县改区或改市的，如淮阳县改为淮阳区；有的是新设行政区划或新建社区而新命名。

在地名的大观园中，一地一名是比较常见的现象。除此之外，还有一些特殊现象。这种特殊现象有以下两种类型。

1. 一地多名

一地多名就是同地异名，就是一个地方有两个以上的名字。造成一地多名的原因很多。一是因改名造成多名，这种改名或者是因改朝换代，或者是因区划变动，或者是因避讳，等等。如洛阳，西周时为雒邑，秦时先后为洛阳县、三川郡，西汉时先后为雒阳县、河南郡……1948 年改为洛阳市。二是因双语现象造成多名，就是在少数民族聚居区两种语言并存，同一个地方，汉族有一个叫法，少数民族又有另外一种叫法。据统计，新疆境内现有 87 个市县，其中约有 37 个市县有两个共存的名称，如乌苏市，维吾尔族、哈萨克族称西湖。三是因古名别称造成一地多名，如称南京为金陵，称扬州为广陵等。四是因方言或异读字（多音多义字）造成多名，如“堡”字，《新华字典》收有三种读音，陕西读 bǔ，安徽、北京读 pù，河北读 bǎo。据统计，《新华字典》所收的 8000 多个字，其中多音字 828 个，包含 1857 个读音，共收地名专用字 200 多个。《普通话异读词三次审音总表初稿》中收入地名 192 条，有 76 条是专用于地名的字，其中 60 条是有异读音的。广东省的地名生僻字有632处之多,有的一个字就有13种读音。如“坢”,分别读 pǎn、bàn。

2. 多地一名

多地一名就是异地同名。有同一时期的多地一名，如唐武德年间（618—626），曾同时存在过49组同名州，其中最多的是四州同名，两州同名的有40组。县名相同的也有许多，如福、衡、通三州皆有新宁县。唐代县级地名重名的达19处，宋代30处，明代42处，清代更为严重，至民国初年重名者竟达126处，直到新中国成立后经过调整，县级地名才做到了不重名。有不同时期的异地同名。一是因为迁徙、侨置造成异地同名。在中国历史上，曾出现过无数次的民族迁徙，在一次次的移民中，原来的家乡地名被带到了新的地方。现在新疆地名中至少有10个以上的地名是以“莫尕里（或莫尕勒）”命名的，如在英吉沙、疏勒、岳普湖等县均有，这与元代以后蒙古人向新疆移民有关（牛汝极：《新疆地名的文化透视》，载《地名知识》1990年第1期）。二是因命名角度或方位不同造成异地同名。如我国历史上曾有9个地方称北京，有河南洛阳和开封、江苏镇江、内蒙古白城子和巴林左旗、山西大同和太原、河北大名、北京。这是因为各朝代的京城不一样，各朝代基本上是以京城为中心来定北京的。

古今地名之异同，这些变化有的有规律可循，有的无规律可循，这就需要我们学习历史地理学和地名地理学，了解地名变化情况，为我们研究姓氏的迁徙和姓氏文化的发展历史寻找踪迹，这样可以使我们少走弯路，甚至还可以使我们找到可走的捷径。

四、学习地理学的方法

地理学是一门与我们密切相关的学科，无论是学习、工作、生活，我们每天都要同地理打交道，每天都生活在地理空间内，地理环境是我们须臾不可离开的生活基础与依托。学习地理学，需要在以下3个方面用功夫。

（一）研读原著

研读原著就是要认认真真地学习地理学著作，包括古今中外的地理学名著。兹推荐重要的地理学著作如下：

正史中的《地理志》。东汉班固的《汉书·地理志》是我国史书中首次出现的以“地理”命名的专著，是第一部区域行政地理著作，记述了103个郡国、1314个县邑、32个道和24个诸侯国，地名超过4500处。自《汉书·地理志》以后，在二十四史中，大都有地志，正史或称《地理志》，或称《郡国志》《州郡志》《地形志》。在历代正史中，有16部地理志，6部河渠志，地志文献多达数千种。它们都是从人口与地理相结合的角度着手，或记人口的分布，或记人口的迁徙。这些地理著作，对我们研究不同时代的历史地理很有帮助。

《尚书·禹贡》，成书于战国时代，记载地名130处。《禹贡》是《尚书》中《夏书》的一篇，是我国古代地理志之始祖，其作者尚无定论。

《穀梁传》，成书于春秋战国时代。一说《春秋穀梁传》成书于西汉，提出了“山南、水北为阳”以及“名从主人”的地名命名原则，这对历代地名研究有很大的指导意义。

《尔雅》，成书于战国时代至西汉之间，作者尚未确定。本是中国古代最早的一部语文词典。在现存的19卷中，《释地》《释丘》《释山》《释水》几卷是解释地名语源的。如“释水”是关于水的训诂，包括水泉、水中、河曲、九河4类。

《山海经》，西汉末刘向编订，记载了100多个邦国，550座山，300条水道以及邦国山水的地理、风土物产等。

《释名》，成书于汉末，有《释地》《释山》《释水》《释丘》《释道》《释州国》6篇，共收入地名155条。《释名》是采用“因声求义”的方法。

东汉许慎的《说文解字》是我国最早的一部字典，收录地名450个，其中有县名88个。据不完全统计，《说文解字》中只是带有“邑旁”“山旁”“水旁”三个偏旁的地名就有872条。它是采用“以形索义”的训诂方法，是一部在训诂上做出重大贡献的著作。

东汉时，有以水道为纲、固水证地的《水经》问世，其作者说法不一，一说是晋人郭璞，一说是东汉桑钦。以记水为主，水名有1370处。北魏时郦道元为《水经》作注，汇集大量资料，成书《水经注》40卷，记载1252条大小水道、500多处湖泊和沼泽、200多处泉水和井水、60多处瀑布、46处岩溶洞、31处温泉，地名约2万条。其中解释地名渊源的有2400处左右，被认为是我国古代传统地名学研究成熟的标志。

《洛阳伽蓝记》，成书于南北朝时期，用“记”的形式记述城市景观。

《大唐西域记》，唐玄奘著，全书12卷，10万余字，共记述了玄奘亲身经历的110国和得之于传闻的28国情况。

《徐霞客游记》，明徐霞客著，全书共20卷，约40万字。

民国年间，岑仲勉著《中外史地考证》两册、《汉书西域传地理校释》两册。

侯仁之主编《中国古代地理学简史》，科学出版社1962年出版。

中国科学院自然科学史研究所地学史组主编《中国古代地理学史》，科学出版社1984年出版。

陈正祥《中国文化地理》，生活·读书·新知三联书店1983年出版。

牛汝辰、魏燕云编《源于地名的中国姓氏》，电子工业出版社1988年出版。

（二）借助工具

工欲善其事，必先利其器。学习地理学也要善于利用工具，这样才能提高学习效率，才能学有所成。

1. 用好地理学工具书

地理学工具书是我们学习地理学的助手。用好工具书，可以帮助我们逾越许多障碍并解决许多困难。现推荐几种主要的工具书。

晋代裴秀的《禹贡地域图》，是我国第一部历史地图集。

晋代京相璠的《春秋土地名》，是我国第一部地名词典。

晋代杜预的《土地名》，是一部地名词典。

《太平寰宇记》《括地志》《元和郡县志》《元丰九城志》，成书于唐宋年间，均为地名词典。

清代顾祖禹《读史方舆纪要》，是一部按行政区划排列的历史地名词典，全书共130卷，后附《舆地要览》4卷。

清代李兆洛《历代地理志韵编今释》，是一部历史地名辞典，收词1万余条。

清代傅恒《西域同文志》，是一部满、汉、蒙古、托忒、藏、维吾尔6种文字对照的西域地名语源辞典。

民国年间，童世亨的《历代疆域图》和苏荣的《中国地理沿革图》。

刘钧仁《中国地名大辞典》，收词2万余条，1929年出版。

冯承钧《西域地名》，1930年出版。

藏励和《中国古今地名大辞典》，收词4万多条，商务印书馆1931年出版。

丁察庵《中外地名辞典》，1932 年出版。

葛绥成《最新中外地名辞典》，收词 25000 条，是我国第一部较大的中外地名辞典，1939 年出版。

谭其骧主编《中国历史地图册》（8 册），中国地图出版社 1978 年出版。

郑梁生等编译《中国历史地名大辞典》，三通图书公司 1984 年出版。

牛汝辰主编《中国水名词典》，哈尔滨地图出版社 1995 年出版。

牛汝辰编《中国地名由来词典》，中央民族大学出版社 1999 年出版。

2. 借助现代科学技术

现代科学技术为我们认识地理世界提供了有力的武器，如航测技术、卫星遥感技术、定位导航技术等。航测技术和卫星遥感技术主要是有关单位使用，个人一般很少使用，但它们的一些成果，我们可以借用。卫星定位导航技术目前使用比较广泛，许多个人都在使用，诸如百度地图、高德地图之类的导航业务，对我们寻找地理位置或进行实地勘察很有帮助。

3. 实地勘察

实地勘察就是根据自己的研究对象，确定一定的地理位置和寻找目标，亲自去实地进行探访，这样可以获得具体的感性认识和难得的第一手资料。勘察前要做好充分的准备，包括精神准备和物质准备，要明确勘察目的、制订勘察计划、优选勘察路线、备好勘察物资，包括通信设备、交通设备、文字影像摄录设备等，还要制订必要的应急预案，这样才能保证勘察顺利进行、有所收获，切不可盲目行动、草率从事。

地理学是理论与实践相结合的学问，只要我们不怕困难、不畏艰险、“读万卷书，行万里路”，就一定会有所收获，登上理想的高峰。

马武举，1954年12月生，河南新安人。高级政工师，国际人力资源管理师，曾任河南驻泰王国代表处代表、党委副书记，河南省国资委副巡视员。荣获“河南省优秀思想政治工作者”“河南省省直机关优秀党委书记”“省直机关优秀党务工作者”等荣誉称号。现任河南省姓氏文化研究会常务理事兼马姓委员会会长。近年来从事中国传统文化研究，已发表文章数十篇，并有多篇文章获奖。

地名与姓氏是中华民族的根脉

张　勇

家文化，是民族自信、文化自信的源泉。中华民族有着很强的家族观念，古人说“齐家、治国、平天下”，这里边所指的“家”，不是我们今天意义上的三口之家，而是以姓氏为纽带的“家族”。中华民族把亲情、父母、家族、祖先看得很重，祭祀祖先是与战争（《左传》云：国之大事，在祀与戎）、军事放到了同等重要的位置的，而家教则是延续这种血脉文化传承的优良传统。传承优秀的家文化就是中华民族几千年文明绵延不绝的根本原因。

中华文明是世界四大文明古国中唯一穿越 5000 年，而从未中断传承至今的文明。其他三个古文明都先后中断，中华文明能穿越 5000 年传承至今，其中必然有其优于其他文明的文化基因。其根源何在？课题组通过研究大量史料后认为：中华文明有两个重要的因素是其他三个文明所不具备的。

一、姓氏是中华文明传承的血缘符号

首先，中华文明有其绵延不断一直传承至今的血缘符号——姓氏。我们今天可以根据这个血缘符号上溯 5000 年，找到我们共同的祖先。这是中华民族祖先具有独特智慧的体现。不管中华后裔迁徙到哪里，无论美国还是欧洲，他们都不会轻易改变这一血缘文化符号。

其次，中华民族祖先发明了象形文字，汉字是当今世界唯一还在华语系多国使用的既表音又表意的文字。汉字中凝聚着中华祖先的价值观和远古文明的信息。可是世界上除了使用汉字之外，西方大多数国家使用的都是拼音文字，拼音文字只表音、不表意。随着时代的变迁，语言发音是有所变化的，例如：我国唐朝的发音就与现代人的发音不同，虽然语音有所改变，但是我们都能够看得懂唐朝诗人写的诗歌作品。如果是用拼音文书写，后人就不会看懂。韩国就是一个例子，他们古人写的历史著作是用汉字书写，而现代人讲的是韩语——使用的是拼音文字。因此他们的后代就再也读不懂他们祖先留下的著作了，文化就因此难以传承。中国地大物博，人口众多，南北、东西语言发音差异较大，如果仅靠语言彼此很难沟通。但是由于我们都使用统一的汉字，沟通起来就十分便利。由此象形文字和拼音文字的优劣一目了然。这就是欧洲面积虽然不大而分裂成那么多国家的重要原因之一。

由于我们祖先创造了一脉相承的血缘符号姓氏和汉字，中华民族的子孙即使远离千里、万里之遥，他们也有着共同的文化认同、有着共同的祖先，因此中国人崇拜祖先、孝顺父母、尊老爱幼、倡导统一、反对分裂，这是由来已久的优良品质和民族共识，也是民族文化自信的源泉。

二、当今世界对历史文明的认知

一切事物都有两个方面，有这方面的优势，可能就有那方面的劣势。近 100 年来，西方工业革命的崛起，促进了科学飞速的进步。西方的文化与东方的文化有所差异，由于近代我国科学的落后，导致我们在世界上话语权的削弱。西方的历史没有我们长、历史记述也不如我们完备。西方历史学者根据他们习惯上的认知，认定只有文字的出现，才算有了文明产生。用这个标准判定，直到河南殷墟甲骨文的发现，才能表明中国产生了文明，在此之前都不能算为历史。我们研究发现，当时商朝殷墟发掘的甲骨文已经出现了 3000 多个文字，足以构成了一个比较完善的文字体系。试问，这些文字不会是一天从外星降落到中华大地上的吧！而是中华民族的祖先经历几千年的实践积累，才达到这样一个文明的高度。

在文字尚未出现之前，早在伏羲氏时代（距今八九千年以前）就创造了八卦，用图像来表示深刻的哲学内涵，至今仍在沿用。比那个时代还要早就已经产生了姓氏（风姓），后来的几千年，姓氏达到了几千个。课题组研究发现，姓氏与姓氏之间、地名与姓氏之间，存在着许多关联性。通过这些姓氏与地名的关系研究，就可以破解中华民族祖先用足迹书写在大地、山脉、河流、城郭上的历史天书。

地名与姓氏是活着的历史文化遗产，同古籍文献、地方史志、家族谱、考古发掘一样，具有同等的文物价值。这补充、丰富了历史文献、考古发掘夏朝以前的资料不足，使人们从一个新的视角了解中华文明。

三、国内历史学研究教学现状

课题组研究发现，当前国内大学的历史教学，只研究《中国通史》、《二十四史》、考古发现；忽略了对地方史志、家族谱的研究，而古籍历史文献、地方史志文献、家族谱，组成了中华民族完整的历史学体系。放弃任何一种文史资料的研究都很难了解全面真实的历史，所得出的结论也就是片面的。而当下地方文史学者由于行政区划限制，他们只研究本县本地区的历史，周边各县的学者也只是研究自己管辖区域的历史，这样无形当中，县与县之间、地方文史工作者与大学历史教研体系之间，形成了一片空白区。因为古人没有今天行政区划的概念和限制。我国的许多地名都是重复的，如果单独分析一个地名是得不到全面结论的，而恰恰这些重复的地名，正反映了中华祖先迁徙的轨迹。这就好比心电图，如果只是一个点很难反映出心脏的情况，只有把一个个的点连接起来看才能反映出心脏跳动的真实状况。我们研究地名、姓氏也是这样，要跳出一县、一省，站在中华民族的高度来分析地名的变迁。

由于大学的历史教学没有重视对地名的研究，在一些为古籍文献的注解中出现很多错误，举例说明：

例 1：今河北省石家庄市南面有一个赞皇县，县域境内有一座赞皇山，还有一条发源于此山的河流，今天当地人称它为“槐河”。这条河在古时曾叫济水，《隋图经》云：“槐水出赞皇山，一曰渡水；亦曰济水，去县南十里。此自别是一济，即诗云‘出宿于济’，非四渎也。”《诗经·邶风·匏有苦叶》就歌咏了古代一位女子在济水河畔等待情人时的心情。多年以来，学术界大多数一直认为这首诗中所记述的“济水”是四渎之一的济水（我们查看了 20 多种《诗经》关于此诗的注解，都是注为此水是在今济南的那条济水）。但中国诗学会会长夏传才教授，经过考证后认为：此“济水”为赞皇县的这条“济水”，因为《诗经》中的“邶”所指的地域不可能是在今天的山东济水流域。由此看来学者们对古地名的研究不足，容易出现望文生义的错误。

例 2：大家都熟悉岳飞著名的一首词——《满江红》，并且常常为其中感天动地的豪迈词句所感动，词中有一句“驾长车踏破贺兰山阙”。今天，我们所熟知的地理位置上的贺兰山在今宁夏银川市西北部，可有许多历史学者考证岳飞抗金历史史料，认为他不可能到过今天的贺兰山一带抗金作战，故得出结论认为：这首《满江红》不是岳飞本人的作品，一定是后人假借他的名义而写的伪作。但经过查看古县志书发现，在今河北省《磁州县志》中有这样的记载：距磁州县城西北 30 华里，今磁县林峰村南，有一座山也叫贺兰山，它是因北宋贺兰真人曾隐居于此而得名。如今，此山仍名贺兰山，它东起于邯郸市马头镇车骑关，西至磁县林坛镇李兵庄，山的北面紧邻牤牛河（这条河古称贺兰河），在河的北岸边有东、西贺兰两个自然村。磁州贺兰山古时山顶常年积雪不化，当地人称“贺兰积雪”，是古磁州“八景之一”，当年岳飞曾在此驻兵抗金。磁县现在还有岳城、候召（候召就是在此等候朝廷诏书）等村名。位于县城南面有一个村叫岳城，因岳飞曾在此驻兵而得名，现在村北还有岳飞当年在此驻兵所筑城寨的遗址。因此岳飞《满江红》词中所指的“贺兰山”应是河北磁州的贺兰山，而非宁夏银川的贺兰山。

诸如此类的例子不胜枚举，反映出我们以往的大学历史教学仅以文献解读文献，与实际地理情况相脱节。

四、我们课题组研究成果

通过地名、姓氏与古籍文献、地方志等资料相结合，解读历史文化，寻找出中华民族祖先迁徙的轨迹，就是我们课题组 15 年来的研究方向。

1. 我国存在着大量古地名

课题组核心成员张勇先生率领研究团队，耗用了 15 年的时间，对地名和姓氏两个符号进行了系统的研究和解读，并总结出一整套独特的研究方法，撰写了 1000 多万字手稿，对中华民族 5000 多个历史地名、古迹和 700 多个姓氏发源地进行了系统的研究考证。

这一研究成果仿佛一面历史的多棱镜，通过祖先对地理山脉、河流、古聚落、城郭、封国、村庄命名的由来，和以血缘为纽带的姓氏（两条主线），将历史学、地理学、考古学、民俗学、方志学、家族族谱串联起来，用中医经络方法理论分析，展现给世界一个鲜活、形象、壮丽、真实的中华民族，从另一个视角反映中华文明的真实面貌。

2. 从另一维度研究获得新的认知

我们的研究与以往历史学研究角度不同之处在于，我们将地名、姓氏连贯起来分析，其结果是不一样的，就好比心电图所表示的是一个区域期间内点连成的曲线，而不是一个点。现在地方志学者研究地名只讲自己的道理，高度不同，视角就不同，有时答案就不同。中华文化是由一条一条地名、姓氏为线索的文脉组成，不是今天学术体系所能够完成的。我们的研究就是通过地名和姓氏还原中华民族迁徙的轨迹，也就如同中医的经络一般，只有把一条条割断的文化经络连接起来，才能彻底解读中华民族祖先写在大地上的历史，使它能够展现给世界。

举例说明我们研究的方法，以肥子国为例：

《春秋左传》记载：鲁昭公十二年（公元前 530）晋伐鲜虞。“晋荀吴伪会齐师者，假道于鲜虞，遂入昔阳。秋八月壬午，以肥子绵伯归。”晋国所灭的肥指肥累城，在今河北省石家庄市藁城区廉州镇城子村北。晋国将肥国国君绵皋软禁到今山西省晋中市昔阳县东冶头镇这个小城里，定名为“肥子国”。

鲁昭公二十二年（公元前 520），晋国又灭亡了鼓国。鼓国在今河北省晋州市区，将鼓国国君鸢鞮也软禁到了肥子国城中，又为肥子国加了一个名字称作昔阳城。因为昔阳城原来是鼓国都城的名字。据《古今地名大辞典》记载：“昔阳亭在河北晋州市西，《汉书 · 地理志 · 下曲阳》条曰：‘晋荀吴灭鼓，今鼓聚昔阳亭是也。’”

当年灭肥国之时，也有一些肥国族人四散奔逃，其中一支逃到了燕地。汉代，辽西郡有肥如水、肥如县，辖域相当于今河北省卢龙县（故址在今卢龙县北潘庄镇沈庄一带）。公元前 530 年，肥国被晋国所灭，肥国的部分头领率残众逃到了此地，投靠孤竹国君。

孤竹王为了安置肥国人，建起了肥如城，仍称“肥国”。《水经 · 濡水注》记载：玄水出肥如县东北玄溪，西南流经其县东，东屈、南转、西回，迳肥如县故城南，俗又称“肥如水”。故城，肥子国。应劭曰：晋灭肥，肥子奔燕，燕封于此，故曰肥如也。

肥国被晋所灭后，还有一些散落肥国之民，迁徙到山东泰安地区建立了肥国，即今山东省肥城市（老城镇）。《汉书·地理志》记载泰山郡有一肥城县，颜师古引应劭曰“肥子国”。

后来，这支肥子国后裔再次南迁，分居于安徽肥水流域（今合肥市，淝水之战因此而得名），还有迁于湖南肥川附近的。迁到河北肥如水的这支部分后裔，后来又由燕山经朝鲜半岛到达日本，今天日本有少数民族“肥人”，即肥子国人的远裔族人。

河北邯郸地区有肥乡县，据《河北省县名考源》记载：“肥乡县置县前当为乡（邑），县并乡字为名。”春秋时肥国被晋国所灭，有一支肥国后裔移居此地而得名。据《肥乡县（旧）志》记载：战国时，赵国的相国肥义（传说为今肥乡县西部肥地人），因辅佐赵惠文王而死难，后人赞许他壮烈，因此三国魏黄初二年在肥地建“肥乡县，肥乡，肥义之乡”（见新版《肥乡县志·肥乡得名考略》）。由此可知，肥乡之地本古地名肥邑，肥乡之名是以肥义之封地演变沿袭而来。

中国科学院化学研究所二部工作人员眭秀榻，江苏镇江人。她在北京读研究生时，曾到上海与她的伯父眭振深辞行。她伯父对她说：“你在北京接触人多，见识广，你打问一下肥子国在什么地方，就知道咱们眭姓的发源地了。咱们眭姓是肥子国的后裔，原为圭姓，因为圭姓有人犯罪累及全族，而改姓为眭姓。可是肥子国在什么地方，我也不知道！你要多方询问。”有一次正巧遇到一个家乡是昔阳县的人告诉她：“肥子国在山西昔阳县东冶头镇，是我的家乡所在地。你讲的与我们那里传说是一致的。”

1990 年 10 月，在肥子国昔阳城东北的眭姓老坟中出土了一块石碑，是元大德四年（1300）眭义、眭仁为其父眭让立的墓碑，碑文上写着：“眭为天下之著姓也，世居大卤（山西太原古称），乐平东山（今乐平县），静阳（村名）。”静阳这个村在五代时期称为静阳寨，以后称过静阳镇。东冶头村是明嘉靖年间从静阳分出来的。今东冶头村的范围只是原肥子国、昔阳城的城墙内的地盘。明朝出土碑文记载为“野头”，后改为“冶头”。又因为当地有几个村子都叫冶头村，不容易区别，便在前面加了一个方位字，称“东冶头村”“南冶头村”“西冶头村”。从此以后，肥子国、昔阳城的名字就与东冶头的名字联系到一起了。

昔阳县出版的《昔阳文史资料》第一辑中有《关于肥子国的传说与考证》一文，其中明确写道："现在东冶头姓'眭'的人，就是肥人的后裔。"

现在昔阳县东冶头镇有 10 余个村庄，而且东冶头村居住的其他姓氏，或附近村庄的群众也都知道这种传说。明朝末年从东冶头村迁到河北赞皇县胡家庵村的眭姓成员，已经发展了九世，人丁近 200 人。赞皇县城北街也有一支眭姓成员，大约到民国初年，已经发展七世，共 20 多人。明朝末年从东冶头迁到河北临城县官都村的眭姓成员，已有 400 多年的历史，发展十七代，人丁达到 100 多户 400 余人。河北省石家庄市高邑县东林村的眭姓是在东晋时期迁去的，他们那里的古坟有高大的松柏树，据说已有千年的树龄，并有几座高大的墓碑，但都在"文化大革命"中被破坏了。在南北朝时期，这里出过许多名人，有眭迈、眭邃、眭夸、眭豫等人。五代时期的眭昭符也出生在高邑县。另外，高邑县东富村也有眭姓成员 30 户共 120 人。他们正在整理族谱。

在河北赵县有个眭家营村，全村 200 多户 1000 多人。而且又向周围的村庄发展到沙河店、西厢洋、高村、大石桥、南泥河、南门村、石塔村、赵庄、固城等 9 个村子。根据该村成员介绍，他们这支是从湖北省南漳县迁来的，是一位军人调到赵州任职，并带来了祖母安置在赵州居住，他脱离公职后便安家在这里。后代子孙繁衍独住一村名为"眭家营"。根据光绪年间《赵州志》记载：有眭石者，万历辛丑年（1601）的进士（科目表 13），而《明清进士题名碑录索引》中所记眭石的民籍是直隶丹阳，另括号中注是直隶赵州，他实际是丹阳人。可能赵州眭姓是眭石的后裔，故编辑《赵州志》时也收录进去了。这就表明"眭家营"的眭姓后人是丹阳县（今江苏省镇江市丹阳市）眭姓的分支。

元朝时从东冶头迁居到四川成都一支眭姓。元大德四年（1300）的墓碑记载：眭让之弟眭玉，于乙卯年（1315）为军役，征于蜀川，战于泸州，往四川成都府北关外天华街。他的后代繁衍发展在成都地区，四川资阳县的眭姓成员是他的后代。根据《资阳县志》记载，明嘉靖二十六年（1547）有眭明才考中进士，官历陕西佥事。眭续是明万历元年（1573）举人。

清朝末年，从昔阳县迁到河南省中牟县一支，详情不知。陕西省澄城县寺前村与大荔县眭家村的眭姓是一个分支，是从东冶头迁去的，迁去的时代大约是元末明初。根据现存的一块墓碑，始祖是眭明德。这块碑是他的十二世孙眭必德，十四世孙眭玉堃、眭有彩，十五世孙眭新垲和族人等同立的，年代是清咸丰二年（1852）。大荔县的眭姓是从澄城县迁移过去的，主要居住在眭家村，共 138 户 700 多口人。其余的就散居在许庄镇、铁门村、马一九队等村。

南方的眭姓始于五代时期的眭昭符，他是河北高邑人，南唐进士，曾任常州刺史、南唐进奏使，后来定居于丹阳县（历史上曾称作云阳、曲阿、兰陵，唐朝时才称丹阳）董庄。繁衍旺盛，人才辈出。宋代有眭九诚；明代有眭晔、眭石。宋代多移居镇江、扬州、茅山、彭桥瓮城、朱巷、石潭、土桥等地。在丹阳县居住比较集中的以眭字命名的村庄有三个：

第一个是横塘乡的眭巷村，习惯称大坟头眭巷；

第二个是延陵乡的眭巷村，习惯称阳安眭巷；

第三个是大泊乡的眭家村。

人口没有统计，仅大坟头眭巷一村，即有 300 多户 1000 余人。丹阳地区的眭姓人在明朝景泰六年（1455）修订了“眭氏谱书”，清雍正十一年（1733）又续修族谱一次。镇江一支于咸丰元年（1851）修订了“镇江支谱”，并定出了班辈次序为“道传宏大，名震家邦”8 个字。丹阳城里还有一座眭姓祠堂，门上的对联是“西汉家声远，南唐世泽塘”（塘字应该为“深”更好）。现在眭姓后裔已经遍布国内大多省市，加拿大的温哥华、美国的洛杉矶都有眭姓人的身影。

我们这种研究的特点大致可总结为：

①不以今天的行政区划为束缚，还原历史的自然背景。

②不以历史朝代为束缚，而以地名、姓氏为主干线追溯到这一地名的发生，穿越几千年，这是中国历史的又一种文体：“追踪溯源”法。

③以地名为经线，姓氏为纬线，还原中华民族产生、发展、迁徙、定居的历史坐标系。

④要求通俗易懂，超越学术圈禁锢，为更多的历史爱好者服务，为中华民族的伟大复兴、民族文化自信提供可靠的证据。

⑤开创以地理、地名、姓氏为研究对象的地理历史学新领域。超越只重历史古籍文献的老的研究传统。探索将古籍文献与大地、地名、姓氏、汉字、语言、考古、民俗相结合的跨学科的新型模式。

五、研究价值

1. 恢复和保护祖先遗迹是传承中华民族文脉的抉择

近 100 年来，随着抗日战争、“文化大革命”，以及改革开放以来突飞猛进的城市建设，大批的文化遗迹在中华大地上消失。一件明清的瓷器、文物，在文物市场拍卖高达几千万，甚至上亿。而我们散落在大地上的文化名山（如河北隆尧县的宣务山，是尧帝封地，上面有几千年纪念尧帝的石窟、碑刻；山西的后稷教民耕稼的稷山；河南比干山，等等，都被毁掉），这些中华民族留在大地上的瑰宝，这些历史人文古迹必须得到保护，才能使中华民族的文脉得以传承，不至于断送在我们这代人的手中，这是民族和文明的抉择。习近平总书记说：绿水青山就是金山银山。在这绿水青山之间的中华文化古迹，就是这山山水水的灵气所在，中华文明所在。

2. 挖掘地理历史资源使中国传统文化为社会服务

通过对地名、姓氏和地方文化的研究，挖掘发现大量不为人知的中华民族优秀传统文化故事和已经被部分毁掉的文化遗迹，这些中华民族丰富的宝藏和人文资源，为文化影视作品、旅游线路的策划提供了丰富的、真实可靠的题材。课题研究的历程和结论是切实践行 2017 年 10 月 18 日习近平总书记在中国共产党第十九次全国代表大会上的报告中指出的：“深入挖掘中华优秀传统文化蕴含的思想观念”和 2017 年 4 月 19 日习近平总书记在广西考察时强调的：“要让文物说话；让历史说话；让文化说话……”指示的内涵。

3. 以课题研究的学术成果促进文化旅游事业发展

弘扬保护和传承中华优秀的传统文化是发展我国文化事业的历史使命。我们从研究地名和姓氏入手，探寻历史文化的脉络，为发展文化事业、文化产业和全域旅游提供翔实的素材和全新的视角。我们以学术成果为依据，联合海内外文化旅游机构和社会各界有识之士，以地名、姓氏为题材摄制中华人文文化的大型故事纪录片《中华九州》，带人们穿越 5000 年历史文化，告诉人们自己的祖先、祖居地的故事，告诉人们一个没有虚构的中华民族发展变迁的真实民族史，为子孙后代留下一段不可割裂的历史记忆，切实做到行万里路的同时读万卷书。

张勇，中国管理科学研究院地名与姓氏课题研究组组长、研究员，中国地名学会寻根专业委员会研究员、常务副会长。从事地名、姓氏、汉字研究16年，对近10万个地名，700多个姓氏，5000多个已经消失的历史文化景点进行了实地考证和研究，用一个崭新的视角揭示了中华文明的密码。

第六章

姓氏文化教育

如何搞好姓氏文化研究

高若敏

任何国家之中都有众多的家庭，而且每个家庭都有一个共同的姓氏。中国的家庭姓氏有其自己的特殊性。①家族性。每个家庭均属血缘关系远近、族群大小不同的家族。家族由姓氏族谱、宗祠、祖墓维系。②历史性。这种家族性姓氏特点已经有了近3000年的历史，得到了不断发展、完善的长期沉淀。③必然性。当今虽还有应摒弃的糟粕，但其“齐家治国”姓氏文化的合理性不可或缺。

有一段时期将家族统称为“封建家族”，从而断掉了姓氏的根，改革开放则唤起了人们的家族情。首先，是海外华裔、华侨来中国寻根。随之，台湾同胞也来大陆寻根访祖。他们的到来唤起了国内族人的同宗亲、家族情，从而拜宗祠、谒祖墓，翻起了老族谱。他们有的带来老族谱，有的来寻老族谱，姓氏文化研究从此再一次兴旺起来。

一、作为高姓和高姓文化根的发源地，应率先深入研究高姓文化

研究高姓文化首先要收集全国高姓各宗支系的族谱，这也是为了给台港澳，以及侨居在海外的高氏人寻宗提供方便，还要掌握历史上先人们所研究的成果，特别是深入研究新问题。当前姓氏文化研究组织任务之重，历史发展考古新发现逐渐增多，也有很多值得研究的新问题有待得出新结论。

1. 深入研究问题

如对“高”字的研究，这是高姓人最关心的。历史上总是以后来的楼堂、城门比喻解释。而现今甲骨文已发现上百年了，甲骨文中有许多“高”字出现，而甲骨文“高”字的史前文字现象，则出现在东方夷氏族中的高夷氏族的住房里，现在考古已发现了这时期的住房房形。高夷族崇拜天鹅，房脊及两端像鸟头或鸟

尾、前后坡像鸟的翅膀，与山东向北、向南沿海一带的老民居很一致。

2. 纠正历史研究中的错误

如《北齐书》中神武大帝高欢之父高树，许多当代史书和当代学者都称其为高树生，然其墓志铭中多称高树，从来没人研究更正。原因是对古文断句的错误，将“生”字断入了高树名中了。高树的墓志铭纠正了这一错误。

3. 高姓渊源的分类

这个问题历来很乱，不是排例繁乱，就是分类错误。《中华高姓总谱》对这一问题的分类是：一是东夷中的高夷系高姓的产生。在炎黄前至商周时期，山东省及周边有几十个夷人部族，其中山东莒地的高夷氏族，发展到了黄帝时期及之后就产生了高姓，如高元、高克、高渠弥、高奔戎等都是高夷氏族后裔。黄帝时期的高阳氏、高辛氏也是高夷氏族的后裔，在西周和东周（春秋战国）时期也多改单字高为姓。商甲骨文及之前史前文字现象的高字就源出于高夷氏族。二是在春秋战国时期，产生了齐国姜系之高姓。①先是齐文公赤之子名公子高的孙子高傒。②后是齐桓公小白五世孙（公子祁，字子高的孙子）高强。三是所谓黄帝系高姓，有三种情况。①黄帝姬姓之伯高系高姓，在周战国时期改单字高为姓，据记载伯高之高最终还是高夷后裔。②高阳氏、高辛氏也是在这个时期改单字高为姓，高阳氏、高辛氏与黄帝的关系属历史文化传承，而非直系血缘传承。③伯高子（非伯高）之高姓，即尧帝时期，有虞氏之妫姓后裔伯高子系之高姓，也是在周战国时期改单字高为姓。总之，黄帝时期之高和复姓高均出自高夷。四是再后来，出现了少数民族高姓，有两种情况。①历史中的少数民族高姓。如历史中汉时匈奴族、宋时金完颜氏、南北朝时北魏鲜卑族等后裔各有高姓产生，留在中原的后归汉族。②当今少数民族高姓。有近 20 多个现代少数民族中有高姓。少数民族高姓的产生各有各的原因。五是汉族其他姓氏的支系改高姓，其高姓的产生也有各自的原因。以上多渊源之高姓至今遍及全国各地，认同高傒、渤（勃）海高后裔的居多。总之，高姓历史有五大渊源。

二、家庭、家族是传承姓氏文化的载体

姓氏由宗族承载，一个宗族一个姓氏，具体还是落在家庭和个人。家族在周时期国家认可其有行政职能，如齐国有高氏领导的军队、国氏领导的军队等，共

同服务于齐国国君。秦以后历朝历代家族都失去了行政职能，但仍服务于国家。当今宗族只是个客观存在的历史文化记载，但研究姓氏文化离不开研究宗族。研究宗族有利于研究姓氏的产生、发展、变化，有利于研究宗族中家庭和个体的迁徙，有利于研究一个家庭隶属哪一个宗族，有利于研究人文历史，有利于研究历史重要人物和重大历史事件。而当今家庭和个人仍然隶属社会的法定组织名下。

研究姓氏也离不开研究姓名，在中国姓名一般是由三部分组成，也就是由三个字组成，即姓与辈分字和名字组成。

中国传承历史文化主体是儒家文化，而儒家文化的核心是“德、仁”，及“忠、孝、义、礼、智、信”，这些有着广泛内涵的字，“德”多出现在辈分字中，如高德彰、高德明，又如高贵德、高明德、高成德等，此时“德” 字是辈分字；其他则多出现在名字中，甚至出现在一个辈分字中，如高天仁、高天忠、高天孝、高天义、高天礼、高天智、高天信。这些辈分字、名字代表了这个家庭、族群的信念，往往在族规、家教中体现出来。族规、家教根据自己的情况往往只突出一两个方面，有的是忠孝、有的是义或信等。

表彰孝贤。因编《中华高姓总谱》过程中收编孝贤人物，故对社会公益事业做出突出贡献的高姓人物予以表彰，如资助村里办老人院、资助办学、资助困难大学生、资助病困家庭等，以及对表现突出的孝顺儿媳、孝顺子女等孝贤人物，年年予以表彰。

姓氏文化研究及其工作开展应遵守国家宪法、法律、法规，拥护中国共产党的领导，拥护社会主义。一方面是做对国家、对社会有益的事情；另一方面是处处遵守依法管理，如每次会议都坚持向当地公安机关备案后，方可召开。

在研究历史姓氏文化时应全面研究，但应分清良莠。对谱中的记载首先论证是否属实，不能盲目认定，在号召或行动时，应“取其精华，去其糟粕”，以保障姓氏文化（包括族谱、宗祠、祖墓）的研究与时俱进。

高若敏，天津市高级人民法院原审判委员会委员、行政审判庭庭长，高级法官，中国法学会行政法学会理事，法制与心理学研究员。出版法学专著10多部，司法部统编教材《行政诉讼案例教程》副主编，发表法学论文170多篇，被天津市人民法院授予“天平奖章”，高氏文化研究专家。

关于姓氏文化研究方面的若干问题

孙海曦

谈到姓氏文化研究这个问题，首先就必须弄清楚什么是姓氏文化，什么是姓氏文化研究，还有就是我们要研究什么内容？如果不弄清楚这些问题，那只能是狭义的姓氏文化研究，甚至是空洞的口号式的姓氏文化研究。

国史、方志、家谱是中华民族的三大文献，被称为中华民族优秀历史文化传承的三大支柱。在所有的文明国家中，姓氏都表明了一个人的家族系统和血缘关系，是了解其民族文化发展过程的重要切入口。我们作为中华儿女，沿着这些姓氏起源、姓氏文化发展的历史脉络，梳理姓氏和姓氏文化的社会功能，可以从中认识到姓氏文化研究对弘扬中华优秀传统文化、增强国家文化实力、培养国民的高度文化自信心和文化自觉性、建设社会主义文化强国等方面有着极其重要的意义。

我们中华民族的姓的由来源远流长，按目前考古发现和历史研究，最早可以追溯到5000年之前的母系氏族公社所诞生的上古八大姓。我们通常说姓氏，其实姓和氏并不相同，氏只是姓的分支。从产生的历史时代上来说，氏的产生要比姓的产生晚很长时间，氏是起源于父系氏族公社。氏的产生相对于姓的产生来说是人类社会的发展和进步。姓原本是代表母系氏族的族称，是同一女性始祖的后代们所共同拥有的符号标记；而氏作为姓的分支，是子孙繁衍后的各个分支自己所特有的符号标记。在《吕氏春秋·恃君览》中有这样的记载："昔太古尝无君矣，其民聚生群处，知母不知父。"在母系氏族社会时期，人类实行群婚制，子女与父亲的关系基本无法确定，只能按母系来确定人的血缘关系和氏族归属。姓的不同表示着拥有不同的女性祖先，古文献中所见到的最古老的一批"姓"，在其"姓"的用字当中都带有"女"字。郑樵在《通志·氏族略序》中记载："女生为姓，故姓字多从女，如姬、姜、嬴、姒、妨、嫪之类是也。”而其中的姬、姜、嬴、姒，还有姚、妫、妘、姞（另一说法为：妊）被后来的史学家和姓氏文化学者称为上古八大姓。

姓是由母权制社会中女性的社会地位决定的，其作用在于便于通婚与鉴别子孙后代的归属，即姓具有典型的“明血缘”的作用。所以在我国历来有“同姓不婚”的风俗习惯。在韩国、朝鲜、日本等亚洲许多国家也有类似的风俗，其意义在于保证夫妻之间没有血缘关系，以保证后代的身体健康，不会导致近亲通婚所产生的后果。韩国民法曾有一项明文规定：禁止同姓同本内的婚姻，也就是说当时是禁止同姓之间婚姻的。这一法律规定直到 2005 年韩国修改民法时，才重新规定直系血缘八代以内的近亲不得结婚，这才正式改变了韩国“同姓不婚”的历史。尽管如此，现在韩国的激进派和保守派之间仍在喋喋不休地为此事而争论。

中华姓氏历经多个历史时期不断传承变化，至今仅从各姓氏的数量而言就有一万多个，形成了博大精深的姓氏文化。所以我们全面发掘、研究姓氏文化是有着重要的现实意义和深远的历史意义的。具体来说有以下 4 个方面的意义：一是解读中国古代社会结构的一把钥匙；二是标记中国历史上人口迁徙的一座史碑；三是时代文化特征的一种映象；四是增强中华民族凝聚力的一条纽带。

“参天之木，必有其根；怀山之水，必有其源。”近些年来，在中华姓氏大家庭里，各姓的姓氏文化研究活动此起彼伏，各地的姓氏文化组织也层出不穷，这些本是一些让优秀传统文化回归的好事，然而一部分姓氏文化的发起者、组织者、研究者却由于种种原因形成了多个不同的怪圈，且为了这些怪圈中的一些不同观点、不合理的理念每日与他人争论不休、相互诋毁甚至污语相向。

在这些争论中，最为突出的其实就是同姓之间对各源流、各支脉间一些问题的争论。其中一些是正常学术间的争论，是对各源流始祖认知不同的争论，有的则是对自己所在支脉归属问题的争论。

在我国各人数众多的姓氏当中，都存在有若干个得姓始祖的问题。对于各源流这些问题的争论主要就是研究者对于各源流形成所选取的节点不同。有的姓原本就是同一个姓的得姓始祖的后人，其实就是一家人，却由于氏产生的原因导致后来又在不同的时期、时代才形成了同一个新的姓，于是便形成了同一姓氏的不同源流。其实这些事情只要研究者好好地读一遍中国通史、中国发展史，便会认识到这些问题本就不该是问题的。每位研究者完全可以遵照“百花齐放，百家争鸣”的原则，按自己的思路继续去深入研究，根本无须争吵，更无必要相互诋毁甚至污语相向。

对于支脉的归属问题，其实其中很多人是有私心作祟的。要了解这一点，首先要了解中国家谱的起源、发展情况。我国家谱的起源，大概可以追溯到先秦时期。古代的史学家司马迁说的《谱牒》《牒记》，都是周朝以后的东西。周代的《世本》，曾对司马迁创作纪传体通史有过参考作用，在谱牒研究的学术界被公认为是中国家谱的开山之祖。战国时代的《春秋公子血脉谱》，开启了我国家族史籍以“谱”为名之先河。家谱其实就是一种以表谱形式，记载一个家族的世系繁衍及重要人物事迹的书。但在最初由于政治、经济、文化等众多原因的影响，家谱的记载和使用仅限于皇室或超级名门望族，到了魏晋南北朝时，门阀制度盛行，家谱成了世族间婚姻和仕宦选拔的主要依据，于是便迅速发展起来。而在普通百姓间依然只有口口相传，却无文字记载。到了隋唐五代后，修谱之风才从官方流行于民间，以至于遍及各个家族，在一些殷实之家出现了家家有谱牒、户户有家乘的局面，并且在此之后一修再修、无休无止。因此每次修谱，也就成了同姓同族人之间的大事。也就是在这种情况下，一些姓氏中的支脉由于一些虚荣心作祟，同时也借助原本无谱的现实问题为由头，于是便在修谱时把自己的支脉搭上了自己同姓中一些名人的支脉，这样不仅影响了自己支脉真正的纯正血脉传承，也给后人的续谱和研究造成了史料不实的状况，其实这种情况根本没有任何意义。古人云“君子之泽，五世而斩”，这句话的意思就是说即便是非常伟大的人物，对后世的影响经过五代也就基本断绝。很多人以自己支脉某某祖先的丰功伟业为骄傲，显然是基于血脉（基因）始终没有被稀释为前提。然而人类的遗传物质在后代个体中稀释（锐减）的速度非常快，以至于先辈的基因在第六代之后的很多个体中就可能不存在，甚至消失。当然也偶尔有青出于蓝而胜于蓝的。

这里还有一个重要的问题就是，在我国漫长的奴隶社会和封建社会共计达4000多年的历史上，赐姓这一问题不仅仅存在于皇家，也存在于民间一些大户人家。在奴隶社会，有的奴隶因为有了超乎寻常的功绩，被其奴隶主解除了奴隶身份，并赐姓；在封建社会许多大户人家的下人因其对主家的忠诚和贡献，被主家赐予与主家同姓；还有的人家则是因为种种原因迫于无奈主动地放弃了原姓，改为他姓。

说到这里，也许有人会说我这是危言耸听，但我可以非常严肃地告诉对方，这就是事实。这不仅在封建社会里有，而且在封建社会结束之后还有，甚至在“文革”时期之前还有。这里我给大家讲我本人在走访自己的同姓宗亲时所遇到的两个真实的故事。

第一个是在一个非常适宜人类生存的山村里，那时全村人除了娶进来的媳妇以外，全部都是同一个姓，这个村子也顺理成章地以这个姓命名。后迁徙来的三户其他姓氏的人家也想在这个村子落户，但被村里原有的村民拒绝了，最后在当地政府劝说下，村民们虽然答应了这三户的落户请求，但条件是这三户必须改姓，随原有村民的姓。

第二个是在另一个依然是全村除二户人家不同姓，其他都是一个姓的村子里，每年平时还不打紧，可每到逢年过节时全村人都会聚集在村中的祠堂闹社火。社火是农村一年之中很重要、很热闹的一个活动。而这两户他姓村民因不同姓就不能进别家姓的祠堂，于是也就被排除在这热闹之外。这两户他姓村民的大人还不要紧，可孩子们喜欢热闹的天性却忍受不了那种被排除在外的孤独。为了孩子，也为了此后许多日常的事不被排除在外，最后这两户人家也放弃了原本的姓，而改随了村里绝大多数人的姓。

这两个村的故事一直延续到改革开放之后，外出打工的人多了，村里来租用房屋的人多了才得以改变。我告诉大家的这两个故事绝不是碰巧仅让我遇到了，更不是只有当代才有。我只是想说明，在漫长的历史长河中这种随东家赐姓、随大姓改姓的事绝非偶然。所以在过了很多年之后，谁还能说自己那一支脉的血脉纯正呢？既然如此，还有必要为了支脉的归属吵得天昏地暗吗？

最近又有人提出为了纯正其家族遗留的血统，要同姓的人都去做DNA检验，以分清源流。首先请问你先祖的DNA比对样本从哪里来，这么长的历史空间，在各姓氏当中谁知道发生了多少赐姓、改姓的故事。再者从遗传选择的科学角度来说，世界上基本不存在某某先祖六代以后仍是其纯正血统的可能。或者说，根据基因的稀释（组合、裂变）规律，六代之后的人继承其第一代先祖遗传物质是非常少的，甚至可能根本没有。所以在过去同姓间通婚也就有了必须要出了五服才可以的规定。因此，从人类进化的角度和社会发展的角度来看，我们继承、发展、推广姓氏文化研究时，应坚持立足文化研究、精神传承、境界发扬，而不是简单、荒谬地搞什么“血统论”。

在姓氏文化研究当中，有的人狭义地认为，只有研究家谱、修建祠堂才是所谓的姓氏文化研究。其实在我们的生活当中，政治、经济、科技、军事以及更多的领域其实都有属于文化范畴的东西。以孙姓为例，有享誉中外军事界以及更多领域的《孙子兵法》，谁能说它不是孙氏文化？被誉为药王的孙思邈有“大医精诚”的医药理论，谁能说它不属于孙氏文化？推翻清王朝，终结封建帝制的先驱者国父孙中山提出来的民族、民权、民生，谁又敢说它不属于孙氏文化的范畴？

一个国家的优秀文化就是一个国家的灵魂，没有优秀文化的国家最终必将走向灭亡。纵观世界四大文明古国，保持至今的只有我们伟大的中国，这是因为我们始终传承着我们优秀的民族文化。一个民族的发展要在全方位的文化范畴内向前推进，那么我们的文化范畴就必须加深加宽它的领域，而不能狭义认定只有做什么事才算是研究这个文化了。那些喜欢研究谱牒的人，你可以尽情地去挖掘、研究，但你绝不可曲解姓氏文化的真正含义，甚至去抹黑其他人所做的姓氏文化研究工作。如果你们一定要坚持己见，那别人最终只会说你们是不懂装懂。

在研究姓氏文化方面必须坚持用辩证唯物主义和历史唯物主义的观点去看待每一个历史事件和所有的历史人物，只有这样才能客观地、准确地去把握姓氏文化的思路和导向，避免一些因姓氏情感所导致的错误发生。

孙海曦，三晋姓氏文化委员会副主任，三晋孙氏文化研究中心主任，山西中华文化促进会理事，中华孙氏文化园顾问。

姓氏文化研究与传承亟待解决的几个问题

张梁森

中共中央办公厅、国务院办公厅印发《关于实施中华优秀传统文化传承发展工程的意见》指出:“文化是民族的血脉，是人民的精神家园。文化自信是更基本、更深层、更持久的力量。中华文化独一无二的理念、智慧、气度、神韵，增添了中国人民和中华民族内心深处的自信和自豪。”那么，作为生存、繁衍着的人类社会的姓氏文化，更有着中华民族独有的特色和绚丽的风采！姓氏文化，是中华民族优秀传统文化的一个重要组成部分。

20世纪90年代初至今，对姓氏文化的研究和传承，形成了热潮，正走向高潮。有许许多多关于姓氏文化研究的丰硕成果，不断转化为构建和谐社会的精神动力，进而为人文资源开发、经济社会发展，起到了较大的助推作用。

然而，在姓氏文化研究和传承过程中，出现了诸多方面的疑难问题，困惑着姓氏文化研究工作者和一些姓族的宗亲。其中有几个较为突出的共性问题，亟待辩证分析和正确解决。

一、祖宗发源地纷争问题

任何姓氏都有自己最早的发源地，统称祖源地或祖根地。

一般而言，各个姓氏的祖源地，在本姓氏的宗谱上都有准确的记录。在很多姓氏学典籍中，也都有明确的记载，本不应该有什么争议的。如李姓出自陇西郡、张姓出自清河郡、王姓出自太原郡、刘姓出自彭城郡、陈姓出自颍川郡等等，自古及今皆如此，有什么可怀疑和争议的呢?

然而，任何事情都不是人们想象的那么简单。改革开放后八九十年代，在姓氏文化研究复苏的同时，国内外寻根问祖活动亦异常活跃。于是，一些姓氏的祖源地在经过几十年冷落后，又重新得到建设和开发，有的还建设得非常好，形成有一定规模的旅游景观，成为地域性的新的经济增长点。这样一来，引起一些好事者的胡作非为，即以建设祖源地的方式来带动经济开发。兹并两例，以证其实。

如张姓祖源地在清河（今河北省邢台市清河县），且“普天张姓出清河”，几千年来就是众所周知的。

又如王姓，《王氏宗谱》和多家姓氏典籍均载：王氏望出太原。王氏的祖人牌子也写的是“太原郡”。而望出“琅琊”（今山东省临沂市兰山区白沙埠镇）一支王姓，至今发展得十分兴旺，与“太原王氏”也发生了祖源地纷争问题，大力宣扬“琅琊王氏”。笔者因不愿多谈他姓之纷争，只是点到为止。为解决王姓祖源地纷争，建议还是在太原建立王氏祖庭，琅琊王氏可在山东临沂建本支开基祖王元纪念馆（包括王元祖祠），开展好王氏文化研究与传承，这方为正理。还有其他如黄姓等姓氏祖源地的纷争问题，不再一一列举。

二、宗谱断层与断代问题

宗谱断层问题，在各个姓氏中普遍存在。断层一般有三种表现形式：一是从本宗支开基祖写起的家谱，开基祖以前的祖先不知道，或者根本无法寻找，这种断层谱比较常见；二是中途失修的家谱，或几代失修，或十几代失修不等，这种断代谱也不少；三是祖先迁徙失记，尔后又长期失联，这也是一种断层谱。

以这三种形式存在的断层谱及断代谱，因为是各姓氏宗谱传承中普遍存在的问题，也就不需要举例说明了。这里重点说一说如何解决修谱过程中的断层和断代问题。

1. 寻找开基祖的父辈及父辈以上历代先祖的基本方法

不论哪一个姓族、哪一个新的开基祖到一个新的地方开基立业，他总不可能没有自己祖籍地。旧时离开祖籍外出谋生的、在外为官的、外出当兵的、出门入赘为上门女婿的、天灾人祸遗失分散的情况等都是正常的。现在也存在这些情况。可他们当时离开故地时，谁想到要带上宗谱呢？待到在他乡成家立业后，一家一户的，又哪能单独修谱呢？等到经过了几代人甚至更多代，家大族繁了，才想起来修谱的事。

此时，如果开基祖留下口传家史或文字记录草谱就好办点，如果什么都没交代后辈人，那就难办了。但无论如何，自己这一支人来自哪里？即祖籍地在什么地方？一般都会知道的。那么，要寻找自己这一支开基祖的前辈们，就要到祖籍地去查找才行，通常可采取三个途径进行。一是利用祖籍地本宗支老谱检索先辈的记录。你的开基祖如果是从这里迁出的，老谱上应该留下他的信息。二是可以从祖籍地的地方志等乡邦文献进行查询。如果你的开基祖从祖籍迁出后，成为社会名流和有一定声望者，尤其是开基祖之父辈在当地亦为名贤者，那么祖籍地的方志等乡邦文献上，就能查到你的开基祖。三是从祖籍地的耆年宿儒中采访。因为这些乡贤遗老是喜欢记忆陈年旧事的，尤其是族中逸事，找他们十有八九可以重新整理出来。所以，寻找开基祖前辈之举，不能忘记这个角落。

我们湖北省黄冈市蕲春县境内，不论是张姓还是其他姓氏，很有几家断层谱，都是这几种方法掺和运用，问题都得到了解决。

这个问题中还有个最特殊的情况，值得同人的重视。那就是断层谱中有一种“无根谱”。产生“无根谱”的原因是：因某个姓氏开基祖，幼小时是流浪孤儿；也有的是被人拐卖的小男孩；还有顽皮少年偷偷离家出走，父母找不着者；另有地震、海啸等大劫的孤儿等情况，这些人成家立业后，且后代兴旺发达，到思念祖先之日，确实无法寻根。那么，他们编出的家谱，就是“无根谱”。这类开基祖，欲找到自己父辈以上的祖先，一般是不可能的。唯一的途径是，去自己的祖籍地修谱，寻找遗失的子孙，能对上号者才行。现在信息灵通，“无根谱”后辈找先祖，只要自己留心，也能达到目的。

2. 断代失修之断层谱的补修办法

产生这种断层谱，通常有两个原因：一是家族变故不宜修谱；二是社会变革延误修谱。在此，也提出解决这两个问题的两种办法。

其一，家族变故不宜修谱，指的是旧时犯禁、违法的家族及其代表人物，有的终身监禁、有的流放瘴地、有的株连九族等。这类情况，不但朝廷不允许其修谱，这个家族也不敢修谱。尤其是“株连九族”的罪犯家族，哪里还敢修谱。不修谱，还可能有族人漏脱。修了谱，朝廷“按图索骥”，真的灭门绝顶呢！我们蕲春张氏谭户，于后唐（唐肃宗）时期有个祖先，犯了国法，朝廷通缉。后逃脱隐居，嘱咐后人不要修谱，待到改朝换代、天下太平时再修谱。后辈牢记其训，结果有二十四代人未续修宗谱，直到清代中期才重修祖谱，但不知祖上未上谱的二十四代人的来龙去脉，直到2013年八修宗谱方厘清续修。其方法就是以历史年代顺序与未修的二十四代祖世系顺延补于谱中。

其二，社会变革延误修谱，指的是历史社会发生重大变迁，对民间修谱有很大的干扰或威胁。例如：元朝统治中国的90年间，民间修谱活动几乎中断。再就是连续不断的长期战争年代，也影响民间修谱。就笔者本支即蕲春张氏铭户之谱，从唐代武宗李炎会昌四年（844）前后，迁蕲始祖（开基祖）张宽公编写了个简谱即“吾族源流序”后，直至明初永乐后期重修《张氏宗谱》（堂号为垂远堂），时隔490多年。中断的原因有二：一是残唐五代至宋初，均为战争年代，不可能修谱，宋代天禧二年（1018）前，民间不准修谱。元朝90年间，元人残酷统治，南边汉人受磨难最深，亦无法修谱。二是缺乏家族史料记载，加之当时族中人才甚为匮乏，亦延误了修谱，致使本支宗谱从唐朝后期至明代初期缺记十八代。后来历届续修，因无准确史料便未增记。直到2013年十修宗谱时，以安公（宽公父亲）之弟族宁公谱相对照，证实少十八代无误，方以“考证序”形式将此缺记十八代祖先补记谱中。

3. 祖先迁徙失记，尔后又长期失联、信息中断的解决办法

一个家族因信息中断，下辈人不知上辈人的事，且代代恶性循环，久而久之，成为“谱盲”家族，后代人无法续修宗谱。笔者曾为这种典型家族解决了他们无法续修家谱的难题。2012年，笔者担任世界张氏总会《华夏张氏统谱》编撰委员会委员，有机会看到较多的全国各地、各宗支的《张氏宗谱》，凡是牵涉到我们蕲春张氏各宗支信息的族史资料，大部分留有记录。加上自己收藏的《张氏宗谱》亦不少，知道该族开基祖来自何地。中途其祖籍地宗长还来蕲春寻找过此支外迁子孙，这就对得上“子午”。于是，将其祖籍地老谱复印，收集其族残谱、查阅其族碑记、祖牌等信息，再详细登记历代人丁信息，终于为该族编修出一套比较完整的《张氏宗谱》，其族老少无不感激备至。

三、家族世系不统一的问题

这里所说的“家族世系不统一的问题”指的是什么呢？就是同一个姓族，同

一个祖先历世延传的代数不统一。如我们中华张姓从始祖挥公算起至今，有的宗支只有一三〇世，有的宗支超过一七〇世，这显然有误。又如，同是一个张九龄，有的谱上记为一〇二世，有的谱上记为一〇五世，有的谱上记为一一〇世，等等。这两种情况，不但张姓氏族存在，其他姓族同样存在。且姓族越大，存在的误差越多。解决这个问题，一般来说有两种途径。

1. 分段确认法

就民间各姓族编修宗谱的时间而言，一般都在宋真宗天禧二年（1018）以后。此前，民间是不能修谱的。即使是司马迁在《史记・太史公自序》中所说的“维三代尚矣，年纪不可考，盖取之谱牒旧闻”之句，这里的“谱牒”并非我们现在看到的各氏族宗谱，指的是“专记帝王、诸侯世系的史籍”，如《××世家》《××本纪》等。魏晋南北朝重视门阀，贵胄编的《姓氏簿状》称为“谱学”，子孙相传。后有人编《十八州谱》，首度将记载贵族世系的典籍称为“谱”。孝文帝时则称其为“方司格”。唐太宗、武则天时代均下诏编过此类记载贵族门阀的书籍，称为“氏族志”。直到宋代真宗皇帝之前，皆如此。这些典籍即使叫谱，也都只不过是一个贵族粗线条的历代姓名顺序相传之记载而已，但很有历史价值。

尽管那时很封闭，平民百姓根本看不到这些典籍，而在士大夫、名流贵族中仍是流通的。所以也有很多名流将自己家族之世系记载出来，延传下去。我们中华张氏就是如此。唐代张家三大名宰相张文瓘、张说、张九龄，此三公均著有张家世系传承，后人都将之作为序文刊入谱中。尤其是唐玄宗时代长沙尹张朴之孙、进士张宽于唐武宗李炎会昌年间撰著的《张氏源流》堪称中华张姓世系祖本，其后辈将此《张氏源流》刊入历修《张氏宗谱》之首。

唐宋以前，其他各个姓氏的名流大家，同样参照官修的姓氏典籍，将本宗族的世系源流记载下来，为后人留下了编修宗谱的基本素材，也都是很有历史价值的。

那么，当任何一个姓族世系发生紊乱，宗支之间互不相符、差异悬殊，我们就要分段查明。这个“分段确认法”，首先就是要将唐宋以前本家族史料和社会流传的姓氏典籍相对照。我们知道，古贤做学问是很严谨的，何况这种记载历代祖先传承的大事，更不会马虎（个别字笔误另当别论）。从黄帝赐姓到唐宋时期，姓氏沿传有3600多年历史。再分细一点，春秋战国之前是一个阶段，春秋战国至魏晋时期又是一个阶段，魏晋时期到北宋亦是一个阶段。这每一个时期中记载的每一个姓族的世系查对清楚了，也就为厘清一个姓族整个世系打下了基础。

2. 祖谱对接法

皇帝赵恒采用已故宰相吕蒙正（944—1011 年）生前的奏议，颁发了《钦敕文武群臣各修家谱诏》，也就是朝廷正式号召各姓族可以自由地编修家谱了。于是，第一个应诏修谱的就是我们中华张氏。时任袁州（今江西省宜春市一带）知府的张闻儒（是中华张氏大宗支张宁公的六世孙），他用一年多的时间，在本支先祖张宽的《张氏源流》基础上，修成了具有民间意义的中华张姓最早的《张氏宗谱》，于天禧三年（1019）八月十五日进呈给真宗皇帝，并写有敬上《张氏宗谱》之《表呈》（见江西武宁张宁公《紫鹿张氏宗谱》、九江《溧阳张氏宗谱》等宁公支宗谱）。

尔后几年，朝野大开编修家谱之风。欧阳修编出《欧阳氏谱图》，创出“横行”排列方法，后世称“欧式”谱。同期，苏老泉（苏东坡的父亲）吸收“欧式”之长，又推“纵向”即“五行生克”之法，修出《苏氏族谱》，后世称“苏式”谱。

欧苏二式宗谱有一个共同特点，就是上溯姓氏之源，推及本姓始祖；下详子孙世系，写到最小辈分。其后，民间修谱活动普遍推开，且皆宗欧苏二式。其中一个最值得注重的问题，就是任何姓族所编修的第一套宗谱或族谱，称为“祖”谱。其后世都是长房嫡传子孙按这个“祖”谱续修的宗谱或族谱，世系延传都应是系统、完整而又准确的。

那么，当一个姓族分支后，其后辈们的世系出现紊乱时，只有以本姓族最原始的“祖”谱相对接。通常而言，各个姓族的原始“祖”谱上所记载的本族历代延传是不会有错的。只有分开宗、支，各立门户，单独修谱后，又没有条件和祖谱对接，往往容易造成世系上的不统一。特别是断层谱（包括传抄谱），出现世系紊乱现象较为常见。只有回到“祖”谱这条主线上来，顺藤摸瓜，才能厘清一些姓族后辈家谱中的世系紊乱问题。

四、要不要文化认祖的问题

关于文化认祖问题，首先要了解什么是文化认祖和与之相对应而言的血缘认祖问题。

所谓文化认祖，指的是认某一个姓族中在历代史料文献上记载的这个姓族某些很有声望甚至是著名人物为祖。

而血缘认祖，指的是任何姓族均按照血缘关系即一脉相承的血统关系，上溯至始祖，以及从始祖顺序延传的世系繁衍之认祖方法。血缘认祖是中华民族中各个姓族自修谱活动开展伊始至今，最基本也是最可靠的修谱认祖方法，是本姓族宗谱中的核心内容，是实事求是地记载本姓族历代血缘世系全面系统的反映形式。因此，它是彰显中华民族忠孝文化的基本形式之一。

从血缘认祖的概念而言，这是我们各个姓族在修谱活动中通常采用的认祖方法。在某种程度上说，也是大部分姓族修谱活动之唯一的认祖方法。其实，古代修谱根本就没有所谓“文化认祖”这个提法。各姓族修谱，都应该做到尊重历史、实事求是、厘清世系、各有归属。一族之谱事，应以最早的记载为界限；一个宗支的开基祖，必以已知者为断限。对已知之祖先，按顺序续修；对不知的先辈，不可随意续之，宁缺勿错，以免乱宗。

在修谱的具体过程中，应在血缘认祖方法指导下，横排世系，纵贯时间，“不强其所不知，不略其所已知”，实叙实记，有图有录，并辅之以考、传、赞、志、述、表等形式，使所修之谱准确无误。在现代科技发达的新时期修谱，还可配以按语、提要、注释、图片等丰富多彩的表现形式，加强法律意识，男女皆上谱，即“不漏一男丁，不遗一女性”。其后来者，世世代代有据可考，并有祠墓可证。使每个姓族修出的宗谱，成为该姓族的“百科全书”。

那么，那些文献典籍、稗官野史、民间传说、场苑摭闻中的本族名流方家，他们上无可溯之祖，下无延传之后，也就是说和这个姓族连不上血缘关系，是否就能以“文化认祖”的方式记入本姓族谱呢?

就笔者所见到的古今各姓族宗谱而言，都有两种表现形式：一是为装潢门面，只要同姓历史名人，不管其是否与本族连上血缘，皆记入谱中；二是以本族“名贤录”的方式，记入“存疑备考”条目中，以备日后查实再入谱中。笔者主张后一种方式，这并不叫“文化认祖”。古今很多家谱中都有“备考”这一栏目。

其实，文化认祖是弊大于利的。

如有一支李氏宗亲，把李世民赐姓而原本并不姓李的李姓名人写入自己的家谱中。前年有位李姓谱牒专家拿着这本谱对笔者说：“这简直是扯淡，××× 根本不是我们李姓的祖先。好在这一支李姓和我们不是一支的。”这就是所谓文化认祖，受到后人的严厉指责。

又如，山西的张氏族人很早以前就将台骀（汾河水神）、张果（唐代道士）等神仙作为张姓祖先写入家谱中，人为地搞乱了张氏血缘世系。历史早有定论，台骀是少昊金天氏的后代，与黄帝不是一个氏族。而我们中华张姓是黄帝华夏氏族的直接血统，中华张姓始祖是黄帝与其第三妃彤鱼氏所生的第五个儿子即挥公。又把本来是沈、姒、蓐、黄四姓祖先的台骀说成挥公之后的张姓祖先，不知贻误了多少张氏子孙！因此，文化认祖之说，对于每一个姓族而言，都是不可取的误导。

综前所述，我们在研究姓氏文化的进程中，不可避免地要出现这 4 个常见性的问题。只要持审慎态度，把这些问题的利弊分辨清楚了，选用正确的解决办法，我们的姓氏文化研究工作就会顺利进展，而且对弘扬中华民族优秀传统文化是大有可为的。

张梁森，职后博研学历，湖北省黄冈市蕲春县政协原文史教科文卫委员会主任。现为李时珍科技文化研究院院长，出版各类专著66部，兼任中国地名学会地名与姓氏文化专业委员会挥公文化理事会常务副理事长等。

姓氏宗亲文化
在当代发展方向的几点浅见

张 璇

姓氏宗亲文化是中华民族的传统文化，受到社会公众的普遍认同与尊重，但随着当今社会工作、生活节奏的加快，以及现代文化对传统文化的冲击，应该如何定位姓氏宗亲文化的发展方向呢？笔者有几点浅见，呈现给大家。

一、姓氏宗亲文化的定义

姓，原本是代表母系氏族的族称，是同一女性始祖的后代们所共同拥有的符号标记；氏作为姓的分支，是子孙繁衍后各个分支所特有的符号标记。

中国的姓氏文化自古就有。班固在《白虎通 · 姓名》中说道：“人所以有姓者何，所以崇恩爱，厚亲亲，远禽兽，别婚姻也。”

宗亲，指以姓氏为区分的同宗亲属。它是我国古代亲属分类之一，另外的是外亲、妻亲。姓氏宗亲一直是代表中国传统宗族观念的外在表现，以一种血缘文化的特殊形式记录了中华民族的形成，在中华民族文化的同化和国家统一上曾起到一定的民族凝聚力的作用。

二、姓氏宗亲文化在古代社会发展中的地位和影响

与世界各地其他姓氏文化相比，如日本简单的地名姓氏、西欧的宗教姓氏，中国的姓氏文化历史更悠久、内涵更丰富、意义更重大，对中华民族发展的历史有一定的贡献。笔者认为以下 3 点尤为重要：

①古代的姓氏宗亲文化与中国的礼文化息息相关。在先秦时代是区分等级的

重要工具，自唐朝士族衰弱以后，姓氏宗亲制度用一套严密的封建礼教制度，在中国社会形成了贯穿上下的行为准则，维护社会正常、有序、紧密地运作。

②姓氏宗亲文化的凝聚力是中国数千年来历经无数次战乱、历次大规模的迁徙，而文化不散且持续发展、民族犹存的重要因素。可以说，无论何时何地，爱国主义教育不应该忽视姓氏宗族教育。这是一种精神回归、一种熟悉感、一种亲切，深深地镌刻在中国人的骨子里，即使在异国他乡，即使在现代社会，哪怕是在公司管理上，也有助于更高效地融合。

③姓氏宗亲文化中的谱牒、书信、族规、家传、家学等，形成了中国历史中与国史、地方史并存的另一种历史——家史。这涉及史学、社会学、人口学、民俗学、教育学、气象学、地理学的知识，成为研究中国古代社会的资料宝库。

姓氏宗亲文化在中国历史发展中起到的作用还有许多方面，笔者暂不赘述。

三、姓氏宗亲文化在当今社会发展中面临的挑战及其原因

时光进入了 21 世纪，随着时代的发展、社会的变迁，姓氏宗亲文化也面临前所未有的挑战，主要表现在以下 4 个方面：

①首先是传统家庭发生了翻天覆地的变化：20 世纪 80 年代以后，在中国，“小家庭”比例不断上升，而且像单亲家庭、单身家庭、重组家庭、丁克家庭、空巢家庭等非传统家庭的数量不断增长，动摇了姓氏宗亲文化的家庭基础。随着思想的解放，现在的姓氏制度更加自由。有跟随母姓的，这是一种进步，毕竟在现代生活中，妇女在家庭生活中起到的作用实际比男子更大。而且在城市中，女子受教育的程度要略高于男子。随母姓，既有利于家庭的建设，也提高了妇女对姓氏宗亲建设的热情。还有不随父母而另外取姓的，如个别追星的父母竟然给孩子取了明星的姓；人们也不再遵守“同姓不婚”的规矩；还有与异国、异族，甚至是异人种、肤色通婚的情况也比比皆是。可以说，现在姓氏宗亲文化较之以前，更加复杂、更加多变。

②信仰的削弱也阻碍了姓氏宗亲文化的发展。中国古人是祖宗信仰，讲究的是死后有人烧纸祭祀。而现在的情况是，国人一律认为这是封建迷信或者没有用的，不必进行集体记忆的现实再现，不讲究生养、死葬、祭祀，既无须维持家族的兴盛，也没有必要继承姓氏宗亲的文化。最可怕的是，当人们的信仰消失了，不再生殖崇拜，

不想养育儿女，则无子家庭出现了。

③新中国成立以来的数次政治运动让姓氏宗亲文化形成了相当时间的断层，人们很长时间不敢提“祭祖”“修祠堂”“修家谱”，生怕被扣上“封建残余”的帽子。改革开放后，西方思潮的引入和社会上“崇洋媚外”的现象，导致人们不了解、不珍视这些祖先留给我们的记忆。特别是在经济大潮和快节奏时代步伐的冲击下，大量内涵丰富的仪式被忽略，姓氏宗亲文化变得越来越敷衍和形式化，导致对整个民族文化的不自信、不了解。

④旧有农耕文化、小农经济的解体，演变成了当今社会以城市文化、新经济为主的格局，也限制了姓氏宗亲文化的生存发展空间。可是当农民进入城市，他们要在文化背景、观念意识、生活习惯等方面将自己变成和城市人一样，需要在方言、民俗习惯甚至是宗教、禁忌、饮食习惯、民族节日等方面的变革中忘却自己的家庭记忆。另外，把农村改造得像“城市”一样，拆除祖坟、村民上楼，这种抹除城市乡村差别的做法也极大地打击了姓氏宗亲文化的发展。

四、姓氏宗亲文化在当今社会发展方向的建议

今天，我们研究姓氏宗亲文化在当今社会的发展，既不能脱离历史、脱离未来，也不能脱离现实，走向口号式的形式化。在这里，笔者仅就以下几个需要注意的问题发表一些浅见。

①在意识形态上要对姓氏宗亲文化给予中肯的评价和公正的待遇，让姓氏宗亲文化在人们的情感修养、信仰归宿、恢复礼文化、创建美好家庭生活中发挥重要作用。

首先，必须认清，姓氏宗亲文化不是封建残余，并不是很多人想象的洪水猛兽，也不是封建卫道士用来钳制广大劳动群众的枷锁。在宗族制度发展的历史中，如范仲淹倡导的义庄制度缓解了贫困宗亲们的生活压力；家学也保留并发展了文化，扩大了宗亲受教育的范围。在近代，有些家族顺应时代潮流的民主思想，修改了家规族约：如浏阳廖氏在 1938 年制定的《族约会组织章程》含有《章程》《组织》《人事教育》《文书》等族约；抗日战争爆发第二年，萍乡松友塘李氏家族会同全体族人通过并实施了“奖励抗战救国将士办法”；民国时期，针对“东亚病夫”的耻辱称呼，江西省宜春市汤氏宗族，就把改善

居住地的环境卫生作为族规的一条。在新时代，姓氏宗亲文化更是抛弃了旧有的宗法制度，加入了自由、民主、科学的新元素。

社会上如果不能对绵延了数千年的中华姓氏文化、宗族发展有一个正确的态度和认识，就不可能真正迎来中华民族的伟大复兴。在 21 世纪的中国，姓氏宗亲文化发展并不会像有些人担心的那样，会对政治产生很大的影响，而是应该在思想道德、价值观、人生观的构建上有进一步的发展。也就是说，国家更多的应该是在经济建设、国防、政治、思想方针等上给予宏观调控，而作为个人和家庭这些小群体的精神文化建设等应该由家族在政府的大政方针的前提下给予指导和干预。

具体来说，一方面，发展姓氏宗亲文化是适应了人们日益增长的信仰需求和情感需求。当今社会，家庭内原有的关系被打破的时候，原有的“父为子纲，夫为妻纲”、“长幼尊卑”、宗法制度等关系已经解体，新的正确的关系并未适时建立起来。所以金钱关系、利益关系、法制关系等，轮流上场，被人们充当解决家庭矛盾、社会矛盾的依据，其效果不尽如人意。看看现在社会上发生的各种不合理现象和人们的焦躁感和不信任感，可以说现在的中国人缺乏的不是知识水平，而是对情感约束的学习和对信仰的认定。

中国人自古是信仰自身的祖先，相信“善有善报，恶有恶报”，但是因为“文革”期间人为地切断家庭正常发展进程，以阶级斗争为纲，用阶级关系来代替家庭关系，造成了家庭伦理关系的混乱和人际关系的错位。而在改革开放后，又因为拜金主义、享乐主义、极端个人主义的横行，造成了信仰缺失、亲情淡漠，但人们又极度渴望这些人情、亲情，可以说，这也是社会问题、心理疾病盛行的部分原因。所以，笔者认为，应该恢复中国人自古就有的“祖先崇拜”，让国人的信仰回归，让情感有所归依，这是姓氏宗亲文化发展义不容辞的责任和义务。

笔者在微信上看到“张氏丹山得稳公夫人林氏宜人太婆诞辰 620 周年纪念大会”的相片和视频。从相片和视频上看，参加纪念活动的张氏宗亲都是普普通通的人，既没有高大威猛的身材，也没有标准的普通话，与张氏挥公先祖相去甚远，但是当一拨拨的人群跪下祭奠先人的时候，那种天然的“慎终追远”的仪式感油然而生。虽然笔者没有亲临，但也希望像这位宜人太婆一样，克服生活道路上的种种困难、带领家族平安繁衍。

虽然只是祭祀，但庄重的仪式给人们带来感动和“礼”的作用，在一次次的祭祀仪式中，使人的情感和思想得到升华，增强了自信心和克服困难的勇气。

生活中，很多年轻人，不了解自己的家族文化，不知道自己的爷爷奶奶、外公外婆叫什么名字，不了解自己的家族的迁徙历史，从而无法形成家族姓氏认同感。试问无法对宗亲产生认同的人，又如何能自然而然地对国家产生休戚相关的认同感呢?

另一方面，姓氏宗亲文化是进行“礼”文化教育的重要组成部分。古代的族规制定，一般都合乎礼教、注重教化、符合国法，有效地对宗亲进行治理，规范其行为、保证大部分人的利益，既在思想上给人们以激励或警醒，又在制度上设立奖惩制度给予保障。

现在的社会用“五讲四美”的社会公德、法律法规来约束人们的行为，效果并不很好。前者比较空泛，更多的是基于当事人的个人素质而且缺乏执行和监管的力度，后者虽然有国家机关作为保障，但也不能解决像“不善待老人”、好逸恶劳、为老不尊等这种“小”事，如果用来解决人民的生活琐事，又显得过于严厉。而姓氏宗亲文化，则对人们的日常生活有着较为有效的约束作用，在“情”和“法”之间很好地进行调节和制约，充当起家庭、家族与社会的纽带。现在的快节奏社会，要求我们必须有基本的“礼”。有的时候，不是中国人缺乏素质，而是不合理的制度纵容了人心深处的恶。

应该把“礼”文化的恢复作为姓氏宗亲文化发展的重点，在孝顺父母、和睦宗族、夫妻关系、职业操守、行为准则等方面进行很好的规范。如“勿阅淫邪小说”“勿抛弃五谷”“勿信师巫邪术”“勿赌博斗牌”，并可以实行相应的奖惩措施，但要注意尺度，不要在精神和肉体上造成虐待，情节严重的，可以提交公安机关处理。

因此，亟须在思想认识、在科学理论上，为全社会形成一个重视家族记忆的风气和制度提供理论依据和实践支持，这更有利于社会安定有序、人民精神富足。其实我们现在是站在一个很高的高度上来起步的。五四运动以来，中国推翻了帝国主义、封建主义和官僚资本主义的束缚，妇女和普通大众的地位前所未有地提高，思想也得到了极大的解放，可以鼓励这部分人参与到家族事务中来，成为姓氏宗亲文化的新兴力量。

②姓氏宗亲文化还应当面向家庭，教育人们认识家庭、家族的真正含义，应该为家族里的新婚夫妇开办父母课堂，让他们顺利地为人妻（夫）为人母（父）。而对于单亲、重组家庭也应做好安抚教育工作。

其实家庭的含义，自古以来，发生了很多次变化。在古代，家庭是两姓之好。与地位、父母关系等有关，唯独与当事人无关。而在民国时期这个新旧思想交替之际，与前几者都有关。在当今时代，与当事人感情有关，但与地位、父母关系较薄弱，这可能也是离婚率升高的原因。

其实婚姻不同于谈恋爱，因为要抚养下一代、赡养老人、购置居所，这些不但与夫妻双方的感情有关，也与家庭地位、家庭教养、家庭背景息息相关。这个本应该是在家族内部进行教育，但因为受西方思潮及新中国成立后一段时间“破四旧”的影响，人们都忽略了这方面的教育。现在有些地方兴起的父母学堂，如果能融入姓氏宗亲文化，结合祖辈事例进行教育，相信会在离婚率、孩子教育、家中老人赡养等多方面有所改进。

③让姓氏宗亲文化与现代盛行的社会文化形式结合，用新媒体方式进行传播。如果姓氏宗亲文化能够脱离普通的集体意义，从而上升至社会意义、公共意义，将会获得更高的社会知名度和生命力。例如，通过非物质文化遗产的申报，很多在小众范围内流传的姓氏宗亲文化以社会公约的方式展现在全省、全国人民面前。比如，浙江的中医世家，张氏接骨、章氏骨伤科、畲族医药痧症疗法等世医，在被列为省级文化遗产同时，至今仍在造福于广大民众。还可以利用新兴的个人口述历史热潮，将姓氏宗亲文化生活化、落地化。现阶段年轻人对“cosplay”十分热衷，也可以引导其发展家族服饰展览和祭祖活动，通过仪式感增强认同感，可以在族（祖）源地建立类似宗祠的文化学习场所。

另外，姓氏宗亲文化在努力寻找适应时代需求点的同时，要抓住媒体特别是新媒体兴起的契机。过去的谱牒可以记载时事新闻、风俗制度，现在的人们也可以把重要的事件进行编纂，通过自媒体的方式发表在自家的宗亲网站上，再通过评审，将最重要、最有特色的记载在自家的谱牒上。这样，既增强了个人的参与感，也让家史继续成为中华民族历史书写的支柱。

现在的人们生活在“地球村”上，姓氏宗亲文化的凝聚力不再是地理、血缘意义上的相近，可以在宗亲范围内建立微信群，就日常工作、生活进行沟通，增强文化认同、价值观认同。

④可以发挥宗族办学的优势，把一些面临失传的边缘学科，如手工艺、中医学、武学、风水学等的某个派别进行保留，丰富姓氏宗亲文化的内涵。现在已经不是农耕时代，费孝通曾经说过：“牛顿花了一辈子研究的地心说，现在的青年只用40分钟就学会了。”在短短几十年里，国人大步跨过了工业时代、信息科技时代、生物技术时代。在这些时代中，知识不断推陈出新，一些边缘学科因为没有产生立竿见影的经济效益，受到了极大的冲击，而姓氏宗族文化正好给它们提供了办学的可能性，而后者又能为前者提供实实在在的新的精神动力。

即使在经济生活中，好的姓氏宗亲文化也能起到积极效果。《姓氏文化与上市公司代理成本——基于沪深上市公司的实证研究》就以研究数字表明，姓氏文化在公司管理中能够拉近距离、增强信任、降低沟通和协调成本、增强凝聚力。

⑤要用开放的心态、开放的格局对待姓氏宗亲文化在全社会乃至全国、世界上的发展。在“地球村”里，国人与他国、他族通婚都成为可能，中国梦不仅仅是中国人的梦，也应该是不同肤色人的梦。

⑥加强姓氏宗亲文化在现代社会的发展，还需要处理好乡村与城市的关系。中国历史上就是一个农耕国家。费孝通将旧社会中国社会特征概括为“乡土中国”，在中国的乡村，某些地区至今还保留着浓厚的姓氏宗亲文化。发展姓氏宗亲文化，应该以农村为先头部队，带动城市的发展，一定要反对将农村“城市化”的错误行为。

世界上许多古文化早已连同创造它们的种族一起销声匿迹了，而中国姓氏文化则历经了四五千年始终延续和发展着。未来，它还将继续延伸下去……

张璇，女，博士，中华文化促进会张氏文化研究工作委员会常务委员，济南市历下区新的社会阶层人士联谊会龙洞街道分会理事。

谈姓氏宗亲文化的发展状况及存在的问题

董观堂

姓氏宗亲文化历史悠久，是中华民族传统文化的瑰宝。姓氏宗亲文化标志着带有家族系统的血缘符号，其亲情关系尤为重要。“血”“情”将人们紧紧聚拢在一起，也就是人们常说的“一家人”，使人倍感亲切。姓氏宗亲文化博大精深、包罗万象、形态各异。

文化在历史不断发展中形成，姓氏宗亲文化是传统文化的重要内容，具有强大的纽带作用。弘扬祖德、叶落归根是中华民族的优良传统，是华夏儿女凝聚力的具体表现。姓氏宗亲文化对弘扬民族传统文化、增强民族自豪感具有重要意义。

中华古代先祖对姓氏宗亲文化传承的常见方式有两种：家谱、宗祠。家谱的主要宗旨是引导后人积极进取、与人为善、忠孝双全，激励后人通过自身努力正当索取，成名立家，以此来达到“光宗耀祖”的目的，是整个家族文化传承精髓的具体体现。宗祠则是他们教育后人的主要阵地，通过言传身教及家规族律的训导，将良好的家风加以推广并有效予以传承，家族中的历史名人是引导的主体。泱泱大国，是国情造就了这种单一形式的传承，值得庆幸的是中华宗亲姓氏文化还是得到了有效的传承和发扬。

宗亲会组织发明于海外华侨，想当年华侨先祖们怀揣一本家谱，漂洋过海、居异国他乡，为了维护自己的合法权益成立了宗亲会等社团组织。改革开放之后，海外华侨兴起寻根热，陆续回国谒祖恳亲、联谊交流，逐渐把宗亲会的模式传到国内。伴随着社会不断发展，特别是改革开放40多年来，我国经济建设突飞猛进，国力雄厚，人民物质生活条件日益改善，文化迎来发展盛世，给姓氏宗亲文化营造了良好的社会发展环境。全国各地姓氏宗亲研究的协会组织迅猛发展，姓氏宗亲文化形式更加多样化，大量的图片、影像资料得到保存，使内容更加真实化。研究和正确引导姓氏宗亲文化的发展已成为当务之急！综观当今现状，存在诸多问题有待解决。

一、姓氏宗亲文化活动的单一性

现有姓氏宗亲文化的协会，大多可以说成姓氏家族用来祭祖、续谱、联谊的姓氏组织，其称谓也逐渐扩大到由“县”、“省”、“全国”至“全球”，其功能多数为以联谊宗亲、祭祀先祖、续修家谱者居多，这是民间单一组织造成的结果，其组织者多为族内热衷于家族事务的年长者，或为家族中的创业精英，再者便是家族中的文化人。在宗亲组织中创业精英任会长者居多，而往往这些人不懂什么是姓氏宗亲文化，其中有一部分人，不乏想通过宗亲的联谊，提高自己的知名度，做大做强自己的事业，谋取自己的利益。而族中真正的文化人，他们则想把宗亲文化做好，却建议往往不被采纳，鉴于血缘关系也就随以现状、顺应从事，久而久之宗亲文化便一直停留在起跑线上，得不到发展，而且形成了族内在固定的时间内联谊、祭祀、续谱的局面。

二、姓氏宗亲文化组织的不合法性

现绝大多数中小型姓氏宗亲联谊会，还停留在民间组织的范畴，没有得到当地政府的认可批准，给宗亲联谊活动带来很大不利因素，也限制了姓氏宗亲文化的良性发展。这就暴露出建会之初目光的短浅性，单凭一腔热血，认为这是自己家族内的事务与政府无关，他们想不到活动存在于社会，政府监管是职能所系，其活动内容及形式不符合政府要求的就会搁浅的道理，使一些大的活动无法开展。国家法律的严格限制，注定了姓氏宗亲文化组织难以实现区域化、规模化、规范化的发展。然而，不登记注册，并不意味着不存在，黑格尔曾说“存在的就是合理的”。要想把姓氏宗亲文化做大，首先要组织族人学法、懂法，建立一套符合社会发展，有助于全族利益的较为完整的规章制度。让全族人来共同遵守，使之成为姓氏宗亲文化的元素，在族内加以共同遵守，以此来保证姓氏宗亲文化活动的合法性，使协会组织及活动得以良性循环。

三、姓氏宗亲文化的欠缺性

姓氏宗亲文化的团体中，不缺乏文化人，但真正能运用好宗亲协会组织，把姓氏宗亲文化做强做大的人为数不多。这些人往往只注重表面上的表象文化，而实质性、内涵性文化却做得很少，这是不专业造成的问题。尽管如此，他们对姓氏宗亲文化做出的贡献仍可谓居功至伟，这些文化人有相当一部分还在岗位上从事着工作、搞着自己的专业，或刚从岗位上退下来，都缺乏专业性的培训，对姓氏宗亲文化的驾驭能力还不够，这就给姓氏宗亲文化的发展带来诸多不便。

要想使姓氏宗亲文化健康有序地发展，就要运用好这些人，并给予专业院校的培训，参与大型的姓氏宗亲文化活动的机会，以此来开阔眼界，增长技能，从而来弥补专业上的不足，同时使家族文化逐步纳入姓氏宗亲文化的范畴，最终对姓氏文化起到积极的促进作用。

四、姓氏宗亲文化团队中的老龄化

现从事姓氏宗亲文化的研究和践行者中以老龄者居多，大部分人通过自己的努力，在岗位上有所建树，是各系统中的佼佼者，有一定的才干，这也是他们能够参加姓氏宗亲文化的资本。他们的初衷以追溯自己姓氏祖源者居多，其方式也是通过已有渠道来获取本姓氏各支系宗亲的基本情况，这也是近年来全国各地姓氏宗亲联谊会迅速发展的主要原因。他们给姓氏宗亲文化带来了活力，通过联谊活动使姓氏家族传下来的良好家风、族规逐渐展示于世人，得以传承，并通过研究加以完善，为各姓氏续谱、联宗做出了很大的贡献。

然而，老龄化问题给姓氏宗亲文化的发展也带来不利因素，受年龄、时代的限制，他们对现代通信工具及现代化办公技能掌握不够，思想意识保守，开拓精神欠缺。要想做好姓氏宗亲文化就必须吸引年富力强、有一定专业技能、热衷于姓氏宗亲文化研究的中青年加入研究团队，通过正确引导使之快速成为姓氏宗亲文化研究的中坚力量，形成团队的良性循环，不断发展壮大研究团队、提高研究技能，使姓氏宗亲文化健康有序发展，把姓氏宗亲文化做大做强。

姓氏宗亲文化在科学研究领域是一门新的学科，发展前景广阔，意义影响深远，但任重道远，需要各界同人的共同努力、探索、解决研究中遇到的各种问题。

只要坚持不懈、不断进取，姓氏宗亲文化在传统文化中就能占有一席之地，从而为弘扬并传承中华民族美德、构建并发展和谐社会起到积极的促进作用，那么姓氏宗亲文化一定会立于文化之林，长盛不衰。

本次“国际家庭日 · 姓氏好家风”论坛的召开，给姓氏宗亲文化创造了良好的研究交流机会，衷心希望各地专家、学者及宗亲文化爱好者积极参与其中，共谋姓氏宗亲文化大业，为中华民族文化的复兴做出贡献。

董观堂，河北省衡水市枣强县人，河北省董仲舒研究会副会长、枣强董子文化研究会首席研究员。历年来参加“董仲舒与儒学国际学术研讨会”“河北省董仲舒学术年会”，并提交多篇论文。多次参与、主持接待山东、陕西、江西、河北等地董子后裔来枣祭祖、溯源活动。

姓氏社团组织合法性问题

高若敏

人民代表大会立法程序分为：提案、立项、调查、起草、通过、颁布、实施。因此，这次演讲应属提案前的法律呼唤。演讲中对历史中“宗亲”的分析、台港澳及海外华人的心情分析，“三条红线”的界定，姓氏社团组织行为活动中存在的问题等，都是符合实际的、准确的。其中我也赞成姓氏“宗亲会”属于“姓氏社团组织”的称谓。

每个姓氏特别是人口众多的大姓都是多渊源。以高姓为例：①高姓首先产生于东夷氏族中的高夷氏族。②然后才是炎帝神农氏姜系高姓的产生。③黄帝时期保护了高姓的存在。黄帝臣高元，黄帝系伯高氏之高，包括了高夷氏族之高阳氏、高辛氏的高和妫姓之伯高子氏的高，均在战国时期改了单字高姓。④历史中的少数民族虽然现在名称已不存在，如高夷氏族、匈奴民族、鲜卑民族、完颜氏族等后裔一支中的高姓还存在。当今还有 20 多个少数民族中有高姓，有的选自汉族高字为姓，有的出自本民族语音，有汉族高姓变为少数民族，还有少数民族高姓变为汉族。⑤有汉族（不下几十个）其他汉族姓氏后裔其中一支改姓高。历史中各民族的混同融合已是事实。至于因婚姻关系民族的混同，如历史中的匈奴民族一支、鲜卑民族一支、完颜氏一支等高姓不但变为汉族，而且世代与汉族他姓通婚。特别是汉族各姓氏间的婚姻关系混同就更多了，据考证天津市高姓一支在二十四世内，因婚姻关系就与 110 多个其他姓氏结亲，代代有各占 50% 遗传基因的混同。5000 年历史的沿革，如今汉族也存在着与其他民族的大融合，代代融合至今。《中华高姓总谱》序中《中华高姓与中华民族》一文中的两者关系，是有大量的历史事实为依据的。

每个姓氏中特别是人口众多的大姓都可（应）分为：历史文化传承和直系血

缘传承。还以高姓为例，如炎帝神农氏姜系高姓，各种原因不可能从第一世高傒至今，都是准确无误的直系血缘传承，应该也存在着历史文化的传承。高傒就是从齐文公赤第四世开始姓高，齐文公赤的第二世、第三世都姓姜，高傒的爷爷公子高已经不是周朝诸侯国齐国“公”的继承人，按照周朝宗法制度，文公赤第四世高傒已属姜姓小宗，必须重新定姓氏，高傒有兄弟几人？史无记载，但公子高的孙子辈绝非只高傒一人，他们都应属于姜姓齐文公赤第四世小宗，都在应该重新定为高姓的范围，如同高傒封地长清高姓后裔第四世小宗同辈兄弟们同时定卢姓一样。历史长河，使高傒兄弟们众多的后裔只知高傒，不知自己直系血亲祖（也就是高傒的兄弟们），很容易忘记自己直系血亲祖。因此，高傒的兄弟们的后裔只认名人高傒，而不知自己直系血亲先祖了。据《中华高姓总谱》记载，能确认直系血缘传承最早的有：唐末迁福建的高纲后裔、北宋浙江的高琼后裔、北宋南迁的高俅（宋时他姓改高姓）、南宋从开封迁南宋域内的高贵后裔，因此他们始迁祖及其后裔都应是直系血缘传承。有证据的可为始迁祖寻宗，可认定属直系血缘传承关系。没有证据也查不清的只能认可是历史文化传承。因此，查不清直系血缘传承，只有认可是历史文化传承，不可强求违背史实。

姓氏“宗亲会”可以称为“姓氏社团组织”，但“姓氏社团组织” 与“姓氏文化研究会”不可等同。姓氏“宗亲会”与“姓氏社团组织”属民政范畴，“姓氏文化研究会”属文化范畴，前者属民政需要法制化问题，由政府民政部门管辖；后者文化研究属文化行政问题，由政府文化部门管辖。但是，姓氏“宗亲会”与“姓氏社团组织”也应该研究自己的姓氏文化。

理由是：①不同的法律调整的社会行为不同。姓氏“宗亲会”“姓氏社团组织”是公民实在的宗务活动行为；而“姓氏文化研究会” 是文化人以历史、现状为对象的社会文化研究行为。②参加的社会主体不同。前者参加的公民众多，往往是为自己一宗寻宗亲、寻祖墓、寻宗祠、寻族谱，或寻，或修，或复建的实在行为；后者是少数文化人以研究为主，没有也不能有前者那种实在的社会行为。这是两种不同的社会关系。然而前者即“宗亲会”与“姓氏社团组织”也应该进行姓氏文化的研究。③主管的行政机关不同。前者应由民政部门管理； 后者是由文化行政部门管理。如果后者做了前者实在的行为，就超越了文化行政管理授权的范围，所以，后者没有也不能有前者实在的属于民政认可的行为。关于民政部公布的 13 个与姓氏相关的域外注册社团在域内活动问题，任何一个国家都规定未经本国允许，域外组织不能在这个国家的域内活动，这涉及国家的主权问题。因此，姓氏相关的域外注册社团在我国域内活动，就不得不由我国民政部门的相关机构点名其在我国域内的行为不合法。这也就说明了宗亲会属民政管辖。

姓氏“宗亲会”“姓氏社团组织”是改革开放时期出现的、不可回避的新问题，只能以新的思维加以解决，为其找出存在的出路。不能以改革开放前的思维方式解决改革开放时期出现的新问题，如“挂靠”，用“挂靠”解决这一问题是越“挂靠”越乱。用“挂靠”解决姓氏“宗亲会”“姓氏社团组织”，是混淆了法律调整的姓氏“宗亲会”、“姓氏社团组织”与“姓氏文化研究会”两者不同的社会关系。无论如何，即使尚无法律调整的“宗亲会”“姓氏社团组织”，即使还不具备法律意义上的主体资格，也可依法对其进行法律管理，如“红线”问题，“红线”就多属规范的、禁止行为的、不可为的法律。“宗亲会”“姓氏社团组织” 虽然不具备法律意义上的主体资格，但也应遵守把握住不踩“红线”。

既然姓氏“宗亲会”“姓氏社团组织”是改革开放中出现的新问题，有关的部门应该认真研究。目前，或依《民事诉讼法》《行政诉讼法》中确认的不具备法律主体资格的情形下按“社会其他组织” 对待。

通过立法解决。笔者在之前已经谈到过，即使一时立法跟不上，在“依法治国”框架下的行政管理模式现状，也能解决当下问题。即姓氏“宗亲会”“姓氏社团组织”在活动中拥护中国共产党、拥护社会主义，不做违法集资（等违法之事），大型活动事前到政府有关部门报备。姓氏“宗亲会”“姓氏社团组织”实行自我管理、自我监督。也就是说，在当下这些姓氏“宗亲会”“姓氏社团组织”的活动，依然是在政府行政机关的法律管理范围之内的。

但是，政府主管行政机关在相关法律未出台之前，应该对姓氏“宗亲会”“姓氏社团组织”加以行政引导。

姓氏“宗亲会”“姓氏社团组织”基本上是松散的组织，参加人员很广泛，有国家机关的退休人员、退伍军人、退休教师、企业家、工人、农民……各行各业无所不包。对姓氏“宗亲会”“姓氏社团组织”的行为，一般能够管得住，能够把握住大局和方向。但无论存在什么问题，也需要引导和指导。关于指导问题应注意以下 4 个方面：

①正确政治指导。姓氏“宗亲会”“姓氏社团组织”活动如何与国家大局相一致。

②区别历史糟粕。

③弘扬优秀传统。国家依法治国、以德治国。族谱都有传统族规、家训，但各宗支各有侧重，影响（注意是“影响”，不是“规范”）着族人，综合起来都是围绕儒家思想：德贤忠孝悌，仁义礼智信，温良恭俭让。如何将其与社会主义核心价值观结合是一个重大课题。

④结合文化保护。解决修复宗祠、祖墓，指导续修家谱，弘扬中华民族历史文化。

在当下，对法律规定的不具备法律主体资格的“社会其他组织”的管理，也是一种依法管理。总之，将“宗亲会”“姓氏社团组织”归入“社会其他组织”看待，这也是一种合法性管理类型。

高若敏，天津市高级人民法院原审判委员会委员、行政审判庭庭长，高级法官，中国法学会行政法学会理事，法制与心理学研究员。出版法学专著10多部，司法部统编教材《行政诉讼案例教程》副主编，发表法学论文170多篇，被天津市人民法院授予“天平奖章”，高氏文化研究专家。

中国姓氏文化教育研究初探

李子闻

根据最新研究发现，中国古今姓氏已超过22000个，其中包括历代属于中国版图上的少数民族的汉译姓氏。由于姓氏本身还在不断发展变化，据专家估计，我国姓氏大约有18000个。随着时代的变迁，不少姓氏已经消失，当代中国人正在使用的汉姓有3500个左右。中国人的姓氏错综复杂，有据可查的姓氏可达1万个之多；《中华姓氏大辞典》收入的姓氏达11969个；《百家姓》以“百家”为名，实收单姓408个。可以这么讲，在中华大地上，上至国家领导人，下至民间一般群众，无不有姓氏。姓氏文化已经成为中华民族特有的文化基因，任何人都抹不掉、躲不开。

关于姓氏文化的研究与教育，在我国有几千年的历史。特别是自进入改革开放以来，文化事业与文化产业得到长足的发展，姓氏文化研究与教育也得到了党和政府，以及广大人民群众的高度重视。可以讲，复兴中华民族优秀的传统文化，坚定文化自信的“集结号”已经吹响。因此，做好当代我国姓氏文化教育工作，是传承发展中华民族优秀传统文化的重要举措，也是落实习近平总书记在庆祝中国共产党95周年大会上提出的坚定“文化自信”的重要实践行动，是十分必要的。

一、当前中国姓氏文化研究成果与实践经验，基本能够满足姓氏文化教育之需要

中华姓氏源自上古，姓氏文化作为中国最古老的文明之一，诞生至今已有5000年历史，其历史之悠久，在世界文化史上极为罕见。可以说，姓氏文化浓缩了中华文明历史进程及中国社会的各个层面，延续至今，早已变成了一种为大众普遍认可的文化现象，成为中华民族传承文明、解读历史、透视社会的独特视角。

但是新中国成立以后，走过一段弯路，“文化大革命”期间，在极左思想的

影响下，曾把姓氏文化作为反动封建文化、“四旧”进行批判，拆祖宗祠堂，烧家族族谱，成为一种社会潮流，对姓氏文化进行了野蛮的摧残，使之遭到严重的社会破坏。全国姓氏文化的研究与教育出现了断代现象，很多珍贵的姓氏文化历史资料消失，无法弥补。至今思之，仍令人痛心不已。

自 1978 年改革开放以来，我国经济建设蓬勃发展，国民经济总量已居世界第二的位置。经济的发展，促进了文化的繁荣，尤其是进入 21 世纪，文化产业得到了长足的发展。以姓氏文化为内容的各地姓氏文化研究蓬勃发展，据不完全统计，近年编辑出版的姓氏文化丛书有 20 多种，单独出版的书籍不下 200 本。此外，姓氏寻根活动还搭上了互联网的快车，进入寻常百姓家，光姓氏寻根中文网站就有近 400 家。国家层面的有关姓氏文化研究与教育组织分别有：2014 年 11 月在京成立的中国文化管理协会姓氏文化委员会；2018 年 1 月，成立的东方文化研究会姓氏文化委员会；2019 年 3 月，由中国少数民族文化艺术促进会、北京中华文化促进会、中国民族艺术馆 3 家联合成立的华夏民族姓氏文化研究院，等等。各地成立的民间姓氏文化研究会、宗亲联谊会达上万个不止。全国上下轰轰烈烈的姓氏文化研究与实践，结出累累硕果，这些理论与实践成果，为当今社会开展姓氏文化教育，做好了坚实的铺垫。

在此仅举几个事例，加以说明：

2019 年 4 月 19 日，“中国东方文化研究会姓氏文化委员会向氏文化研究中心”揭牌仪式在四川成都举行，中国东方姓氏委会长杨立龙出席揭牌仪式，此次活动的举行，标志着向氏文化工作走上了规范化、科学化、合法化的道路。会上提出“五不分”原则与“五讲”原则，即天下姓氏一家亲，要遵循“不分支系、不分族群、不分地域、不分民族、不分贫富”；从事姓氏文化研究与教育要做到“讲政治、讲大局、讲团结、讲奉献、讲心态”原则。向氏文化研究中心主任向兴中提出了该研究中心今后的工作重点：一是筹建向氏文化园，二是组织编纂向氏通谱，三是组建中华向氏总商会，四是成立向氏慈善公益基金会。

从向氏宗亲会、向氏文化研究中心的工作可以看出，一些有志之士，如社会工作者、理论家、企业家、新闻工作者等，已经深入到姓氏文化研究与实践中，并且深耕多时，已经从单纯的理论研究，走上了文化与经济深度融合的道路。文化来源于经济，又服务于经济，二者是不可分的。不像有的人认为，抓经济有钱才是硬道理，文化无用。文化产业的春天已经来临，姓氏文化有研究成果、有实践经验，那么进行姓氏文化教育就成了水到渠成的事情。

2016 年 5 月 8 日，由高等院校首次主办的“姓氏文化研修班”在中国人民大学培训学院举行，由此，在全国首次拉开了姓氏文化教育培训进入高等院校的序幕，从研究、教学、传播、产业化方面为中华姓氏文化的形成与发展奠定了理论与学术研究的基础。来自高等院校、中国社会科学院、民主党派等有关领导、专家学者和江西省赣州市南康百家姓和谐城姓氏文化研究会的学员及北京、绵阳、东莞、诸暨的插班学员等近百人出席了开班典礼活动。中国社会科学院学部委员、历史研究所副所长王震中研究员讲授了《图腾与姓氏》；农工党中央姓氏宗亲文化调研组组长、姓氏宗亲文化研究学者聂振强教授讲授了《中华姓氏文化研究的当代意义》；国学文化教育专家李耀君讲授了《弘扬中华姓氏文化，提高国民道德素质》，以及其他一系列高层次的学术报告。学员培训学习期满后，经审核合格授予中国人民大学培训“结业证书”。

研修班以“弘扬中华传统文化”“家文化”为宗旨，传承已故社会学者、中国人民大学原副校长郑杭生教授开创的“姓氏社会学”学科研究领域，传承郑杭生社会学学术思想。传承祖德祖训，提倡好家风道德建设，有利于社会关系的和谐，有利于治国理政，有利于推进社会全面发展。

高校高层次的研究型的类似培训班的举行，说明在政府引导下，起于民间的姓氏文化研究与实践，已经从民间社群活动走向社会前台，从实践意义走向理论意义。应当说明的是，我国姓氏文化研究与实践虽然有 5000 年的历史，但“文革”期间中断。改革开放以后，随着和平统一祖国，台湾回归的统战需要，国家首先逐步开放了福建、江浙等地的姓氏文化活动，进而带动了全国的姓氏文化研究与实践。

当然在姓氏文化研究与实践过程中，也出现了偏差与问题，被一些动机不良的人所利用，如有的地方打着“姓氏宗亲会”的旗号搞非法集资，破坏社会金融秩序，但总的看来，这些是支流，是次要矛盾，瑕不掩瑜。应该说整个姓氏文化研究与实践的总体面是好的，作用是积极的、正能量的。

另外，在我国高等院校社科类、人文类学科建设与实践方面，也逐步设置、延伸到姓氏文化研究方向，这是实事求是的，是必要的。人是社会组成的细胞，一个人，无论是伟人，还是普通的人，首先是一个自然的人，来自家庭、宗族的人，他（她）再怎么特殊、“各色”，宗族的文化烙印也会在其身上显现，即也会具有普遍性。可以讲，高校社会人文学科的发展与实践，给当前进行姓氏文化教育提供了理论基础。

二、姓氏文化研究教育的现实价值与历史意义

我国姓氏文化研究与实践成果，特别是改革开放以来的理论与实践，为当代深入进行姓氏文化教育奠定了基础。那么，在当今时代，尤其是互联网高速发展的今天，再提进行传统姓氏文化教育，有这个必要吗？是不是耽误时间呢？换句话说，进行姓氏文化教育有什么现实价值与历史意义呢？

1. 进行国民姓氏文化教育可以全面提升当前国民素质，提升当前国民在国际社会的正面形象

这一点估计大家深有同感，尤其是做国际旅游与外交外事工作的同志们更是深感急迫。“中国大妈”是自 2013 年网络上引用美国媒体调侃中国中年女性大量收购黄金引起世界金价变动而来的一个新兴名词，后来引申到部分中年妇女道德文化素质不高，成为容易破坏公共环境与公共秩序的群体，是一个“贬义词”；“油腻大叔”来自歌手孔帅杰的歌曲《油腻大叔》，本来是幽默调侃的意思，也慢慢引申为不注意外表形象，低素质的中年男性的代名词，又是一个“贬义词”。因此，整个中年人是社会的中流砥柱，但整体文化素质亟须提升。

造成这一社会现象的原因是什么呢？我们知道，每一个时代的人，都有每个时代人的长与短，都有自己的无奈。这样的时代烙印，在同时代人的身上或多或少都有体现。根据 2017 年《中国游客海外形象调查》报告显示，中国游客素质有所提高，但跟发达国家游客相比，还有很大的差距。那么，我们作为有着 5000 年文明史的礼仪之邦，怎么就这点小节还不行了呢？

其实，我们稍微了解一点中国当代历史的人就能明白，这些所谓有个性的大叔大妈，一般出生在 20 世纪 50 年代至 70 年代之间，属于五〇后与六〇后，在其成长的青少年时期，正值人生观、价值观、行为习惯形成的关键时期，正赶上十年浩劫，“小闯将”“反潮流”“交白卷”“造反有理”“扫除一切牛鬼蛇神”“大字报”“破四旧”等左倾思潮盛行，姓氏宗族文化、仁义礼智信文化，都作为“封资修”的东西进行批判。没有这方面的熏陶教育，不仅是传统文化教育缺失了，

跑偏了，而且用“革命性”“激进性”替代了人性与人伦。最典型的是北京红卫兵刘某某穿大皮鞋踹老师、宋某某用皮带抽老师，试想他们刘家与宋家的祖先有哪个敢踹老师、抽老师呢？后代也不可能再有了。

以前注重家教的人家，往往在中堂的墙壁上写着“天地君祖师”5个字，“天地君祖师”是人人都必须尊重的，可惜那个动荡的时代缺失这些必要的教育，还要反对这些应该敬畏的“五尊”，对整个一代人的负面影响是显而易见的。

当然也不能全盘否定这代人，并不是所有人都这样，但缺失基本人伦道德文化教育是不争的事实。这也成了时代的伤疤，稍微触碰，就隐隐作痛，有的人甚至不敢提及与想起。笔者从一代人缺失优秀传统文化教育的角度，揭开这个伤疤，可能会引起一部分人的不适，甚至强烈地反对。但不说、不揭，不重视优秀传统文化教育的社会问题，依然得不到很好的解决。少家教与低素质是紧密相连的，当年柏杨先生写《丑陋的中国人》时，很多人看了也是不服气，但这本书大大促进了国民有意识地提升自身素质，这不是一个好事吗？

至于20世纪70年代、80年代出生的人，赶上了改革开放的新时代，吃不愁，穿不愁，没有经历疯狂动荡的时代，但这两代人虽然不反潮流了，但孜孜不倦学习的内容多是西方现代科学知识，所谓“学好数理化，走遍天下都不怕”，优秀的传统文化教育也是不够的，因为原来每个大家族的祠堂多数尽毁了，家谱也找不到了，有的以出国留洋为荣，有的以做企业发大财、住大房子、开豪车为傲。光宗耀祖、社会担当弱化。这些社会问题已经出现了，我们不能掩耳盗铃视而不见，或者百般反驳拒不承认，目前只能采取纠偏的办法，亡羊补牢，犹未为晚。

2. 从中华民族今后发展的历史长河来看，加强中华优秀传统姓氏文化教育，有其深远的历史意义

中华民族是由56个民族组成的世界优秀的族群，屹立于世界的东方已有数千年了，曾经创造了灿烂的东方文明。我们这个民族很大，人很多，但也是由每一个实实在在的个体组成的，对每一个人都进行姓氏文化教育、家文化教育，使每一个人都能知道自己是从哪里来的，自己的祖先都是谁，他们曾经走过怎样的路，他们都有什么样的优秀品质与辉煌业绩，在家族里应该知道与掌握什么样的礼节，是十分必要的。只有每一个个体的素质提升了，才能提升整个民族的素质，才能确保中华民族在未来的民族竞争之中立于不败之地。

在这里需要澄清一个问题，有很多人对此问题不清楚、犯糊涂，甚至犯错误而浑然不觉。那就是对每一个个体进行必要的姓氏文化教育，是对国民进行社会主义理论教育的有机补充，这不是对立的，不存在矛盾。改革开放总设计师邓小平曾经一针见血地指出，我国还处在社会主义初级阶段，而且长期不变，当下实行的是社会主义市场经济体制。在此社会背景下，对于广大普通群众，我们重点是进行法制教育，使其成为遵纪守法的合格的社会公民；进行职业道德教育，使其成为合格的社会建设者；进行姓氏文化、家文化的家庭美德教育，使其成为合格的有人性温度的家庭成员。对于广大的党员、团员、入党积极分子，以及党的各级领导干部等社会精英，要做好马克思主义理论教育，使其成为共产主义理论的掌握者与践行者。当然，一个马克思主义者掌握必要的姓氏文化知识也是必要的。著名社会活动家、农工党中央联络委姓氏宗亲文化调研组组长聂振强先生，曾向全国政协会议提议，姓氏宗亲管理是社会网格化管理的有机补充，那么姓氏文化教育也是社会主义教育的有机补充，这样理解与看待当下姓氏文化教育，就顺理成章，就不那么迷茫了。

三、开展姓氏文化教育的几点建议

社会人群可以大致分为 3 大类人群，一是非在校求学的成人人群，二是在校学生人群，三是非在校少年儿童。对于非在校少年儿童传统姓氏文化教育，主要教育阵地是家庭，主要责任在家长，在此不做阐述。

对于社会人群，建议：一是通过电视、广播、微信公众号等多种新闻传播媒体，举办姓氏文化专家专题讲座、姓氏文化知识大奖赛、寻亲活动、说说自己家谱可考的先人的优秀事迹活动等，举办这些群众喜闻乐见的活动，以点带面，传播姓氏文化知识，倡导姓氏文化正能量；二是有计划地举办社区、街道专题姓氏讲座；三是做好姓氏文化正能量公益广告，潜移默化；四是正确引导好社会各个自发的姓氏宗亲会活动，对于自发组织的宗亲活动，既不要当作封建流毒死灰复燃，怕得要命，恨得要死，也不要不管不问，任其自生自灭，要进行正确引导，对有利于传播正能量的、有利于经济发展的要支持；五是关注国学研究与发展，姓氏文化研究与教育是我国优秀传统文化发掘与传承的延续，是与国学研究与推广分不开的；六是注重姓氏文化研究与教育成果转化，研究与教育要有落脚点，否则就失去了意义，笔者曾经到山东省滨州市沾化区祥瑞祥公司去参观学习，该公司的企业管理就纳入了“家文化”“孝文化”内容，职工爱听，由“家”“孝”转化成责任担当、转化成对企业的忠诚与努力工作，使企业管理得井井有条，令人叹为观止。对社会人群进行潜移默化的姓氏文化教育，暂且作为对之前缺失、弱化的优秀传统文化教育的补课，如若持之以恒地坚持，国民素质必然有大幅度提高，国家形象也必然能得到显著改善，中华民族的伟大复兴指日可待，中国梦终将变为现实。

对于在校生，建议：在本科、硕士、博士阶段设置有关“中华姓氏文化研究与教育”方向的学科体系，培养这方面的专业人才，至少在人类学、社会学、伦理学等学科里，设置“中华姓氏文化研究”方向专业，适度培养姓氏文化研究与教育方面的专业人才，以提升我国姓氏文化研究与教育的水平。在具体教学实践过程中，建议多采用人类学田野调查的方法，通过生活习惯、方言俚语、服装服饰甚至 DNA 检测方法，进行实地调查，研究姓氏、宗亲的迁徙、演变历程，以期得到第一手资料，看史知今，总结社会与自然演化的规律，探索更适合族群生存与发展之路，这对社会管理工作的方方面面、对经济文化活动的发展甚至对疾病的防治都有巨大的现实意义与历史意义。

加强姓氏文化教育研究与实践，一是要有国家层面的顶层设计，二是要鼓励高校、民间教育机构进行这方面的实践探索，并及时总结经验教训，真正把这项工作做深、做宽、做实，达到预期的理想效果。

李子闻，名自文，字子闻，祖籍山东菏泽，哲学学士，中国戏剧文学会会员。历任首钢党委宣传部宣传科干事，高校宣传处处长、院报总编辑，中国非遗保护协会办公室副主任，中国基本建设研究会非遗文化管理办公室主任。现任《华商天地》杂志社总编辑，兼任北京非遗保护与发展中心副秘书长。

关于建立姓氏文化教育体系的思考

姬传东

2017年10月18日，习近平总书记在十九大报告第七部分“坚定文化自信，推动社会主义文化繁荣兴盛”中说：“要坚持创造性转化、创新性发展，不断铸就中华文化新辉煌。”2019年1月3日，习近平总书记在给中国历史研究院成立大会的致贺信中明确提出：“加快构建中国特色历史学学科体系、学术体系、话语体系。”据此，研究姓氏文化的同人们应该认真思考：如何抓紧建立姓氏文化教育体系，推动博大精深的姓氏文化的创造性转化、创新性发展，加快普及姓氏文化的步伐。

一、建立姓氏文化教育体系的有利条件

当今在我国建立姓氏文化教育体系有许多有利条件。

1. 姓氏文化的历史资源十分厚重

①我国是最早使用姓氏的国家。历史上曾经使用过的姓氏40000多个，当今仍在使用的姓氏7000多个，常用的姓氏3500个左右。绝大多数姓氏的源流、迁徙、郡望、堂号、楹联、人口、名人等已经基本梳理清楚。

②传世的姓氏文化古籍不少。如：《世本》《广韵》《姓解》《姓觿》《路史》《尚友录》《元和姓纂》《万姓统谱》《姓氏考略》《姓氏寻源》《姓氏急就篇》《姓源韵谱》《通志·氏族略》《古今姓氏书辨证》《名贤氏族言行类稿》等等。

③与姓氏文化起源有关的遗存众多。许多古国遗址、遗迹均很明确；不少文物上有姓氏方面的信息。

④很多姓氏保存有传世的家谱、家训、宗祠，并有良好的家风世代传承。

2. 当今姓氏文化研究的现状十分喜人

①姓氏文化研究机构纷纷成立。河南、福建、陕西三省有省一级独立法人和

许多二级姓氏文化研究机构和市县级的姓氏文化研究机构，其他省也有许多类似姓氏文化研究机构。

②我国已有姓氏社会学博士后。中国人民大学已故副校长郑杭生首次在中国人民大学招收两名姓氏社会学博士后（刘振杰，另一人为女士），并率先提出建立姓氏社会学。

③民主党派热心研究姓氏文化。农工党中央专门成立了以聂振强教授为组长的姓氏宗亲文化课题组，做了大量调研工作，以农工党中央的名义，向全国政协十二届二次会议报送提案，提案号为1248号，民政部答复号为〔2014〕665号。多年来，聂振强先生带领一大批姓氏文化专家学者奔走呼号，摇旗呐喊，响应者日众，并在中国人民大学举办过姓氏文化研修班。

④不少国家级社会组织高度重视姓氏文化的研究。如：由全国政协港澳台侨委员会主任郭东坡，中共中央台湾工作办公室主任、国务院台湾事务办公室主任陈云林担任会长的中国河洛文化研究会，于2009年10月牵头在河南平顶山召开的第八次河洛文化研讨大会，以姓氏文化为主题；由李学勤、宋振豪先后担任会长的中国先秦史学会牵头，2016年11月在陕西岐山县召开的第二届全国周公思想文化研讨大会的主题也是姓氏文化。这两次大会，均收到许多论文，并结集出版。

⑤新近出版的姓氏文化研究硕果累累。湖南教育出版社、江西人民出版社、河南人民出版社、中州古籍出版社、新华出版社、河北人民出版社、警官教育出版社、白山出版社等，均出版过大量姓氏文化书籍；中央电视台、河南电视台、湖南电视台、安徽电视台、山西电视台、洛阳电视台等电视台，《河南商报》《洛阳广播电视报》等报纸，《读者》《老人春秋》等杂志，均曾开辟专题节目、讲座、专栏，宣传姓氏文化；河南省姓氏文化研究会启动《河南省姓氏志》的编纂工作。

⑥热心研究姓氏文化的人越来越多。绝大多数姓氏都有人研究，并取得诸多成果。

⑦姓氏文化研究活动风生水起。黄帝陵、黄帝故里每年都隆重举行国家级的祭拜活动，很多姓氏每年都举行研讨、祭祖等活动。

⑧姓氏文化景观建设众多。河南的郑州、淮阳、洛阳、偃师、濮阳、卫辉、荥阳、淮滨，以及陕西、山西等地均有多个完成的姓氏文化项目，南方也有不少

完成的姓氏文化项目，就连姓氏文化历史资源不太厚重的辽宁丹东也建起了中华万姓宗祠。

⑨不少党政机关开展评选宣传、传承好家训、好家风的先进典型。

⑩续修、创修家谱，传承好家训、好家风已成为较为普遍的自觉行动。

⑪国家图书馆、上海图书馆等图书馆，河南郑州家谱馆和不少大专院校、社科联、档案馆以及个人收藏不少家谱，湖南长沙已故何光岳先生收藏了很多家谱。

⑫信阳师范学院于 2017 年 12 月成立炎黄学研究院，从 2018 年 9 月开始，以大学本科二、三年级必修课的方式开设了炎黄文化公开课，并着手编写《炎黄学概论》作为教材，旨在把炎黄文化研究升级为炎黄学，推动炎黄文化的创新性转化和发展。他们的做法值得学习借鉴。

⑬青岛恒星科技学院 2015 年 11 月就率先成立了姓氏文化学院、姓氏文化研究院，并在师资、校舍、教材、经费等方面做好了充分准备，有志于进行姓氏文化的深入研究、学历教育和相关产业的开发。

⑭海外华人寻根问祖纷至沓来。海外华人社团组织众多，每年都有到大陆多地寻根问祖的。

二、建立姓氏文化教育体系的必要性

建立姓氏文化教育体系是十分必要的。

1. 落实国家有关战略决策的迫切需要

党中央、国务院一直十分重视传统文化的研究、传承、教育和创新，习近平总书记有许多相关的重要讲话，中共中央办公厅、国务院办公厅以及省部级党政机关发过多次有关文件，比较重要的有：1984 年，国家档案局、文化部、教育部以国档会字第七号行文关于协助编好《中国家谱总目录的通知》；2011 年 9 月 28 日，国务院《关于支持河南省加快建设中原经济区的指导意见》中提出建设“华夏历史文明重要传承创新区”；2016 年 9 月 28 日，河南省委省政府颁发的《华夏历史文明传承创新区建设方案》提出 5 个战略定位，第一个便是建设全球根亲文化圣地；2017 年 1 月，中共中央办公厅和国务院办公厅印发了《关于实施中华优秀传统文化传承发展工程的意见》。

2. 姓氏文化传承、弘扬、创新的迫切需要

姓氏文化博大精深，当前的研究仍有不深不透之处，学术研究工作特别是传承、创新等工作均有待深入。

3. 统战工作应有的内容

姓氏文化的相关工作是统战工作应有的内容，特别是祖国和平统一工作的需要，通过姓氏文化的传播，可以让台湾同胞认知同根同源的中华民族，应该统一，必须统一，搞台独不得人心，台独分子是历史的罪人。

4. 广大人民群众的愿望和需求

越来越多的人特别希望知道自己姓氏的来龙去脉，渴望学习、传承姓氏文化。

5. 姓氏文化研究、传播中的不少问题需要通过建立教育体系来解决

① 各地研究姓氏文化的社团和个人多为散兵作战、各自为战，有的缺乏全局观念，从局部利益出发，争你高我低、争名人故里原籍、争姓氏发源地等，这些问题有待解决。

② 姓氏文化研究缺乏总体规划，很多成果无法得到系统性的总结，难以将不同成果联系成一个系统的整体。

③ 研究姓氏文化的传播范围不够广泛，大多数人不参与研究姓氏文化，漠不关心，知之不多，很多人不知道自己姓氏的来源。

④ 姓氏文化仍有不少问题说不清楚“是什么、为什么、怎么办”，有的不能正确处理血缘寻根与文化寻根的关系，攀附名人现象比较普遍。

⑤ 优良家训、良好家风传承不够，有些姓氏没有像样的家训，不少家族、家庭不太重视家训、家风的传承，更多的人对本姓、本族的家训、家风知之甚少或一无所知。

⑥有些姓氏没有像样的家谱，没有名准（字辈），没有人组织创修、续修家谱，相当多的人不知道自己爷爷、奶奶的名字；随意起名，造成重名重姓的比比皆是，就连人口不多的姬姓，重名者也屡见不鲜，有的一个村里多人重名，给投递员、快递小哥带来不便，甚至造成错领汇款、物品，惹来麻烦。

三、如何建立姓氏文化教育体系

建立姓氏文化教育体系是一个庞大的系统工程，特别需要业内仁人志士高瞻

远瞩，开拓创新，树立大胸怀，建立大格局，带动、影响、推动社会各界，从多方面努力，做多方面的工作。

①提高对姓氏文化重要性的认识。通过多种形式传播姓氏文化的重要性，使更多的人认知姓氏文化是中华优秀传统文化的重要组成部分；认知“不知祖，不足以为孝，不知祖，难以开来”；认知“国史、方志、家谱”是国家历史的三大支柱，把姓氏文化提高到统战工作的高度。

②提供方向性指导，引导、规范民间姓氏宗亲活动，扬长避短，发挥优势。

③组织专家学者给姓氏文化学定义，编写“姓氏文化学概论”之类的教材。

④进行姓氏文化学学历教育试点，使教与学、学与研有机结合，先面向全国选聘姓氏文化的研究专家作为客座教授，今后选择优秀毕业生留校任教，解决师资的持续发展问题，逐步实现从姓氏文化的“学问”向“学科”的转变。

⑤编印系统的姓氏文化学通俗读物。

⑥把姓氏文化学书籍推荐为中学生的课外读物。

⑦把姓氏文化学列为大学生的选修课、必修课。

⑧建立姓氏文化志愿者宣讲团，进学校、进社区、进机关、进电视台、进广播电台，宣讲姓氏文化。

⑨利用互联网、报刊、电视、广播、会议、板报等多种媒体宣传姓氏文化。

⑩创办姓氏文化博物馆、姓氏文化产业园。

⑪试办姓氏文化学校或姓氏文化学院。

⑫大力开展姓氏文化产品的研发和推广活动。

⑬在合适的地方打造若干个姓氏文化传承基地。

⑭打造若干条姓氏文化观光旅游线路。

⑮彰显姓氏文化研究、编纂家谱、传承家训家风方面的先进典型。

⑯推动家谱的续修、创修，并开展展评活动。

⑰以政策、项目为平台，吸引海内外华人来大陆投资兴建姓氏文化项目。

⑱适时召开高层次的姓氏文化研究、教育、产业等方面的研讨会。

⑲举办姓氏文化研究、宗亲会牵头人短训班。

⑳对姓氏文化学者进行职级评定并颁发证书。

㉑建立姓氏文化论文数据库、专家库、题库。

㉒继续努力筹建全国性的姓氏文化独立法人的社会组织。

姬传东，1947年生于山东省菏泽市单县，大专学历，团级中校干部转业，公务员退休，编著有《姬姓史话》《黄帝后裔五千姓》《中国的姓氏文化》《周公后裔姓氏大全》《元圣周公》《解读周公·中国国学探源》等书籍，撰写有数十篇姓氏文化方面的论文，与吴英杰合创电影剧本《梦见周公》、40集电视连续剧剧本《周公》，组织编纂多部家谱，为多个姓氏的家谱撰写序言，曾被评为“挖掘和保护姓氏历史文化杰出人物”。

现任中国先秦史学会周公思想文化研究会常务副会长、洛阳周公研究会会长、全国姬姓家谱编委会主任、洛阳理工学院兼职教授等社会职务。

开创姓氏文化教育领域，提升育德教育

孙怀侯

《左传·襄公二十四年》说："大上有立德，其次有立功，其次有立言，虽久不废，此之谓不朽。"这是春秋时的一个故事：晋国士族范匄（宣子）认为，自己的祖先从虞、夏、商、周以来世代为贵族，家世显赫，香火不绝，这就是"不朽"。但鲁国大夫叔孙豹则认为这只是"世禄"而不是"不朽"，真正的"不朽"是"立德""立功""立言"。

我们举这个例子，主要想引出"育德教育"概念来。从中我们可以看出，我国古代是非常注重对人的育德教育。其实，不单是古代，可以说，古今中外任何一个家族、民族或国家，任何历史时期，这些家长、族长或帝王，都是按照自己对"德"的理解，按照自己的价值取向和意愿来对自己的家人、族人和臣属进行育德教育。所以，我们说育德教育，无论过去、现在，还是未来；无论家族、宗族，还是社会组织、政府机构；无论中国，还是外国，它都是永远不变的教育主题。无论哪个家族、团体、国家，无论在哪个历史时期，一旦忽视了人的育德教育，这个家族、团体、国家或这一历史时期，就不会有安宁。

习近平总书记在中国共产党的十八大报告中，明确指出"把'立德树人'作为教育的根本任务"。这就为"育德教育"指明了方向，作为我国传统文化教育的一个重要组成部分——姓氏文化教育，要不断地规避旧套路、采取新方法、拓展新空间、探索新路径、打开新局面，为新时代育德教育注入新的活力，进一步提升育德教育。

一、我国姓氏文化教育的产生、发展和成熟以及现实状况

众所周知，早在母系氏族时期，姓氏就产生了。有了姓氏，姓氏文化就随之

产生，进而就产生了姓氏文化教育。姓氏文化最早的功能很简单：一是区别族群和部落；二是区别婚姻和地位。随着人类的进步，姓氏文化教育便产生了。即便是很简单的姓氏文化功能，也需要通过教育来实现功能的进一步落实。中华民族的姓氏文化教育，在历史的长河中，经历了萌芽、形成和复苏等主要阶段。

第一，先秦时期：那是个文化教育垄断时期，关于姓氏文化的教育，我们很少接触，因而知之不多。但从《尚书》《诗经》《春秋》《左传》《国语》《竹书纪年》这些先秦典籍中的有关姓氏文化的零星记载，还是可以看出一些端倪的：比方说，我们中华民族把黄帝、炎帝看作“人文始祖”，这之后设有专门执掌帝王、诸侯血缘世系、姓氏传承的史官。如周之史伯、鲁之众仲、晋之胥臣、郑之公孙挥、楚之观射父，就连三闾大夫屈原也是专掌楚国王族昭、屈、景三姓的官员。据此，我们可以推定：设有司掌管，说明在先秦时期，周王室对姓氏文化就有了足够重视。另据《礼记・王制》记载：“小学在公宫南之左，大学在郊，天子曰辟雍，诸侯曰泮宫。”西周前期，因战事频繁，学校教育以武事为主，而西周后期政权逐渐稳定，开始倾重文化教育。当时，小学多学“礼、乐、射、御、书、数”（六艺）基础知识；大学则以“礼、乐、射、书”向纵深学习为主。这一时期，“学官”和“史官”密切配合，培养出符合王室统治需要的人才来。只是那时无论是“学官”教授的知识文化，还是“史官”教授的姓氏家族文化，其对象都是王侯贵胄，而不是平民。这就是人们所说的“学在官府”。也可以说，先秦时期是中华民族姓氏文化的萌芽期。

第二，孔子以后：孔子虽然是奴隶制社会制度的维护者，但在文化教育上的一些主张似乎更先进了一些。东周时，被人们认为是“礼乐崩坏”的时期，周王室渐渐地失去了对全国的控制，诸侯开始各自为政一方、培养本国需要的人才，诸侯纷纷设立自己的官学，称为“庠宫”。孔子本人积极推广私学，他认为这样可以使任何愿意学习的人，都能获得受教育的机会，适时地提出了“有教则无类”。这一教育主张的提出，使教育对象不再局限于贵族，一些有能力的平民子弟也被官学吸收培养。当时孔子的弟子中就有很多是来自平民家庭，如颜回、曾参、闵子骞、仲弓、子路、子张、子夏、公冶长、子贡等。孔子的弟子子夏就说：“仕而优则学，学而优则仕。”诸侯各国的教育兴起，让千千万万的家庭和学子们看到了一线曙光。也可以说，这一时期是中华民族姓氏文化的形成期。

第三，封建时期：应该说，从秦的统一到辛亥革命，甚至到新中国成立，中华民族历经分分合合，但不管怎样，姓氏逐渐稳定了，家庭固定下来了，家（宗）族得以巩固了，上自朝廷、下至平民都有一个姓（氏），分属于一个家、一个宗族，正是由一个个人，一个个家，一个个宗族，一个个民族，组成了我们这样一个中华民族的大家庭。我们国家 2000 多年的封建社会，各个姓氏都形成了一套特色鲜明的姓氏文化教育理论和比较完备的姓氏文化教育体系。

第四，新中国成立后：由于种种原因，原来建立的完备的姓氏文化教育体系，几乎都遭受了严重的冲击。改革开放后，随着国民经济的发展，人们对传统文化教育的需求越来越迫切，于是乎，作为传统文化教育的重要组成部分，姓氏文化教育越来越被人们重视。我们把改革开放以来的这一时期，称为姓氏文化教育的复苏期。

二、充分认识育德教育“立德树人”的重要意义，明确姓氏文化教育和育德教育的关系

“育德”（立德）是通过教育施加影响，使人的道德发生变化；“树人”是建构合理的人格。“育德”与“树人”是教育的两个方面：“育德”是“树人”的前提条件；“树人”则是“育德”的终极目标。这两者的关系相辅相成，缺一不可。想要达到构建合理人格的目标，施加教育影响的内容要与目标一致，否则，教育就偏离轨道，达不到理想的效果。

习近平总书记在十八大报告中，从经济、政治、文化、可持续发展的 4 个方面界定了全面建设小康社会的具体内容，特别将可持续性发展能力的要求包含在其中。具体就是 6 个“更加”：经济更加发展，民主更加健全，科教更加进步，文化更加繁荣，社会更加和谐，人民生活更加殷实。从中我们不难看出：小康社会实现和中华民族的复兴关键靠人，要有一大批为之前赴后继而坚定信心的人。小康社会的建设和中华民族的伟大复兴，终归要靠人去建设、去复兴。所以，我们中华民族要造就大批人才，以适应建设和复兴的需要。培养革命事业的接班人和建设者，首先要“育德”，其次是“树人”。我们中华民族的伟大复兴目标要实现，“育德树人”是关键中的关键，必须对此有充分的认识。

有人说过“无知识的道德可怕，无道德的知识更可怕”。我们可以这样理解：在知识和道德之间比较，首先是有道德，其次是有知识。一个人没有知识，而有道德，

这个人绝不会对家庭、对社会构成危害；一个人如果光有知识，而没有道德，那就会对家庭、对社会构成危害，且知识越多对家庭、对社会危害越大。这是不争的事实。过去学校教育中有句话“文化基础知识差的学生是次品；思想道德品质差的学生是废品”，对于教书育人的教师而言，应明确向教师提出：“既要教好书，又要育好人，既不能出次品，更不能出废品。”还有人用比较形象的公式描述学生：“有道德 + 有文化 = 精品；有道德 + 没文化 = 次品；没道德 + 有文化 = 废品；没道德 + 没文化 = 毒品。”这就是我们今天要把育德教育看得比育智教育更加重要的充足理由。

其实，姓氏文化教育就教育内容而言，它属于育德教育的范畴。什么是姓氏文化？姓氏文化是包括姓氏、姓名、宗族、宗谱、宗祠等内容的一种传统民俗和文化现象。姓氏文化教育所依据的是家（宗）族文化传承——家规、家风、宗祠文化、谱系文化……不管哪一个姓氏，其文化内涵都是丰富的，对后代人的教育，都从本姓氏的实际出发，从不同的事例、不同的侧面，对其后裔施加教育影响，教育后世子孙“齐家治国平天下”，即便在当今社会其也有满满的正能量。所以，我们说姓氏文化是中华民族的传统文化，姓氏文化教育是育德教育的补充和完善，因此，不可小觑姓氏文化教育。

三、姓氏文化教育在教育过程中的地位和作用

姓氏文化教育从某种意义上说，它是教育的灵魂、教育的动力。人们通过姓氏文化教育明确了教育（学习）的方向和目标，明白了教育（学习）的责任和担当，从而产生家国情怀和社会意识。

近读李海文主编的《周恩来家世》，感触很深。周恩来的先祖是宋代绍兴宝祐桥的周敦颐（1017—1073），即周氏家族的始祖，他是中国理学的创立者之一。著名理学家程颢、程颐是他的弟子，朱熹则是周敦颐的徒孙辈。

从周敦颐算起，周恩来是其第二十一代后人。周恩来的高祖是周敦颐第十七世孙周元棠（1791—1851），字笑岩。周元棠，形成周氏一个小房族。周恩来的祖父周起魁（1844—1900？），原名骏龙，字云门，更名起魁，光绪二十一年（1895）任桃源（后改名为泗阳）县令。父亲是周贻能（又名劭纲）（1874—1942）。周贻能长子周恩来在同辈弟兄中按出生顺序排位第七（生于1898年），同辈人称“七哥”或“七弟”。周贻能的次子恩溥（生于1899年）和三子恩寿（生于1904年）

分别排位第八和第十三。自周元棠后，同辈实行跨越小家庭的大排行，体现了一个家族紧密的亲缘关系。这种关系不仅体现在兄弟排行上。周恩来出生后的第二年，父辈大排名中的第十一周贻淦因病去世，年仅20岁，无嗣。周恩来的父母遵从长辈旨意，将长子周恩来过继给周贻淦的遗孀陈氏。所以，周恩来称已故周贻淦为父亲，称陈氏为母亲，而改称自己的生父生母为干爹干娘。旧传统“不孝有三，无后为大”、妇女出嫁“从一而终”的习俗，决定了这种过继形式的存在。大家族要照顾到家族中每一房的后继有人，即使户主已故，也要过继养子给遗孀，以延续香火，保存财产，同时可以使独居寡妇有所寄托和依靠。

周恩来的生母万氏和嗣母陈氏先后于1907年和1908年病故，周恩来的生父周贻能生活贫困，在外地辗转谋生糊口，留在家乡刚刚10岁的周恩来形同孤儿。周氏大家族慷慨主动地接过了抚养周恩来的担子。1909年，远在东北奉天任政府职员的四伯父周贻赓请在铁岭税捐局当主任的三哥周济渠利用前往南方的机会，把在武汉教书的七弟周贻能和在老家的侄子周恩来带到东北，以便照应他们的生活。

两兄弟安排周贻能在铁岭县衙做师爷，安排周恩来在铁岭和奉天上学。后来两位伯父先后前往天津谋职，周恩来于1913年随四伯父迁到天津，又考上南开学校，受了4年正规的现代教育，还在天津经受了五四运动的洗礼，为其一生的发展打下了良好的基础。周恩来先后留学日本和欧洲，也靠了叔伯长辈们的资助。

综上所说，周恩来之所以成长为具有世界影响力的一代伟人，与周恩来家族文化教育的熏陶是密不可分的。周氏家族有严格的家规家风传承:“出淤泥而不染，濯清涟而不妖。”以至后来，当上共和国政务院总理的周恩来亲自订立了要求亲属履行的10个方面的家规。

安徽池州学院历史与社会系教授程莉在其安徽《东至周氏家族人才辈出及原因分析》一文的结语中说：“周氏家族由布衣到达官，开始于偶然，人才累世辈出则出于必然。强大的经济基础及对教育、品德的高度重视成就了家族中众多的专家学者。偶然与必然的因素成就了皖南一个名门望族，这个家族由偏于一隅的贫瘠的小山村走向了中国的大中城市，又由中国走向全世界……”从安徽省池州市东至县周氏家族走出去的自周馥（1837—1921）始至今的人才不计其数，现在仍有很多才俊活跃在中国乃至世界的各个行业的舞台上，打破了世俗“富不过三代”的断言，被誉为“六世书香，百年家风”。其中的必然，我想就应该是姓氏文化的教育了。

我们翻开各个姓氏的文化（宗谱、家谱）史：“周恩来家世”“东至周氏”，别的姓氏也同样，姓氏文化教育在人的成长过程中的地位尤其突出，其作用是显而易见的。

四、开创姓氏文化教育领域，提升育德教育

说起“开创姓氏文化教育领域，提升育德教育”这个议题，我们还必须了解姓氏文化教育在中国传统文化教育中的地位。上文我们已有论证：“姓氏文化教育从某种意义上说，它是教育的灵魂，教育的动力。”我们把这句话再延伸：姓氏文化教育从某种意义上说，它是我国传统文化教育的灵魂，是我国传统文化教育的动力。

我们把中国姓氏的书籍翻遍，无论是哪个姓氏宗谱（家谱），所塑造的人物都是经历数代风雨洗礼的典范，这些典范的特质“齐家、治国、平天下”，所涉及的事件，既符合家族利益，也符合道义规范。姓氏文化教育的共同特点：给本姓氏的后代人树立了一座座丰碑，传播满满的正能量。所以，我们说每个姓氏的宗谱，都是这个姓氏一本不可多得的教科书。遗憾的是姓氏文化教育，过去只是有钱有势人家的专利，赵太爷和阿 Q 身份不同，因为阿 Q 穷困潦倒，连赵太爷“本家”都做不成。祠堂是有钱有势人家造，家谱是有钱有势人家修，即便是现在，姓氏文化教育也没有达到应有的普及。就拿家谱来说，由于受到经济制约，一个 30000 人的支谱，印数不足 200 份；笔者家族 100000 之众，占 1200000 人口大县的近 10%，2005 年印制宗谱的份数也只有 500 余份。

姓氏文化教育需要普及，让千千万万人从家谱（宗谱）家祠中受教育，培养家国情怀。抗日战争时期，为什么有那么多人不顾个人安危、投身战场，牺牲自己保国保家？因为他们受过亡国耻辱，对家国情怀体味更深：没有了国，还有家吗？姓氏文化教育领域的扩大，势必收到很好的教育效果，提高育德教育的品位。

总而言之，我们这样一个 14 多亿人口的大国，作为传统文化教育的重点姓氏

文化教育不可或缺。搞好姓氏文化教育的关键是了解我国姓氏文化教育在各个历史时期的状况，有针对性地进行纠正不足；充分认识“立德树人”的重要性；摆正姓氏文化教育的位置，正确认识姓氏文化教育在中国历史进程中的作用；开创姓氏文化教育的新领域，让全民懂得家国情怀的意义，更好地提升姓氏文化教育品位。

参考文献：

[1] 本书编写组. 新思想·新观点·新举措［M］. 北京：学习出版社，红旗出版社，2012.
[2] 人学视角解读“立德树人”的理论内涵［EB/OL］. 见论文网2018-08-03.
[3] 程莉. 东至周氏家族人才辈出及原因分析［J］. 池州学院学报，2010(4).
[4] 李海文. 周恩来家世［M］. 北京：九州出版社，2017.

孙怀侯，1957年生，又名孙怀候，字慕尧，毕业于安徽蚌埠教育学院中文系，中学语文高级教师。历任唐集中学教师、教导主任、校长、书记，耿集中学校长，常坟中学总务主任、工会主席；中华诗词学会会员，安徽省历史文化研究中心研究员，《安徽孙氏志》编委，怀远县诗词楹联学会理事。

上慈下孝对中华传统教育影响的作用研究

龚　艳

一、上慈下孝的中华传统教育对孩子成长的影响

“全军覆没！我们在努力培养新时代的‘东亚病夫’？”在中国热点中我看到一个数据，军训一天，晕倒率10%，广州市4所中学的3600名学生，开学前他们在一个训练基地统一集训，每次短短40分钟的操练时间里，总有学生晕倒在地或者因为受伤去了校医院，一天下来晕倒率竟达10%。我国18岁以下的肥胖人群已达1.2亿。中国12—18岁的孩子中，1.9%的患有糖尿病。上海某高中一半的男生引体向上得0分。杭州某小学举行运动会，开幕式8点开始，9点半左右学生们出现“晕倒小高峰”，约有20位学生被扶到场外。近日，国家卫健委在举行的一次发布会上表示，我国6—17岁儿童青少年超重率是9.6%，肥胖率6.4%，二者相加达到16%。在不满17岁的青少年中，有1/3的孩子至少出现了一种心血管危险因素。新华网报道，2018年，我国发布首份《义务教育质量检测报告》，报告指出四年级、八年级学生视力不良检出率分别为36.5%和65.3%，这是身体上的健康问题。

2019年4月17日在上海黄浦区卢浦大桥发生的17岁男孩纵身跃下桥的新闻，让我的心痛得不能呼吸！这是人的精神层面的健康问题。想想那位母亲的无奈绝望，孩子的轻率不计后果，让我对当下社会普遍教育方式感到揪心和难过。我说的这个问题似乎跟上慈下孝的中华传统教育没有什么关联，错！我觉得大有关联，为什么呢？在中国古代社会，学校教育不发达，家庭部分甚至全部地承担了学校

教育的职责。所谓“家国同构”的教育模式，就是把教化天下的任务分摊到每个家庭。中华民族家庭教育的历史源远流长，可以说，自从产生了家庭，就产生了家训。殷、周之际的《周易·家人卦》可以说是最早的家训。“家人卦”主张：在一个家庭之中，女子“正位乎内”，男子“正位乎外”，这个是我特别想提倡的。女子“正位乎内”是因为她要对家做出合理的安排，吃的研究，生活的安排，儿女的教育，这是一个家庭环境的搭建；男子“正位乎外”，在外工作，负责经济来源，负责养家糊口，为家庭生活提供充足的食粮。家中要长幼有序，各正其位，各守其分，严厉治家，不失家节，便无违于家。内刚外柔，肥家之道，上逊下顺。不和不可以接物，不严不可以驭下。凡家道所以持久者，不恃一时之官爵，而恃长远之家规，不恃一二人之骤发，而恃大众之维持。只有分工明确，长幼有序，上慈下孝，才能上逊下顺。人的身体健康了，精神也健康了，哪还会发生孩子身体出现的各种毛病和走极端呢。你身边的人只有忙碌和挣钱，却不能正确对待孩子的生和养！女人追求和男人的地位平等，都争先恐后地走出家门，想在社会中体现价值，而忽略了家庭的经营。大家都停不下脚步去思考，我们为什么而活，我们终极的生活目标到底是什么！每天跟打仗一样地忙碌，我们顾不上给孩子输送“营养”。这里的“营养”，不仅包括食粮还有精神方面的，孩子吃的要么是速食、要么是垃圾食品，这种现象让我感到深深的担忧和害怕。如何才能保证他们身体和精神上的健康成长，真的需要我们每个人认真“想一想”！

梁启超《少年中国说》中说：少年智则国智，少年富则国富，少年强则国强，少年独立则国独立，少年自由则国自由，少年进步则国进步，少年胜于欧洲，则国胜于欧洲，少年雄于地球，则国雄于地球。请重视我们孩子生长环境的搭建，请给孩子想要的空间，让他们学会为自己负责。我们做好对他慈爱，做好我们该做的，给他们输送他们需要的营养，只有他们强壮，我们的未来才是光明和有希望的。

二、上慈下孝的中华传统教育对家庭和谐起到的影响

“北大学子吴谢宇弑母”，2016 年 3 月 4 日的这则新闻把我吓着了！培养得如此优秀，如此完美，结局怎么是这样的呢？我打了一个冷战！想起刚生下女儿时，母爱爆发，对她溺爱娇惯，只要求她吃好、穿好，要什么给什么；教导她

别人欺负她要知道还击，不能吃亏。什么谦和恭敬、尊老爱幼、温文尔雅，这些不是教育重点，重点是我爱得乱了分寸，只要她快乐就行！还好后来又生了弟弟，这种极端的爱才开始平衡！但导致她心灵上多少有些对弟弟到来的不满，觉得弟弟抢了父母的爱，加上对她学习和各种课外班的强硬要求，也是我开始对她另一种极端的表现，什么课外班都要报，恨不得让她变成孙悟空一样会72变，无所不能，恨不得把自己人生的梦想和幸福，都寄托在她身上，让她来实现。不惜代价逼迫她去学习和接受，后来导致她跟我一直都是仇人一样的对立！让家庭每天处于紧张和沉重的氛围中，那时无知无畏中创造这样的情境，让我感到阵阵后怕和对她的心疼！如今我感到庆幸，在后来能意识到自己的问题，做了深深的反省，对她用心地爱，也得到她对我的尊重，谢天谢地没有导致悲剧发生，家庭的氛围也越来越好！

还有朋友圈被一则“紧急寻人”刷屏，2019年4月28日，福建漳州28岁妈妈石春梅，留下一封泣血遗书后，带着两个年幼孩子离家出走，试图轻生。5月1日，失联近60小时后，石春梅和两个孩子的遗体，在水中被找到！因为家庭矛盾，导致“90后妈妈带两个儿子跳河”对那个家进行终极报复的悲剧。这由此让我想起我和公婆的关系，记得刚结婚那几年，遇到点不高兴的事，就跑到邻居家，和邻居叨唠各种不满和抱怨，但一次次发现，在外面听到邻居叔叔阿姨们夸我孝顺、能干、懂事，从来没有听到一句对我负面的评价，我才发现公婆在外面多维护我，才理解公公家兄弟姐妹10个，又裂变成十几个大家庭依然和睦团结的景况。慢慢地，我再也不到邻居家说些带情绪的话，而是说对我公公婆婆的尊敬。没有他们的上慈哪来我的下孝呢。没有这种和谐的氛围，我们怎么能有个和谐的家庭呢，在这里我深深地感谢公公婆婆给我行为上的教育。还有一点值得我自豪的是，自我嫁进婆婆家，我们家里始终保持着传统的拜年方式，每年大年初一我们一家晚辈都要给长辈行跪拜磕头礼。

重视家庭教育是中华民族的优良传统。由于情势和环境造成生育选择的局限，我们的爱和教育都走了各种极端！如果不能进行反省，以及和孩子进行沟通，我们就会这样把孩子养成“仇人”，甚至变成“凶手”！如果我们忽略了上慈下孝传统根基的教育，就会导致家破人亡的悲剧发生！

三、上慈下孝中华传统教育对社会稳定的重要性

2018 年 10 月 28 日，“重庆公交车坠江事故”，因坐过站，女乘客与司机激烈争执互殴致车辆失控坠入江中。这件事体现了什么？为什么发生这样的事？我觉得这是长期人性的德的缺陷，导致人性的冷漠，我们感到哀痛！为什么我们的习近平总书记在多个场合都谈到家庭、家教、家风！他强调，国家发展、民族进步、社会和谐，重视家庭文明建设，就离不开千千万万个家庭这个重要基石，家庭是成就人们梦想的地方。我们不能忽视家庭对每个人的影响。实际中国古代历来讲格物致知、诚意正心、修身齐家、治国平天下！而我们现在不知不觉丢掉了我们老祖宗留给我们的美好传统，急功近利、唯利是图，对金钱的渴望让人失去了心智，整个社会都是浮躁的。在这个浮躁的空气下，人容易失去理智。

四、上慈下孝中华传统教育对国家发展的影响

习近平总书记说：家庭是社会的基本细胞，是人生的第一所学校。不论时代发生多大变化，不论生活格局发生多大变化，我们都要重视家庭建设，注重家庭、注重家教、注重家风，紧密结合培育和弘扬社会主义核心价值观，发扬光大中华民族传统家庭美德，促进家庭和睦、促进亲人相亲相爱，促进下一代健康成长，促进老有所养，使千千万万个家庭成为国家发展、民族进步、社会和谐的重要基点。是啊，家是最小国，国是千万家。

我们知道西汉的司马迁名垂千古，写出被誉为“史家之绝唱，无韵之离骚”的《史记》，得益于他的父亲司马谈临死时对他的训谕。有人说：“没有司马谈的《命子迁》，就没有司马迁的《史记》。”此话没错。有千千万万个例子告诉我们，成功的背后藏着靠谱的教育。

五、对上慈下孝的中华传统教育的思考与展望

改革开放以来，随着思想解放，我们的慈孝文化似乎被关注、被重视，但它并没有让人看到切实的变化。今天是大发展时代，我们受够了被欺凌和动荡不安的生活，再也不想看到伤痕累累的旧时代，再也不想重新坠入那种血和泪的历史！在激进的当下，如何能维护我们的好日子继续下去，真要从不同角度思考慈孝文

化的内涵，不要片面理解传统文化是封建社会遗留的产物，它的历史影响和价值，值得我们更深地去思考，拯救陷入危机的传统文化！慈孝会让一个人从内心体现出她（他）的德行外在表现。例如：如果一个家庭中父子关系是无常的，他们的关系就不稳定，随时可能发生变乱，影响家庭的和谐。家庭不和谐，社会就有一定的不安全因素存在。所以说慈孝是社会团结的必然因素。那么我们要如何做到慈孝的正确引领和教育，才能让这个大环境健康发展起来，这值得我们深思。

上慈下孝是家庭文化之根，是我们每个个体成长的精神足印；是一个家族代代相传沿袭下来的，体现家族成员精神风貌、道德品质、审美格调和整体气质的家族文化风格。这种风格对家族传承和民族发展都有着重要的影响，为何习近平总书记要强调重视家庭文明的建设呢，因为一个国家的发展、民族的进步，社会的和谐，离不开千千万万个家庭的和睦给社会带来的安定，家好国才好。人民常说“家和万事兴”“治国先齐家”。跟大家一样，习近平总书记有着浓浓的“家国情怀”。他注重家庭、注重家教、注重家风，为大家做出了表率。孩子代表未来和希望，一个国家的发展离不开他们去创造和繁衍；一个国家持久发展和兴旺，离不开我们5000年传承下来的传统文化。我们要继续传承、发扬、创新，让它在每个历史发展阶段都发挥强大影响力，让我们未来的生活充满礼仪教养、充满优质品格。我们不能说慈孝能改变一个国家的命运，但是它确实能影响一个家庭的团结、和谐和幸福，所以慈孝对社会的安定和国家的发展具有重要的影响。

传承慈孝文化、重视慈孝教育是对家庭的尊重。只有懂得了慈孝的意义，我们才能懂得根基牢固对我们未来的深远意义，才能懂得维护和传承中华传统教育，才能懂得我们所能看到的并为之骄傲的、现在的和未来的祖国。让我们重视传统文化教育，保持美好的优良传统，让世界更美丽，一起走向更美好的明天。

龚艳，女，祖籍江苏，本科学历，中华龚氏宗亲文化研究会办公室主任。

复兴礼法共建的家风文化，传承生命之爱

马皓月

一、中华“齐家”文化在复兴礼法共建的家风文化中的地位及作用

中华文明的伟大复兴，要复兴什么？要复兴千百年来中华文明的基础理论，经典思想，成功的行为训练体系；要复兴几千年前中华盛世，四方来朝的国际影响力和文化领导力。

中华上下 5000 年的历史印证了“修身、齐家、治国、平天下”这一发展理论的效用，在“齐家”思想的指导下，形成了如《颜氏家训》《了凡四训》《朱子治家格言》《孝经》等著作。这些著作，一方面印证了家风、家训的重要性和古圣贤人对家规礼法的重视程度；另一方面也形成了中华“齐家”文化较为完善的行为训练体系。依托这些家教理论及训练体系，中华大地上涌现出了代代英才，推动了历史的前进与发展，是今日强盛国力不可忽视的一股动力源泉。

复兴礼法共建的家风文化，首先要学习“齐家”文化的系列著作，寻古迹，觅落足，整合出一套适用于现代家庭结构和社会环境的家风建设系统。

1. 中华齐家文化是一套合乎理法、合乎道法、合乎人伦天性的完整、科学的体系

中华文明历史悠久，在人类历史上占据核心位置。人类社会先产生氏族、家庭、家族，然后才形成国家。各氏族、家庭、家族为了维持必要的秩序，以便在面对危机的艰难环境中生活下去，必须有一套行为规范来约束家人、族人，以此来发展和保护后代同宗。因此，中国是家国文化兴邦的典型代表，几千年的发展繁衍形成了完整的“管家”体系——家谱、家风、家教、家规四位一体的齐家体系。

家谱，记载了一个家族的历史。家谱传承对一个家族的延续有着深远的意义。

家风，关乎一个家族的声誉及兴旺。俗话说：“家风好，则人心正；父母慈，儿女孝，婆媳睦，妯娌和，子孙贤；家风不好，则父母恶，子不肖，孽孙生。”

家教，决定了一个家族的兴衰。家教从娃娃抓起，父母的“德智启蒙”是值得学习和探究的好课题。我们要用“去粗取精”，求本存末的思想来选择和承袭他人做法。

家规，是指对子孙立身处世、持家治业的教诲。家规、家训是中国传统文化的重要组成部分，也是家谱中的重要组成部分。南北朝时，“礼法”和“家法”，统称为“家规”，成为调整家庭内部关系的规范，得到了继承和发扬。

传统家族治理体系中，家谱、家风、家教、家规，相得益彰，相辅相成，是姓氏家族兴旺繁衍之根基。

当今响应党的文化复兴之号召，家庭建设是根本，家风、家规传承首当复兴，家教体系值得落地执行。鉴于家庭结构的简单化，通常都是三口之家，结合家族成员较少的新型社会结构特点，复兴家风和家规文化更重要的组织体现是民营企业的管理升级，尤其是家族性企业更应该多多借鉴和执行古之旺族的家风、家规。

2. 家庭关系是一切社会关系形态存在的基础，宗族治理是组织经营发展的训练基地

古者有云“成家立业”，可见一个人修身为何？立德为何？成功与否？都与家庭有着紧密的联系。修身为齐家，齐家之能可以拓展到治司治国，乃至成就大业。

一个国家的发展，离不开先进的社会制度、良好的国民素质、健全的法规、对丰盛的精神文明的崇尚，这 4 个条件都不可或缺。

我们在从事心理工作的实践中发现，很多情感困惑、心理问题都与原生家庭、教养环境和父母的婚姻和谐度密不可分。疏离的两性关系，充满控制和简单粗暴的教养环境，可以让孩子变得冷漠、自闭、抑郁和狂躁。如若这些带有隐性心理问题的孩子长大进入职场，若在经营活动中或与上司、同事的相处过程中，一旦有场景或是语言触及他们童年时受过的心理创伤，极易激发情绪爆发，产生自残或是过激伤人的行为。这些不确定性的“情绪炸弹”也为社会治安和公众安全带来隐患，同时精神亚健康者无疑也降低了社会劳动生产率，形成人力资本在某种程度上的浪费，不利于企业经营乃至国家发展。

3. 复兴家风文化，要将“管家”体系纳入到传承“生命之爱”的工程中

传承“生命之爱”，必须借助有力的抓手和行之有效的实践。而完善的“管家”体系——家谱、家风、家教、家规四大模块汇成一统，解决了人生的三大哲学问题：我是谁？我从哪儿来？我到哪儿去？

人不是从猴子进化来那么简单，人的根本属性是生命体，首先是由生命进化而来。生命是什么？生命是爱的能量，是光。

一份家谱，记录着上百年，几代或几十代人的亲疏关系，它是一部家族兴衰成败的历史记录，所反映的信息有极大的研究价值；它的背后，是我们从何处来，我们性格形成的渊源，经由家谱信息可以更深入地了解自己的行为风格和处世之道。

家风影响着家族里上百人的性格形成、处世态度、社会贡献、价值创造，也可用来预测一个人的未来发展。在我们咨询室中，一部分来访者有清晰职业发展的诉求，也有一些企业找我们做用工风险或高级管理人才培养方案的咨询，那么，我们会设计一些涉及家族渊源及家风话题的问卷，来区分被访问对象的可迁移能力是先天潜能还是后天教育环境干预的结果 。

家教和家规在我们看来是一件事情的两极，一个是隐性的影响力，一个是显性的领导力。山东一个五世同堂的家庭，整个族人 260 多人，他们生活在一起，统一管理分配财务。这个家族当家人，他的管理能力不亚于我们的企业家和政府要员，他没有过高的文化，也没有学习过西方先进的管理方法，他管家，靠的就是家规族训，传承家风，秉持古训。

作为“齐家”文化的延展，在知名的民营企业中，“管家”体系所起到的作用更进一步升华了中华文明复兴的国家意义。一个人的贡献是有限的，但是一个家族对国家的整体贡献往往价值更大、影响面更宽。

举个实例一起来探讨：在北京有这样一个家族品牌“马大姐”。从一个糖果作坊，到现在的“食品王国”，这个马氏家族经历三代人，企业规模已经过亿。马总分享的两件事，从细节上让我们看到一套完备的“管家”系统在企业内外和家族兴衰上发挥着同质化的作用。

第一件事，“马大姐”的治司文化。马总说“马大姐”没有自己独特的企业文化，她的观点是企业要爱国，国家才是企业的根和后盾，所以企业在精神上与

国家价值观应该保持一致，社会主义的24字核心价值观，就是企业的核心价值观。她将治理公司的理念与“齐家”理念融合，家族里的成员基本上都在公司任职，但是大家恪守原则，不会假公济私；在分配岗位时，也是公平竞争，量能匹配，绝不搞特殊化，家族成员得到了员工们的认可和尊敬。

第二件事，家族的第四代是在改革开放后出生的，他们可以选择自己喜欢的专业学习，有些并没有进入企业工作，这是被允许的，在国外留学的子弟，没有一个人选择放弃国籍，加入其他国家，爱国先爱家。2019年底，“马大姐”品牌遇到企业生存危机，那时赶上原材料涨价，后来又发生了疫情，新年原本兴旺的购物终端变得冷清，如果按原本的合同履约，集团会面临4000万的损失，但同时，风险与机会并存，如果按合同履约，由于竞争对手的纷纷解约退出，将为“马大姐”品牌扩大一倍多的市场占有率。家族里所有成员齐聚一堂，商量对策，三天三夜的商讨仍难得出结论，最后，大家聚焦家风和家规，将决策权交由当家人，无论怎样的结果，都无怨无悔；当家人与品牌创始人商讨后，秉持“诚信”二字的家风，从“大义”着眼，决定履约。这样的决定最后全票通过，做好了“吃亏”的准备，在企业内也动员了员工，供应商被感动了，当原材料降价，第一时间通知“马大姐”，并主动让利；员工为企业的责任担当所感动，春节期间主动加班配合卖场，没有牢骚怨言；商超终端被打动，主动让出最有利的卖场空间；当疫情好转，原材料趋于稳定，财务系统总盘点时惊奇地发现，这场“守约”短期的亏损并未达到4000万，而整个营销周期结束，反而创造了近亿元的收益，企业品牌大幅增值，“马大姐”突破了企业经营多年盘桓的“千万瓶颈”，迈上了新的台阶。

通过品牌“马大姐”的两则事例，我们看到，复兴礼法共建的家风文化，以传承生命之爱为核心，摒弃家族私利和不尊重人权及生命的严苛酷刑，以积极的方向引导和培养后人，是现代复兴家风文化的重点和基础。

二、从家风礼法的发展历史中，寻找复兴礼法共建的家风文化

成文的家法族规大约于唐代问世，此后一千多年，走过了由盛至衰的曲折道路。其发展历程可分为4个阶段：

第一阶段：从唐朝到元末，是家法族规的第一个发展阶段。这一时期主要出

现的是由家训发展而成的家规。

第二阶段：自明朝起，家法族规进入发展稍快的第二阶段。众多高官显贵和社会名流纷纷订立家法族规，其中明太祖朱元璋曾亲自订立了6条“圣训”以规范子民们的日常行为，对社会起到明确的导向作用。家法文化成了连皇帝都关心的关乎国计民生的大事。

第三阶段：清朝统治后，家法族规进入最为兴盛的阶段，家法族规与现实政治有了较为密切的关系。

第四阶段：19世纪末期起，变法运动爆发，家法族规不可避免地走上了由盛至衰之路。此时的家法中加入一些“爱国”“忠君”“戒叛徒”的内容。家法中的惩罚方式大大减少，一些残酷的方式被舍弃。由于社会的发展，还出现了新形式的宗族组织和宗族活动，也因而产生了一些新类型的家法族规，将家族由单一的血缘纽带与人们的自愿结合统一，形成特殊的组织，“五百年前是一家”的说法正缘于此时。

新中国成立后，在经济、社会、文化等各方面都发生了巨大的变化。随着中国经济的发展和推进，我们成为一个拥有14亿多人口的大国，尤其是放开二胎生育后，家庭单位、宗亲关系必将得到发展和壮大，作为社会细胞的家庭如何发展？家庭关系如何处理？家庭和谐对社会关系的和谐发展、安全稳定，以及国家的富强民主都起到重要作用，不容小觑。可以预见，这些家风规范必将走完其发展的全部历程，也必将弃其糟粕成分，取其精华继承。

以史为鉴，今天复兴家风、礼法，首要的是离不开国家政策和大众媒体的宣传引导，政策是抓手，媒体是“灯塔”；同时，我们也应看到复兴之路要靠踏实行动。针对中国家庭现状，要“小家”建设着手，“大家”建设先行，即一手抓“爱国”教育，大处上达成民族共识；一手抓“家长教育”，促家庭和谐，夫妻和睦。让中华文明之花，落入千家万户，开枝散叶。

三、礼法、家法两手抓，重建家庭秩序，让爱流动

1. 家教体系复兴，精纯礼教，构建新时代行为规范

当今社会，价值观多元化，每个人都想获得最大化的自由，但这些自由并非没有边界，没有约束。一个家族后代是否贤能，是否能“富过三代”，取决于对

子孙的家传身教。曾国藩功成名就之后，更加注重家教。在《曾国藩家书·与弟书》中有云：“子弟之贤否，六分本于天生，四分由于家教。”宋代学者倪思曾有结论：十子兴家，一子败家。

家教体系复兴应包括以下三个层次：

第一层，家教是家学，指特定职业技能的家族化。所谓“看家本领”“家学渊源”“书香门第”等。

第二层，家教是指家族自创的私塾、家馆、书院。学习改变命运，科技是第一生产力，即使在现代社会依然不落伍，以家庭为单位的学习力的发展，是终生可执行和传承的家风。

第三层，家教是指家族教育理念、管理规范与教育方法。在历代家法中的“蒙正”理念最经得起历史的检验，最早在《易经》蒙卦里就有提出系统的养正法，“蒙以养正，圣功也”——《周易》。当今企业管理中重视企业文化建设，正是传承于国学家风、家规的理念。

物质文明的发展已经解决了国人的温饱问题，那么育儿的重点应从身体健康的维度，迁移到心理健康的层面，抚育身心健康的中华接班人。国学经典德育启蒙的教育系统是有利的“抓手”和工具，应该在家庭教育中深化推广。

2. 传统家教体系的目标系统可圈可点，其方式值得借鉴

总览历代家法、家训，家教的目标体系并非单向的升官发财，而是集中定位于4个方面：培德立品、弘道传业、齐家报国、致知游艺。

探讨家教内涵和价值目标，与当代复兴中华传统文化有着现实意义。

第一，从价值层面而论，将传统家教的价值和今天的价值观进行有效对接，教育孩子从小做好人，长大做善人，做官当好官，传递一种正能量，构筑以家族为单位的中华优秀文化背景。

第二，从人才培养路径看，家教是培育人才的最初通道，也是最重要的平台，是为国育才、储才的最有效手段。拥有优秀人才不仅是家族的福分，也是国家的荣光。

第三，从社会治理层面而论，家兴则国兴，家盛则国富，家庭自治功能的实现，不仅是家族存续、发展的首要前提，也是国家繁荣昌盛的必要条件。

第四，从教育模式考察，传统家教中培养目标定位、教学方式改良、教育管理规范，对今天的现代化教育创新都有极为重要的借鉴意义。

3. 复兴家风文化体系，首要的是重建家庭序位关系，与过往创伤和解，让爱流动和传承

我们在心理工作室中面对的很多来访者，其在关系中的伤痛，大都是由于自己弄错了角色定位，或是父母所在的原生家庭就是一个家庭秩序混乱的环境。

心理学的家庭系统排列疗法，就是通过案主或是代表，在场域内的自主流动来观测其家庭中的原始序位排列和关系互动模式，通过“拨乱反正”引导正念，破除旧模式的办法，帮助案主回归正常的关系序位，进入符合礼法纲常的生活状态。

东西方经过近一个世纪的实践，有确切的证据证明家庭成员的序位座次、长幼尊卑、言行举止都以信息密码的形式写入了基因里，内藏于身形脏腑的健康状况中，外显于日常经历和困难麻烦中。举几个案例供大家理解序位回归的重要性。

案例一：序位与发展

2016 年，针对青少年失学、厌学问题，联合国内外的心理专家和系统排列师组织了一场“让爱流动”的主题分享。来自全国的 20 多位失学青少年在家长的陪同下参与了这次公益活动。他们中年龄最小的 9 岁，最大的 18 岁，临近高考，家长们非常着急。这些孩子有个共同的特点，就是意识层面知道和了解学习的重要性，也想好好学习，很清楚不学习的后果和影响。但是一旦付诸行动，就变得很困难，有的孩子不能拿笔写作业，有的孩子严重到不能走近校门，一走近学校就呕吐不止，家长着急，孩子们也很上火。那这背后是什么原因限制了这些孩子呢？

我们用心理学上家族系统排列的方式，用萨媞娅家庭治疗理论，透过梳理孩子们的家族图谱，在空间场域里观察家庭成员间表达爱、传递爱的方式，发现阻隔，发现代际矛盾，然后，通过正向引导，先让孩子和家长看清问题的症结，然后由家长和孩子们自愿调整让爱重新流动的相处模式。经过“家排师”的导引和家长、孩子的共同努力，一部分孩子的失学问题得到了解决。本次活动后，喜报频传。

案例二：追不回来的债务与颤抖的手

2018 年，我的咨询室来了一位“大老板”，他在医院做了全面体检，数据指标均没有异常，但是他的右手却像得了“帕金森综合征”一样，不由自主地抖个不停。医疗报告没有异常，他怀疑自己得了心理疾病，于是找到我们。经过问询和两次催眠，

问题逐渐浮出水面。当来访者工作压力大的时候，手就会抖个不停，越抖就越会有一种强大的愤怒情绪充满来访者的内心。通过追溯，咨询师发现有两件事情对其产生着极大的影响：第一件事发生在两年前，朋友的一笔100万的借款，本来是雪中送炭，帮朋友渡过难关，但是约定时间已到，朋友如今也发展得风生水起，就是迟迟不还钱，他去讨债，却几次“扑空”，想到朋友在他落难时竟不还钱，屡屡躲避不与他见面，他就十分气愤，一生气就手抖；第二件事追溯到小时候的教养环境，父亲对他管教十分严厉，从小到大，他取得的成绩从未得到父亲的正面表扬和认可，反而是犯一点小错就挖苦讥讽，而且强势的父母不允许他反抗，如果不顺从，就是一顿痛打，他的成长中一直有压抑的情绪，积聚了很多愤怒。这样的成长方式和家庭教育环境，在传统家庭中是很平常的。由于思想解放风潮的呼吁，推翻封建王朝影响的斗争，历史的真相和中华文明的精髓都遭受了破坏，因此，家庭教育体系出现了断层，学校教育成为孩子们的教育主体，人们重知识、轻道德。从七〇后开始，精神教育和心理健康的问题慢慢积淀下来，形成社会安定、发展的隐忧。

这位案主后来经过心智模式的转换和咨询疗愈，将身体深层次的情绪释放掉，情绪消散的同时，他的手抖症再也没有犯过。半年后，收到他的喜报，他与父母修复了冷漠、紧张的亲子关系，经常带妻儿看望和照顾年老多病的父母，虽然母亲还是那样的唠叨，父亲的脾气还是很大，说话难听，但是偶尔父亲也会主动称赞他企业做得不错，为家族争了面子；原本叛逆少言的儿子，也主动征求案主的意见，开始自主做家务，关心案主夫妇；夫妻两个就借钱的事情也做了深入的交流，妻子谅解了他的独断专行，也表示了理解，夫妻关系增进了一步，更令人惊喜的是，在案主家庭关系慢慢变好的同时，那位朋友主动联系案主，表达了这些年躲债不还的歉意，真诚地求得案主的原谅，归还了借款，并主动付了一笔利息，希望可以继续和案主做朋友。时至今日，案主手抖的情况一直没有复发。

与过往和解，借助传统仪式，可以有效解冻身心、和解关系，让原本凝滞的爱的能量，再次流动起来。近几年咨询过一些类似的案例，同时借助一些有仪式感的活动，帮助青少年开启重要的人生发展阶段，例如“重生”，借助重建案主出生时刻，疗愈关于性别、自我价值方面遭受创伤的来访者；用“成人礼”再造，帮助成年案主建立自信和独立性，摆脱原生家庭父母对自己家庭生活的过分干预和控制；“归位仪式”让错位和混乱的家庭关系重回和谐轻松的状态……而在这一系列的心理治疗技术实施的过程中，中华“齐家”文化、传统“礼学规范”和“经典家风、家训”成为仪式背后的理论支撑和执行参考。复兴礼法共建的家风文化，将其融入“生命之爱”传承的工程，是保障伟大的中华文明复兴的有力抓手。

四、透过复兴家风礼法文化，为海外华人筑基培元，推动民族家业的繁荣昌盛

1. 成立基于传统文化和以美学实践为基础的博美书院和国学读书会

以经典诵读，“日习一句，日参一句”等形式，累积国学知识，用中华文化之智慧经典喂养和滋润灵魂。中华文化是中华文明的根，是炎黄子孙最具滋补性的精神食粮。复兴家风礼法，不可不知礼、不可不学道、不可不立德、不可不修身。我们以每天打卡的形式跟随有共识的国学爱好者前行，至今已经坚持了 1400 天，形成了 198 个线上虚拟书院和近百间落地的实体书院，大家共享学习资源，分享学习感受和实践成果，形成一支国学文化的生力军，为推动家风礼法文化复兴做实事，蹚路子。值得欣慰的是，国学的种子已经通过互联网传递到海外，在加拿大、澳大利亚、泰国，一些有共识的中华儿女加入进来，他们每天坚持学习国学精言妙语，用于修身立德。“星星之火，可以燎原。”当全世界的中华儿女都参与到读经典、学国学的风潮中，用智慧武装自己，在言行举止中警醒觉悟，中华民族的伟大复兴指日可待。

2. 成立身心健康咨询工作室

用催眠、咨询、排列等技法，帮助身有所累、心有重创的求助者，获得有力量、更积极、更赋能的生活状态和心理状态，增强职场人的心理承受能力和增加职业幸福度。引导更多的人主动、积极地修复亲子关系；协助大龄男女重拾对婚姻家庭的向往，勇敢拥抱爱情，乐于生育子女。虽然我们力量很弱，但是看到成功的几十个案例，增强了我们的信心。相信坚持的力量，依托爱的能量，努力为中国人口结构的进化贡献绵薄之力。

3. 开发儿童德育启蒙、传统礼仪系列课程体系和训练方案，从娃娃教育复兴中华文明

中华传统文化中隐藏着目前最全面、最优质的儿童德育教育体系，从言行举

止到品格修养，从日常行为到为人处世，从安身立命到家业发展……生命的方方面面，祖先们都留下了系统的理论指导和实践记录，我们拿来取其合时宜、合情势的用就好了。对比东西方的教育差异，中国只是出现了传承上的断档，从来没有缺失完善有效的教育体系。今天，我们透过心理学、国学、姓氏学、家学等的研究成果，越来越能清晰地知道如何对娃娃施教、如何办好父母课堂，引导更多年轻的父母意识到“礼法”“家风”的重要性，认可“家规”“家教”的实用性。

一方水土养一方人，中华儿女，龙的传人，就要学习三皇五帝留下来的治国之道，齐家之法。中国人常吃中国菜，中国人多写中国字，中国人传承祖宗留下来的智慧、手艺，足以安身立命于世界。盛唐时，我国疆域辽阔，万国来朝，国人国际地位极高。相信在当代，中国必将随文化复兴而昌、随国力强盛而大，并再次成为世界脊梁。

家是我的家，国是我们的国。倡导各界人士建设小家，复兴家风文化，传递爱，发展我们的大家。国际家庭日，愿家家和睦，国国相安！

马皓月，女，国家二级心理咨询师，ACI认证CIPT职业培训师，CVCC高级礼仪指导师，世中联认证植物精油高级康复理疗师，德国莱茵认证TUV精油理疗师。“我找我 · 身心能量”工作室联合创始人，“共享书院”之博美书院院长。

研究领域：儿童天赋教养，中华传统礼仪，国学经典与现代生活结合的新生活方式探索，幸福力提升，身心健康，精油心理学。

回家的路

暴宁宁

每个人对家的记忆都会带着时代的烙印。

我出生于20世纪70年代。我的祖父祖母育有7个子女，我们家是一个人丁兴旺的大家族。少年时期对于家族的概念微乎其微。1976年祖父去世，出殡时穿着白色孝服的子孙们排了长长的一队。我的父亲是长子，我记得他把一个瓦盆高高举过头顶摔在地上，随后就是一片哭声。当时不知道大家为什么要这样，也不敢问，长大后才渐渐知道这是当地出殡的习俗，谁替死者摔瓦盆，谁就有权利继承死者的产业。这应该就是年幼的我对家族的最早的记忆了。

刚参加工作时，年轻的心不安分，总觉得自己不属于家乡那个小地方，总想去看看外面的世界有多精彩，一念之下辞去公职，放弃了所谓的“铁饭碗”，到北京加入了“北漂一族”，有了自己的小家庭和安稳的事业，一晃30多年过去，在岁月的长河中，青春像一片树叶般渐行渐远地飘走了。

2014年，我发起创立了康爱之家，以“和最爱的人做大爱的事”为使命，从一个“北漂族”到扎根北京，北京已经成为我的第二故乡，虽然我已经在这里找到了归属感，但依然无法改变对家乡的记忆，那是血浓于水的生命印记和底色。人生就是一场轮回，当青春逝去，生命逐渐走到知天命的十字路口，故乡越来越多地在我的梦中出现。“我从哪里来？”“要到哪里去？”“我的祖先是什么样的人，祖先给我留下了什么，我又能给我的后代留下什么？”这样的问题越来越多地开始萦绕在我的脑海，让我陷入思考。

2020年的新冠肺炎疫情，使我对生命的探寻有了新的意义，开始把自己对家庭的思考与家族联系起来。一次偶然机会，与一位资深的文物大师闲谈，大师提到了磁州窑，得知磁州窑在世界陶瓷史上有着浓墨重彩的一笔，而我的祖先，曾在辉煌的陶瓷史上占据着非常重要的位置，我正是磁州窑的传人。我无法忘记当时的心情，当你从一个外乡人口中听到对自己祖先的往事描述，听到外乡人给你的建议——“应该给家乡做点什么”，我的内心是震撼的，切身感受到“数典忘祖”的滋味。现在的社会变化太快了，互联网技术让生活方式发生了翻天覆地的变化。一个热点，可以瞬间飞到天涯海角；一个新闻，在你还没来得及咀嚼的时候，已经成了过去式。很多的事情都是那么不确定，不确定你要的是什么，不确定你要到哪里去。现在有越来越多的不婚主义了，还有不要孩子的丁克。在这样的环境下，对正在思考着写一篇关于姓氏宗亲文章的我来说，感觉这篇文章仿佛有点“不合时宜”，但又是如此重要。

严格来说，我也并没有关于宗亲方面更多的思考。但在我的内心里却隐隐觉得，几千年下来，人类精神文明的历史上，总有一些美好是经历了时代的变迁之后依然没有褪色的瑰宝，正是这些穿越了岁月磨砺之后依然熠熠闪光的精神瑰宝，在如今稍纵即逝的现代社会显得尤为珍贵。我开始尝试把自己对家庭的思考放在家族和历史的维度中。现在的家庭，已经成为社会最小的细胞。每个家庭，都是从自己的家族而来。每个家族，都有自己的一脉相承。我们常讲认祖归宗。认祖归宗第一件事，首先要认识祖宗。而认识祖宗的第一件事情，首先要认识祖先的名字。如果连祖先的名字也记不得了，那就是根断了。中国人对名字是非常重视的。古人讲，“名者命也”，自己的名是自己，祖宗的名就是祖宗。

现在我们有家谱的家庭越来越少了，家谱就是家庭跟祖宗联系的依据。找不到依据，要想连根就难了。我们今天跟父母、跟祖宗连根，跟黄帝连根是跟我们的大根大本连根。为什么我们被称为炎黄子孙？史记开篇，记载了中华民族人文始祖黄帝的生平，4000 多年前，炎黄合体，诸侯宾从，开创了民族融合、安定一统的上古治世。此后，全世界华人，有了一个共同的名字“炎黄子孙”。这个名字，千年不改，万年不变。我们今天的很多人说爱国。爱什么国呢？爱“祖国”！什么是祖国呢？祖宗所造之地来养育子子孙孙的地方叫祖国。如果我们不能敬祖，爱国的心情也抒发不出来。所以，爱国首先要敬祖。敬祖爱国，这个根就连上了。《了凡四训》里有一句话，叫“忠孝之家，子孙未有不绵延而昌盛者”。一个家族昌盛而且绵延不断，靠什么？靠这棵树有根。人心向祖，根深叶茂。

所以，我们的心要跟祖宗连上。中华民族的复兴，离不开每个家族的复兴，这就是炎黄子孙的家国情怀。

回家的路，就是找到安放心灵的故乡之路，此心安处是吾乡。

暴宁宁，女，律师，政协北京市朝阳区第十三届委员，无党派人士代表。毕业于清华大学，1995年取得律师资格，专职从事律师工作20余年，具有系统的法学理论功底及丰富的法律实务操作经验。北京市道可特律师事务所高级合伙人，第十届北京市律师协会代表、朝阳区律师协会理事、朝阳区妇女儿童公益慈善促进会新闻发言人、北京市社会组织法律调解中心主任、康爱之家社会公益服务事务所主任、北京市体育基金会理事、朝阳区阳光司法社会工作发展中心理事、朝阳区慈善协会理事。

第七章

海内外姓氏宗亲文化交流

浅析东西方家庭教育发展之比较

〔美国〕朱文琼

提及教育，人们首先想到的往往是学校，总认为学校才是孩子受教育的地方。其实，教育包含两个部分，即家庭教育和学校教育，而且还是家庭教育在先，学校教育在后。

在 2019 年全国教育工作会议上，教育部原部长陈宝生就指出："家庭教育不到位，不仅会抵消学校教育的效果，还会给孩子的发展造成一定的消极影响。"我们欣喜地看到，家庭教育已经受到国家最高教育部门的重视，因为家庭教育不仅关乎于一个国家的教育，还关乎于这个国家的稳定。德国早期教育学家福禄培尔早在 200 年前就说过："一个国家的命运，与其说是掌握在统治者的手中，不如说是掌握在母亲的手中。"而今天的社会里，教育孩子已经不单单是母亲的事情了，它已经成为父母共同的责任。所以说，良好的家庭教育是一个国家和社会稳定的基础。

家庭教育通常会贯穿和影响孩子的一生，我们中国人常说："三岁看到大，七岁看到老。"近年来，心理学、教育学、社会学的研究越来越多地表明，这句话是有一定的科学依据的。所以，世界各国的政府、教育部门、学校，以及家长们都越来越重视家庭教育。

一、东方家庭教育的典范和影响

我们中华民族自古就重视家庭教育的建设和发展，提倡家训、家风、家书、家规等，历史上许多家训影响深远、流传至今，有《朱子家训》《颜氏家训》《曾国藩家训》等。在家庭教育中，一些有识之士还用书信的方式来培养和教育自己的孩子，实例也不胜枚举，比如，《曾国藩家书》《梁启超家书》《傅雷家书》等。

近代著名政治家曾国藩，虽在朝为官，权倾一时，却不忘“至要莫若教子”的至理。他把曾氏家规归结为8个字，后人戏称为“八宝饭”：书、蔬、鱼、猪、早、扫、考、宝。他要求这8件事，家里无论老幼都必须做到。

曾国藩认为家庭是人生的根据地，所以给曾家的老屋起名叫“八本堂”。他说人生有8件根本：“读书以训诂为本，诗文以声调为本，事亲以得欢为本，养生以少恼怒为本，立身以不妄语为本，居家以不晏起为本，做官以不要钱为本，行军以不扰民为本。”因为家才是所有根本的根本，失去了这个根本，其他都是无本之木、无源之水，一生难得成就。所以，曾国藩认为家是人生的根据地，是一个人安身立命的最终归宿。曾国藩的家庭教育，是以“八本堂”为经，以“八宝饭”为纬，经纬连贯脉络相通，形成了一套完整的治家理论体系。在中国，论家庭教育者，无人能出其右。

在我国改革开放初期的80年代，有一本对现代中国人影响至深的家书——《傅雷家书》。这是一部极为特殊的家书，书中既包含了一位父亲对儿子的脉脉温情，也是傅雷一生思想智慧和艺术修养的折射。除了生活琐事之外，这本家书谈论最多的是艺术与人生、道德与修养，以及如何让一个青年人去建立自己高尚的情操和思想。

金庸先生曾对《傅雷家书》这样评价，他说：“傅雷先生的家书，是一位中国君子教他的孩子如何做一个真正的中国君子。”傅聪前往波兰留学时，傅雷对儿子叮嘱道：“第一做人，第二做艺术家，第三做音乐家，最后才是钢琴家。”

此后，父子间书信往来不断，便有了这本传世的《傅雷家书》。在书中，父亲对儿子谈人生、谈爱情、谈艺术。《傅雷家书》中没有传统的家长对孩子的教训，有的是点点滴滴的熏陶。傅雷先生用自己丰厚的文化底蕴、深邃的思想智慧、高尚的艺术修养，不断润养出一位真正的艺术家、音乐家、钢琴家。

从曾国藩的家族教育中，我们看到古代东方的家族教育是以传承为目的，以家规和家训为手段和方法，使家族的家风代代相传。从傅雷的家庭教育中，我们看到一位现代知识分子，通过一封封家书，从学业上和生活上来体谅、帮助、领引、指导远在海外留学的儿子，逐步走向成熟，成为一名真正的艺术家。这本家书对今天的中国家长们，特别是那些留学生的家长来说，是非常值得借鉴和学习的。

二、西方家庭对孩子的早期养育和教育

西方的家庭教育也是在不断的探索和建设中发展起来的，从20世纪30年代，美国行为主义心理学创始人约翰 · 华生博士所提倡的："孩子对爱的需求，源自于他对食物的需求，满足了他对食物的需求，就满足了他对爱的需求。母亲不能和孩子过度亲密，过度亲密会阻碍孩子的成长，使孩子在成人后，非常依赖母亲，从而难以独立、难以成才。"这套理论在当时的美国风靡一时，接着又影响了西方相当多的国家。后来流行的哭声免疫法、婴儿延迟满足法、婴儿独立睡眠法等，其核心思想都来源于这一理论。20世纪30年代至50年代，这套理论从来没有受到人们的质疑，甚至被无数美国妈妈奉为圣经，并采用这套理论来养育自己的孩子。

但是20世纪50年代后期，另一位美国心理学家哈洛博士，通过一系列恒河猴的实验，提出了一个著名论断——爱源于接触，而非食物。接触所带来的安慰感，是母爱最重要的元素。他指出："母爱的本质，绝对不是简单地满足孩子的饥饿和干渴的需求，它的核心是接触性关怀——拥抱、抚摸、亲昵。"所以哈洛博士指出，如果希望孩子能够身心健康地成长，就一定要为他提供触觉、视觉、听觉等多种感觉通道的积极刺激，让孩子能够感受到父母的存在，并从他们那里得到安全感，孩子的心智才会健康发展。哈洛博士通过实验的结果证明："只有奶水，人类绝对活不久。"

1958年，在美国心理学会年会上，哈洛博士做了一场著名的演讲——母爱的本质。他说："爱存在的三个变量是：触摸、运动、玩耍。如果能够提供这三个变量，那么就能够满足一个灵长类动物的全部需求。"触摸——细心呵护、温柔拥抱、及时回应；运动——轻微摇动、与孩子互动；玩耍——经常和孩子一起游戏玩耍。这场演讲不仅震动了整个美国，也颠覆了当时美国社会一直倡导的约翰 · 华生博士的育婴理论。

近些年来，我国开始学习心理学家约翰· 华生博士的养育婴儿的方法，提倡哭声免疫法、婴儿延迟满足法、婴儿独立睡眠法等。其实，现在的西方家庭已经越来越提倡和采用哈洛博士的方法——用爱的方式来养育孩子。因为约翰· 华生博士在自己孩子身上贯彻了他的育儿理念，结果他的三个孩子全部得了抑郁症，大儿子自杀身亡，二女儿也多次自杀，小儿子一直流浪，要靠他的施舍才能生活。而且其他那些或多或少地采用了约翰· 华生博士这套理论养育孩子的家庭，他们的孩子长大后，也都出现了

这样那样的问题。所以，哈洛博士用他多年的实验结果，向人类证明了母爱的本质是“爱的三个变量”，即触摸、运动、玩耍。今天西方家庭的家长们已经看到了，只有用“爱的三个变量”养育出来的孩子，才可能是一个一生身心健康的孩子。

现在我们中国的家长们常说：不让孩子输在起跑线上。其实哈洛博士的实验让我们看到，人生真正的起跑线是在婴儿时期，是“爱的三个变量”，是家长为孩子提供触觉、视觉、听觉等感性素质的最初培养。如果孩子在婴儿时期，可以经常从父母那里得到触摸、运动、玩耍，那么这个孩子 3 岁开始上幼儿园以后，就会比较容易适应集体环境，为孩子以后的学校教育，提供了基本的前提和保障。

三、如何运用最佳关键期来教育和培养孩子

孩子的成长需要经历几个阶段，不同的阶段有不同的需求。作为家长，我们需要不断地学习和了解孩子，特别是在孩子成长的关键期，抓住和运用好关键期，将会让孩子受益终身。

奥地利动物学家劳伦兹通过对鸭子多年的实验、观察、研究，提出了“印刻现象”，就是说：刚获得生命不久的小动物，追逐它们最初看到的能活动的生物，并对其产生依恋之情的现象。印刻现象和一般的反应不同，它只是在一定的时期内发生。小鸡的“母亲印刻”的发生是在出生后的 10—16 小时，小狗则是在出生后的 3—7 周。印刻发生的时期称作关键期。在关键期内形成的印刻行为作为动物的习性保存下来，而且是不可逆的，即一旦形成就不能修正和还原。倘若幼小动物的印刻过程遭到阻碍和中断，母亲与幼小动物就不会相互认识。

在人类身上，目前还没有发现典型的印刻现象，没有发现错过某一时期，就完全不能进行的学习。但是就儿童的学习而言，某些学习在某一特定的时期内，学习效果更好，更容易发挥个体的学习潜力，却是事实。发展心理学家把动物的关键期概念引入人类儿童学习行为的研究领域，认为儿童心理的发展同样存在关键期。这是个体生命早期一个比较短暂的时期，在这期间，个体对某种刺激特别敏感，过了这一时期，同样的刺激对之影响就很小，或者没有影响。已经有研究指出：2 岁是幼儿口头语言发展的关键期，4 岁是孩子形状知觉形成的关键期，4—5 岁是孩子学习书面语言的关键期，8 岁左右是孩子第二语言（主要是语音方面）学习，以及音乐听觉训练的关键期。

作为家长，我们还需要了解，在孩子成长的关键期中，有些自理能力、生活

能力如果孩子不去学习，或者没有机会做，对孩子的一生将造成不可想象的后果。

我们都知道学龄前是孩子们养成良好的衣食住行生活习惯的最佳期，家长们都有体会，在学龄前有一段时间，孩子会特别“勤奋”，他们总是愿意争着抢着去做自己能做甚至不能做的事情，有些家长可能还觉得孩子在胡闹、在捣乱。其实，这是孩子们在无意识、不自觉地学习生活自理能力。可是，近年来，特别是我国现阶段的家庭结构，使得相当一部分的孩子失去了去学、去做本该自己学的和做的事情。父母或者祖父母们担心孩子做不好，弄脏了，甚至可能打碎了东西，等等。可是家长们并不知道，这段时期正是孩子们学习生活自理能力的关键期和最佳期，如果这个时期家长不让孩子去学、去做，到了少年时期孩子们就要花费双倍，甚至几倍的时间和精力去学。如果少年时期还不学，那么这些生活自理的事情，可能就会成为孩子们成年以后的生活负担。这是一个绝对不可小觑的问题，作为家长一定好好珍惜，并抓住孩子们这些关键时期的特点，让孩子去学、去做他们自己可以做的一切事情。

人生的路说起来不长，走起来不短。在孩子的成长过程中，每个关键期都会对他们的一生产生重大影响，而家庭教育又在这些期间起到至关重要的作用。在我们东方的家庭教育中，看重的是孩子的关键期，有没有抓住和运用好，家长们更看重的是知识的学习。而在西方的家庭教育中，家长们更看重的是孩子生活自理能力的学习，他们认为从小就参与家务劳动的孩子，才具有生活幸福的能力。

这也是东西方学龄前家庭教育的差别所在，而这一差别也导致在我们如今的社会里，啃老族现象出现得越来越多，这也是需要我们重视和加以改变的。所以说良好的家庭教育不仅影响着孩子的学校教育，也影响到孩子一生的身心成长，甚至还会影响到社会的稳定和发展。让我们从今天开始重视家庭教育，提倡家长教育，为孩子的学校教育增光添彩。

朱文琼，女，美籍华人，籍贯湖南，2016年回到上海工作，在外企任董事和副总裁。1996年在美国获得 MBA，在教育和商界工作多年，机缘巧合做了10年全职妈妈，潜心研究中外家族教育、家庭教育、家长教育几十年，把儿子培养成一个高中阶段被哈佛大学提前录取，同时被斯坦福大学和麻省理工学院录取的“高才生”；大学毕业后，又被哈佛法学院录取，成为法学博士。

从姓氏文化看周边国家与中华民族的历史渊源

王万江

中华民族是个历史悠久、聪慧、贤善、向往和平、乐意与人为友的民族。中华姓氏，源于上古，传续至今世，可谓“千枝归一本，朝宗万水实同源”。笔者试从姓氏探源的角度，了解一下周边国家与中华民族之间是否有某种渊源，以期对今后邻邦关系的改善有某些裨益。

一、中日之间的姓氏文化历史渊源

1. 琉球尚氏，明皇所赐

如今日本的冲绳县，早在14—19世纪称琉球国，属我国明、清时的附属国。1350年时的琉球国，浦添按司察度取代英祖第六代世子，被推举为中山王。明永乐（1403—1424年在位）皇帝赐琉球王姓尚（中国自古有国王或皇帝对所属诸侯国王或有功将领、大臣赐姓的习惯），史称“第一尚氏王朝”。根据琉球与明、清王朝的藩属关系，琉球每一代国王都会接受来自明或清皇帝的册封。自他们获得赐尚氏之后，琉球人才结束了有名无姓的历史。顺便说一下，当时彼此往来（朝贡或册封、贸易等）都会经过钓鱼岛。如，明朝册封史陈侃在《使琉球录》（1534）中写道：“过钓鱼屿、过黄毛屿、过赤屿……见古米山，乃属琉球者。”（钓鱼岛在历史上又称钓鱼屿、钓鱼台。——笔者据史料注）

明成化五年（1469）琉球内乱。1471年，明朝册封原宫廷管财务官员内间金丸（又名金圆）为王，改名为尚圆，是为“第二尚氏王朝”，为维明盛威，大明神宗皇帝劝勉尚氏以善兴国，特赞誉琉球“守礼之邦”，并亲题匾额“中山世土”。

2. 琉球蔡姓，声名显赫

明初，福建泉州府，今南安县人蔡崇（宋代鼎甲、端明殿大学士蔡襄的后裔）等人奉命迁居琉球，后世子孙中有名蔡让（一说蔡禧）者在琉球第一尚氏王朝中任通事（如现在的翻译官）。他有一女蔡亚佳度，1443 年生于琉球国久米村（现冲绳那霸市），逝于 1493（一说 1491）年，至今深受冲绳和国内福建蔡姓赞许。她年轻守寡，谨遵汉人传统女性之德，拒绝再嫁，被视为“贞烈之德”。她为蔡氏建宗祠、供族神主，赢得了族人敬重，其名在琉球蔡氏族谱及中国史书《琉球国志略》等均有记载，以示称颂。同时，蔡让的几个儿子瑆、璋、璇、珣等在当地也有一定影响。

明万历年间，琉球国第二尚氏王朝时，蔡裔金城任该国耳目大夫，有一女红亨（生卒年不详），精通刺绣。她精心巧织的龙袍进贡明朝，皇帝非常赏识她的才艺，在其死后追封为“精妙明懿夫人”。她的事迹在琉球和中国典籍《蔡氏家谱》《仪间家》《蔡氏家谱（上原家）》《蔡氏家谱（具志头家）》《长乐县志》《闽都别记》等有记载。琉球和福建长乐视其为神明，建庙供奉，尊称蔡姑婆、蔡夫人。

1704 年（康熙四十三年），琉球国王派蔡铎（又名志多伯亲方天将，1645—1762，蔡氏第十世孙，琉球国协理府总理司、紫金大夫、法司）向清朝敬献《中山世谱》和琉球国地图，表示“臣服”。

蔡温（1682—1762），字文若，号鲁齐，和名具志头亲方文若，童名具蒲户，蔡铎次子。琉球国第二尚氏王朝时著名政治家、儒学家。先后任都通事、长史（管理与中国的文书往来）、世子师（1711，康熙五十年），即王世子尚敬的老师。次年，尚敬即位（父尚益王逝），授蔡温“国师”职——琉球国首任国师。他在任内编纂了《要务汇编》，此后历任琉球国王皆以此作为修德的指导书。39 岁时已升任三司官座敷。1752 年，尚敬王逝世后，蔡温从三司官（如清朝的丞相）任上辞职。10 月，获得紫地五色花织冠的地位——这是士族中的最高荣誉。1762 年（乾隆二十七年）12 月，蔡温病逝，享年 80 岁。琉球尚穆王得知蔡温逝世的消息后，十分悲痛，与太王太妃、王太妃、王妃等人亲临其家吊唁，赏赐大量银两、祭品等，葬于平良墓。

3. 闽人三十六姓，推动琉球发展

《明史·琉球传》载，1372 年，琉球中山王察度向明朝上贡。1392 年（洪武二十五年），察度在朝贡时请求赐一些人去，以便更好地学习中国文化和互贸经商等。朱元璋接受邀请，赐琉球国“闽人善操舟者三十六姓”。随后派杨载携其赴琉球，被安置在那霸市中心落户，取名久米村。“久米”有永久享用俸禄意，因为这批人都是能才，他们中大多是善航运或经贸等有一技之长者、学者，无论大明朝廷或琉球国对他们都很优待。

“闽人三十六姓”又称福建三十六姓、琉球三十六姓或久米三十六姓，是对明朝迁居琉球的福建人三十六的总称。因战乱等原因，对三十六是指三十六户或三十六人或“三十六”只是个虚数，表示多人多姓意，现存争议。据有关方面统计，目前琉球（冲绳，主要是那霸市）久米士族的后裔有二十五姓，其中洪武、永乐年间到达该地的后裔剩六姓，另外十九姓是后来陆续从中国迁入的。但当年的“闽人三十六姓”带去了许多中国先进科技是肯定的。他们的后裔世代负责航海、造船或外交文书的编写、翻译，以及对华贸易等事务。从迁入到琉球遭日本兼并的500年间，他们多出任王府的外交官，进贡使团的正议大夫、中议大夫等职。

1726年，当地政府明令确定该部分人后裔死后实行与当地风葬和佛家葬礼不同的汉族土葬和儒家葬礼，至今他们住所的屋顶、院墙上都立着石材或陶质的狮子，沿袭闽人认为的能驱邪民俗；还盛行汉人“狮子舞”，视此举可除恶魔鬼怪，招五谷丰登，让族人繁荣；许多路口、建筑门口设置“石敢当”等。特别是小吃荞麦面和苦瓜炒豆腐很有名，都源于福建菜系。蔡温、程则顺都是其后裔。

4. 日姓源地名，学华人之长

众所周知，日本人姓名中多含松下、小泉、井冈、山口、板垣、藤野、田中、木村、麻生、村上、井上等地名或处所名，此法源于中华民族以自然物或封地或居住地为姓氏的惯例（详见本人《中华民族姓氏的来源、分类与优化》）。古籍《世本》《姓氏考略》《姓纂》等都有明确结论。如中国5000年前的伏羲以“风”为姓；其助手、后柏皇氏（是东方部族首领），名芝，以柏为图腾，故称柏芝，居柏皇山，子孙都以柏为氏；神农生于姜水，故以姜为姓（或说以母名为姓，因母是姜水流域人。先有河水，后才有名——以人名命水名也）。黄帝生于姬水，姓姬，居水边轩辕丘，子孙以轩辕为氏。另如池、元、高、江、冀、裴、上官、欧阳、闾丘、澹台、东门、西门、南宫、北边、北乡、三川等，以上单姓或复姓都是以地名或居所等命名的。这些姓都有数千年历史了。

据传说，早在秦时，有人（徐福带数百男女）就曾赴日。有史载，隋大业三年（607），中国与琉球已有来往。日文源于汉字或直接用偏旁或略变形。他们在学习汉字的同时也接受了汉姓命名之法，亦在情理之中。日本现有的日籍华裔们，或正在默默无闻地为中日友好、“血浓于水”的亲情而做些力所能及的益事哪！

二、朝韩与华，血脉情谊

1. 鲜于族前辈建立朝鲜国

周武王（公元前1046—前1042年在位）灭商后，从商狱中找到商纣的叔父箕子（因原封地在箕——今山西省晋中市太谷县东，史称箕子），向他请教治国之道，包括如何让商民自觉接受周治。箕子是位难得的贤德能人。早在纣王初即位，见他用象牙筷子时，就预料到纣是贪图奢华生活的王，必难倾心理国。果然被箕子言中，纣日后越发荒淫无度、残暴成性，箕子为国家社稷，屡屡诚谏，纣不仅不听，还嫌他烦心，就把他关牢狱了。箕子为天下人着想，遂建言：施仁政，诚安抚。武王用之，周适兴。武王多次欲封箕子做官，以辅朝政，但箕子不愿为周臣，就出走辽东，族人及原属民多随之，随后兴建朝鲜国。他的子孙中有一名仲者，封在于地，为纪祖德，就从国名中取一“鲜”字，加邑地“于”，起“鲜于”做复姓，是为鲜于氏。

2. 朝鲜族连接朝中友谊，血脉同源

朝鲜族又称高丽族或韩民族，朝鲜半岛（韩、朝两国）主体民族，中国东三省有180多万。朝鲜族姓氏早已与汉族融合或同化。改革开放后，户籍在东北的朝鲜族人，已有几十万到东南沿海发展。如今，朝鲜族中车姓有第十二届全国人民代表大会常务委员会委员车光铁。

特别值得一提的是：朝鲜族的千姓与河南焦作千姓同宗同源。现焦作千姓约4000人，占全国千姓人口20000多人的20%，而朝鲜半岛有40000多人。这些千姓都来源于洛阳市孟津区上古邮村，其证据是据《大明遗民渊源补遗》载：……明总督千万里奉命驻军朝鲜半岛，帮助抗击倭寇有功，赢得朝鲜国李氏王朝挽留，并授二品要员，其子孙繁衍于庆尚北道永川市属面、釜山镇支城等地，后成名门望族。至今，在支城保留有千万里后裔设立的将军纪念碑。韩国千姓宗亲会曾组团到河南登封市颍阳镇祭祖，并到武陟县乔庙乡千村举办宗亲联谊活动——千万里之父千一河是孟津上古邮村千尧宗的儿子，而千尧宗的同胞兄长千舜祖有两个儿子：千伯祥和千伯让。早年，千尧宗迁居登封颍阳，而舜祖留守祖地，后裔延至武陟，故朝鲜半岛千姓至今仍称“颍阳堂”。

3. 其他姓氏及起名法与汉族相同或相近

朝鲜金姓有源于河南驻马店市汝南县的崔、李、张、赵、林、朴、尹、高，韩国的李、朴、金、潘、韩、崔等姓都源于汉族的单姓。如金日成、崔庸健（前国家副主席）、李永吉、张成泽、赵延俊、林雄日、朴金喆、尹公钦、高奉基、李承晚、朴槿惠、金大中、潘基文、韩素妍、崔明吉（韩著名艺人，曾主演《明成皇后》）等姓名都与中华民族姓氏及姓名特色相同或相近。

三、越南、缅甸姓与汉姓关系密切

越南人多单姓或少量复姓，总计 200 多个，来自中国的《百家姓》。按人口数量排序靠前的主演有阮（Ngvyēn）、陈（Tràn）、黎（Lê）、范（Pham）、黄（Hoàng）等，胡姓较少。复姓有阮福、阮友等，与中国组合思路亦相近（祈福、求和等）。代表人物姓名如胡志明、武元甲、阮文雄、黎笋、黄文欢、潘金福（或潘氏金福，女）等。汉族起名讲究辈分和男、女有别，越南也有辈或垫字（区别性）或祧（别宗族）等。

缅甸是古老国家。元代至清，曾向中国朝贡，1885 年清外交官曾纪泽受命为缅甸向英国争要过权益。1942 年遭日军侵占，1945 年全国总起义，国家得以光复。后被英国控制。1948 年，缅甸脱离英联邦，宣布独立。

缅甸姓苏、吴者较多。姓名与中国极相似：以三字为主，也有二字或四字的。如苏瑞泰（缅甸独立后首任总统）、吴奈恩（两度任最高领导人）、吴登盛（现总统）、苏貌和钦纽、昂山素季等。

四、俄、蒙鲜卑族或蒙古族与中国锡伯族同源

据考证：俄国的西伯利亚和著名港口海参崴古为鲜卑族的居住地，与现在新疆维吾尔自治区境内的锡伯族属同一族系。那里现仍有他们的后裔，只是姓氏早已

异化。

蒙古国以蒙古族为主体，该族第二大住地在中国。其姓氏特点大多按（保留的）少数民族习惯，待另行探究。

中国古代有句名言：远亲不如近邻。中华民族还有一些良好品格：如以德报怨（日军在中国投降后留下很多孤儿，中国老百姓予以收养。现都 70 多岁的那批“孤儿”，不久前组团来中国祭祀其养父母）。“君子可欺不可辱”“威武不能屈”等等。诚愿：与中华民族姓氏同源、有血缘亲情或友好文化交往的国家、地区或民族，和中国一道，共同珍惜历史情谊，携手共创和平与稳定的美好局面，做出既利当今更益后世子孙的应有贡献，让历史留下永久的宝贵记忆。

王万江，在河南省驻马店市遂平县广播电视台工作，中国管理科学研究院学术委员会特约研究员、中国科学家协会会员、世界华人文化名人协会理事，获最美劳动者、共和国建设十大杰出功勋人物等称号或荣誉。

闽台两岸龚氏同源同根，漳州高雄龚姓同宗同祖

龚龙泉

姓氏是家族的标记，在寻根活动中具有不可替代的作用。中国姓氏是一项独特的国情资源，其内涵和特征在世界上是独一无二的。中国姓氏的遗传本质如同血脉世代相传，始终维系着中华民族这一大家族的生存。以血缘、姓氏为传承的宗亲文化对共同祖先和民族渊源的追溯，对海内外炎黄子孙的寻根问祖，对凝聚中华民族的向心力，都有重要的现实意义。中华龚氏源远流长，得姓开宗至今2000多年，族裔分布大江南北，播迁海内外，衍派蕃昌。“武陵衍派”闽粤龚氏始祖龚茂良，族裔遍布闽粤台。台湾地区龚氏源自闽地延传而入，一脉相承传世300多年。寻根问祖，是两岸同宗同祖龚氏儿女的共同愿望。加强两岸龚氏文化交流，顺应趋势，时不我待。

一、台湾地区龚氏源在福建，根在中原

龚氏，是中华民族最古老的姓氏之一，是中华人文始祖炎帝的后裔。龚氏远祖为共工。《姓纂》记载“共工后有共、龚二氏”，《古今姓氏辩证》载“起先共氏避难，加龙为龚，汉有龚遂”，《万姓通谱》载“龚氏之先共氏，避难加龙为龚，望出武陵”。共工部落起源于我国西部的黄河上游，鼎盛时期的活动中心在黄河下游，擅长农业和天文历法。共工氏部落崇尚黑色，故其先居地名“掖州”（今甘肃中部），河名“黑水”。后炎帝封共工为共国（今甘肃省平凉市泾川县北）伯爵，又称“龙伯”，为九伯之首，共国至商代仍为诸侯国。轩辕黄帝鼎盛时期，曾有共工氏任黄帝水官和主百工之官，尔后历代均被任命为水官，直到尧

帝在位时，仍以水官职辅弼中枢。后来被尧帝责以治水不力而获罪，被蔑为“四凶族”之首流放北疆，举族迁居河北、辽宁一带，同时改共工氏为“共”这个姓氏。秦末汉初，共氏为避难改姓，为纪念“龙伯”共工治水有功，有的加“龙”成为“龚”姓，有的加“水”成为“洪”姓。东汉至南北朝时期，龚氏发展并播迁于江西、四川、湖南等地，尤以常德龚氏较为有名。唐宋时期，龚姓繁衍势头南方旺于北方，江苏、福建、浙江、广东遍布龚姓足迹。明代以后，龚氏又有移居今上海、广西等地。明清期间又有山西大槐树龚氏迁到中原萧条之地，分布于北京、天津、河南、河北、安徽等省。清康熙、乾隆年间，闽、粤龚氏陆续有人移居台湾省，有的又进而迁往新加坡等国家和地区。台湾地区的龚氏，多在南部的高雄、嘉义和屏东等地。

龚氏是一个多民族、多源流的古老姓氏群体。龚姓在宋人编写的《百家姓》中排在一百九十二 位。根据 2000 年人口普查资料抽样推算，全国龚姓人口约 272 万人，占总人口的 0.17%，在当今中国约 410 个姓氏中排列第九十九位。2007 年 4 月 24 日公安部公布的最新人口排名结果，龚姓为排在第八十九位的大姓。龚姓在台湾地区名列第八十七位。

台湾地区的龚氏主要源自福建，而福建龚氏又源自中原，因而台湾龚氏源在福建、根在中原。

二、漳台龚姓宗亲族裔，同宗同祖

福建、广东的龚姓宗族大多以南宋良相龚茂良为始祖。

龚茂良（1121—1178），字实之，兴化军莆田县华亭（今福建省莆田市城厢区华亭镇）人。据谱载：先祖乃光州固始人也，唐末干戈扰攘，有祖讳忠公九府君初居于钱塘，后迁居莆田城关义井街和美巷。七世龚茂良在莆于宋绍兴八年（1138）登进士第，年方十八，以“幼榜”名扬京华。初授南安县主簿、邵武司法。绍兴二十一年（1151），因父母丧，在家守丧，次年调任泉州观察推官，以廉自称，改任宣教郎。绍兴二十七年（1157），经同知枢密院黄相舜举荐，召试馆职，授秘书省正字，孝宗隆兴元年（1163），累迁吏部侍郎。乾道三年（1167），龚茂良迁为监察御史。乾道六年（1170）起茂良任广东提刑、知广州。宋淳熙元年（1174）拜参知政事，叶衡罢相，茂良代行宰相职。淳熙五年（1178），曾觌指使殿中侍御史谢廓然罗织罪名，劾茂良4条“当诛”之罪，茂良被责降英州（今广东省清远市英德市）安置，不久与长子一起被折磨惨死贬所，时年57岁。茂良冤案直至曾觌、谢廓然死后才得以昭雪，孝宗也承认“茂良本无罪”，追认他为资政殿学士，追赠少保，谥“庄敏”。茂良卒后，朝廷御好葬基筑于莆阳双牌石马山，九阙九埕，石碍道旁书“参知政事龚公神道”，墓前立石像4对。明宪宗成化年间（1465—1505），巡按尹仁檄建祀陈俊卿、蔡襄二公名“二贤祠”（旧址在今中山中学内），后增人艾轩林光朝，改匾三贤。嘉靖庚申（1560），增参知政事龚茂良，从其裔孙亨奏请改匾曰“四贤祠”，有司春秋致祭。

龚茂良的四世孙龚庄有4子：长子龚英居荆山，其后代有的又迁居安海漳州；次子龚沼居晋江沙堤，再分于同安、南塘、西偏、西偏下舍、沙堤下房田头，其后有的又迁居安溪者；三子龚徒居福州城内梅支里后裔即龚易图（三坊七巷人）；四房公未知徙于何处。可见，莆田龚姓支脉延伸之广，家族生长之茂。元朝末年，龚姓开始在云霄、平和等地繁衍生息。据平和《龚氏族谱》：“二世祖潜德生于元至正二年（1342），卒于明洪武三十年（1397），葬地平和长炉岭。”云霄县志《龚氏祖谱》记载：“元至大元年（1310）前后，龚茂良后裔少齐率20余人，由漳州府龙眼营迁徙云霄定居，龚少齐为云霄开基祖。”龚茂良的第四世孙庄公其长子英公居荆山，其后裔迁居漳州龙眼营，故荆山行派乃云霄龚姓先祖。龚英后代子孙博齐、任齐、少齐，族中敬称为“三公”。三兄弟从漳州龙眼营分别外迁。龚博齐迁平和九峰延传；龚任齐迁徙平和小溪，为小溪镇山腰开基祖；龚少齐于元朝时约1310年迁徙云霄城内定居，为云霄龚氏始祖。

台湾高雄、嘉义龚祈祯公、龚荣信公皆是龚茂良公之后裔。清康熙三十四年（1695），漳州府平和县宝峰村，龚祈祯公（系平和龚氏十二世孙）带6子随行，迁徙台湾高雄县林园乡龚厝村定居，至今已延传了十三代。清乾隆十年（1745），平和县第十三世祖龚荣信公（生于清康熙三十七年，1698）徙台定居。据《云霄龚氏祖谱》记载：云霄十二世祖龚绍官迁居台湾屏南定居，十三世祖梧官迁居台湾高雄定居，十四世祖棕官迁往台湾高雄定居。又据祖谱记载七世长侃公、九世木轩公、十世若川公、十二世元用公等，明随郑成功军队定居台湾。考其渊源，高雄县龚盾村与东势寮，林园乡龚盾村，其龚氏来自漳州府平和县；云霄县皆是开漳第一世祖博齐、少齐、任齐三公之后裔。据台湾祈祯公派行、荣信公派行祖谱记载：本族祖居世系源流，遂卜居莆田，我荆山一派其先祖长博齐、次少齐、三任齐等三公，于元朝时（约 1310 年前后）入居平和县、云霄县为一世始祖。我祖本于荆山，通泉州龚氏之族，皆以荆山茂良公为始祖。所以台湾高雄和嘉义祈祯公、荣信公之世系源流，与莆田谱志、泉州石狮及漳州等地族谱记载，都一致。

三、闽台龚氏联谊交流，宗情永固

1981 年，嘉义县苦岑脚庄龚氏族人，通查族中各家供桌之祖先神位，赫然发现清雍正八年（1730）的二尊祖先神牌背面刻写有“原籍漳州府平和县宝峰人氏”字样。这一发现，实出意料之外，令龚氏族人兴奋不已，数百年留在心中的悬疑——先祖祖籍来自何地之谜，从此揭开。经考察，其迁台始祖龚祈祯，系平和宝峰龚氏十二世孙。现在，原平和县宝峰龚氏也已迁本县小溪镇旧县村的山腰村。

1991 年，台湾龚氏宗亲与平和县龚氏宗亲取得了联系，由台湾嘉义县太保乡东势村，徙居台湾的十三世龚财、龚天发率龚氏后裔 23 人访亲团，途经“小三通”至厦门登陆回乡谒祖。平和龚氏族人代表到厦门迎接，盛情迎回平和县小溪镇山腰村，进行拜祭根基，认祖归宗。阔别 300 多年的两岸龚氏宗亲欢聚一堂，共叙亲情，并开展了一系列的联谊活动。台湾的龚氏宗亲热情表态如有家庙修建或兴建小学校及助学扶贫，要尽一切力量回报乡梓。

1995 年，台湾高雄、屏东地区龚瑞泰、黄天梓等率领 20 余人龚氏访亲团，赴平和山腰村谒祖访亲，受到祖地乡亲热烈欢迎，山腰村宗亲向访亲团赠送锦旗：思源期本，睦族敦亲。1995 年 12 月，“闽台渊源丛书”《漳州过台湾》一书，详细记载台湾的龚氏亲人来漳州访亲谒祖的实况文字报道及图片刊载。

2012 年 6 月 23 日，以台湾高雄举行的第四届海峡百姓论坛为缘由，漳州市龚氏代表团龚龙泉先生，特意拜访了高雄市龚瑞泰先生、台北市龚书锦女士，彼此深入交流，并把龚茂良公陵园最近因为莆永高速公路建设，陵园设施及静秦堂将受损坏之事转告了宗亲，他们表态要尽责尽力，发动台湾的龚氏族人捐资，第四次重建龚茂良公陵园及纪念馆。现在福建省莆田市及闽南各地龚氏宗亲，为保护龚氏历史文化遗产——龚茂良陵园及纪念馆的重建工作，正在努力筹备中。

2014 年元宵节，台湾正修科技大学原校长龚瑞章先生率领高雄、嘉义 56 位祈祯公、荣信公后裔进行了为期 3 天的始祖地衔接，核对校正。祭拜二世祖均玄公祖墓，以及龚氏历代发展史，拜访了全国赋学会会长龚克昌教授族人及参观其家史展览。

四、两岸龚姓文化交流，前途灿烂

党的十八大报告指出，我们要持续推进两岸交流合作。深化经济合作，厚植共同利益。扩大文化交流，增强民族认同。密切人民往来，融洽同胞感情。促进平等协商，加强制度建设。福建与台湾地区隔海相望，百姓同根，血脉相连，语言相通，习俗相近。近年来，闽台之间正呈现出全方位、宽领域、多层次大交流的新局面。

闽台龚氏同根同源，漳台龚姓同亲同祖。我们要加强龚氏宗亲文化交流，深入开展龚氏宗亲的联谊活动，让方兴未艾的闽台宗亲文化交流，绽放出更加绚丽的光彩。

伴随两岸民间往来的日趋紧密，“姓氏源流”已成为两岸文化交流的重要桥梁与纽带，拓展了闽台文化交流的新空间。漳州龚氏要以血缘为纽带，以姓氏源流研究为基础，深入加强两岸龚氏宗亲联谊活动，增进乡情亲情，还要在以下 4 个方面与台湾龚氏同胞密切合作和交流：

第一，族谱文化交流。族谱，也叫家谱、宗谱、谱牒，是记载家族或宗族的家世渊源、世系传承、支派繁衍及宗族事迹、名贤俊杰的典章文献。换言之，族谱是血脉的谱系，是一个姓氏的家史或族史，其记载的是文字，流动的却是血脉渊源，是寻根问祖的重要依据。所以谱牒文化在闽台宗亲文化中具有重要的地位。我们要开展寻根谒祖、参观考察等活动，适时与台湾地区龚氏进行族谱对接，今后要着力编撰《闽台龚氏宗谱》。

第二，宗祠文化交流。宗谱文化是中华文化中一种根深蒂固的传统观念。宗祠，又称“祠堂”“家庙”“祖庙”，是安放先祖神灵牌位、举行家族祭祀的场所，是家族永存的象征，是血亲朝宗谒福的“圣殿”。各地龚氏的宗祠家庙，是移居台湾地区族人的“根”，具有极大的感召力和凝聚力。我们要以兴建“龚茂良陵园及纪念馆”为契机。凝聚两岸龚氏同胞力量，打造家族形象工程。

第三，历史名人的研究和交流。龚氏在不同历史时期均涌现出一批功勋卓著、名垂青史的人物，以及才华横溢、品格高尚的俊杰。如南宋良相龚茂良、莆田龚氏六桂等。对历史人物的研究与交流，有利于激发两岸龚氏同胞推崇原乡祖先的功德并引以为豪，从而激励后昆，奋发向上，爱族爱乡爱国。

第四，“神缘”文化交流。闽台神明世俗文化具有传统性、广泛性与通俗性的特点，对一般民众有着强大的影响力和吸引力，对台湾地区中南部民众的影响更是不可低估。要加强与台湾地区族人的民俗信仰文化交流，采取“请进来”“走出去”的经常性活动。

闽台龚裔血脉相连，深化两岸龚氏文化交流，构建团结和谐的龚氏大家园，为促进祖国统一做出应有的努力。

龚龙泉，福建漳州人，大专，经济师，云霄漳南汽贸公司总经理，中华龚氏宗亲联合会创会会长，福建姓氏源流龚氏委员会监事长。

韩国的姓氏文化与家训的教育意义

〔韩国〕任振镐

姓氏文化可以说是我们日常生活中最熟悉的社会文化现象，无论哪个国家的人，应该说大部分人都有自己的姓氏。《说文解字》中说“姓者，生也；名者，自命也”。姓的本意是“出生”，而名字指的是“命名自己”。也就是说，由于姓氏体现的不仅是与包括他的亲属关系在内的父亲或先祖的关系，而且还有他的长相、性格、地域、职业、出生年代和出生环境等诸多方面的信息，可以说在当今时代会对我们产生更大的启示。当前随着新兴工业革命和全球化趋势的快速发展，个人主义、物质主义的价值观大行其道，导致原本重视人类伦理道德的社会价值观出现动摇，而阶层之间贫富差距的不断加深，更是引发了包括韩国在内的世界许多国家产生了一系列的社会问题。因此，优秀的姓氏文化及其家训的继承和发展是否能够作为克服目前出现的这种社会文化危机的一种总体解决方案，值得我们深思。

一、姓氏的起源与发展

一般来说，中日韩三国虽同属于汉字文化圈，文化上拥有许多共同之处，但同时也具有各自不同的文化特点。这些差异不仅存在于广义的文化层面上，实际上从社会单位中最基本的家庭文化中也可以看得出。有的学者认为：姓代表父系血统，而氏表示的是出生、生活的地方，所以姓氏可以说是以一定的男性为始祖、世代相传的单系血缘集团的代名词。因此，若非出现特殊情况，姓氏必定会代代相传，且对传承有着深远的意义。根据金富轼的《三国史记》或一然的《三国遗事》等记载，我们可以得知韩国人从古代部落国家时代便开始使用姓氏。但是在 6 世纪刻制的真兴王的“巡狩碑”“戊戌坞作碑”“南山新城碑”等中却看不到像今天这样的中国式汉字姓。没有使用姓，只是使用了“喙部”“居杜夫智”“沙喙部”“另力智”等部落的名称。查找《汉书》等中国史书，也未曾发现在韩国古三国时代有使用姓氏的人。《汉书·王莽传》中记载朱蒙的名字为“驺”，《后汉书·高句丽传》中记载有“宫（太祖王）”“遂成（次大王）”“伯固（新大王）等，但也只是有名无姓。后来到了南北朝时期，《宋书》中才把名与姓并记下来，称长寿王为“高琏”。新罗亦是如此，初期也只记载名字，直至第二十三代法兴王时，才记录其为“募氏”，称其为“姓募名秦”。《北齐书》中首次将真兴王称为“金真兴”。百济也大同小异，在初期的记录中也没有看到君王的姓氏，直到第十三代近肖古王时才开始使用“馀句”来记录其姓。[1]通过这些史料，我们可以充分推测出当时韩国姓氏的基本情况。

到了高丽时代，太祖王建赐姓给当时的功臣们，并随着后来全国范围内郡县改编工作的开展，各地区的姓氏被划分为 10 个。尔后，随着科举制度从光宗（第四代王）时期开始被引入实行，中国的姓氏文化开始在统治阶层中逐渐稳固。但是从国民整体上来看，这种现象却只限于极少数人。之后，到了第十一代王的文宗九年（1055），伴随着高丽文化制度的最终确立，门下省颁布了禁止没有明确族群的人参加科举考试的律令[2]，从这一点上我们可以得出一条不能否认的事实便是韩国姓氏制度的确立来自朝廷对功臣的大量赐姓和土姓的划分。因此，我们可以认为当时能够使用姓氏的一般百姓只有极少数，而大部分人没有姓氏，只有固有的韩国式名字是妥当的。[3]

到了朝鲜王朝时期随着国家观念和制度的儒教化，人们对姓氏的认识更加深化，于是自称姓、冒姓以及分贯、分派等现象不断出现，姓氏文化也逐渐普及各地的一般百姓中了，当时的《世宗实旨·地理志》中“各邑姓氏条”中已出现了 250 多个姓氏。虽然中国的儒学思想在高丽末期到朝鲜初期便开始正式流入韩国，但是其发展成为韩国人的传统价值观念，却是从朝鲜中期以后的 16、17 世纪开始的。虽然朝鲜初期也曾编纂过各姓氏族谱，但随着后来儒教文化在韩国社会的不断生根发芽，确立了以父系血统为中心的氏族概念，并以此为基础，到了朝鲜中期以后 16、17 世纪人们对族谱的编撰变得非常活跃，人们对姓氏的关注也日益高涨。也就是说，随着儒教思想的本土化和父系氏族观念的确立，各门中各族群的族谱编辑事业得到了蓬勃发展。这种现象也成为人们宣扬各自门中或宗中的直接契机，使得对“姓氏”有了更为积极的认知。随着姓氏的有无与高低，人们的社会地位也发生了变化，“班常意识”“重男轻女”开始更加突出。这种倾向在朝鲜后期更加明显，公然形成了“自称”或“冒称”，甚至用钱买卖姓氏的“投托”行为。到了朝鲜后期，盛行的族谱编纂成了姓氏传承和获取的积极契机，也为韩国人尊重姓氏思想的形成夯实了基础。

如上所述，我们可以得知韩国人今天所使用的中国式姓氏的启用时间大概源自韩国历史上的三国时期[4]，但当时这些中国式汉字姓氏只局限于王族和部分贵族；从历史上来看，普通百姓使用姓氏是高丽中期文宗以后的事情[5]，并且还有相当多的普通百姓直到朝鲜王朝后期都只有固有的韩国式的名字而没有自己的姓氏。因此，使每个韩国人都拥有汉字姓氏的决定性契机是日本侵略时期的1910年5月完成的“民籍簿”的制作。也就是说，在此之前，不管男人女人主要还是使用固有的韩国式的名字的。

二、族谱的编纂与刊行

众所周知，今天的族谱是收录了血缘关系，即人物的生平和家族关系的庞大信息的代表性家庭记录。但除族谱以外，血缘和家族关系的记录还包括户籍、墓志铭和行状类等多种家庭记录；而在族谱出现之前所出现的初期形态的族谱，还有以单线形式只收录制作者的直系祖先而省略旁亲的家牒、家乘，以及以图表形式简单记载血缘关系的族图等。但是在这里我们将族谱定义为按照一定的图表和格式记录的针对某一“姓贯”整体或其中一个派系的子孙血统和婚姻关系的家庭记录。但是，由于宗谱、世谱、谱牒、家牒、姓谱和家乘等都可作为书名来使用，因此要想辨别哪一种家庭记录属于族谱时就需要对记录内容和形式进行分析了。

针对韩国族谱的出现和发展的问题，以迄今为止积累的研究成果为基础进行分析，我们从族谱出现的时间上大体可以得知高丽时代已经出现了初期形态的族谱。可见，族谱并非突然以完整形式出现的，而是在族谱前一阶段已经制作的小规模家庭记录的基础上逐步形成的。

毋庸置疑，到了朝鲜时代初期，包括安东权氏（1476）族谱在内的南阳洪氏、全义李氏、文化柳氏等族谱也已出现，但15世纪以“土姓”为中心整理制作的各宗姓氏记录成为后来族谱出现的催化剂[6]，到了16、17世纪这种族谱得到了全面的发展[7]。也就是说，自 17 世纪后半期开始随着族谱编纂的急剧增加，其编辑体制上也发生了变化。

编纂族谱的宗旨首先是继承祖先的优良家风、追思祖先遗德的“尊祖”观念、了解亲戚辈分之间亲疏远近的关系，以及确立家族内部上下尊卑的秩序，而寻求家族和睦的所谓“收族”之目的。对此，丁若镛在《押海家传》中主张：“在古贤哲之勉其君曰。欲法尧舜。当法祖宗。彼岂以祖宗为贤于尧舜哉。诚以尧舜之迹。其翘慕也邈。祖宗之范。其感发也近。故宁舍彼而趣此也。岂惟帝王家为然。虽士庶人。有是家则有是祖考。有祖考则有是家法。虽其祖考之贤。有不及孔孟。而吾之所宜法。反或有急于孔孟。此非欲私尊之为贤。其理有不得不然者也。祖考之生生而为子孙也。如菽种之而为菽。麦种之而为麦也。一朝慕余稻之弥美也。不以所以养菽麦者为养。而插之泥水之中。未有不腐其根而萎者也。”[8]

关于“收族”，安鼎福在《安东权氏族谱序》中提到：“昔老泉修苏氏谱，始自高祖，为之言曰 ： 亲尽则情尽，情尽则喜不庆忧不吊，喜不庆忧不吊则涂人也。噫，皮十世二十世之族，则踈远而其势固有如涂人者矣。若此七世以下，今皆讲族称属，则不可谓之踈远也。一开卷而昭穆罗列，子孙承序。有若同堂而合席者然。虽亲尽服穷，而喜庆忧吊。有不容已者，九世之张。七世之郭，不专美于前史矣。权君是举，岂不善哉。君以不佞有瓜葛之亲。走书而讲弁文，则吾岂敢。又不敢辞，而敢为之，斯觉僭耳。”

而针对亲戚间的和睦，安鼎福在《安东权氏族谱序》中也说:“原其始而言之，皆自一人之身而分形者也。形虽分而同出于一身，犹木之枝干。同出于一根，水之派流。同出于一源，若昧此理而至于统系紊乱。”

另外，从国家层面来说，族谱的编纂和发行与国家的治理理念息息相关。当时国家是家族的扩大形态，因此王室是凌驾于众多家族集团的特别家族。维持家族的基本伦理就是“孝”，因此，当时国家非常强调以孝治国的“孝理”。但是维持国家的第一伦理是“忠”，由于“忠”是“孝”的扩大概念，所以“忠”必以“孝”为基础。因此，国家强调“忠臣”必出自“孝子”之家。人们认为以孝奉祖，以忠奉王室，就像家族以宗家为中心团结在一起，国家则以王室为中心进行统治。王室作为所有家族的特别宗家，被称为“宗国”。究其原因，王既是统治者，又是最高家长。每个人都是他的臣子，同时也是他的儿子。因此，王为众人的“君父”，臣下为王的“臣子”。这种家长制的上下尊卑秩序不仅适用于家庭或国家，而且非常普遍。这些社会观念通过自然而然的族谱的发行，要求实现忠孝的伦理。在这种氛围下，族谱的发行非常盛行，谱学受到重视。虽然进入现代社会，小型家族化正在急剧发展，但与此同时，韩国社会中依然有通过族谱的编纂和发行等来强调姓氏文化的重要性和展现家门荣耀存在的。

三、家训的教育价值与意义

家训自古以来就是向子孙后代传授智慧和人生道理的教诲。特别是在学校尚未普及的近代之前，它具有非常重要的教育效果和教育意义。这种家训在韩国姓氏文化确立之前就起到了重要作用，但随着姓氏文化的落地生根，其教育效果和价值更加受到重视。当然由于家庭与家庭之间在日常生活形态上存在的差别，使其具有普遍性的特点是件非常困难的事情。但是，在经过长时间的积累之后，在各家的生活模式中会形成一些普遍的教训。即根据家庭和时代所处的特殊情况、固有的经验和应对的方式，通过各家庭不同的教育内容和教育方式，探索其普遍性，并将今天我们能够共享的价值反映到我们的生活中来，这点可以说是最重要的。

不同寻常的是，古时的家训会制作成文本版的《家训书》来具体记录其家训的思想和行为，并将其传给子孙后代。但如今随着家庭小型化的出现，各家传承下来的家训的意义也已黯然失色，大打折扣，甚至被遗弃了。古时的家训与现在的家训在性格层面会有所不同，现在韩国的家训大多只是片面地反映具有指导性、规范性的几个字或简单的几句话而已，而传统家训的内容却包含着从“修身”到“平天下”的人生全部实际生活规范的广泛内容。另外，《家训书》的内容和形式以及其制作意图和方式上也存在着差别。

但是，一般来说家训所体现的教育意义和价值大体上都是从修炼自己的身心开始的，它包括政治、经济、社会、文化等诸多方面，涵盖了人类生活所需的所有日常生活中的实际生活规范。其类型大致可分为五类。第一，从家庭的伦理道德层面上强调对父母的孝顺、兄弟的友爱、夫妻的和睦、对长辈的恭敬、亲戚间的和睦和对祖先的崇拜等。第二，从社会层面上强调德业相劝、礼尚往来、美风良俗等。第三，从国家层面上强调忠诚、勇敢、智慧、信任等。第四，在日常生活方面上强调健康、立志、勤勉、俭朴、诚实、善恶的区别等处事方式。第五，强调女性的贞淑、温顺、美德等。

在传统社会中，家训会通过先辈的父兄们向子孙后代传达日常生活所需要的教诲，运用智慧克服现实生活中遇到的问题。即通过这些教诲，既揭示了人的成长进步与社会和谐的关系，同时又作为家庭教育的根本，为子孙后代适应现实文化生活提供了基本的素养和能力。由于教育基本上是从家庭出发的，因此制定一定形式的家训，并将其作为生活实践的标本来进行传授和继承，将会对个人主义和金钱万能主义盛行的现代社会具有非常重要的教育意义和价值。

韩国传统家训的教育方式大致分为书简、问答、遗训等多种形式，下面将介绍其中的一部分内容，以便了解其大概。

① 丰川卢氏卢稙在《丰川卢氏家学十图》中针对父母的孝道与恭敬指出："孝于亲，悌于兄，孝悌也者，为仁之本。事亲孝故，可移于君，不忠于君，非孝也。事兄悌故，顺可移于张，不顺于张，非悌也……"[9]

② 安东权氏权让在《永嘉家训》中针对兄弟友爱指出："兄弟者，同气人也，共乳人也。四寸与六八寸，以祖先视之，则均是子孙也基。友爱敦睦，此自然之理也。夫禽兽尚爱其同类，而相隧之，况人之于亲族乎？……"[10]

③ 姜晋奎在《栎庵集》中关于礼节和法度指出："礼者天理之节文，法自人为之禁防。礼所以约情，而法所以辅礼也，有条目焉，有根本焉。有枝叶焉，必须正其纲而祥其目，务其本，而达其枝，则其酌酌损益庶乎！……不有礼法以制饬之，则一转而为浮诞，两转而为猖狂，三转而为悖逆，以至辱名忝先丧身覆家者，真如下山之易矣。可不戒哉！可不惧哉！"[11]

④ 俞最基在《无愁稿》中针对人际关系指出："说人短处，甚是不好之习。言人之不善，则人必怒我，怒我则岂无后患乎？大抵闻人之过失，决不堂暴扬，又不当传说。惟以隐恶扬善为主。人之阴事，鬼神不喜泄漏，此乃道家语也。"[12]

⑤ 李珥在《击蒙要诀》中针对忠诚与节概指出："谓忠厚与气节，相为表里。无自守之节，而以模棱为忠厚不可也。无根本之德，而以矫激为气节不可也。世俗淆薄，实德日哀，非诡随阿人则必矫亢尚气，中行之士，诚难得见矣……"[13]

综合以上家训所传达出来的家训的教育意义和价值，可以整理以下 3 点。第一，家训承担了当时社会初级阶段的教育任务。家训是为维持家庭和存续而制作的私人教科书，但由于其价值和功能，家训被用作公共财产。第二，在与科举考试学习的对立格局中，它不是面向修身和出人头地的世俗学问，而是具有在家庭日常生活中接收和处理自我的实际学习功能。第三，它摆脱了单纯的知识教育，而是将知识和人生融为一体，追求知识与生活的融合功能。因此，我们可以从这些家训中找到它所体现的教育学意义和价值，也可以更进一步从教育学的观点出发，重新审视社会文化的意义和价值。

四、结语

今天的韩国人都拥有自己的姓氏，这种现象从现在看来是理所当然的常识，但是如前所述，不必追溯历史言及三国时代和高丽时代，仅仅直到 20 世纪初没有姓氏的人比有姓氏的人还多这一点就非常值得关注。对此，崔范勳在《汉字借用表记体系研究》中指出 1910 年 5 月的所谓“民族簿”记录中显示没有姓氏的人比有姓氏的人多出了 1.3 倍。虽然不同时代的情况不同，但是从三国时代开始到高丽和朝鲜时代，大部分人都沿着血缘形成了大大小小的不同集团，但是事实上却是他们没有得到能够获得姓氏的决定性机会，在那样的时代背景下，姓氏也并非不可或缺，但进入朝鲜时代后儒教文化逐渐成为国家统治理念，科举考试的实行也随之提高了对姓氏和族谱的要求。以儒教理念为基础建立的朝鲜时代，即近代以前的韩国社会，无论是家长制的上下尊卑秩序，还是家族或国家都成为当时的支配性观念，这种社会的普遍观念导致对实现忠孝的谱学的重视和家训书籍的编纂。当然，随着时代的变化，其要求的价值和标准也发生了变化，但无论人类存在于何种年代，特别是像今天这种共同价值观念解体、个人功能主义盛行、工业化和全球化趋势导致经济和社会阶层之间的两极化对立加剧，而现有的价值观不断动摇的时代背景下，认为作为克服这种时代问题的一个解决方案，姓氏文化和家训的继承和发展在其基本层面上具有非常积极的价值和意义。

参考文献：

［1］金钟泽．国人的姓名定着过程研究/国语教育研究［M］．国语教育学会，1991（12）：3–8.

［2］高丽史［M］．卷73，志27，选举1，文宗 九年十月：“内史门下奏，氏族不付者，勿令赴学。”

［3］崔范勳. 汉字借用固有人名表记调查研究［M］. 国语学9，国语学会，1980：20.
［4］金光淳. 韩国口碑传承的文学［M］. 萤雪出版社，1988：29.
［5］申勳镐. 对姓氏考察/韩国人的族谱［M］. 1977：77.
［6］李树健. 朝鲜前期的姓贯体系与族谱的编纂体系［M］. 韩国史学论丛，1992：86.
［7］崔在锡. 韩国家族制度研究［M］. 一志社，1983：675–679.
［8］金重劝. 名家的家训［M］. 明文堂，1997：239.
［9］同上书. 143.
［10］同上书. 62.
［11］同上书. 406.
［12］同上书. 470.
［13］同上书.

任振镐，韩国草堂大学国际学科教授。

泰中两国姓氏宗亲家族历史人文地理演变与家国融合发展的集成研究

〔泰国〕蔡美卿　〔中国〕骆秀禹

20 世纪 80 年代以来，全世界家庭数目稳定在约 10.3 亿个，且分布在世界 220 多个国家和地区，形成了整个人类社会发展的基本系统或组织，逐步形成了人类命运共同体、文明体、演进体的重要内容。1989 年 12 月 8 日，第四十四届联合国大会通过一项决议，宣布 1994 年为“国际家庭年”（International Year of the Family）。1993 年 2 月，联合国社会发展委员会又做出决定，从 1994 年起，每年 5 月 15 日为“国际家庭日”（International Day of Families）。由此，联合国倡导的“国际家庭日、国际家庭年”及其每年的主题活动，得到了世界各国的支持。这启示我们来共同探讨有关国家的家庭、家门、家族、宗族和姓氏文化、宗亲文化、民族文化、宗教文化、国家文化、跨国文化与经济、社会发展等的关系，并进一步从命运共同体、相似体、文明体、演进体等多元角度进行研究和分析，探索其渊源和价值、意义。笔者结合在中国、泰国、马来西亚、缅甸、老挝、德国、法国等国的生活、学习、工作、旅游、考察等体验和领悟，以泰国和中国为重点，进行以下的研究，仅供参考。

一、泰、中两国及其姓氏家族（家庭）融合发展史回顾

近 1000 年以来，尤其从泰国的素可泰王朝以来，至今到拉玛十世时代，泰国的王朝变迁，其中蕴含了中国历史上甚至从秦汉、隋唐、宋元明清，直到中华人民共和国的华人华侨华裔在泰国，还有中国各历史和现实的不同民族的共同体形成的民族融合，这些历史人文地理的演变，也反映在了泰中两国的姓氏宗亲、

祠堂建设、寻根文化、会馆文化、商会等不同参与人守护中华文明的各种手段，通过泰中两国的姓氏宗亲的各类融合，在家庭、家族甚至在国家各类发展手段中，体现了姓氏宗亲、家国情怀、国家民族认同等不同的融合模式、机制。由于泰中两国的国际交往、城乡变迁、经济社会发展形成的历史地理演变迁移，泰中两国的姓氏宗亲也对依法合法团结同门，以及同心同德发展家庭、家族、区域、国家、国际社会等形成了有益的探索。

鉴于以上相互作用，笔者从泰中两国的历史人文地理演变中，尤其从国家、家庭和家族、经济、城市产业、民族等综合因素，开展了以下系统研究工作：

从历史人文地理演变看，泰中已经形成了“两国一家亲、友谊天长地久”的交往交流、合作发展机制和模式。泰中两国一体化使得泰国在东盟区域的中心地位更加稳固和加强，中国是世界最大的发展中国家，是世界人口最多的国家，泰中两国在历史上、现实中和未来融合发展中，具有很强的互补性、很大的合作潜力。

①泰中两国的双边关系是世界 220 多个国家和地区中最注重友谊和一家亲的双边国际交往的典范，这是由两国的历史人文地理和家国关系等融合成的基本关系，因此，泰中之间的这一基本关系不能动摇。泰中两国政府和人民在经贸、教育、文化、科技、生态保护、地理环境保护、土地利用开发等各方面，正不断深化合作。

②泰中两国在经济区、城市、产业等合作发展，已经取得了不同程度的重大进展。泰中合作的示范工业区如罗勇工业园区，中国多个省市的泰国工业园区如广西崇左、山东枣庄的泰国工业园区等；泰中之间的国际友好城市结盟和智慧城市建设相关产业的合作，如北斗进一步和农业等产业的结合、5G 网络等的深度融合，正引起泰中两国政府和民间的高度重视，尤其是通过旅游业体现的泰中两国友谊、泰国自身的经济结构调整，已经成为泰国的共识。泰中文化交流合作也正成为泰国政府和各城市相关产业发展的重要领域。

在以上历史现实的人文地理演变变迁，泰中两国关系发展的大背景中，其中最近 100 年来尤其近 40 年来，泰国的华侨华人总体稳定在 1000 万（如果从五代的血缘亲缘关系看，此外还有加上几百年来来自中国、缅甸、老挝、马来西亚等的有关族群如阿卡族、回族等，则数量会更多），尤其是祖籍潮汕的泰国华侨华人有 600 多万，如果扩展到有华人血缘亲缘地缘文缘渊源的泰国人那恐怕有

2000多万，约为该国总人口的1/4。泰国从吞武里王朝以来的国王大都具有中国血缘亲缘和情愫，泰国约30任总理也与中国有多元的缘分和渊源。至于遍布城乡来自中国的华人华侨华裔，华人城市、社区、街道、村落等已经遍布泰国各府，尤其是泰北、泰南和泰中、曼谷等地区，尽管可能有的已经与泰族等民族进行了通婚，大都保留中国的姓氏和文化，那更是形成了中华文明传承的重要探索者。这些历史传承至今已经融入泰中两国的家国情怀中，不可分离割舍，在移民到泰国的三至五代宗亲之内的，大都能保留姓氏文化，有的甚至保留家谱文化的传承，这些姓氏宗亲文化对于守护中华文明，传播和发展中华文明都具有重要的意义。

20世纪80年代中国改革开放后，中泰两国在多方面进行了交流合作，尤其是2000年以来，中泰两国在人文交流、国际教育交流合作、留学生互换、奖学金制度等的广泛推广，汉语国际教育、孔子学院、各类汉语培训行业、“一带一路”共建和中国对泰国的投资的深入发展，这些带动了泰中两国的国际文化交流交往，中泰命运共同体的构建，也带动了姓氏宗亲文化文明的融合，尤其是在泰国的汉语和华文教育体系中，泰国本地学生和在泰国的留学生逐步都重视中文姓名姓氏的文化标识和交流，尤其是华人华侨华裔家庭、中国少数民族家庭的融合，中国的姓氏宗亲文化和泰国的姓氏宗亲文化，甚至欧美国家在泰国学习中文和想了解中国的人们如美籍犹太人在泰国等也正逐步融合，互相起名，相互借鉴，形成了丰富多彩的姓氏宗亲文化习俗，开创了中泰一家亲的新的融合发展形式，并正逐步影响中泰两国的文化、旅游、教育、经济乃至政治、生态人文、地理景观、环境条件等的变化，在泰国和中国，世界人民团结交流合作的局面已经出现或发展。

二、泰国人取名构成特点之分析

在以上大背景下，笔者从直接接触的有关统计数据，结合有关姓氏家庭、家族、教育等问题（笔者2012—2019年在泰国的清莱皇家大学曾任教讲学6年多、2019年以来在清迈皇家大学任教，在泰国工作生活约9年），发现了泰国一些姓氏宗亲变迁的规律。这些姓氏宗亲的姓氏取名主要来自以下途径：

①父亲取名；

②母亲取名；

③父母亲商议取名；

④爷爷取名；

⑤奶奶取名；

⑥爷爷奶奶商议取名；

⑦华校老师取名：来自中国的老师、泰国的教中文的老师；

⑧高中老师取名：来自中国的老师、泰国的教中文的老师；

⑨大学老师取名：来自中国的老师、泰国的教中文的老师；

⑩自己学会中文后根据喜好和意义取名；

⑪其他途径。

取名的姓氏主要来源：

①中国百家姓等中国姓氏中的不同姓氏的选择；

②泰语姓名的音和意思的谐音、意义取名；

③英语姓名的谐音取名；

④喜爱的地名或有意思的取名：有的有姓氏、有的只有名或无姓氏；

⑤喜爱的植物的名；

⑥喜爱的动物的名；

⑦喜爱的词语的含义取名；

⑧其他来源。

从以上泰国与中华姓氏文化融合的现实生活工作中的总结，可以发现，泰国的华人华侨华裔受中国文化影响，注重学习中国文化，学习汉语的泰国人都重视对姓氏文化和中华文明的学习、借鉴、选择。这是历史守护发展、现实保护创新、未来演变创造的基础，是家国情怀、泰中两国一家亲的重要表现形式之一，这些反映了泰中两国的国际交往、法律制度，乃至整个泰中两国的家庭社会、命运共同体、文明体的演变，这是非常有价值的两国之间家国情怀融合发展的重要方面，确实值得重视和研究。

在泰国，尽管中华姓氏文化和中华文明的融合有着不同的来源、途径，但泰国自身基于泰语的姓氏文化，依然是泰国姓氏文化的主流，具有中华姓氏文化的人们往往也具有泰国的姓氏、英语的姓氏，甚至有阿拉伯语、巴利语、梵语等不同的姓名，其中泰语和英语的信息在泰国人的身份证等证件上有所体现，这显示了泰国人姓氏的多元文化，也反映了泰中姓氏文化和泰中命运共同体的融合演变。

在泰国，同世界上其他国家和民族一样，泰国人的名字是由古至今演变而来的。在古代，泰国人有名而无姓，难以证明血缘关系。到了曼谷王朝拉玛六世王瓦栖拉兀即位时，才制定了有关泰国人姓名的法令，方便泰国人民辨识亲族，建立血脉，此后泰国人才开始有姓。“王欲用姓，曾用了大量的时间研究给大臣、官吏、侍从以至普通百姓赐姓，后因用姓恰当，受使用姓者甚为满意”，于是国王便于 1912 年 3 月 23 日颁布“用姓条例”。该条例于次年 7 月 1 日正式生效，从此泰国人才开始使用姓。在“用姓条例”颁布之后，由国王赐姓，被认为是一种很大的荣誉，例如 1913 年拉玛六世王赐给当时一位有名的将领波林塔拉德差（เจ้าพระยาบดินทรเดชา）姓信社尼（สิงหเสนีย์）。据说国王设立用姓制度是为了培养人民热爱自己的血缘家族，使男性为中心的社会细胞组织——家庭得以更好地巩固和延续下去。泰国普遍正式使用姓的历史，到现在才有约 100 年的时间。泰国的豪门显贵一般都取自梵文 - 巴利文，但现在大都转为用皇室泰语和公共泰语来表示了，泰国人的姓一般有两个或两个以上的音节，也有一个音节的，但很少，现在贵族和王族的姓更有长达十几个音节的，对地位有一定的标识。显然，泰国人的姓氏学习借鉴了古代中国、古代印度和南亚、高棉、马来亚、缅甸等有关语言和佛教的文化。但随着下南洋等中国华人的定居和通婚，并逐步形成了一定的经济地位和政治地位，尤其是吞武里王朝郑信以来的潮汕移民有些作为皇室商人，聚集在当时的都城，而却克里王朝的国王也拥有汉姓，且王室与中国的华人有一定的血缘和亲缘关系，从而促使中华姓氏文化逐步在泰国传播开来。泰国在 1932 年以前是封建君主制国家，有一套严密的封建组织和等级制，王室和贵族是国家的统治阶级。他们被授予一定的爵衔。从 1932 年到现在，也仍然是一个君主立宪的国家，国王是国家元首。因为王室和贵族的爵衔一般是挂冠于姓名的前面，如果对这些爵衔弄不明白，也容易与名字相混淆，所以这里对泰国的王室和贵族的爵衔做一简要的介绍。

①对国王和王后的尊称：对国王的尊称是帕拔颂德（พระบาท 陛下）、帕昭育华（พระเจ้าอยู่หัว 国王或皇上）。前者一般冠于国王名字之前；后者有时在名字之前。有时在名字之后，但每位国王都有固定的称号，例如曼谷王朝拉玛九世王普密逢·阿仑雅德陛下的全称是帕拔颂德·帕昭育华·普密逢·阿仑雅德

（พระบาทสมเด็จพระเจ้าอยู่หัวภูมิพลอดุลยเดช），对王后的尊称是颂德帕波隆拉栖妮（สมเด็จพระบรมราชินี 王后陛下），对拉玛九世王诗丽吉的全称是颂德帕娘昭·诗丽吉·帕波隆拉栖妮娜（สมเด็จพระนางเจ้าสิริกิติ์พระบรมราชินีนาถ）。颂德（สมเด็จ）意为准者，对皇族长官、皇族长辈或僧侣尊长的尊称；帕娘昭（พระนาง）是对国王正式配偶的尊称；娜（นาถ）意为依赖者，指曾经替国王管理过国家的王后。

②王族的爵衔：王族的爵位分为两种，一种是王族成员一出生即具有的爵位，一种是国王封赐的爵位。这里介绍前一种爵位。王族出生后的爵位是根据本人同国王的血统关系的亲疏而定。凡出生于王室者，不论是王子、王女或王孙，均称为昭（เจ้า 亲王）。昭又依次分为昭法（เจ้าฤฟ้า）、帕翁昭（พระองค์เจ้า）、蒙昭（หม่อมเจ้า）。

③贵族的爵衔：泰国的封建贵族都授予一定的爵衔，贵族的爵衔按其级别的高低分为5等，即昭披耶（เจ้าพระยา）、披耶（พระยา）、帕（พระ）、銮（หลวง）、昆（ขุน）。这些爵衔相当于中国封建王朝的公、侯、伯、子、男。贵族的爵衔是由国王赐予。除封赐爵衔外，国王还同时赐予爵名。例如泰国的一位前总理比里·帕依荣（ปรีดี พนมยงค์），国王赐他为“銮”（หลวง）的爵衔时，同时也赐他以爵名“比里·玛努探”(ประดิษฐ์มนูธรรม)，于是，他的全称是銮比里·玛努探（หลวงประดิษฐ์มนูธรรม）。在拉玛八世王（1935—1946）时期，宣布废除封建贵族的爵衔，但可以用爵名作姓，后来又宣布凡有爵衔的人，仍可以袭用过去的爵衔。因此便出现了这三种情况：第一种是不再用过去的爵衔和爵名而用自己原来的姓名，例如前面提到的泰国总理比里，他就不用过去的爵衔和爵名“銮比里·玛努探”，而用原来的名字比里·帕依荣；第二种是把过去的爵名用来作自己的姓，例如泰国另一位前总理，爵衔和爵名是“銮披汶颂堪”(หลวงพิบูลย์สงคราม)，原名贝·肯达讪克（แปลก ขีตตะสังคะ），把爵名作姓之后，他的姓名便成为贝·披汶颂堪（แปลก พิบูลย์สงคราม）；第三种是仍旧用过去的爵衔和爵名，例如泰国前议长集·那宋卡（จิตร ณ สงขลา），过去的爵衔和爵名是“昭披耶·西探玛蒂贝”（เจ้าพระยาศรีธรรมาธิเบศ），后来一直袭用这个爵衔和爵名。

此外，一般来说，泰国人的习惯是子继父姓，妻从夫姓（男方到女方入赘，也是妻从夫姓），例如：女子翩·奇里（เพ็ญ ศิริ）嫁给沙惕·沃腊纳（สถิตย์ วราณา）为妻，她的姓名就得改为翩·沃腊纳（เพ็ญ วราณา）。但据泰国宪法法庭已于2003年6月

5 日裁定，女人婚后可以选用丈夫或自己的姓氏，即日生效。

泰国姓的形成，除了由王家赐予之外，大体上可分为下列几种：

①表明血缘关系：例如一个男子的姓名叫巴色·讪攀（ประเสริ Paset Sangphan），巴色是名，讪攀是姓。“攀”是血统的意思，“讪攀”就表明他是“讪”的后裔。又有一个女子叫玛纳·德（มนัส แต้ Manat Tae），“德”是潮州话“郑”的音译，此姓表明这个名叫玛纳的女子是姓郑的华侨后裔。

②起源于出身或居住地：例如盖·曼谷（แก้ว บางกอก Kaew Bangkok），曼谷是泰国首都，这个姓就表明“盖”这个人的父亲原住于首都曼谷。又如汪拉耶·纳阿瑜陀耶（วัลยา ณ อยุธยา Wanlaya Na Ayutta），则表明汪拉耶出身于大城府（阿瑜陀耶）的王族，因为只有大城府的王族出身的人，才能用大城府这个名称为姓。

③表明职业的特征：仓差哪·嘎色西里（ชัยชนะ Chaichana Kasetsiri），“嘎色”是农业的意思，“西里”是吉祥，所以说明仓差哪·嘎色西里的祖先是从事农业的。

④其他：主要用来表示思想意识的，例如颂汶他纳（สมบู Sombuntana，富裕）、乍仑旺（เจริญ，昌盛），瓦拉里洛（วรดิลก Woradilok，超群），等等。这些名词在泰国人的姓中是用得特别多的。

泰国的男名多选择英武、高贵、美好的词，而女名则以秀丽、文雅、柔和动听为其特点。概括起来大概可以分为以下种类：

①表明外貌、性格、气质的名：例如，素攀（สุพรรณ Supan）是金黄色的意思，干哈（กัณหา Kanha）是黑的意思，侬蓝（นงคราญ Nongkran）是美人的意思，班锺（บรรจง Banjong）是精细的意思，伦威（รุ่งวิทย์ Rungvit）是博学的意思，扑乍那（พจนา Phojana）是善于辞令的意思，等等。

②表示英武、高贵的名字：例如，塞（ศักดิ์ Sak）是权威的意思，巴裕（ประยุทธ์ Prayut）是战斗的意思，巴色（ประเสริฐ Prasert）是卓越的意思，素察（สุชาติ Suchat）是出身望族的意思，等等。

③与动植物、矿物有关的名字：例如，信（สิงห์ Sing）是狮子的意思，蓝雅（ลำไย Lamyai）是桂丸的意思，派吞（ไพฑูรย์ Phaithurn）是猫眼石的意思，庵攀（อำพล Amphan）是琥珀的意思，等等。

④表示冀求美好的名字：例如，占叻（จำรัส Jarat）是光明的意思，汶仁（บุญยืน Bunyin）是幸福的意思，等等。

⑤和宗教有关的名字：例如，挺（แท่น Thaeng）是神坛的意思，等等。

一般说来，泰国人的名，在古代差不多都使用纯泰文。纯泰文的特点是属于简单的音节词，即每个音节词都具有独立的词汇意义。例如，“茵”（อิน In）、“通”（ทอง Thong）等。后来才逐渐用巴利文和梵文来命名，以表示高雅，如叫马努（มนุญ Manun）、嘎盛戍（เกษมสุข Kasemsuk）等。至于姓，则仍差不多都是用巴利文和梵文。只有农村地区的人，仍保持纯泰文名的传统习惯。

值得关注的是，在泰国学习汉语或泰国华人、华侨、华裔尤其是汉族族群（客家人、潮汕人、福建人、海南人、云南人），以及其他民族族群等，其姓氏往往源自中华姓氏文化史上的百家姓，如选择郑、李、王、张、赵、龙、吴、段、蔡、黄、林、谢、沈、云、符、方、杨、刘、关、洪、江、翁、方、龚、汪、梁、央、钟、卢、蚁、金、龙、陈、马、刘、罗、杜、伍、娄、骆、贺、常等，非华裔族群和泰国人族群往往也在以上姓氏中选择。泰国人和泰国的华人、华侨、华裔都在关注中国的“一带一路”和人类命运共同体的构建，都重视泰中两国的融合在经济和社会发展中的作用，尤其是泰国的华人、华侨、华裔既重视家庭经济和市场经济又积极参与泰国的国家经济和国际化的市场经济，取得了巨大的成就，在历史上和现实中都出现了全球著名的企业家族和富豪，为泰中两国和世界多国的经济社会发展做出了积极贡献。

三、泰国华裔企业家族富豪榜

在泰国的经济发展过程中，泰国成为华人、华侨、华裔投资的重要国家。泰国的华人、华侨、华裔在泰国经营了众多的行业和企业，取得巨大的成就，尤其是银行业。在泰国的全球化本地化做得很好的银行，其中由华人、华侨、华裔创立，并且参股了不少行业企业的著名银行见下表：

序号	企业集团名称	成立时间	代表人物
1	盘谷银行	1944	陈弼臣（梭蓬帕尼家族）
2	京华银行	1950	郑午楼（德差派汶家族）
3	泰国农民银行	1945	伍班超（兰三家族）
4	大城银行	1945	李木川（叻达那叻家族）

上述银行至今广泛为泰国人和在泰国的人们提供网上、网下的金融服务。不仅仅在银行业，众多行业和产业实业领域出现了富可敌国的华人富豪家族，福布斯发布的2019年泰国富豪榜排行榜显示，泰国50位富豪的总财富值为1605亿美元，稍低于2018年的1625亿美元，其中正大集团的谢氏兄弟以295亿美元的身家净值蝉联榜首，谢氏家族创办的这一著名的企业集团，甚至成为世界最大的农工商联合集团。正大集团（Charoen Pokphand Group，卜蜂集团）是一家多元化跨国企业集团，由华人谢易初、谢少飞兄弟于1921年在泰国曼谷创办，是世界上最大的华人跨国公司之一。正大集团成立之初，从农作物种子的销售开始，逐步发展壮大，已形成以农牧食品、商业零售、电信电视三大事业为核心，同时涉足金融、地产、制药、汽车、机械加工等10多个行业领域的企业，业务遍及100多个国家和地区。正大集团是泰籍华人创办的知名跨国企业，下属400多家公司，员工20万人。正大集团是第一家在20世纪80年代开始投资中国的企业，目前在中国投资额60多亿美元，设立企业213家，遍及除青海、西藏以外的所有省、直辖市、自治区，员工人数超过80000人，年销售额超过500亿元。经过多年发展，正大集团在中国也形成了以农牧业、食品业、商业零售业为核心，制药、机车、房地产、国际贸易、金融、传媒等领域共同发展的业务格局。正大集团的第四代接班人也逐步在中国成为新生的财富力量，有的后人和中国人建立家庭，通婚后加入了中国国籍，这些都反映出新的泰国华人、华侨、华裔的身份认同。

以上所述的泰国的家族企业、中大型的跨国企业集团，在中国和其他国家创建总部基地等，代表了泰国华人、华侨、华裔的发展，也得到了泰国的王室、贵族、政党和政府、国际社团等广泛的关注、支持和赞扬，从而促进了泰国华人经济和社会的发展，成为泰国经济和社会发展的重要力量。在全球的家族经济、民营经济中，泰国显示了促进华人经济发展的优势，而以正大集团为代表的华人、华侨、华裔企业通过国际化的跨国运营管理参与了许多国家的合资合作，也参与了中国的央企、民企的混合改革和国际化发展，取得了显著的成绩，这促进了中泰经济的进一步融合和经济全球化，以及跨国的华人经济共同体的发展，这就需要及时总结发展规律，实行全球化与本地化相结合的发展机制模式。正是由于泰国的华人、华侨、华裔的发展得益于泰中两国的交流合作，得益于“中泰一家亲，友谊天长地久”的两国关系，家国情怀，从而也促进这些企业和企业家形成的富豪家族在全世界有更加广泛的影响力。

泰国的华人企业和华人富豪能够在泰国获得高度认同，这显然是获得了王室的广泛支持，这本身说明泰国王室和家族等的历史演进和华人、华侨、华裔有很大关系。在泰国姓氏中，著名的王室也从历史文化传承中，每一位泰国的国王都有一个中文郑姓的名字，这源于泰国历史中的吞武里王朝“郑昭”作为国王的历史原因，自曼谷王朝建立后，就一直延续下来。这反映了泰中一家亲的历史文化传承，也反映了泰国王室和中央王朝、中央政府对中华姓氏文化的重视，深深影响了泰国的家庭、社区、节日、经济等诸多方面。

四、泰国王室选择以郑姓为姓氏延续，奠基了泰中两国友好发展之源

尽管自拉玛四世、拉玛五世以来由于西方列强的殖民和鸦片战争对亚洲文明的破坏，中泰两国关系出现了挫折，泰国重视了向西方的学习，但泰国的皇室、王室贵族、名人巨富凡是具有中华姻缘、渊源的都在保护保存这中华姓氏的传统，并形成了文化传统和丰富的人文历史地理景观。泰国的国王和王室中大都重视和保护这些历史文化传统，包括对姓氏文化传统的集成和继承，具体的泰国的国王和姓氏延续如下表：

泰国国王和王室的姓氏延续

序号	简 介
1	泰国吞武里王朝的创始人华裔达信或郑昭或郑信或披耶达，即广东省潮州府澄海县华富村来泰国的移民郑镛之子（1734 年 4 月 17 日—1782 年 4 月 7 日，1767 年 12 月 28 日—1782 年 4 月 6 日在位 14 年 99 天，享年 58 岁），其父亲中年从中国广东澄海（今广东汕头市澄海区广益街道华富村）渡船到泰国，后移民娶泰族女子为妻，开创、挽救和奠定了当今泰国的统一版图，泰国历史上的五大帝之一，甚至是五大帝之首
2	泰国曼谷王朝的创始人郑昭的好友郑华，曼谷王朝的创立者是昭披耶却克里，史称拉玛一世（1737 年 3 月 20 日—1809 年 9 月 7 日，1782 年 4 月 6 日—1809 年 9 月 7 日在位 17 年 150 天，汉语名郑华，享年 72 岁），他即位后迁都曼谷的拉达那哥欣岛，建立了拉达那哥欣王国，开创了拉达那哥欣时代

（续表）

序号	简　介
3	拉玛二世（1767年2月24日—1824年7月21日，1809年9月7日—1824年7月21日在位14年318天，享年57岁），汉语名郑佛
4	拉玛三世（1788年3月31日—1851年4月2日，1824年3月31日—1851年4月2日在位26年255天，享年63岁）汉语名郑福，他是拉玛二世的弟弟
5	拉玛四世（1804年10月18日—1868年10月1日，1851年4月2日—1868年10月1日在位17年183天，享年64岁），汉语名郑明。由于中国当时清王朝的衰落，加上多次战争，拉玛四世中断了和中国的朝贡贸易，致使泰中两国在历史上失去了官方的外交联系，泰国开始向欧美国家学习的转向
6	拉玛五世（1853年9月20日—1910年10月23日，1868年10月1日—1910年10月23日在位42年22天，享年57岁），汉语名郑隆，著名的泰国五大帝之一，在泰国和世界现代化转型中开启了类似日本明治维新的“朱拉隆功改革”，奠定了泰国发展至今的地位和走向，但也受到了欧美殖民者不平等条约的钳制
7	拉玛六世（1880年1月1日—1925年11月26日，1910年10月23日—1925年11月26日在位15年34天，享年45岁），汉语名郑宝，曾在英国和欧洲其他国家学习
8	拉玛七世（1893年11月8日—1941年5月30日，1925年11月25日—1935年3月2日在位9年97天，享年48岁），汉语名郑光，拉玛六世的弟弟，曾在英国和欧洲其他国家学习
9	拉玛八世（1925年9月20日—1946年6月9日，1935年3月2日—1946年6月9日在位11年99天），汉语名郑禧，他是拉玛五世的孙儿、宋卡亲王玛希敦亲王和斯纳卡琳（据说是海南人的后代华裔）的儿子。他出生在德国，在欧美国家留学和发展，年仅10多岁被推举为国王，但年仅21岁就英年早逝
10	拉玛九世普密蓬·阿杜德（1927年12月5日生于马萨诸塞州剑桥奥本山医院，2016年10月13日逝世于泰国曼谷西里拉医院，1946年6月9日—2016年10月13日在位70年126天），汉语名郑固，曾在美欧国家学习，他在位期间，开创了泰国的君主立宪制发展、历史人文地理传统和融合东西方文明体、新型现代化文明体演进的新时期，开创了泰国的新的历史
11	拉玛十世玛哈·哇集拉隆功（1952年7月28日哇集拉隆功生于曼谷，2016年10月13日继位），汉语名郑冕，曾在英国、澳大利亚、美国和欧洲等国家和地区学习

由上可见，在泰国王室中广泛选择以郑姓作为中华姓氏传承的历史，在王室中还有许多和华人通婚的事实，这些显示了泰国王室对中华文明的重视，同时对中华文明在泰国的传播、融合方面率先垂范，促进了泰中一家亲和友谊天长地久的两国关系的深度发展，成为国家之间交流合作的典范。其中，拉玛九世的女儿诗琳通公主更是典型的代表。拉玛九世普密蓬虽然一生没有去过中国大陆，这不能不说是一大憾事，但2000年，泰国诗丽吉王后代表普密蓬国王对中国进行访问，泰国现任国王原哇集拉隆功王储、诗琳通公主、朱拉蓬公主等王室成员多次访华；历任总理、国会主席和军队领导人亦曾访华，中国的时任副总理邓小平（1978）、时任全国人大副委员长邓颖超（1980）、时任国家主席李先念（1985）、时任国务院总理李鹏（1988）、时任国家主席杨尚昆（1991）、时任全国人大委员长乔石（1993年）、时任全国政协主席李瑞环（1995）、时任国家主席江泽民（1999）、时任全国人大委员长李鹏（1999、2002）、时任国家副主席胡锦涛（2000）、时任国务院总理朱镕基（2001）、时任国家主席胡锦涛（2003）、时任全国人大委员长吴邦国（2010）、时任国家副主席习近平（2012）、国务院总理李克强（2013、2019）等领导人先后访泰，这些是反映了中泰一家亲密切交往历史的真实写照。中泰两国 “既是近邻，也是亲戚、一家亲”，在两国高层亲善往来的带动下，会越走越亲、亲上加亲。在泰中关系中，以诗琳通公主为代表的王室外交更是获得了中国人民的肯定和尊敬。2019年9月17日，中国决定将仅授予全球6位外国政要和国际友好人士的“友谊勋章”，由中国国家主席习近平亲自颁发给她，她成为学习研究中国文化、中华文明的世界杰出代表，促进泰中友谊的杰出人物，这也反映出她的父亲拉玛九世对她的影响。在泰国，拉玛九世的去世曾引起国内外人士的忧虑，但拉玛九世的哲学理论体系逐步成为泰国远景规划的指导思想。2018年10月14日泰国政府公布了首部《国家20年发展战略规划》（2018—2037），哇集拉隆功国王签署批准正式颁布实施。2020年的新冠肺炎疫情，使泰国的规划进行了调整，显然进入到新的调整时期，但对泰国的国家发展、国内外关系并未引起大的变化。

2016年11月29日，泰国国会召开特别会议，在接到内阁提交的新国王人选后，国家立法议会主席蓬贝宣布，恭请玛哈·哇集拉隆功王储殿下就任泰国国王。

玛哈·哇集拉隆功王储殿下将是曼谷王朝拉玛十世王，他接受泰国国会的迎立。2016 年 12 月 1 日拉玛十世正式即位，2017 年 4 月 6 日正式签署了泰国宪法，泰国新宪法正式生效（1932 年首部宪法实施以来泰国的第 20 部宪法）。2019 年 5 月 4 日，拉玛十世于曼谷大皇宫举行了加冕仪式，泰国进入了拉玛十世作为元首的时期。2019 年 6 月 5 日，巴育所在的人民国家力量党在众议院选举中获得 115 席，成为第二大党，通过与小党合作在泰国国会两院共同举行的首相选举中获得 500 票，巴育当选为泰国总理，他是前任国王普密蓬·阿杜德在位时的最后一任总理，也是玛哈·哇集拉隆功即位后第一任总理。泰国政府在泰国第三十任总理巴育的领导下，国家经济社会发展委员会针对新冠肺炎疫情对经济多个领域的沉重打击进行研究，评估新冠肺炎疫情对世界经济的影响力和破坏性，准备对泰国未来 20 年的发展战略做出调整。泰国这类长期规划的发展模式是泰国治国理政、思想理论体系的新变革新探索，与中国善于运用长期规划和各类规划治理国家的模式，正相得益彰，探索着新的治国理政和全球治理模式，毕竟进一步加强“泰中—中泰、泰华—华泰”等新的规划建设机制和模式的深度融合，定会带动中国东盟、“一带一路”和人类命运共同体的新探索。

总之，在“中泰、泰中一家亲”和世界和平安全发展进步的大背景下，泰国和中国已经明显加快了融合，加强有关中华、泰华姓氏宗亲文化研究，结合有些泰国人已经拥有泰国姓氏、中华姓氏、英文姓氏等语言姓氏，有的还有穆斯林姓氏等民族、宗教、国家的名字的现实，这些显示了中国东盟进一步结合世界人民大团结、大融合、大联合、大集成、大继承的方式和机制，尽管受到新冠肺炎疫情的影响，但中国东盟亚太一体化融合发展越发深刻，经济发展、政治清明、社会和谐、家国情怀的机制和模式显然正不断推进和探索中。人们正不断探索运用家庭、家国、企业、社团、国际组织等各种方式，不断结合各类国际组织机构、跨国家庭、跨国企业等深入的分门别类研究，建设网上网下的博物馆、大数据库等，不断创新发展、集成大成、继承传承，促进中华文明、华泰文明等文明体和联合国 2035 年计划、各类世界文明体的不断集合融合，以及探索天地宇宙世界演进的新规律、新机制和新模式，不断造福人类和世界。

参考文献：

[1] 联合国国际家庭日：https：//www.un.org/zh/observances/international-day-of-families.

[2] 段立生. 泰国史散论 [M]. 南宁：广西人民出版社，1993.

[3] 黄素芳，吞武里王朝时期的泰国华人社会及其特点 [J]，广东工业大学学报（社会科学版），2012（6）.

[4] 谢木全，黄杭阳.达信大帝 [M]. 香港：公园出版有限公司，2004：24.

[5] 杨锡明. 潮州人在泰国 [M]. 香港：艺苑出版社，2001：16.

[6] 素攀·占塔瓦匿，等.泰国潮州人及其故乡潮汕地区研究报告 [C]. 曼谷：朱拉隆功大学亚洲研究所中国研究中心，1991.

[7] [泰] 黄碧蕴.泰国华人作用：泰国曼谷王朝拉玛三世至拉玛五世时期华人社会 [D]. 上海：上海大学，2010.

[8] 王伟民. 泰国华人面面观 [M]. 昆明：云南大学出版社，1993.

[9] 黎道纲，等. 泰国华侨华人研究 [M]. 香港：香港社会科学出版社，2006：61.

[10] 傅增有，[泰] 马克仁. 中国人民心中的诗琳通公主 [M]. 北京：北京大学出版社，2015：10-99.

[11] 福布斯泰国富豪排名：https：//www.maigoo. com/news/520136. html.

[12] Siam.Mapped：A History of the Geo-Body of a Nation，Thongchakul Winichakul [M]. University of Hawaii Press，1997.

[13] Handley，Paul M. The King Never Smiles：A Biography of Thailand's Bhumibol Adulyadej [M]. Yale University Press，2006：4-103.

蔡美卿（泰国），女，Miss Patcharaporn Chaowanapoonpol，泰国清迈大学本科毕业，中国广西大学硕士毕业，云南师范大学旅游与地理科学学院博士生、泰国清迈皇家大学国际学院教师。

骆秀禹（中国），泰国清迈皇家大学国际学院教师，曾为湄洲大学国际创新管理博士候选人，并被聘为有关大学、学院兼职教授，多个基金和企业、国际组织等组织机构的顾问，泰国与世界研究发展创业创新中心和中泰国际联合研究发展中心副主任，中泰国际联合发展工作组组长。

编者按：该篇论文内容仅限用于学术讨论，仅供参考。欢迎方家指正，以求本研究不断改善和共同进步。文中泰文与中文、英文的互译，均由作者本人表述，且本文的两位作者均为泰国姓氏宗亲文化学者，文中涉及泰文与中文、英文互译的内容，本书主编不做改动。另外，文中内容有中英、中泰对照的文字说明，若有翻译信达雅和精准问题，应以中文表达意义为基准，特此说明！

集　锦

家和万事兴

湖山盟

时间和空间的往来，
形成了中国人的宇宙观；
伦理道德的起源，
形成了中国人的家庭观；
家是社会的核心和细胞，
形成了中国家邦式的社会；
有一种家教、门风，
有一种伦理、风俗，
饱含着朴素的温暖，
一直都在我们的生活格局中。

中国人的观念里赞美自然，
顺应天时的纯朴生活。
耕作土地，养家糊口，
读书习文，通晓道德礼仪。
以和为贵，以德为荣，
格物致知，诚意正心，
修身齐家，治国平天下。
用健康的心态参与社会，
去实现自己的人生抱负，
忠厚传家久，诗书继世长。

苍天在上，一眼望去，
不仅是一片辽阔的空间，
还有照耀到家里的光明，
不失为家教和门风。
长辈把持着家庭的规矩，
父母体现着家里的门风，
家族的标杆烙印在人格里。
男人光明稳定，做人磊落，
女人贤惠慈爱，勤俭持家，
才能和谐长久，举家安宁。

父母宠爱孩子，宠而不溺，
既望子成龙，又纵子从容。
父亲做子女的榜样，
丈夫做妻子的表率，
夫妻相敬如宾，理解包容，
家人好好说话，不起冲突，
邻里和和顺顺，友爱相助。
尊重秩序，齐心协力，
生命的尊严从家庭中唤醒，
让圣贤理想一脉相传。

积善之家必有余庆，
积不善之家必有余殃。
家庭和谐，以孝为先，
从道不从君，从善如流，
用自己的行动扶持长辈，
让老人既安身又安心。
敬心敬孝，祝福祝寿，

做任何事情有恭敬之心，
启迪孩子观念的成长，
成就家人的福报和荣耀。

学习是一个光明的所在，
家庭是公民道德的起点，
用好家庭的教育资源，
多给孩子人格成长的理由。
多亲多爱多仁慈，
心接天地，心存敬畏，
阳光下有饱满热烈的进取心，
月色里有阴晴圆缺的平常心，
内心充满光芒，不惧怕黑暗，
守住家规门风，家和万事兴！

湖山盟，原名谢文弟，武汉大学毕业，中国诗歌学会会员，中国诗歌网驻站诗人，中国散文学会会员，中国音乐文学学会理事，香港诗词学会常务理事，香港爱情诗学会会长。诗人、作家。出版诗集、散文集，以及其他著述多部。具有策略思考的能力、喜欢调查研究的个性，以积极的态度观察生活、体悟人生。

东风第一枝

刘洪

初夏清风，寄声中、育英花卉。
久吹逸爽，倾爱间、情深厚意。
碧红小桥浓魅。红船百载东方，
池边随水悠悠，持笔洋洋洒洒。
紫气祥和绘翠。尽书传递，
沉香绣户，国魂粹、韵文心醉。
宗润锦、扬眉崇致重（zhòng）温馨、绿柳荫长，
任道远、礼教无穷，静好月辉承继。
风尚畅怀明志。

刘洪，女，大专学历，退休后定居北京。受家庭熏陶，自幼酷爱古典文学，尤爱诗词。

中华诗词学会会员、北京诗词学会会员、北京西城红烛诗社会员、中华诗友会会员，发表过诸多作品。曾在庆祝中国共产党成立100周年“红船百年”全国诗词创作大赛中荣获一等奖，被组委会授予“全国优秀诗词作者”称号；获第十八届“天籁杯”中华诗词大赛金奖并被授予“德艺双馨中华诗词家”称号。

献给母亲的歌

龚巧玉

一

您柔情如水，把爱心播撒。
您激情如火，让坚冰融化。
您一生，把慈善美德发扬光大；
从戎跟党走，您一生，拼搏为国家，
我的好妈妈！我愿不忘初心。

二

您的坚强意志，激励着我，
攻无不克，战无不胜；
您的顽强精神，
鼓舞着我一往无前，走遍天涯；
您的博大胸襟，
让我懂得放眼世界，心装天下；
您的崇高智慧指引着我，
在人生路上走正步伐！

三

我要承继您的革命理想，
向着胜利，继续出发；

我要牢记您的嘱托，
我愿健康快乐，平安吉祥，
让幸福之花，奉献自己，
让伟大祖国，更加发达！

四

啊，妈妈，
我的妈妈！
您微笑吧，
放心吧，
我的妈妈！
放心吧，
我的妈妈！

龚巧玉，女，湖南省双峰人，高级工程师，毕业于中国人民大学经济管理专业，硕士学位。现任联合国国际生态生命安全科学院中国籍院士和中国分院院长、联合国世界和谐基金会共同主席、全球生态安全理事会成员、中国女企业家协会常务理事、中国经济发展战略委员会常务理事等职务。

1976年从西安地质学院毕业后曾长达16年在野外工作，负责国家科委、计委重要项目普查填图以及黄土高原地下水综合利用与治理等工作。其论文《黄土高原地下水资源综合开发利用》荣获国家科委科技进步一等奖，论文《北京北苑居住区第四纪断层走向勘察》被收入《中国科技发展经典文库》。作为中国地质勘查领域中的领军人物，领导并参与完成了近5000万平方米的工程地质、水文地质勘查工作。

曾被中共中央组织部和原国家广电部评为“巾帼英雄”、被全国妇联授予“华夏巾帼”奖章、被中国女企业家协会评为“杰出创业女性”。联合国世界和谐基金会理事，受全国妇联推荐出席联合国成立60周年活动。2006年在维也纳出席全球和平钟启动仪式，2015年在北京大学发起成立“北京大学振兴科技忠孝基金”，2018年在俄罗斯圣彼得堡出席联合国国际生态生命安全科学院论坛会并荣获教育功勋奖章。

家风家训家国之本

1 = F 4/4　　　　　　　　　　　　　　　　　　龚巧玉　龚有国　词

中速稍快　亲切地　　　　　　　　　　　　　　龚素芸　王周华　曲

编后语

对中国人来说，有家就有家风。传统的中国是家国一体，家是缩小的国，国是放大的家，有家才有国，有国家才旺。从氏族的家训、家谱，到普通百姓父母长辈的一言一行，家规、家教形式不同，但传递的都是一种家庭、家族的道德准则和价值取向。

2021 年 10 月 23 日，国家主席习近平签署了第 98 号主席令，《中华人民共和国家庭教育促进法》自 2022 年 1 月 1 日起施行。其中第十三条规定："每年 5 月 15 日国际家庭日所在周为全国家庭教育宣传周。"这就意味着"5 · 15 国际家庭日"的宣传将快速走进千家万户，成为中国法定节假日的步伐也相应加快了。

2020 年 4 月，本书主编聂振强应外宣媒体约稿，撰写中华姓氏好家风的文章，向世界宣讲"中国好家风"故事。随后聂振强提交万余字《弘扬中华姓氏文化，做好家风家教建设》的论文，从"中华姓氏宗亲文化属性定位；家风是家庭的核心价值观，家规家法是家庭的基本法；加强姓氏文化理论研究，扩大海内外联谊范围；开创'姓氏文化学''姓氏社会学'研究领域"4 个方面阐述中华民族传统姓氏文化的显著特征和历史价值，提出了中华好家风的核心是做人要诚信、讲道德，诚信力、道德力的养成是人生成长期中的基石。2020 年 5 月 15 日上午 9 时许，中国国际新闻杂志社、中新网、国新网等国家涉外十几家宣传网站同时发出该篇文章，为构建人类命运共同体，向世界家庭讲出了一个"中国好家风"的故事。

抗疫期间，我们遵照相关规定，结合联合国确定的"5·15 国际家庭日"为背景，精心安排了此次论坛和学术交流活动。活动中以征集论文、举办学术论坛、家教践行访谈等为主要内容。该书在编辑、审稿过程中，征求了国内相关专家的意见，并评出奖项人选。这次论坛属社会公益活动，获得社会一致好评。

本书在编辑过程中，突出家庭文化的社会关键性，以及人生中童年生长阶段家庭家教的重要性。结合当下姓氏家风文化研究与践行的成果，根据作品的内容和风格，本书主编设定了“绪论；红色家风；家风、家庭；家族、家教；家谱、祠堂；姓氏与地名；姓氏文化教育；海内外姓氏宗亲文化交流”8个板块及集锦。编委会就以这8个板块为主，定向选择这些方面有研究成果有贡献的专家、学者及践行者约稿，共收录60余篇，近50万字的文章。将这些文章归纳为既有侧重又有呼应，既有不同角度又互为一体的学术理论研究和践行体会文章，构成本书的主体。

编者在约稿过程中，注重收集、发现和总结中共十八大以来关于传统姓氏文化、家风建设诸方面的成果，汇编成书，形成群体的成果展示，所以本书不是论述氏族历史的个人专著。编者努力集结多年来对姓氏文化研究的学术理论与践行经验，坚持文化自信，不给后人留空白，传承中华姓氏好家风。

从社会参与度来看，编者做了一组数字统计分析，作者圈年龄段老、中、青比例为20%、35%、45%，既有年逾八旬老翁周仪扬先生，又有安庆师范大学汉语系教师22岁的姑娘唐羽萱；男女比例为7:3；中高级职称人数占1/2。编者收录论文、文章时特别注重吸收一部分中青年作者，给他们提供一个学习、交流和提高的机会，这也是传承的一种方式。从事家教工作的女性占了一定比例，女性是家风建设的主要践行者，母亲对子女的教育直接影响孩子的成长。为此，年轻女作者对当下的家教家风认知多多、体会多多，本书编者也力求激发她们对人生价值观、对学术研究的热情，传承和发扬姓氏家风文化，建设好自己的美好家庭。

汉字是世界上唯一的“音、形、意”三合一文字，在封面封底设计中，考虑到姓名、地名、汉字是中华传统文化的重要组成部分，有些人在书写汉字过程中，往往写得歪七扭八，没有写出字的框架比例结构，难以标准化。我们选用了年已八旬的罗业健老先生的《罗氏字架格》标准，将汉字书写起笔落笔精确到“3×3，4×4，5×5，6×6”比例的字架格内。这一书写方法有益于儿童和外国人工整书写标准的中国汉字。这个封面书名版式的设计有创意，也向海外华人展示了中华汉字文化的精华。

同样，该书封四选用了“汉字拼写技术”开创者、人民教育出版社《写字》

教材硬笔、毛笔规范字书写者庹纯双老师的书体，他的“汉字书写技术”已入选世界技能博物馆。为此，本书在美编排版设计中大胆采用，彰显中华汉字文化的博大精深。

发来贺电贺信的有：联合国国际生态生命安全科学院院士龚巧玉女士，塞拉利昂驻华大使馆商务参赞、中非国际俱乐部主席周易先生，台湾中华民族致公党中央主席、致公文化总会会长陈柏光先生，韩国·韩中姓氏文化交流中心会长金明俊先生，《联合国友好画报》出品人、总编辑胡多多女士，中国生命关怀协会心身健康科学研究专业委员会荣誉会长张俊良先生，中国高科技产业化研究会品牌战略专家工作委员会秘书长邝世诚先生，福建省晋江市谱牒民俗学会周仪扬先生、施若凡先生，青岛市礼仪文化交流协会杨双雨女士，北京零度创意文化中心郝雨桐女士，等等。

本次活动受到国内外媒体的广泛关注，京视网手机台现场直播，中国报道文化中国频道、中国国际新闻杂志社、中国财经杂志社、中新网、国新网、世界网、中美国际网、国际凤凰网、人民资讯网、世界通讯社、国际网络电视台、GSTV国视、中国国际商业联合会、《联合国友好画报》、印度尼西亚《国际日报》、香港凤凰新闻社等多家海内外报刊、网络媒体给予了报道。

还要说明一下，有很多作者及姓氏文化研究的专家、学者纷纷供稿，他们手中有大量的姓氏文化研究成果，希望入选本书。但由于全书篇幅所限，未能入选。在此表示歉意！

这也给编创人员一个很好的提示，今后我们会遵照国家出版政策法规，抓好社会效益、经济效益，出精品好书，积极推进姓氏家风文化建设和举办相关学术活动，形成优秀的姓氏家风文化系列图书作品。

本书在后期审校期间，得到了海外华人、华侨、华裔的关注，期盼该书早日面世。泰国清迈皇家大学教师蔡美卿、骆秀禹二位博士为该书的编辑出版，反复对论文文稿进行审校及中、泰文的校译。二位的论文中“四、泰国王室选择以郑姓为姓氏延续，奠基了泰中两国友好发展之源”一节中讲到：每一位泰国的国王都有一个中文郑姓的名字，这源于泰国历史中吞武里王朝“郑昭”作为国王的历史文化传承。这反映了泰国的皇室和中央王朝、中央政府对中华姓氏宗亲文化的重视。这些也深深影响了泰国的家庭、社区、节日、经济，都与中华文化有着不少的关联。

本书同时还得到了泰国北清迈大学国际学院院长张能志博士，泰国中华总商会交际部主任林慰民先生，泰国清莱云华职业学院院长娄建坤先生，泰国广西总商会会长李宇明先生、张琪荣女士，新加坡中华正气会创会会长、文天祥《正气歌》研究学者、《地球母亲日》倡议人郝知本教授，马来西亚康养研究专家王誉霖女士，老挝桐柏先生，柬埔寨原首相黄意家族代表黄庆华先生，卞士云忠贞世家第七世传人卞世传先生，中华共工氏传承人龚家龙先生，以及齐崇峰先生等的支持和关注。

十分感谢海内外华人朋友的积极参与，感谢大家在发掘、整理中华姓氏家风文化中所付出的辛勤努力。

挖掘和总结社会民间对姓氏家风文化的研究成果，坚定文化自信，有机结合姓氏文化与家教家风建设，融入社会主义核心价值观，让更多家教、家风建设好的家庭不断涌现，形成良好的社会风气，推动构建人类命运共同体。

在此，向北京出版集团和北京出版社有关领导、编辑老师，以及北京嘉海文化传播有限公司的相关人员，表示感谢！

本书谨向《中华人民共和国家庭教育促进法》的实施，向联合国国际家庭日，向世界各民族大家庭，向中华民族各家庭，献上个“大礼包”！

祝愿您，建设一个幸福美满的好家庭！

主　编　聂根强

副主编　聂晶

2022 年 2 月 2 日于北京博雅西园晚霁轩

扫码了解更多信息

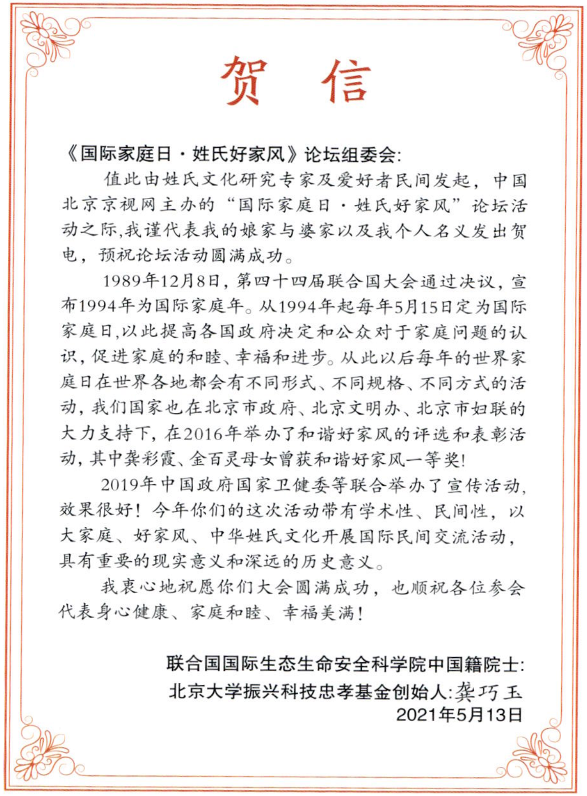

贺 信

《国际家庭日·姓氏好家风》论坛组委会:

值此由姓氏文化研究专家及爱好者民间发起，中国北京京视网主办的“国际家庭日·姓氏好家风”论坛活动之际，我谨代表我的娘家与婆家以及我个人名义发出贺电，预祝论坛活动圆满成功。

1989年12月8日，第四十四届联合国大会通过决议，宣布1994年为国际家庭年。从1994年起每年5月15日定为国际家庭日，以此提高各国政府决定和公众对于家庭问题的认识，促进家庭的和睦、幸福和进步。从此以后每年的世界家庭日在世界各地都会有不同形式、不同规格、不同方式的活动，我们国家也在北京市政府、北京文明办、北京市妇联的大力支持下，在2016年举办了和谐好家风的评选和表彰活动，其中龚彩霞、金百灵母女曾获和谐好家风一等奖！

2019年中国政府国家卫健委等联合举办了宣传活动，效果很好！今年你们的这次活动带有学术性、民间性，以大家庭、好家风、中华姓氏文化开展国际民间交流活动，具有重要的现实意义和深远的历史意义。

我衷心地祝愿你们大会圆满成功，也顺祝各位参会代表身心健康、家庭和睦、幸福美满！

联合国国际生态生命安全科学院中国籍院士：

北京大学振兴科技忠孝基金创始人：龚巧玉

2021年5月13日

联合国国际生态生命安全科学院中国籍院士、北京大学振兴科技忠孝基金创始人龚巧玉女士

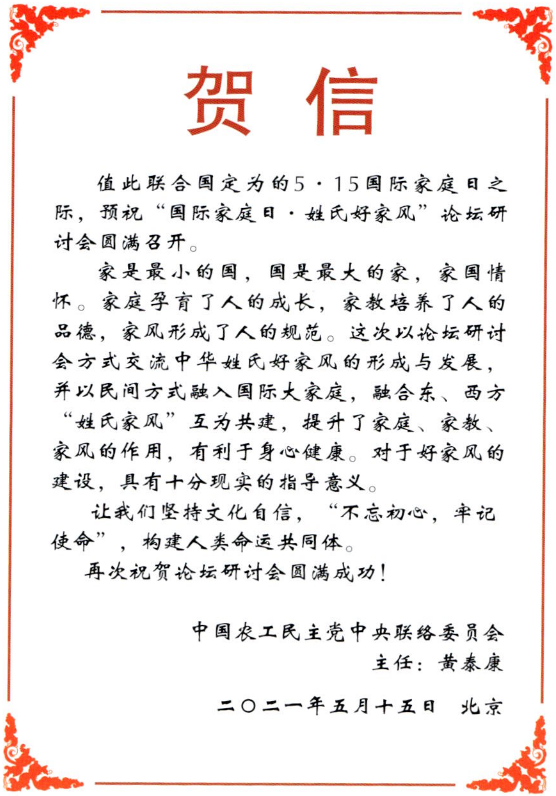

贺信

值此联合国定为的5·15国际家庭日之际，预祝“国际家庭日·姓氏好家风”论坛研讨会圆满召开。

家是最小的国，国是最大的家，家国情怀。家庭孕育了人的成长，家教培养了人的品德，家风形成了人的规范。这次以论坛研讨会方式交流中华姓氏好家风的形成与发展，并以民间方式融入国际大家庭，融合东、西方“姓氏家风”互为共建，提升了家庭、家教、家风的作用，有利于身心健康。对于好家风的建设，具有十分现实的指导意义。

让我们坚持文化自信，“不忘初心，牢记使命”，构建人类命运共同体。

再次祝贺论坛研讨会圆满成功！

中国农工民主党中央联络委员会

主任：黄泰康

二〇二一年五月十五日　北京

中国农工民主党中央联络委员会主任、中国和平统一促进会理事、全国人大代表黄泰康教授

祝 贺

北京“国际家庭日·姓氏好家风”论坛　举办成功！

幸福家庭是国家和民族发展的基础　姓氏文化是幸福家庭的根本
望世界各国每个家庭幸福美满姓氏好家风传统代代相传发扬光大！

북경【국제가정의날-성씨좋은가풍】행사의 성공적인 개최를 축하드립니다!

행복한 가정은 국가와 민족발전의 기초이고, 성씨문화는 행복한 가정의 근본입니다. 금번 행사를 통하여 세계 각국 가정마다 행복이 넘치고 성씨좋은가풍이 대대로 전해지면서 널리 전파되시길 기원합니다!

2021년 5월10일

韩国 韩中姓氏文化交流中心 会长 金明俊
한국 한중성씨문화교류중심 회장 김명준

韩国·韩中姓氏文化交流中心会长金明俊先生

贺 信

今日值此联合国定为的5·15国际家庭日之际，预祝“国际家庭日·姓氏好家风”论坛研讨会圆满召开。

祖谱文化是中华民族最伟大的传承，家教培养了人的品德，家风形成了人的规范。这次以论坛研讨会方式交流中华姓氏好家风的形成与发展。祖谱文化融入国际大家庭，融合东、西方“姓氏家风”互为共建，提升了家庭、家教、家风的作用。同时建立中华祖谱文化大数据库，便于全球海外华人、华侨寻根问祖、姓氏宗亲联谊具有十分重要的指导意义。

让我们坚持文化自信，构建人类命运共同体。

祝贺论坛研讨会圆满成功！

塞拉利昂驻华大使馆商务参赞
中非国际俱乐部主席　周易
二〇二一年五月十五日 北京

塞拉利昂驻华大使馆商务参赞、中非国际俱乐部主席周易先生

社團法人中華民族致公文化總會

賀　函

敬致“國際家庭日·姓氏好家風”論壇主委會：

值此“國際家庭日·姓氏好家風”論壇活動之際，特致函表達祝賀之意！

家庭文明建設是個人幸福、社會進步和國家發展的重要基礎。希望擴大“兩岸姓氏家庭文化”的交流，讓海外華人華僑回到祖國家鄉，廣泛地融入姓氏家庭文化建設之中。

特以此函表達祝賀，敬祝活動圓滿成功，與會貴賓福泰康寧！

總會長　陳柏光

二〇二一年五月九日

台湾·中华民族致公文化总会总会长陈柏光先生

福建省晋江市谱牒民俗学会

恭贺“国际家庭日·姓氏好家风”论坛开幕

光扬伦理传递正能量

演绎家风践行新核心

福建省晋江市谱牒民俗学会

创会会长　周仪扬

会　　长　施若凡

二〇二一年五月

福建省晋江市谱牒民俗学会创会会长周仪扬先生、会长施若凡先生

中国生命关怀协会
心身健康科学研究专业委员会

中关协心身委〔2021〕512号

贺　信

欣悉由京视网手机台中华姓氏频道主办的“国际家庭日·姓氏好家风”论坛在北京召开，这是为迎接联合国5·15国际家庭日，讲好中华姓氏好家风故事的一件大事，也是讲好中国故事、传承传统文化的一件好事！

知悉贵方在深耕于弘扬优秀中华文化、加强文化认同交流中的突出贡献，为社会经济文化发展和实现中华民族伟大复兴，皆同心同德，不忘初心，牢记使命，砥砺前行，创造姓氏好家风和中华好国风！

中国生命关怀协会心身健康科学研究专业委员会“专注于心,践行于身”的宗旨，将努力联合各智库机构、专家学者探索和促进人民心身健康，为推动社会和谐发展提供重要知识基础及科技支撑，同为提高人民的家庭福祉，构建人类命运共同体提供助力。

预祝“国际家庭日·姓氏好家风”论坛圆满成功。

会长：[签名]

2021年5月12日

中国生命关怀协会心身健康科学研究专业委员会荣誉会长张俊良先生

贺　信

值此5月15日联合国“国际家庭日”之际，预祝“国际家庭日·姓氏好家风”论坛民间公益活动圆满成功，成为推动社会道德建设的品牌活动。

中国高科技产业化研究会
品牌战略专家工作委员会
秘书长：

邝世诚

2021年5月15日

中国高科技产业化研究会品牌战略专家工作委员会秘书长邝世诚先生

贺 信

值此5月15日联合国“国际家庭日”之际，预祝“国际家庭日·姓氏好家风”论坛民间公益活动圆满成功，成为推动社会道德建设的品牌活动。

青岛市礼仪文化交流协会

会长：杨雙雨

2021年5月15日

青岛市礼仪文化交流协会会长杨双雨女士

北京零度创意文化中心

贺 信

北京零度创意文化中心理事长郝雨桐携旗下所属机构及理事会全体成员祝贺“国际家庭日·姓氏好家风”论坛：

家风与民风相连　民风与国风相融
扬中国传统文化　建立优良好家风

北京零度创意文化中心

2021年5月14日

北京零度创意文化中心理事长郝雨桐女士

“国际家庭日·姓氏好家风”论坛会场，聂振强做主旨报告，2021年5月14日，中国北京

主席台（左起）：聂振强、刘国强、闫金昌、陈柏光、龚巧玉、周易

聂振强（左一）主持会议

龚巧玉（左四）院士致辞

左起：沈德福、闫金昌、陈柏光、龚巧玉、聂振强、周易、刘国强

沈德福为论坛题书毛泽东诗词

“国际家庭日 · 姓氏好家风”论坛与会代表合影留念，2021年5月14日

《中国报道》文化中国频道沈德福代表
中宣部办公厅原主任薛启亮致贺词

京视网手机台台长刘国强致辞

塞拉利昂驻华商务参赞周易先生主题演讲

中国台湾中华民族致公党中央主席、中华
民族致公文化总会总会长陈柏光主题演讲

杨双雨（右一）主持《女性和礼仪在家庭中的重要性》分论坛访谈
左起：徐朝阳、陶金、陈丽娜、谢芳、刘洪、周南6人现场举手报名接受访谈交流

周南演讲

王凤忠演讲

马皓月演讲

杨双雨演讲

陶金演讲

徐朝阳演讲

龚艳演讲

邝世诚演讲

谢芳演讲

国际家庭日
姓氏好家风论坛
中国·北京

国际家庭日
姓氏好家风论坛

国际家庭日
姓氏好家风论坛

国际家庭日
姓氏好家风论坛

国际家庭日—姓氏好家风论坛

姓氏文化教育专家研讨会暨
姓氏文化研究与实践大会预备会

京视网手机台台长刘国强（左）会晤中国台湾中华民族致公文化总会总会长陈柏光（右）先生

闫金昌、刘国强、聂振强、沈德福向大家赠送《习近平关于注重家庭家教家风建设论述摘编》

龚巧玉、周易、胡多多、陈丽娜在阅读《习近平关于注重家庭家教家风建设论述摘编》

左起：刘国强、陈柏光、沈德福

左起：高鹏、聂振强、周易、王凤忠

泰、中、老、缅4国联办“姓氏文化学”研修班，2018年9月19日

聂振强与泰国华人青年商会会长李桂雄（右）合影，曼谷，2012年4月7日

“海峡两岸姓氏文化交流座谈会”在北京民族文化宫召开，2019年9月28日

“姓氏家风文化教育培训工作专家恳谈会”在北京中非俱乐部召开，2020年12月15日

“姓氏宗亲民间组织发展专家座谈会”，中共中央党校图书馆楼，2018年2月12日

聂振强与中国人民大学副校长、教育部社会学学科带头人郑杭生（右）合影，2014年5月16日

聂振强与郑杭生遗孀宫延华（右）合影，2016年5月11日

首届中原家谱展评大会，郑州，2015年11月18日

左起：聂振强、魏怀习、袁义达、宛福成

“第七届中华家谱展评大会”，郑州，2021年10月3日

“国际家庭日·姓氏好家风”论坛在北京举行

从左至右为沈德福、闫金昌、陈柏光、龚巧玉、聂振强、周易、刘国强

参加本次北京“国际家庭日——姓氏好家风论坛”代表合影

【本报讯】2021年5月14日，由中国北京《京视网》主办、中华姓氏频道承办，中国农工民主党中央联络委为指导，中国报道文化中国频道、中国生命关怀协会心身健康委等为协办，福建省晋江市谱牒民俗学会、台湾中华民族致公党、致公文化总会、韩国·韩中姓氏文化交流中心等为支持单位联合举办的《国际家庭日–姓氏好家风论坛》在中国北京举行。论坛活动分为“主旨演讲，主题发言，学术交流，专题访谈”等四个版块，从姓氏宗亲文化的学术理论和姓氏好家风践行方面展开研讨。

该论坛的举办的宗旨是“姓氏与家风”、“中华姓氏与国际家庭”相结合，体现了中华姓氏好家风融入国际大家庭，和平友好，家国情怀，融合东、西方“姓氏家风”互为共建，构建人类命运共同体。

论坛会上，中国国务院机关事务管理局人事司原司长闫金昌及论坛发起人刘国强、聂振强、沈德福向参会代表分送“习近平关于注重家庭家教家风建设论述摘编”图书，学习、理解、掌握习主席关于家风建设的重要论述材料。

首先，由沈德福先生代宣读中宣部办公厅原主任薛启亮先生发来的贺信，他说，今天举办的《国际家庭日–姓氏好家风》论坛，她弘扬了中华民族优秀的文化传统。古往今来，家风、家教、家训，是人类非常重视的家国情怀，中华民族之所以在世界具有重大的影响力，不是靠“穷兵黩武”，而是中华民族高尚的家国情怀，得到了世界的认可。对于落实党的大政方针政策，具有非常重要的意义。

发来贺电贺信的还有：韩国·韩中姓氏文化交流中心会长金明俊，《联合国友好画报》出品人、总编胡多多，中国生命关怀协会心身委，中国高科技产业化研究会品牌委，福建省晋江市谱牒民俗学会，青岛市礼仪文化交流协会，北京零度创意文化中心等，。

塞拉里昂驻华大使馆商务参赞、中非国际俱乐部主席周易在贺信中称“祖谱文化是中华民族最伟大的传承，家教培养了人的品德，家风形成了人的规范。非常希望建立“中华祖谱文化大数据库”，便于全球海外华人、华侨寻根问祖，具有十分重要的指导意义。让我们坚持文化自信，构建人类命运共同体”。

中国台湾中华民族致公党中央主席、致公文化总会会长陈柏光会上演讲，称“中华姓氏家风文化即根亲文化，其核心在于孝文化，孝是家庭中的重要体现。希望扩大“两岸姓氏家庭文化”的交流，让海外华人华侨回到祖国家乡，广泛的融入姓氏家庭文化建设之中”。

会上联合国国际生态生命安全科学院中国籍院士龚巧玉在会上阐述本次论坛的意义如何把中华民族好家风向联合国宣传国际家庭日好家风做法；沈德福介绍举办515国际家庭日活动的背景情况，京视网副台长寇迎介绍姓氏文化与家风建设宣传活动的计划。

国际家庭日——姓氏好家风论坛会场一角

主旨演讲：聂振强谈《姓氏家风--谈家庭家风家教建设在构建人类命运共同体中的作用研究》；周南谈《论家庭系统在家庭教育中的重要作用》。

专题论坛：王风忠谈《展望姓氏家风文化》；杨双雨主持《女性和礼仪在家庭中的重要性》访谈，周南、刘洪、陈丽娜、谢芳、徐朝阳等5人举手报名接受访谈交流。

学术交流发言热烈有序，他们是：“上慈下孝对中华传统教育影响及发展的作用研究”（龚艳）、“谈生命关怀心身健康”（徐朝阳）、“复兴礼法共建的家风文化，传承生命之爱”（马皓月）、“家风文化--女子礼学”（杨双雨）、“家教的基本原则和家风建设的重要性”（陶金）、“中华百姓宗祖与关公文化–谈关公民族独有的道德精神楷模”（世诚）、“姓氏好家风0–3岁科学育儿家庭教育的重要性”（谢芳）等6位，主持人对论文中理论研究、学术观点，进行点评。

本次论坛现已征集到姓氏家风方面学术论文50余篇，27万字。待补充论文完善后，编印成册。

（龚泉元于北京报道）

“国际家庭日·姓氏好家风”论坛，印尼《国际日报》，2021年5月20日

UNITED NATIONS FRIENDSHIP PICTORAL FOUNDATION

37

“国际家庭日·姓氏好家风”论坛在京举行

International family day - family name forum held in Beijing

（出处：致公党主席陈柏光）2021年5月14日，由《京视网》主办、中华姓氏频道承办，中国农工民主党中央联络委为指导，中国报道文化中国频道、中国生命关怀协会心身健康委等为协办，福建省晋江市谱牒民俗学会、台湾中华民族致公党、致公文化总会、韩国•韩中姓氏文化交流中心等为支持单位联合举办的《国际家庭日–姓氏好家风论坛》在北京召开。论坛活动分为“主旨演讲，主题发言，学术交流，专题访谈”等版块。与会专家、学者及家风教育践行人士开展了热烈有序的研讨、交流。

举办论坛的宗旨是“姓氏与家风”、“中华姓氏与国际家庭”相结合，体现了中华姓氏好家风融入国际大家庭，和平友好，家国情怀，融合东、西方“姓氏家风”互为共建，构建人类命运共同体。

论坛会上，国务院机关事务管理局人事司原司长闫金昌及论坛发起人刘国强、聂振强、沈德福向参会代表分送“习近平关于注重家庭家教家风建设论述摘编”图书，学习、理解、掌握习主席关于家风建设的重要论述。

首先，由沈德福先生代宣读中宣部办公厅原主任薛启亮先生发来的贺信，他说，“今天举办的《国际家庭日–姓氏好家风》论坛，具有十分重要的意义，她弘扬了中华民族优秀的文化传统。古往今来，家风、家教、家训，是人类非常重视的家国情怀，中华民族之所以在世界具有重大的影响力，不是靠“穷兵黩武”，而是中华民族高尚的家国情怀，得到了世界的认可。“孝悌忠信、礼义廉耻”，“仁义礼智信”是中华民族一代“精神财富、宝贵财富”，结合现实形成了当代中国社会主义核心价值观，要在全社会推广，所以党和国家政府非常重视，对于落实党的大政方针政策，具有非常重要的意义”。

发来贺电贺信的还有：联合国国际生态生命安全科学院龚巧玉院士，塞拉里昂驻华大使馆商务参赞、中非国际俱乐部主席周易，台湾中华民族致公党中央主席、致公总会会长陈柏光，韩国•韩中姓氏文化交流中心会长金明俊，《联合国友好画报》出品人、总编胡多多，中国生命关怀协会心身委，中国高科技产业化研究会品牌委，福建省晋江市谱牒民俗学会，青岛市礼仪文化交流协会，北京零度创意文化中心等。

驻华使节代表周易先生贺信中称“祖谱文化是中华民族最伟大的传承，家教培养了人的品德，家风形成了人的规范。这次以论坛研讨会方式交流中华姓氏好家风的形成与发展，将祖谱文化融入国际大家庭，融合东、西方“姓氏家风”互为共建，提升了家庭家教家风的作用。同时希望建立“中华祖谱文化大数据库”，便于全球海外华人、华侨寻根问祖，具有十分重要的指导意义。让我们坚持文化自信，构建人类命运共同体”。

聂振强、胡多多与联合国国际生态生命安全科学院中国籍院士龚巧玉，塞拉里昂驻华大使馆商务参赞周易

中国台湾中华民族致公党中央主席、致公文化总会会长陈柏光演讲，称“中华姓氏家风文化即根亲文化，其核心在于孝文化，孝是家庭中的重要体现。家庭是人们开启幸福生活，放飞人生梦想的起点，家庭是国家的根基，家庭文明建设是个人幸福、社会进步和国家发展的重要基础。希望扩大“两岸姓氏家庭文化”的交流，让海外华人华侨回到祖国家乡，广泛的融入姓氏家庭文化建设之中”。

联合国国际生态生命安全科学院中国籍院士龚巧玉，驻华使节代表塞拉里昂驻华大使馆商务参赞、中非国际俱乐部主席周易，中国台湾中华民族致公党中央主席、致公文化总会会长陈柏光主席致辞。沈德福介绍举办515国际家庭日活动的背景情况，京视网副台长寇迎介绍姓氏文化与家风建设宣传活动的计划。

主旨演讲：聂振强谈《姓氏家风--谈家庭家风家教建设在构建人类命运共同体中的作用研究》；周南谈《论家庭系统在家庭教育中的重要作用》。

专题论坛：王风忠谈《展望姓氏家风文化》；杨双雨主持《女性和礼仪在家庭中的重要性》访谈，周南、刘洪、陈丽娜、谢芳、徐朝阳等5人举手报名接受访谈交流。

学术交流发言热烈有序，他们是：“上慈下孝对中华传统教育影响及发展的作用研究”（龚艳）、“谈生命关怀心身健康”（徐朝阳）、“复兴礼法共建的家风文化，传承生命之爱”（马皓月）、“家风文化--女子礼学”（杨双雨）、“家教的基本原则和家风建设的重要性”（陶金）、“中华百姓宗祖与关公文化-谈关公民族独有的道德精神楷模”（世诚）、“姓氏好家风0-3岁科学育儿家庭教育的重要性”（谢芳）等6位，主持人对论文中理论研究、学术观点，进行点评。

宗亲会的存在，可以让更多的人溯源。能更好地凝聚一个民族的情感，是一个家族最好的文化记忆，是中华民族独有的文化积淀，对于家谱的保护和传承，这是一种很好的文化的传播方式。

背景资料：改革开放以来，海外华人华侨回乡寻根问祖，推动了姓氏宗亲文化发展。2012年5月，中国农工民主党北京市委理论研究基地报送《姓氏宗亲组织专题研究》课题中标（立项号JD1205）。农工民主党中央在2014年全国“两会”上提交《发挥姓氏宗亲文化在中华民族精神思想中的传承作用，实现伟大复兴“中国梦”的建议》（全国政协十二届二次会议第1248号（文化宣传类078号）提案）。国家民政部向农工党中央发“提案答复的函”中称：“姓氏宗亲文化是我国传统文化的重要组成部分，一直以来为扩大海外联谊范围、拓展统战工作领域发挥了积极作用”（抄送：全国政协，国务院办公厅，主动公开，2014年7月15日）。

聂振强：北京人，主任记者、副教授：

中国农工民主党中央姓氏宗亲文化调研组组长、中国农工民主党中央联络委员、中国农工民主党中央文化委委员、农工党北京市委理论研究基地专家、中国人民大学《姓氏文化研修班》开课人；泰隆老中四国联办《姓氏文化学》开班主讲人、韩中姓氏文化交流中心荣誉会长、北京市人民政府特邀人民建议人、《京视网》副总编、中华姓氏频道主编，姓氏宗亲文化研究学者；姓氏宗亲文化学术理论研究课题开题人；研究成果转化为：中国农工民主党中央提交全国“两会”提案《发挥姓氏宗亲文化在中华民族精神思想中的传承作用，实现伟大复兴“中国梦”的建议》（全国政协十二届二次会议第1248号提案，国家民政部办理答复函（民函[2014]665号））；荣获农工党中央《关于将“国家推行全国通用的汉字”写进宪法的建议》2019年度三等奖，由中国社会学会名誉会长、教育部高等学校社会学科教学指导委员会主任、社会学学科带头人，中国人民大学原副校长郑杭生一级教授指导下，共同开创《姓氏社会学》研究领域，在中国人民大学招收姓氏社会学博士后2名，中国《赤子》杂志社编委、中华姓氏栏目主持人；泰国《东盟华人》杂志海外副总编辑等；

UNITED NATIONS FRIENDSHIP PICTORIAL FOUNDATION

36

“国际家庭日·姓氏好家风”论坛，《联合国友好画报》，2021年第3季总第52期

龚巧玉：联合国舞台上的中国女院士

龚巧玉女士，出生于1955年3月，籍贯湖南省双峰市，高级工程师，毕业于中国人民大学经管专业研究生班。现任中国发展经济战略研究委员会常务理事、中国女企业家协会常务理事、国际奥运项目前期招标专家组组长、北京数奥科技发展有限公司董事长。

龚巧玉1976年毕业于西安地质学院后，在陕西省地质矿产局16年的野外工作期间，风餐露宿，饱尝艰辛。但她始终无怨无悔，坚忍不拔，取得了大量的第一手资料，积累了丰富的实践经验。在反复实践的基础上，她经过长期的归纳和总结，使之上升到理论的高度。其论文《黄土高原地下水资源综合开发利用》荣获国家科委科技进步一等奖。

在地质勘察领域当中，龚巧玉已经走过了33年的风雨历程。经年累月的科研工作，造就了她扎实的工作作风和严谨的治学态度。在北京北苑居住区的勘察过程中，她敏锐地发现了地质断层问题，并大胆地提出解决方案，获得了业内人士的高度重视。她据此写出了论文《北京北苑居住区第四系断层走向勘察》被收入《中国科技发展精典文库》，并在国际上获得科技人才一等奖。

龚巧玉在地质勘察领域当中的研究成果，已经达到了国际领先水平，受到世界各国同行的广泛关注。

在国企改制的大潮中，龚巧玉与时俱进，勇于拼搏，不断学习国际先进企业管理经验。她曾代表中国女企业家协会先后参加了在日本召开的第9届女企业家大会，在美国、英国、瑞士等国召开的世界妇女创新大会，以及在东南亚各国召开的经济开发与交流活动。

1999年，她被中共中央组织部和原广电部评为“巾帼英豪”；2003年得到全国妇联彭佩云主席授予的“华夏巾帼”奖章；2004年被中国女企协评为“杰出创业女性”；2005年成为世界和谐基金会理事。

2008年11月，龚巧玉成为联合国国际生态安全科学院院士。时任联合国秘书长的科菲·安南先生和世界友好理事会主席布朗先生曾多次接见龚巧玉，勉励她在全球生态保护方面做出更大的努力。由于在专业领域当中做出的杰出贡献，龚巧玉成为中国妇女在世界上的杰出代表之一。

做为国家地质勘察领域中的领军人物，龚巧玉不敢稍有松懈，一直兢兢业业地做好自己的工作。

目前，她已打点好行装，准备前往肯尼亚和柬埔寨进行生态考察和学术交流。在她的身后，是一串扎实的脚印……

(唐伟)

联合国原秘书长科菲·安南接见龚巧玉

世界友好理事会主席布朗向龚巧玉颁奖

龚巧玉与联合国国际生态安全科学院院长鲁萨科·奥列格·尼古拉维奇(中)及副院长(左)在酒会上

龚巧玉与原全国人大常委会副委员长、全国妇联主席顾秀莲在一起

龚巧玉与加拿大前总理合影

龚巧玉在第九届世界女企业家国际交流大会上

龚巧玉在联合国总部

龚巧玉与日本前首相桥本龙太郎

龚巧玉：联合国舞台上的中国女院士，《中国妇女报》，2009年7月31日

凤凰新闻社
PHOENIX NEWS AGENCY

2021年5月21日　09:57:06

“国际家庭日·姓氏好家风”论坛在京举行

2021 年 5 月 14 日，由京视网主办、京视网手机台中华姓氏频道承办，中国农工民主党中央联络委员会为指导，中国报道文化中国频道、中国生命关怀协会心身健康委等为协办，福建省晋江市谱牒民俗学会、台湾中华民族致公党、致公文化总会、韩国·韩中姓氏文化交流中心等为支持单位联合举办的“国际家庭日·姓氏好家风”论坛在北京召开。论坛宗旨是“姓氏与家风”“中华姓氏与国际家庭”相结合，体现了中华姓氏好家风融入国际大家庭，和平友好，家国情怀，融合东、西方“姓氏家风”互为共建，构建人类命运共同体。

中国台湾中华民族致公党中央主席、致公文化总会会长陈柏光演讲，称“中华姓氏家风文化即根亲文化，其核心在于孝文化，孝是家庭中的重要体现。家庭是人们开启幸福生活，放飞人生梦想的起点。家庭是国家的根基，家庭文明建设是个人幸福、社会进步和国家发展的重要基础。希望扩大‘两岸姓氏家庭文化’的交流，让海外华人华侨回到祖国家乡，广泛地融入姓氏家庭文化建设之中”。

驻华使节代表周易先生贺信中称“祖谱文化是中华民族最伟大的传承，家教培养了人的品德，家风形成了人的规范”，同时希望建立“中华祖谱文化大数据库”，便于全球海外华人、华侨寻根问祖。

……

责任编辑：苏华

（来源：致公党主席陈柏光提供）

好　家　庭